第一級アマチュア無線技士試験

一アマ

集中ゼミ

吉川忠久 著

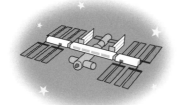

重要知識

直前Check!

国家試験問題

東京電機大学出版局

まえがき

　本書は，第一級アマチュア無線技士（一アマ）の国家試験を受験しようとする方のために，短期間で国家試験に合格できることを目指してまとめたものです．

　しかし，国家試験に出題される問題の種類は多く，単なる暗記で全部の問題を解答できるようになるには，なかなかたいへんです．そこで本書は，一アマに必要な要点を分かりやすくまとめて，しかも出題された問題を理解しやすいように項目別にまとめました．また，国家試験問題を解答するために必要な用語や公式は，チェックボックスによって理解度を確認できるようにしました．

　これらのツールを活用して学習すれば，短期間で国家試験に合格する実力をつけることができます．なお，本書の姉妹書である「合格精選　試験問題集」により，試験問題の演習をすることで，合格をより確実なものとすることができます．

　一アマの国家試験問題は，計算問題が難しいので，本書は計算のやり方について，計算過程を読めばわかるように，詳細に解説しました．しかし，いざ国家試験に臨むと自分で計算しなければ解答することはできません．計算の過程を読むだけでなく，自分で計算して計算手順も理解してください．

　一アマの免許を取得すれば，アマチュア無線局の操作範囲の制限がありませんので，資格の制限にとらわれず思う存分アマチュア無線を楽しむことができます．また，アマチュア無線技士の最上級の資格にチャレンジして資格の取得と共に知識を深めることが，趣味の醍醐味ではないでしょうか．

　一アマの無線工学の問題はこれまでに出題されていない問題もかなり出題されますが，これまでの出題の範囲を超えることはありませんから，問題の内容をよく理解していれば解くことができます．また，点数を上げることを狙うには選択式の問題に対応した解き方のテクニックを学ぶことも必要です．そこで本書は，マスコットキャラクターが内容を理解するポイントを教えてくれますので理解力が上がります．また，問題を解くためのテクニックも教えてくれますので，点数アップが狙えます．マスコットキャラクターと一緒に楽しく学習して一アマの資格を取得しましょう．

2021年11月

一アマに
合格しよう！

著者しるす

i

目　次

法規編

国 家 試 験

1　国家試験科目

第一級アマチュア無線技士の国家試験科目は，法規と無線工学の2科目です．

無線従事者規則には，試験科目について次のように定められています．

法規　　　　電波法およびこれに基づく命令の概要

国際電気通信連合憲章，国際電気通信連合条約および国際電気通信連合憲章に規定する無線通信規則の概要

無線工学　無線設備の理論，構造および機能の概要

空中線系の理論，構造および機能の概要

無線設備および空中線系などのための測定機器の理論，構造および機能の概要

無線設備および空中線系ならびに無線設備および空中線系などのための測定機器の保守および運用の概要

法規の試験においてモールス符号の理解度を確認する問題が出題されます．

2　試験問題の形式

問題の形式，問題数，満点，合格点，試験時間を表1に示します．また，法規の試験問題の一例を様式1に，無線工学の試験問題の一例を様式2に示します．試験問題（B4サイズ）と答案用紙（A4サイズ）が同時に配られます．答案用紙はマークシート形式です．なお，問題用紙は持ち帰ることができます．

午前に法規，午後に無線工学の試験が行われます．合格するには，法規，無線工学いずれも合格点を取らなくてはなりません．

法規のA問題は1問5点で24問あり，合計が120点．B問題は各問題が五つの選択問題に分かれていて，6×5＝30の分肢問題が各1点なので，B問題の合計が30点．これらのAB問題の合計が150点になります．合格点は150点満点のうち70％で，105点以上が合格です．

無線工学のA問題は1問5点で25問あり，合計が125点．B問題は5×5＝25の分肢問題があるので合計が25点．これらのAB問題の合計は150点になります．合格点は，150点満点のうちの70％で，105点以上が合格です．

表 1　試験問題の形式

科　　目		問　題　の　形　式	問 題 数	満 点	合 格 点	試験時間
法　　規	A	4または5肢択一式	24	150 点	105 点以上	2 時間 30 分
	B	正誤式または穴埋め補完式	6			
無 線 工 学	A	4または5肢択一式	25	150 点	105 点以上	2 時間 30 分
	B	正誤式または穴埋め補完式	5			

第一級アマチュア無線技士「法規」試験問題

30問　2時間30分

A-1　無線局の定義及び無線局の限界に関する次の記述のうち、電波法（第2条）及び電波法施行規則（第5条）の規定に照らし、これらの規定に定めるところに適合するものはどれか。下の1から4までのうちから一つ選べ。

1　「無線局」とは、免許人及び無線設備並びに無線設備の操作を行う者の総体をいう。ただし、受信のみを目的とするものを含まない。この受信のみを目的とするものには、中央集中方式、二重通信方式等の方式により通信を行う場合に設置する受信設備等自己の使用する送信設備に機能上直結する受信設備も含まれる。

2　「無線局」とは、無線設備及び無線設備の操作を行う者の総体をいう。ただし、受信のみを目的とするものを含まない。この受信のみを目的とするものには、中央集中方式、二重通信方式等の方式により通信を行う場合に設置する受信設備等自己の使用する送信設備に機能上直結する受信設備は含まれない。

3　「無線局」とは、免許人及び無線設備並びに無線設備の操作を行う者の総体をいう。ただし、受信のみを目的とするものを含まない。この受信のみを目的とするものには、中央集中方式、二重通信方式等の方式により通信を行う場合に設置する受信設備等自己の使用する送信設備に機能上直結する受信設備は含まれない。

4　「無線局」とは、無線設備及び無線設備の操作を行う者の総体をいう。ただし、受信のみを目的とするものを含まない。この受信のみを目的とするものには、中央集中方式、二重通信方式等の方式により通信を行う場合に設置する受信設備等自己の使用する送信設備に機能上直結する受信設備も含まれる。

A-2　次の記述は、アマチュア無線局の予備免許を受けた者が工事設計を変更しようとする場合等について述べたものである。電波法（第8条及び第9条）の規定に照らし、□□内に入れるべき最も適切な字句の組合せを下の1から4までのうちから一つ選べ。

① 総務大臣は、電波法第8条の予備免許を受けた者から　A　ときは、予備免許を与える際に指定した工事落成の期限を延長することができる。

② 電波法第8条の予備免許を受けた者は、工事設計を変更しようとするときは、あらかじめ総務大臣　B　なければならない。ただし、総務省令で定める軽微な事項については、この限りでない。

③ ②の変更は、　C　に変更を来すものであってはならず、かつ、電波法第3章（無線設備）に定める技術基準に合致するものでなければならない。

	A	B	C
1	届出があった	に届け出	周波数、電波の型式又は空中線電力
2	届出があった	の許可を受け	送信装置の発射可能な電波の型式及び周波数の範囲
3	申請があった場合において、相当と認める	の許可を受け	周波数、電波の型式又は空中線電力
4	申請があった場合において、相当と認める	に届け出	送信装置の発射可能な電波の型式及び周波数の範囲

A-3　次の記述は、無線局（包括免許の局を除く。）の免許状の訂正について述べたものである。無線局免許手続規則（第22条）の規定に照らし、□□内に入れるべき最も適切な字句の組合せを下の1から4までのうちから一つ選べ。

① 免許人は、電波法第21条の免許状の訂正を受けようとするときは、次の(1)から(5)までに掲げる事項を記載した申請書を総務大臣又は総合通信局長（沖縄総合通信事務所長を含む。以下同じ。）に提出しなければならない。
　(1) 免許人の氏名又は名称及び住所並びに法人にあっては、その代表者の氏名　　(2) 無線局の種別及び局数
　(3)　A　　(4)　B　　(5) 訂正を受ける箇所及び訂正を受ける理由

② ①の申請書の様式は、無線局免許手続規則別表第6号の5のとおりとする。

③ ①の申請があった場合において、総務大臣又は総合通信局長は、新たな免許状の交付による訂正を行うことがある。

④ 総務大臣又は総合通信局長は、①の申請による場合のほか、職権により免許状の訂正を行うことがある。

⑤ 免許人は、③の新たな免許状の交付を受けたときは、　C　旧免許状を返さなければならない。

	A	B	C
1	識別信号	免許の番号	遅滞なく
2	免許の年月日	無線設備の設置場所又は常置場所	遅滞なく
3	免許の年月日	免許の番号	1箇月以内に
4	識別信号	無線設備の設置場所又は常置場所	1箇月以内に

様式1　法規の試験問題の一例

答案用紙記入上の注意：答案用紙のマーク欄には、正答と判断したものを一つだけマークすること。

第一級アマチュア無線技士「無線工学」試験問題

30問　2時間30分

A－1　図に示すように、真空中で $\sqrt{2}$ [m] 離れた点 a 及び b にそれぞれ点電荷 $Q_1 = 1 \times 10^{-9}$ [C] 及び $Q_2 = -1 \times 10^{-9}$ [C] が置かれているとき、線分 ab の中点 c から線分 ab に垂直方向に $\sqrt{2}/2$ [m] 離れた点 d の電界の強さの値として、正しいものを下の番号から選べ。ただし、真空の誘電率を ε_0 [F/m] としたとき、$1/(4\pi\varepsilon_0) = 9 \times 10^9$ とする。

1　$3\sqrt{2}$ [V/m]
2　$6\sqrt{2}$ [V/m]
3　$9\sqrt{2}$ [V/m]
4　$12\sqrt{2}$ [V/m]
5　$15\sqrt{2}$ [V/m]

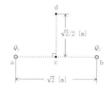

A－2　図に示す環状鉄心 M の内部に生ずる磁束 ϕ を表す式として、正しいものを下の番号から選べ。ただし、漏れ磁束及び磁気飽和はないものとする。

1　$\phi = \dfrac{\mu NI l}{S}$ [Wb]

2　$\phi = \dfrac{\mu NIS}{l}$ [Wb]

3　$\phi = \dfrac{NIS}{\mu l}$ [Wb]

4　$\phi = \dfrac{\mu NI}{Sl}$ [Wb]

N：コイルの巻数
I：コイルに流す直流電流 [A]
l：M の平均磁路長 [m]
S：M の断面積 [m²]
μ：M の透磁率 [H/m]

環状鉄心 M

A－3　図に示す抵抗 $R = 50$ [Ω] で作られた回路において、端子 ab 間の合成抵抗の値として、正しいものを下の番号から選べ。

1　25 [Ω]
2　50 [Ω]
3　100 [Ω]
4　150 [Ω]
5　200 [Ω]

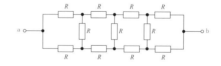

A－4　次の記述は、図に示す回路の各種電力と力率について述べたものである。 　　　 内に入れるべき字句の正しい組合せを下の番号から選べ。ただし、交流電圧 V を 100 [V]、回路に流れる電流 I を 2 [A] とする。

(1)　皮相電力は、 A [VA] である。
(2)　有効電力（消費電力）は、 B [W] である。
(3)　力率は、 C [%] である。

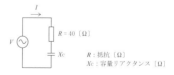

R：抵抗 [Ω]
X_C：容量リアクタンス [Ω]

	A	B	C
1	282	200	80
2	282	160	50
3	200	200	50
4	200	160	80
5	200	200	80

様式2　無線工学の試験問題の一例

3 各項目ごとの出題数

各項目ごとのおおよその出題数は，表2のようになります．

表2 項目ごとの出題数

法規

項　　目	問題数
目的・定義／無線局の免許	5
無線設備	5
無線従事者	1
運用	9
監督／電波利用料／罰則	4
業務書類	1
国際法規	5
合計	30

運用の範囲には，モールス符号の理解
度を確認するための問題が含まれます．

無線工学

項　　目	問題数
電気物理	3
電気回路	3
半導体・電子管	3
電子回路	4
送信機	3
受信機	3
電源	2
アンテナおよび給電線	3
電波の伝わり方	3
測定	3
合計	30

4 試験問題の解答の方法

答案用紙を様式3に示します．記入例にあるように正解の番号を一つだけ鉛筆でぬり
つぶします．

5 試験の申請

①	試験地	全国11の試験地で試験が行われます．試験地は，表3 (p.x) のとおりです．
②	試験の日程	毎年4月，8月，12月に実施されます．
③	試験開始時刻	法規が9時30分，無線工学が13時00分です．
④	試験時間	法規，無線工学ともに2時間30分です．
⑤	試験の受付期間	4月の試験は，2月1日ごろから20日ごろまで 8月の試験は，6月1日ごろから20日ごろまで 12月の試験は，10月1日ごろから20日ごろまで

(注) 日時や受付期間などについては，表3 (p.x) の (公財)日本無線協会 (以下「協会」と
いいます.) のホームページなどで確認してください.

答 案 用 紙 (法規) 参 考

〔通信士・技術士・4海・航空・1アマ・2アマ用〕

〔工学〕〔法規〕〔英語〕通術 〔工学B・基礎〕地理
工学A

氏 名

⊙マーク欄には、HB又はBの鉛筆に
より正しくマークすること。
マークを間違えたときは、消しゴム
(プラスチック製に限る。)であとが
たのないようにきれいに消すこと。

受 験 番 号

生 年 月 日

〔年 号〕　大正 昭和 平成

	1	2	3	4	5
A－1					
A－2					
A－3					
A－4					
A－5					
A－6					
A－7					
A－8					
A－9					
A－10					
A－11					
A－12					
A－13					
A－14					
A－15					
A－16					
A－17					
A－18					
A－19					
A－20					
A－21					
A－22					
A－23					
A－24					
A－25					

A 問 題 解 答 欄

B 問 題 解 答 欄 (B－1〜B－9, 各ア イ ウ エ オ)

⊙ 答案用紙は折り曲げたり、巻いたり、汚したりしないこと。

様式3　答案用紙(法規)

表3　試験地および（公財）日本無線協会の所在地

試験地	事務所の名称	所　在　地	電　　話
東京	（公財）日本無線協会 本部	〒104-0053　東京都中央区晴海 3-3-3	03-3533-6022
札幌	（公財）日本無線協会 北海道支部	〒060-0002　札幌市中央区北2条西 2-26　道特会館	011-271-6060
仙台	（公財）日本無線協会 東北支部	〒980-0014　仙台市青葉区本町 3-2-26　コンヤスビル	022-265-0575
長野	（公財）日本無線協会 信越支部	〒380-0836　長野市南県町693-4 共栄火災ビル	026-234-1377
金沢	（公財）日本無線協会 北陸支部	〒920-0919　金沢市南町4-55 WAKITA金沢ビル	076-222-7121
名古屋	（公財）日本無線協会 東海支部	〒460-8559　名古屋市中区丸の内 3-5-10　名古屋丸の内ビル	052-951-2589
大阪	（公財）日本無線協会 近畿支部	〒540-0012　大阪市中央区谷町 1-3-5　アンフィニィ・天満橋ビル	06-6942-0420
広島	（公財）日本無線協会 中国支部	〒730-0004　広島市中区東白島町 20-8　川端ビル	082-227-5253
松山	（公財）日本無線協会 四国支部	〒790-0003　松山市三番町7-13-13 ミツネビルディング203号	089-946-4431
熊本	（公財）日本無線協会 九州支部	〒860-8524　熊本市中央区辛島町 6-7　いちご熊本ビル7F	096-356-7902
那覇	（公財）日本無線協会 沖縄支部	〒900-0027　那覇市山下町18-26 山下市街地住宅	098-840-1816

ホームページのアドレス　https://www.nichimu.or.jp/

6　申請手続き

①　申請方法

協会のホームページ（https://www.nichimu.or.jp/）からインターネットを利用して
パソコンやスマートフォンを使って申請します.

②　申請時に提出する写真

デジタルカメラなどで撮影した顔写真を試験申請に際してアップロード（登録）し
ます. 受験の際には, 顔写真の持参は不要です.

③　インターネットによる申請

インターネットを利用して申請手続きを行うときの流れを次に示します.

（ア）協会のホームページから「無線従事者国家試験等申請・受付システム」にアク
セスします.

（イ）「個人情報の取り扱いについて」をよく確認し, 同意される場合は,「同意する」
チェックボックスを選択の上,「申請開始」へ進みます.

（ウ）初めての申請またはユーザ未登録の申請者の場合,「申請開始」をクリックし,

（公益財団法人　日本無線協会のホームページより）

画面にしたがって試験申請情報を入力し，顔写真をアップロードします．

(エ)「整理番号の確認・試験手数料の支払い手続き」画面が表示されるので，試験手数料の支払方法をコンビニエンスストアまたはペイジー（金融機関ATMやインターネットバンキング）から選択します．

(オ)「お支払いの手続き」画面の指示にしたがって，試験手数料を支払います．

支払期限日までに試験手数料の支払を済ませておかないと，申請の受付が完了しないので注意してください．

④ **試験手数料**

現在の手数料は9,600円です．手数料は改訂されることがあります．協会のホームページの試験案内などで最新の情報を確認してから払い込んでください．

⑤ **受験票の送付**

受験票は試験期日のおよそ2週間前に電子メールにより送付されます．

⑥ **試験当日の注意**

電子メールにより送付された受験票を自身で印刷（A4サイズ）して試験会場へ持参します．試験開始時刻の15分前までに試験場に入場します．受験票の注意をよく読んで受験してください．

⑦ **自己採点**

受験した国家試験問題は持ち帰れますので，試験終了後に発表される協会のホームページの解答によって，自己採点して合否をあらかじめ確認することができます．

⑧ **試験結果の通知**

試験会場で知らされる試験結果の発表日以降になると，協会の結果発表のホームページで試験結果を確認することができます．また，試験結果通知書も結果発表のホームページでダウンロードすることができます．

7　無線従事者免許の申請

国家試験に合格したときは，無線従事者免許を申請します．定められた様式の申請書（様式5）に必要事項を記入し，添付書類，免許証返信用封筒（切手貼付）を管轄の総合通信局等（表4）に提出（郵送）してください．申請書は総務省の電波利用ホームページより，ダウンロードできますので，これを印刷して使用します．

添付書類等は次のとおりです．

(ア) 氏名及び生年月日を証する書類（住民票の写しなど．ただし，申請書に住民票コードまたは現に有する無線従事者の免許の番号などを記載すれば添付しなくてもよい．）

様式5　無線従事者免許申請書

（イ）手数料（1,750円分の収入印紙．申請書に貼付する．）

（ウ）写真1枚（縦30mm×横24mm．申請書に貼付する．）

（エ）返信先（住所，氏名等）を記載し，切手を貼付した免許証返信用封筒（免許証の郵送を希望する場合のみ）

表4　総合通信局等の所在地

総合通信局等	所在地	電話
北海道総合通信局	〒060-8795　北海道札幌市北区北8条西2-1-1 札幌第1合同庁舎	011-709-2311 （内線4615）
東北総合通信局	〒980-8795　宮城県仙台市青葉区本町3-2-23 仙台第2合同庁舎	022-221-0666
関東総合通信局	〒102-8795　東京都千代田区九段南1-2-1 九段第3合同庁舎	03-6238-1749
信越総合通信局	〒380-8795　長野県長野市旭町1108　長野第1合同庁舎	026-234-9967
北陸総合通信局	〒920-8795　石川県金沢市広坂2-2-60 金沢広坂合同庁舎	076-233-4461
東海総合通信局	〒461-8795　愛知県名古屋市東区白壁1-15-1 名古屋合同庁舎第3号館	052-971-9186
近畿総合通信局	〒540-8795　大阪府大阪市中央区大手前1-5-44 大阪合同庁舎第1号館	06-6942-8550
中国総合通信局	〒730-8795　広島県広島市中区東白島町19-36	082-222-3353
四国総合通信局	〒790-8795　愛媛県松山市味酒町2-14-4	089-936-5013
九州総合通信局	〒860-8795　熊本県熊本市西区春日2-10-1	096-326-7846
沖縄総合通信事務所	〒900-8795　沖縄県那覇市旭町1-9 カフーナ旭橋B街区5F	098-865-2315

本書の使い方

1 本書の構成

　本書は，章ごとに**重要知識**，**国家試験問題**で構成しています．

　まず，国家試験問題を解くために必要な用語や公式などを，**重要知識**で学習してください．重要知識では，現在，出題されている国家試験の問題に合わせて，試験問題を解くために必要な知識をまとめてあります．

　重要知識をマスターしたら，次に，**国家試験問題**を解いてみてください．

　本書を最初のページから順番に読んでいけば，**短期間で国家試験合格への知識**が身につくようになっています．

2 重要知識

① 　国家試験問題を解答するために必要な知識をまとめてあります．

② 　各節の**出題項目 Check!** には，各節から出題される項目があげてありますので，学習のはじめに国家試験に出題されるポイントを確認することができます．また，試験直前に，出題項目をチェックして，学習した項目を確認するときに利用してください．

　　　　　✔ 学習したらチェック

出題項目 Check!

✔ 電波法の目的とは
☐ 無線局等の用語の定義

③ **太字**の部分は，国家試験問題を解答するときのポイントになる部分です．特に注意して学習してください．

④ 　POINT には，国家試験問題を解くために必要な用語や公式などについてまとめてあります．

⑤ 　用語，計算は，本文を理解するために必要な用語や数学の計算方法などを説明してあります．

3　国家試験問題

① 最近出題された問題を中心に，項目ごとに必要な問題をまとめてあります．

② 各問題の**解説**のうち，計算問題については，計算のやり方を示してあります．公式を覚えることは重要ですが，それだけでは答えを出せませんので，計算のやり方をよく確かめて計算方法になれてください．また，いくつかの用語のうちから一つを答える問題では，そのほかの用語も示してありますので，それらも合わせて学習してください．

③ 各節の**試験の直前 Check!** には，国家試験問題を解くために必要な用語や公式などをあげてあります．学習したらチェックしたり，試験の直前に覚えにくい内容のチェックに利用してください．

> ☑ 学習したらチェック
> ■ 覚えにくい内容は，ぬりつぶして試験直前にチェック

試験の直前 Check!

☑ **電波法の目的** ＞＞公平かつ能率的な利用を確保，公共の福祉を増進．
■ **電波** ＞＞300 万メガヘルツ以下，電磁波．
□ **無線電信** ＞＞符号，通信設備．
□ **モールス無線電信** ＞＞モールス符号を送り受ける，通信設備．
□ **無線電話** ＞＞音声，音響，通信設備．
□ **無線設備** ＞＞無線電信，無線電話，電気的設備．

また，各問題にも □□ のチェックボックスがあります．学習したらチェックしたり，試験の直前に見直す問題のチェックに利用してください．

解説のポイントや問題のヒントなどはマスコットキャラクターが教えてくれます．

注意 チューいしてね．	! なるほどね．	ポイントや重要なことだよ．
解答のテクニックだよ．	ヒントだよ．	ポイントをクリアしてね．
解答のスペシャルテクニックだよ．	ここを見てね．	こんな問題も出てるよ．

法規編

1 電波法

1.1 電波法の目的・用語の定義 （重要知識）

出題項目 Check!

☐ 電波法の目的とは
☐ 無線局等の用語の定義

1 電波法の目的（法1条）

　　この法律は，電波の**公平かつ能率的**な利用を確保することによって，公共の福祉を増進することを目的とする．

　「公共の福祉」とは，国民全体の幸福のことだよ．

太字の部分が試験問題の穴埋め部分や誤った字句になって出題されるので，注意して覚えてね．

2 電波法令

　電波法及び電波法に規定する規則等をまとめて電波法令といいます．第一級アマチュア無線技士（一アマ）の国家試験に関係する法令を次に示します．

　法律　電波法（法）
　政令　電波法施行令（施行令）
　省令　電波法施行規則（施）
　　　　　無線局免許手続規則（免）
　　　　　無線設備規則（設）
　　　　　無線従事者規則（従）
　　　　　無線局運用規則（運）

　（　）内は，本文中で用いられる条文の略記を示します．

　電波法に「総務省令で定める」あるいは「電波法に基づく命令」との規定があるときは，これらの省令のことです．

3 用語の定義（法2条，施3〜5条，運2条）

電波法令に基本的な用語が規定されています．

① 「電波」とは，**300万メガヘルツ以下**の周波数の電磁波をいう．
② 「無線電信」とは，電波を利用して，**符号を送り又は受けるための通信設備**をいう．
③ 「モールス無線電信」とは，電波を利用して，モールス符号を送り，又は受ける**通信設備**をいう．
④ 「無線電話」とは，電波を利用して，**音声その他の音響を送り，又は受けるための通信設備**をいう．
⑤ 「無線設備」とは，無線電信，無線電話その他電波を送り，又は受けるための**電気的設備**をいう．
⑥ 「無線局」とは，無線設備及び**無線設備の操作を行う者**の総体をいう．ただし，**受信のみを目的とするものを含まない**．
　　この受信のみを目的とするものには，中央集中方式，二重通信方式等の方式により通信を行なう場合に設置する受信設備等自己の使用する**送信設備に機能上直結する受信設備は含まれない**．
⑦ 「無線従事者」とは，無線設備の**操作又はその監督**を行う者であって，**総務大臣の免許を受けたもの**をいう．
⑧ 「アマチュア業務」とは，金銭上の利益のためでなく，もっぱら個人的な無線技術の興味によって行う自己訓練，通信及び技術的研究その他総務大臣が別に告示する業務を行う無線通信業務をいう．
⑨ 「アマチュア局」とは，アマチュア業務を行う無線局をいう．

無線局は無線設備とそれを操作する人のことだよ．
受信設備だけでも無線設備になるけど無線局ではないよ．

試験の直前 Check!

- □ **電波法の目的** ≫ 公平かつ能率的な利用を確保，公共の福祉を増進．
- □ **電波** ≫ 300万メガヘルツ以下，電磁波．
- □ **無線電信** ≫ 符号，通信設備．
- □ **モールス無線電信** ≫ モールス符号を送り受ける，通信設備．
- □ **無線電話** ≫ 音声，音響，通信設備．
- □ **無線設備** ≫ 無線電信，無線電話，電気的設備．
- □ **無線局** ≫ 無線設備，操作を行う者の総体，受信のみを含まない．受信のみには，送信設備に機能上直結する受信設備は含まれない．
- □ **無線従事者** ≫ 無線設備の操作又は監督，総務大臣の免許を受けたもの．

●　　　　　　　●　　　　　　　● **国家試験問題** ●　　　　　　　●　　　　　　　●

問題 1 ▶

次の記述は，電波法に定める用語の定義である．電波法（第 2 条）の規定に照らし，
____内に入れるべき最も適切な字句を下の 1 から 10 までのうちからそれぞれ一つ選べ．

① 「電波」とは，____ア____以下の周波数の電磁波をいう．

② 「無線電信」とは，電波を利用して，**符号を送り，又は受けるための通信設備**をいう．

③ 「無線電話」とは，電波を利用して，____イ____を送り，又は**受けるための通信設備**をいう．

④ 「無線設備」とは，無線電信，無線電話その他電波を送り，又は受けるための____ウ____をいう．

⑤ 「無線従事者」とは，無線設備の____エ____を行う者であって，総務大臣の免許を受けたものをいう．

⑥ 「無線局」とは，無線設備及び無線設備の**操作**を行う者の総体をいう．ただし，____オ____のみを目的とするものを含まない．

1　300 万メガヘルツ	2　音声	3　電気的設備	4　操作	5　中継
6　30 万ギガヘルツ	7　音声その他の音響		8　通信設備	
9　操作又はその監督	10　受信			

太字は穴あきになった用語として，出題されたことがあるよ．

無線電信と無線電話は通信設備で，無線設備は電気的設備だよ．

問題2

　無線局の定義及び無線局の限界に関する次の記述のうち，電波法（第2条）及び電波法施行規則（第5条）の規定に照らし，これらの規定に定めるところに適合するものはどれか．下の1から4までのうちから一つ選べ．

1　「無線局」とは，免許人及び無線設備並びに無線設備の操作を行う者の総体をいう．ただし，受信のみを目的とするものを含まない．この受信のみを目的とするものには，中央集中方式，二重通信方式等の方式により通信を行う場合に設置する受信設備等自己の使用する送信設備に機能上直結する受信設備も含まれる．

2　「無線局」とは，無線設備及び無線設備の操作を行う者の総体をいう．ただし，受信のみを目的とするものを含まない．この受信のみを目的とするものには，中央集中方式，二重通信方式等の方式により通信を行う場合に設置する受信設備等自己の使用する送信設備に機能上直結する受信設備は含まれない．

3　「無線局」とは，免許人及び無線設備並びに無線設備の操作を行う者の総体をいう．ただし，受信のみを目的とするものを含まない．この受信のみを目的とするものには，中央集中方式，二重通信方式等の方式により通信を行う場合に設置する受信設備等自己の使用する送信設備に機能上直結する受信設備は含まれない．

4　「無線局」とは，無線設備及び無線設備の操作を行う者の総体をいう．ただし，受信のみを目的とするものを含まない．この受信のみを目的とするものには，中央集中方式，二重通信方式等の方式により通信を行う場合に設置する受信設備等自己の使用する送信設備に機能上直結する受信設備も含まれる．

解答

問題1 →アー1　イー7　ウー3　エー9　オー10　**問題2** →2

2.1 無線局の免許・再免許 （重要知識）

出題項目 Check!

- □ 無線局の開設，免許を要しない無線局とは，免許が与えられない場合
- □ 発射する電波が著しく微弱な無線局の範囲
- □ 免許の申請の審査事項
- □ 予備免許（再免許）のときに指定される事項
- □ 落成検査，検査の一部を省略するとき
- □ 免許が拒否される場合
- □ 免許の有効期間，再免許の申請書の記載事項，申請期間

1 無線局の免許（法4条）

　無線局を開設しようとする者は，**総務大臣の免許**を受けなければならない．ただし，次の各号に掲げる無線局については，この限りでない．

① **発射する電波が著しく微弱な無線局**で総務省令で定めるもの

② 26.9 MHz から 27.2 MHz までの周波数の電波を使用し，かつ，空中線電力が **0.5 ワット**以下である無線局のうち総務省令で定めるものであって**適合表示無線設備**のみを使用するもの

③ 空中線電力が **1ワット**以下である無線局のうち総務省令で定めるものであって，第4条の3の規定により指定された呼出符号又は呼出名称を自動的に送信し，又は受信する機能その他総務省令で定める機能を有することにより**他の無線局にその運用を阻害するような混信その他の妨害を与えない**ように運用することができるもので，かつ，**適合表示無線設備**のみを使用するもの

④ 第 27 条の 18 第 1 項の登録を受けて開設する無線局（以下「登録局」という．）

「免許」とは，普通は禁止されていることが特定の条件に合う者に限って許されることだよ．アマチュア局は「免許」だけど，「登録」を受ける登録局もあるんだね．

2 発射する電波が著しく微弱な無線局（施6条）

1　法第4条第1項第一号（**1**の①）に規定する発射する電波が著しく微弱な無線局を次のとおり定める．

① 当該無線局の無線設備から3メートルの距離において，その電界強度（総務大臣が

別に告示する試験設備の内部においてのみ使用される無線設備については当該試験設備の外部における電界強度を当該無線設備からの距離に応じて補正して得たものとし，人の生体内に植え込まれた状態又は一時的に留置された状態においてのみ使用される無線設備については当該生体の外部におけるものとする.）が，次の表（抜粋）の左欄の区分に従い，それぞれ同表の右欄に掲げる値以下であるもの

周波数帯	電界強度
322 MHz 以下	毎メートル 500 マイクロボルト
322 MHz を超え 10 GHz 以下	毎メートル 35 マイクロボルト

② 当該無線局の無線設備から 500 メートルの距離において，その電界強度が毎メートル 200 マイクロボルト以下のものであって，総務大臣が用途並びに電波の型式及び周波数を定めて告示するもの
③ 標準電界発生器，ヘテロダイン周波数計その他の測定用小型発振器
2 前項第一号（1 の①）の電界強度の測定方法については，別に告示する.

3 不法に無線局を開設した場合の罰則（法 110 条）

次の各号のいずれかに該当する者は，1 年以下の懲役又は 100 万円以下の罰金に処する.
① 第 4 条の規定による免許がないのに，無線局を開設した者
② 第 4 条の規定による免許がないのに，無線局を運用した者

注意 免許を受けないで，電波が出せるハンディトランシーバを持ち歩いていると，不法開設で捕まっちゃうよ.

4 アマチュア局の免許が与えられないことのある者（法 5 条）

総務大臣は，次のいずれかに該当する者には，無線局の免許を与えないことができる.
① 電波法又は放送法に規定する罪を犯し罰金以上の刑に処せられ，その執行を終わり，又はその執行を受けることがなくなった日から 2 年を経過しない者
② 第 75 条第 1 項の規定により無線局の免許の取消しを受け，その取消しの日から 2 年を経過しない者

5 アマチュア局の免許の手続き（法6条，免15条）

1　無線局の免許を受けようとする者は，申請書に次に掲げる事項を記載した書類を添えて，総務大臣に提出しなければならない．
① 目的
② 開設を必要とする理由
③ 通信の相手方及び通信事項
④ 無線設備の設置場所
⑤ 電波の型式並びに希望する周波数の範囲及び空中線電力
⑥ 希望する運用許容時間（運用することができる時間をいう．）
⑦ 無線設備の工事設計及び工事落成の予定期日
⑧ 運用開始の予定期日
2　アマチュア局（人工衛星等のアマチュア局を除く．）の免許を申請しようとするときは，法第6条に規定する記載事項のうち，次の事項の記載を省略することができる．
　　開設を必要とする理由，通信の相手方，希望する運用許容時間及び運用開始の予定期日

「申請」とは，あらかじめ総務大臣にお願いして許可や免許を求めることだよ．

用語の定義

「人工衛星等のアマチュア局」とは，人工衛星に開設するアマチュア局及び人工衛星に開設するアマチュア局の無線設備を遠隔操作するアマチュア局をいう（免8条）．

アマチュア局の免許は，総務大臣から権限が委任されているので地方の総合通信局長（沖縄総合通信事務所長を含む．）が交付します（法104条の3）．

6 申請の審査（法7条）

総務大臣は，第6条第1項の申請書を受理したときは，遅滞なくその申請が次の各号のいずれにも適合しているかどうかを審査しなければならない．
① 工事設計が第3章に定める技術基準に適合すること．
② 周波数の割当てが可能であること．
③ 主たる目的及び従たる目的を有する無線局にあっては，その従たる目的の遂行がその主たる目的の遂行に支障を及ぼすおそれがないこと．

④　前3号（①から③）に掲げるもののほか，総務省令で定める**無線局**（基幹放送局を除く.）の開設の根本的基準に合致すること.

 普通に見ているテレビやラジオの放送を
しているのが基幹放送局だよ.

7 予備免許（法8条）

　総務大臣は，第7条の規定により審査した結果，その申請が同条第1項各号又は第2項各号に適合していると認めるときは，申請者に対し，次に掲げる事項を指定して，無線局の予備免許を与える.
① 　工事落成の期限
② 　電波の型式及び周波数
③ 　呼出符号，呼出名称その他の総務省令で定める識別信号（以下「**識別信号**」という.）
④ 　空中線電力
⑤ 　運用許容時間

 再免許のときも②から⑤の事項が
指定されて免許が与えられるよ.

「呼出符号」と「識別信号」はどちらも同じもので，アマチュア無線ではコールサイン
といってるね. 無線局の免許に関する試験問題では「識別信号」が用いられるよ.

8 落成後の検査，免許の拒否，免許の付与（法10，11条，12条）

1　第8条の予備免許を受けた者は，**工事が落成したとき**は，その旨を総務大臣に届け出て，その**無線設備，無線従事者の資格及び員数並びに時計及び書類**（以下「無線設備等」という.）について検査を受けなければならない.
2　前項の検査は，同項の検査を受けようとする者が，当該検査を受けようとする無線設備等について第24条の2第1項又は第24条の13第1項の登録を受けた者が総務省令で定めるところにより行った当該登録に係る**点検の結果**を記載した書類を添えて前項の届出をした場合においては，その**一部を省略**することができる.
3　第8条第1項第一号の期限（同条第2項の規定による期限の延長があったときは，そ

9

の期限）経過後 2 週間以内に前条の規定による届出がないときは，総務大臣は，その**無線局の免許を拒否しなければならない**.

4　総務大臣は，第 10 条の規定による検査を行った結果，その無線設備が第 6 条第 1 項第七号又は同条第 2 項第二号の工事設計（第 9 条第 1 項の規定による変更があったときは，変更があったもの）に合致し，かつ，その無線従事者の資格及び員数が第 39 条又は第 39 条の 13，第 40 条及び第 50 条の規定に，その時計及び書類が第 60 条の規定にそれぞれ違反しないと認めるときは，遅滞なく申請者に対し免許を与えなければならない.

　第 24 条の 2 第 1 項は検査等事業者の登録のこと，第 24 条の 13 第 1 項は外国点検事業者の登録のことです.

　空中線電力 200 ワット以下の無線設備で開局するアマチュア局の場合は，適合表示無線設備を使用することによって，予備免許と検査が省略されて免許を受けることができます.

■9■ 免許の有効期間・再免許（法 13 条，免 18 条）

1　免許の有効期間は，免許の日から起算して 5 年を超えない範囲内において総務省令で定める. ただし，再免許を妨げない.

2　再免許の申請は，次の各号に掲げる無線局の種別に従い，それぞれ当該各号に掲げる期間に行わなければならない.

　アマチュア局（人工衛星等のアマチュア局を除く.）　　免許の**有効期間満了前 1 箇月以上 6 箇月**を超えない期間

　アマチュア局の免許の有効期間は，免許の日から起算して 5 年と定められています. 起算とは，免許の日を含んでということです. 免許の日が 7 月 7 日のときは，5 年後の 7 月 6 日までが免許の有効期間になります.

■10■ 免許状（法 14 条）

1　総務大臣は，免許を与えたときは，免許状を交付する.

2　免許状には，次に掲げる事項を記載しなければならない.

①　免許の年月日及び免許の番号

②　免許人（無線局の免許を受けた者をいう. 以下同じ.）の氏名又は名称及び住所

③　無線局の種別

④ 無線局の目的
⑤ 通信の相手方及び通信事項
⑥ 無線設備の設置場所
⑦ 免許の有効期間
⑧ 識別信号
⑨ 電波の型式及び周波数
⑩ 空中線電力
⑪ 運用許容時間

無 線 局 免 許 状

		免許の番号			識別信号	
氏名又は名称						
免許人の住所						
無線局の種別		無線局の目的			運用許容時間	
免許の年月日		免許の有効期間				
通 信 事 項				通信の相手方		
移 動 範 囲						
無線設備の設置/常置場所						
電波の型式、周波数及び空中線電力						
備考						

法律に別段の定めがある場合を除くほか、この無線局の無線設備を使用し、特定の相手方に対して行われる無線通信を傍受してその存在若しくは内容を漏らし、又はこれを窃用してはならない。

年　　月　　日

（何）総合通信局長　　　㊞

← 152 ミリメートル →

← 216 ミリメートル →

様式 2.1 アマチュア局に交付される免許状

Point

無線局免許状に記載される事項

　免許人の氏名と住所，有効期間，通信事項などの無線局を運用するときの条件，免許のときに指定される事項など．

無線設備に関係することや無線従事者の資格などは，免許状の記載事項ではないよ．

試験の直前 Check!

- □ **無線局の開設** >> 総務大臣の免許.
- □ **免許を要しない無線局** >> 発射する電波が著しく微弱. 26.9 MHzから27.2 MHzで0.5ワット以下の適合表示無線設備. 1ワット以下で総務総務省令で定める機能, 他の無線局に運用を阻害する混信その他の妨害を与えない. 適合表示無線設備. 登録局.
- □ **電波が著しく微弱** >> 3メートルの距離, 322 MHz以下は毎メートル500マイクロボルト, 322 MHzを超え10 GHz以下は毎メートル35マイクロボルト. 500メートルの距離, 毎メートル200マイクロボルト以下で総務大臣が告示する. 標準電界発生器, ヘテロダイン周波数計, 測定用小型発振器.
- □ **免許を与えないことがある** >> 電波法, 放送法の罰金以上の刑：2年, 免許取消し：2年.
- □ **申請の審査** >> 工事設計が第3章の技術基準に適合. 周波数割当てが可能. 無線局の開設の根本的基準に合致.
- □ **予備免許の指定事項** >> 工事落成の期限. 電波の型式及び周波数. 識別信号. 空中線電力. 運用許容時間.
- □ **検査** >> 工事が落成したとき. 無線設備, 無線従事者の資格及び員数, 時計及び書類（「無線設備等」）について検査. 登録に係る点検：一部省略.
- □ **免許拒否** >> 落成期限経過後2週間以内, 落成届未提出.
- □ **免許の有効期間** >> 5年を超えない範囲.
- □ **再免許の申請期間** >> 有効期間満了前1箇月以上6箇月を超えない期間.

国家試験問題

問題1

次の記述は, 無線局の開設について述べたものである. 電波法（第4条）の規定に照らし, ____内に入れるべき最も適切な字句を下の1から10までのうちからそれぞれ一つ選べ. なお, 同じ記号の____内には, 同じ字句が入るものとする.

無線局を開設しようとする者は, 総務大臣の免許を受けなければならない. ただし, 次に掲げる無線局については, この限りでない.

(1) ____ア____無線局で総務省令で定めるもの

(2) 26.9 MHzから27.2 MHzまでの周波数の電波を使用し, かつ, 空中線電力が____イ____以下である無線局のうち総務省令で定めるものであって, ____ウ____のみを使用するもの

(3) 空中線電力が____エ____以下である無線局のうち総務省令で定めるものであって, 電波法第4条の2（呼出符号又は呼出名称の指定）の規定により指定された呼出符号又は呼出名称を自動的に送信し, 又は受信する機能その他総務省令で定める機能を有することにより____オ____ないように運用することができるもので, かつ, ____ウ____

のみを使用するもの

(4) 総務大臣の登録を受けて開設する無線局

| 1 | 小規模な | 2 | 発射する電波が著しく微弱な |

| 3 | 1ワット | 4 | 適合表示無線設備 |

5 その型式について総務大臣の行う検定に合格した無線設備の機器

6 0.5ワット

7 他の無線局にその運用を阻害するような混信その他の妨害を与え

8 放送の受信に支障を与え，又は支障を与えるおそれが

| 9 | 10ワット | 10 | 0.01ワット |

問題2

次の記述のうち，総務大臣がアマチュア無線局の免許の申請書を受理したときに，その申請を審査する事項として，電波法（第7条）に規定されていないものはどれか．下の1から4までのうちから一つ選べ．

1 総務省令で定める無線局（基幹放送局を除く．）の開設の根本的基準に合致すること．

2 工事設計が電波法第3章（無線設備）に定める技術基準に適合すること．

3 その無線局の業務を維持するに足りる技術的能力があること．

4 周波数の割当てが可能であること．

問題3

次の記述は，免許を要しない無線局のうち発射する電波が著しく微弱な無線局について述べたものである．電波法施行規則（第6条）の規定に照らし，□□□内に入れるべき最も適切な字句の組合せを下の1から4までのうちから一つ選べ．

① 電波法第4条（無線局の開設）第1号に規定する発射する電波が著しく微弱な無線局を次の(1)から(3)までのとおり定める．

(1) 当該無線局の無線設備から3メートルの距離において，その電界強度(注)が，次の表の左欄の区分に従い，それぞれ同表の右欄に掲げる値以下であるもの

注 総務大臣が別に告示する試験設備の内部においてのみ使用される無線設備については当該試験設備の外部における電界強度を当該無線設備からの距離に応じて補正して得たものとし，人の生体内に植え込まれた状態又は一時的に留置された状態においてのみ使用される無線設備については当該生体の外部におけるものとする．

周波数帯	電界強度
322 MHz 以下	毎メートル A
322 MHz を超え 10 GHz 以下	毎メートル B

(2) 当該無線局の無線設備から500メートルの距離において，その電界強度が毎

メートル 200 マイクロボルト以下のものであって，総務大臣が用途並びに電波の
型式及び周波数を定めて告示するもの
(3) 標準電界発生器，　C　その他の測定用小型発振器
② ①の (1) の電界強度の測定方法については，別に告示する．

	A	B	C
1	100 マイクロボルト	35 マイクロボルト	ラジオゾンデ
2	500 マイクロボルト	150 マイクロボルト	ラジオゾンデ
3	100 マイクロボルト	150 マイクロボルト	ヘテロダイン周波数計
4	500 マイクロボルト	35 マイクロボルト	ヘテロダイン周波数計

問題 4

総務大臣がアマチュア無線局の免許を与えないことができる者に関する次の記述のう
ち，電波法 (第 5 条) の規定に照らし，この規定の定めるところに適合するものはどれ
か．下の 1 から 4 までのうちから一つ選べ．

1　総務大臣は，無線局の免許の取消しを受け，その取消しの日から 2 年を経過しな
い者には，無線局の免許を与えないことができる．
2　総務大臣は，無線局の運用の停止の命令を受け，その停止の期間の終了の日から
2 年を経過しない者には，無線局の免許を与えないことができる．
3　総務大臣は，電波の発射の停止の命令を受け，その停止の命令の解除の日から 2
年を経過しない者には，無線局の免許を与えないことができる．
4　総務大臣は，刑法に規定する罪を犯し罰金以上の刑に処せられ，その執行を終わ
り，又はその執行を受けることがなくなった日から 2 年を経過しない者には，無線
局の免許を与えないことができる．

問題 5

次の記述は，無線局の予備免許について述べたものである．電波法 (第 8 条) の規定
に照らし，　　　　内に入れるべき最も適切な字句の組合せを下の 1 から 4 までのうち
から一つ選べ．

① 総務大臣は，電波法第 7 条 (申請の審査) の規定により審査した結果，その申請
が同条第 1 項各号に適合していると認めるときは，申請者に対し，次の (1) から
(5) までに掲げる事項を指定して，無線局の予備免許を与える．
(1) **工事落成の期限**　(2) 　A　(3) 　B　(4) 　C　(5) 　D
② 総務大臣は，予備免許を受けた者から申請があった場合において，相当と認める
ときは，①の (1) の**期限**を延長することができる．

	A	B	C	D
1	発射可能な電波の型式及び周波数の範囲	警急信号	空中線電力	業務取扱時間
2	発射可能な電波の型式及び周波数の範囲	識別信号	実効輻射電力	業務取扱時間
3	電波の型式及び周波数	識別信号	空中線電力	運用許容時間
4	電波の型式及び周波数	警急信号	実効輻射電力	運用許容時間

 太字は穴あきになった用語として，出題されたことがあるよ．

問題6

次の記述は，無線局の落成後の検査等について述べたものである．電波法（第10条及び第11条）の規定に照らし，____内に入れるべき最も適切な字句の組合せを下の1から4までのうちから一つ選べ．

① 電波法第8条の予備免許を受けた者は，工事が落成したときは，その旨を総務大臣に届け出て，その**無線設備**，無線従事者の資格及び員数並びに**時計及び書類**（以下「無線設備等」という．）について検査を受けなければならない．

② ①の検査は，①の検査を受けようとする者が，当該検査を受けようとする無線設備等について電波法第24条の2（検査等事業者の登録）第1項又は第24条の13（外国点検事業者の登録等）第1項の登録を受けた者が総務省令で定めるところにより行った当該登録に係る**点検の結果**を記載した書類を添えて①の届出をした場合においては，その____A____を省略することができる．

③ 電波法第8条（予備免許）第1項第1号の工事落成の期限（同条第2項の規定による期限の延長があったときは，その期限）経過後____B____以内に①の規定による届出がないときは，総務大臣は，その無線局の____C____しなければならない．

	A	B	C
1	検査	2週間	免許を留保
2	一部	30日	免許を留保
3	検査	30日	免許を拒否
4	一部	2週間	免許を拒否

解答

問題1 → アー2 イー6 ウー4 エー3 オー7 **問題2** → 3
問題3 → 4 **問題4** → 1 **問題5** → 3 **問題6** → 4

2.2 変更・廃止　　　　　　　　　　　　　重要知識

出題項目 Check!

- ☐ 予備免許中に変更するときの手続き
- ☐ 免許後に変更するときの手続き
- ☐ 変更検査，検査の一部を省略するとき
- ☐ 免許状の訂正，再交付，返納
- ☐ 無線局の廃止，免許が効力を失ったときの措置

1 予備免許中の変更（法8，9，19条）

1　工事落成期限の変更（法8条）

　総務大臣は，予備免許を受けた者から申請があった場合において，相当と認めるときは，第8条第1項第一号の期限（工事落成の期限）を延長することができる．

2　工事設計等の変更（法9条）

① 第8条の予備免許を受けた者が，工事設計を変更しようとするときは，あらかじめ総務大臣の許可を受けなければならない．ただし，総務省令で定める軽微な事項については，この限りでない．

② 前項（①）ただし書の事項について工事設計を変更したときは，遅滞なくその旨を総務大臣に届け出なければならない．

③ 第1項（①）の変更は，周波数，電波の型式又は空中線電力に変更を来すものであってはならず，かつ，第7条第1項第一号又は第2項第一号の技術基準（第3章に定めるものに限る．）に合致するものでなければならない．

④ 第8条の予備免許を受けた者は，無線局の目的，通信の相手方，通信事項，無線設備の設置場所を変更しようとするときは，あらかじめ総務大臣の許可を受けなければならない．

3　指定事項の変更（法19条）

　総務大臣は，第8条の予備免許を受けた者が識別信号，電波の型式，周波数，空中線電力又は運用許容時間の指定の変更を申請した場合において，混信の除去その他特に必要があると認めるときは，その指定を変更することができる．

2 免許後の変更（法9，17，19条，施43条）

1　通信の相手方，通信事項，無線設備の設置場所等の変更（法9，17条）

　免許人は，無線局の目的，通信の相手方，通信事項若しくは無線設備の設置場所を変更

をし，又は**無線設備の変更の工事**をしようとするときは，あらかじめ，**総務大臣の許可を受けなければならない**．ただし，**無線設備の変更の工事**であって総務省令で定める軽微な事項については，この限りでない．

2　無線設備の常置場所の変更（施43条）

　移動するアマチュア局の免許人は，その無線局の無線設備の常置場所を変更したときは，できる限り速やかに，総務大臣又は総合通信局長に届け出なければならない．

3　無線設備の軽微な事項の変更（法9，17条）

　無線設備の変更の工事であって総務省令で定める軽微な事項について，**無線設備の変更の工事**をしたときは，遅滞なくその旨を総務大臣に届け出なければならない．

　無線設備の変更の工事は，**周波数**，**電波の型式**又は**空中線電力**に変更を来すものであってはならず，かつ，第7条（申請の審査）の**技術基準に合致する**ものでなければならない．

「第7条（申請の審査）の技術基準に合致する」と規定している条文は，試験問題では第7条の規定によって「第3章の技術基準に合致する」と書いてあるよ．

4　指定事項の変更（法19条）

　総務大臣は，免許人が識別信号，**電波の型式**，**周波数**，**空中線電力**又は運用許容時間の指定の変更を申請した場合において，**混信の除去その他特に必要がある**と認めるときは，その指定を変更することができる．

5　社団局の手続き（施43条）

　社団（公益社団法人その他これに準ずるものであって，総務大臣が認めるものを除く．）であるアマチュア局の免許人は，その**定款又は理事に関し変更**しようとするときは，あらかじめ総合通信局長に届け出なければならない．

3 変更検査（法18条）

① 　第17条第1項の規定により**無線設備の設置場所の変更**又は無線設備の変更の工事の許可を受けた免許人は，総務大臣の検査を受け，当該変更又は工事の結果が同条同項の**許可の内容に適合している**と認められた後でなければ，**許可に係る無線設備を運用してはならない**．ただし，総務省令で定める場合は，この限りでない．

② 　前項（①）の検査は，同項（①）の検査を受けようとする者が，当該検査を受けようとする無線設備について第24条の2第1項又は第24条の13第1項の登録を受けた者が総務省令で定めるところにより行った当該登録に係る**点検の結果**を記載した書類を総務大臣に提出した場合においては，**その一部を省略する**ことができる．

第 24 条の 2 第 1 項は検査等事業者の登録のこと，第 24 条の 13 第 1 項は外国点検事業者の登録等のことです。

4 無線局免許状の訂正，再交付 (法 21 条，免 22，23 条)

1　**免許状の訂正 (法 21 条)**
　免許人は，免許状に記載した事項に変更を生じたときは，その**免許状を総務大臣に提出**し，**訂正を受けなければならない**.

2　**免許状の訂正申請 (免 22 条)**
　① 　免許人は，法第 21 条の免許状の訂正を受けようとするときは，次に掲げる事項を記載した申請書を総務大臣又は総合通信局長に提出しなければならない.
　　(1) 免許人の氏名又は名称及び住所並びに法人にあっては，その代表者の氏名
　　(2) 無線局の種別及び局数
　　(3) **識別信号**
　　(4) **免許の番号**
　　(5) 訂正を受ける箇所及び訂正を受ける理由
　② 　前項 (①) の申請書の様式は，別表第 6 号の 5 のとおりとする.
　③ 　第 1 項 (①) の申請があった場合において，総務大臣又は総合通信局長は，新たな免許状の交付による訂正を行うことがある.
　④ 　総務大臣又は総合通信局長は，第 1 項 (①) の申請による場合のほか，職権により免許状の訂正を行うことがある.
　⑤ 　免許人は，新たな免許状の交付を受けたときは，**遅滞なく旧免許状を返さなければ**ならない.

3　**免許状の再交付 (免 23 条)**
　① 　免許人は，免許状を破損し，汚し，失った等のために免許状の再交付の申請をしようとするときは，次に掲げる事項を記載した申請書を総務大臣又は総合通信局長に提出しなければならない.
　　(1) 免許人の氏名又は名称及び住所並びに法人にあっては，その代表者の氏名
　　(2) 無線局の種別及び局数
　　(3) 識別信号
　　(4) 免許の番号
　　(5) 再交付を求める理由
　② 　前項 (①) の申請書の様式は，別表第 6 号の 8 のとおりとする.
　③ 　前条第 5 項 (2 の⑤) の規定は，第 1 項 (①) の規定により免許状の再交付を受けた場合に準用する. ただし，免許状を失った等のためにこれを返すことができない場合は，この限りでない.

電波法では「総務大臣」と規定されているけど，無線局免許手続規則などの規則では「総務大臣又は総合通信局長（沖縄総合通信事務所長を含む．）」と規定されていることがあるよ．権限が委任されているからだよ．

5 廃止（法22，23，24，78条）

1 免許人は，その無線局を**廃止するとき**は，その旨を総務大臣に届け出なければならない．
2 免許人が無線局を廃止したときは，**免許は，その効力を失う**．
3 **免許が効力を失った**ときは，免許人であった者は1箇月以内に，その免許状を返納しなければならない．
4 無線局の免許等がその効力を失ったときは，免許人等であった者は，**遅滞なく空中線の撤去その他の総務省令で定める電波の発射を防止するために必要な措置**を講じなければならない．

「廃止するとき」に届け出るんだよ．
免許状を返す期限は，「遅滞なく」と「1箇月以内に」があるよ．

「遅滞なく」とは，遅れることがないように，ということだよ．「速やかに」よりも早くしなさいという厳しい規定だよ．
「免許等」とは，免許と登録のことだよ．アマチュア局の場合は免許だよ．

無線局の免許がその効力を失うのは，次の場合があります．
① 免許人が無線局を廃止したとき（法23条）．
② 総務大臣から無線局の免許の取消しを受けたとき（法76条）．
③ 無線局の免許の有効期間が満了したとき（法24条）．

6 廃止に関する罰則（法113，116条）

① 第78条の規定に違反して，電波の発射を防止するために必要な措置を講じなかった者は，**30万円以下の罰金**に処する．
② 第24条の規定に違反して，免許状を返納しない者は**30万円以下の過料**に処する．

「罰金」は司法処分の刑罰で，「過料」は行政処分だから行政上の制裁のことだよ．

Point

免許状の返納

　無線局を廃止したとき，免許の取消しを受けたとき，有効期間が満了したときは無線局免許状を返納する．無線局の運用を休止したときや運用の停止を命ぜられたときは返納しない．

試験の直前 **Check!**

- [ ] **予備免許中の工事落成期限の変更** >> 申請．工事落成期限の延長．
- [ ] **予備免許中の指定事項の変更** >> 申請．識別信号，電波の型式，周波数，空中線電力，運用許容時間の変更．混信の除去その他特に必要を認めるとき変更．
- [ ] **予備免許中の工事設計の変更** >> あらかじめ総務大臣の許可．周波数，電波の型式，空中線電力を変更しない．
- [ ] **予備免許中の工事設計の軽微な事項の変更** >> 変更したとき，遅滞なく，総務大臣に届け出．
- [ ] **予備免許中の通信の相手方等の変更** >> あらかじめ総務大臣の許可．通信の相手方，通信事項，設置場所の変更．
- [ ] **免許後の通信の相手方等の変更** >> あらかじめ総務大臣の許可．通信の相手方，通信事項，設置場所，無線設備の変更．
- [ ] **無線設備の変更の工事** >> 周波数，電波の型式，空中線電力に変更を来さない．技術基準に合致．軽微な事項の変更，変更したとき，遅滞なく，総務大臣に届け出．
- [ ] **指定事項の変更** >> 識別信号，電波の型式，周波数，運用許容時間の変更，その旨を申請．混信の除去その他特に必要があるとき指定変更．
- [ ] **社団局の定款又は理事の変更** >> 変更しようとするとき，あらかじめ総合通信局長に届け出．
- [ ] **変更検査** >> 許可に係る無線設備，変更検査後に運用．登録に係る点検：一部省略．
- [ ] **免許状の訂正，再交付** >> 氏名，無線局の種別及び局数，識別信号，免許の番号，訂正を受ける箇所及び理由，再交付は再交付を求める理由，を記載した申請書．総務大臣が職権による交付がある．交付後，遅滞なく，旧免許状を返す．
- [ ] **無線局の廃止** >> 廃止するときは総務大臣に届出．廃止したとき免許は効力を失う．
- [ ] **免許が効力を失ったとき** >> 1箇月以内に免許状を返納．遅滞なく空中線の徹去，電波の発射を防止するために必要な措置を講じる．
- [ ] **廃止に関する罰則** >> 電波の発射を防止するために必要な措置を講じなかった者，30万円以下の罰金．免許状を返納しない者，30万円以下の過料．

国家試験問題

問題 1 ▶

　次の記述は，アマチュア無線局の変更等の許可及び変更検査について述べたものである．電波法（第 17 条及び第 18 条）の規定に照らし，___内に入れるべき最も適切な字句の組合せを下の 1 から 4 までのうちから一つ選べ．

① 免許人は，通信の相手方，通信事項若しくは**無線設備の設置場所**を変更し，又は無線設備の**変更の工事**をしようとするときは，あらかじめ総務大臣の許可を受けなければならない．ただし，無線設備の**変更の工事**であって総務省令で定める軽微な事項については，この限りでない．

② ①のただし書の事項について無線設備の変更の工事をしたときは，遅滞なくその旨を総務大臣に届け出なければならない．

③ ①の**変更の工事**は，　A　に変更を来すものであってはならず，かつ，電波法第 7 条（申請の審査）第 1 項第 1 号の**技術基準（第 3 章に定めるものに限る．）**に合致するものでなければならない．

④ ①の規定により無線設備の設置場所の変更又は無線設備の変更の工事の許可を受けた免許人は，総務大臣の検査を受け，当該変更又は工事の結果が　B　に適合していると認められた後でなければ，　C　してはならない．ただし，総務省令で定める場合は，この限りでない．

	A	B	C
1	周波数，電波の型式又は空中線電力	電波法第 3 章の技術基準の内容	当該無線局の無線設備を運用
2	周波数，電波の型式又は空中線電力	①の許可の内容	許可に係る無線設備を運用
3	電波の型式又は周波数	電波法第 3 章の技術基準の内容	許可に係る無線設備を運用
4	電波の型式又は周波数	①の許可の内容	当該無線局の無線設備を運用

太字は穴あきになった用語として，出題されたことがあるよ．

穴あき部分や**太字**の部分の用語が変わって，誤りや正しい記述を探す問題も出題されるよ．

問題２

　次の記述は，無線局（包括免許の局を除く．）の免許状の訂正について述べたものである．無線局免許手続規則（第22条）の規定に照らし，□□□内に入れるべき最も適切な字句の組合せを下の１から４までのうちから一つ選べ．

① 　免許人は，電波法第21条の免許状の訂正を受けようとするときは，次の（1）から（5）までに掲げる事項を記載した申請書を総務大臣又は総合通信局長（沖縄総合通信事務所長を含む．以下同じ．）に提出しなければならない．

　（1）免許人の氏名又は名称及び住所並びに法人にあっては，その代表者の氏名

　（2）無線局の種別及び局数

　（3）　| A |

　（4）　| B |

　（5）訂正を受ける箇所及び訂正を受ける理由

② 　①の申請書の様式は，無線局免許手続規則別表第６号の５のとおりとする．

③ 　①の申請があった場合において，総務大臣又は総合通信局長は，新たな免許状の交付による訂正を行うことがある．

④ 　総務大臣又は総合通信局長は，①の申請による場合のほか，職権により免許状の訂正を行うことがある．

⑤ 　免許人は，③の新たな免許状の交付を受けたときは，| C |旧免許状を返さなければならない．

	A	B	C
1	識別信号	免許の番号	遅滞なく
2	免許の年月日	無線設備の設置場所又は常置場所	遅滞なく
3	免許の年月日	免許の番号	１箇月以内に
4	識別信号	無線設備の設置場所又は常置場所	１箇月以内に

　法規の選択肢は四つだから，穴あきが ABC の三つある問題は，ABC の穴のうちどれか二つに埋める字句が分かれば，たいてい答えが見つかるよ．正確に用語を覚えて答えれば一つ分からなくても大丈夫だよ．

問題3

次の記述は，社団（公益社団法人その他これに準ずるものであって，総務大臣が認めるものを除く.）であるアマチュア局の免許人が行わなければならないことを述べたものである．電波法施行規則（第43条）の規定に照らし，_____内に入れるべき最も適切な字句の組合せを下の1から4までのうちから一つ選べ．

社団であるアマチュア局の免許人は，その　A　に関し**変更しようとするときは**，**あらかじめ**総合通信局長（沖縄総合通信事務所長を含む.）　B　なければならない．

	A	B
1	定款又は理事	の許可を受け
2	定款又は理事	に届け出
3	代表者	の許可を受け
4	代表者	に届け出

問題4

次の記述は，アマチュア無線局の免許がその効力を失った場合について述べたものである．電波法（第24条，第78条及び第113条）の規定に照らし，_____内に入れるべき最も適切な字句の組合せを下の1から4までのうちから一つ選べ．

① 無線局の免許がその効力を失ったときは，免許人であった者は，　A　以内にその**免許状を返納**しなければならない．

② 無線局の免許がその効力を失ったときは，免許人であった者は，遅滞なく　B　の撤去その他の総務省令で定める電波の発射を防止するために必要な措置を講じなければならない．

③ 　C　に違反した者は，**30万円**以下の罰金に処する．

	A	B	C
1	1箇月	送信装置	①の規定
2	1箇月	空中線	②の規定
3	10日	送信装置	②の規定
4	10日	空中線	①の規定

第2章　無線局

● **解答**

問題1 →2　　**問題2** →1　　**問題3** →2　　**問題4** →2

3.1 用語の定義・電波の型式の表示 重要知識

1 無線設備に関係する用語の定義（施2条）

① 「送信設備」とは，送信装置と送信空中線系とからなる電波を送る設備をいう．

② 「送信装置」とは，無線通信の送信のための高周波エネルギーを発生する装置及びこれに付加する装置をいう．

③ 「送信空中線系」とは，送信装置の発生する高周波エネルギーを空間へ輻射する装置をいう．

④ 「割当周波数」とは，無線局に割り当てられた周波数帯の**中央の周波数**をいう．

⑤ 「特性周波数」とは，与えられた発射において容易に識別し，かつ，**測定すること**のできる周波数をいう．

⑥ 「基準周波数」とは，割当周波数に対して，固定し，かつ，特定した位置にある周波数をいう．この場合において，この周波数の割当周波数に対する偏位は，特性周波数が発射によって占有する周波数帯の中央の周波数に対してもつ偏位と同一の絶対値及び同一の符号をもつものとする．

⑦ 「周波数の許容偏差」とは，発射によって占有する周波数帯の**中央**の周波数の**割当周波数**からの許容することができる最大の偏差又は発射の**特性周波数**の基準周波数からの許容することができる**最大の偏差**をいい，**百万分率又はヘルツ**で表わす．

⑧ 「占有周波数帯幅」とは，その**上限の周波数を超えて輻射され**，及びその**下限の周波数未満において輻射される**平均電力がそれぞれ与えられた発射によって輻射される全平均電力の**0.5パーセント**に等しい上限及び下限の周波数帯幅をいう．

⑨ 「必要周波数帯幅」とは，与えられた発射の種別について，特定の条件のもとにおいて，使用される方式に必要な速度及び質で情報の伝送を確保するためにじゅうぶんな占有周波数帯幅の最小値をいう．この場合，低減搬送波方式の搬送波に相当する発射等受信装置の良好な動作に有用な発射は，これに含まれるものとする．

⑩ 「スプリアス発射」とは，**必要周波数帯外**における1又は2以上の周波数の電波の発射であって，そのレベルを**情報の伝送**に影響を与えないで低減することができるものをいい，高調波発射，低調波発射，寄生発射及び相互変調積を含み，帯域外発射を含まないものとする．

⑪ 「帯域外発射」とは，**必要周波数帯**に近接する周波数の電波の発射で情報の伝送のた

めの変調の過程において生ずるものをいう.

⑫ 「**不要発射**」とは，スプリアス発射及び帯域外発射をいう.

⑬ 「**空中線電力**」とは，**尖頭電力**，**平均電力**，**搬送波電力**又は**規格電力**をいう.

⑭ 「**尖頭電力**」とは，通常の動作状態において，**変調包絡線の最高尖頭における無線周波数1サイクルの間に送信機から空中線系の給電線に供給される平均の電力**をいう.

⑮ 「**平均電力**」とは，通常の動作中の送信機から空中線系の給電線に供給される電力であって，変調において用いられる**最低周波数**の周期に比較してじゅうぶん長い時間（通常，平均の電力が最大である約10分の1秒間）にわたって平均されたものをいう.

⑯ 「**搬送波電力**」とは，変調のない状態における無線周波数1サイクルの間に送信機から空中線系の給電線に供給される平均の電力をいう.ただし，この定義は，パルス変調の発射には適用しない.

⑰ 「**規格電力**」とは，終段真空管の使用状態における出力規格の値をいう.

⑱ 「**水平面の主輻射の角度の幅**」とは，その方向における輻射電力と最大輻射の方向における輻射電力との差が**最大3デシベル**であるすべての方向を含む全角度をいい，度でこれを示す.

■**2**■ 電波の型式の表示（施4条の2）

電波法施行規則

第4条の2 電波の主搬送波の変調の型式，主搬送波を変調する信号の性質及び伝送情報の型式は，次の各号に掲げるように分類し，それぞれ当該各号に掲げる記号をもって表示する.ただし，主搬送波を変調する信号の性質を表示する記号は，対応する算用数字をもって表示することがあるものとする.

1 主搬送波の変調の型式	記号
① 振幅変調 (1) 両側波帯	A
(2) 独立側波帯	B
(3) 残留側波帯	C
(4) 全搬送波による単側波帯	H
(5) 抑圧搬送波による単側波帯	J
(6) 低減搬送波による単側波帯	R
② 角度変調 (1) 周波数変調	F
(2) 位相変調	G
③ 同時に，又は一定の順序で振幅変調及び角度変調を行うもの	D

2 主搬送波を変調する信号の性質	記号
① デジタル信号である単一チャネルのもの	
(1) 変調のための副搬送波を使用しないもの	1
(2) 変調のための副搬送波を使用するもの	2

②	アナログ信号である単一チャネルのもの	3
③	デジタル信号である2以上のチャネルのもの	7
④	アナログ信号である2以上のチャネルのもの	8
⑤	デジタル信号の1又は2以上のチャネルとアナログ信号の1又は2以上のチャネルを複合したもの	9

3　伝送情報の型式　　　　　　　　　　　　　　　　　　　　　記号

①	電信	
	（1）聴覚受信を目的とするもの	A
	（2）自動受信を目的とするもの	B
②	ファクシミリ	C
③	データ伝送，遠隔測定又は遠隔指令	D
④	電話（音響の放送を含む．）	E
⑤	テレビジョン（映像に限る．）	F
⑥	これらの組合せのもの	W

主搬送波の変調の型式は，周波数変調が Frequency のFで，その次のGが位相変調だよ．伝送情報の型式は，ファクシミリがCで，テレビジョンがFだから注意してね．

電波型式の記号は無線局免許状に記載される記号ですが，アマチュア局の場合は，これらの記号のいくつかを一つにまとめた「1HA」などの記号が用いられます．

Point

電波の型式の表示例

A2A　振幅変調の両側波帯：デジタル信号の単一チャネルで変調のための副搬送波を使用する：電信で聴覚受信を目的とするもの．

J3E　振幅変調の抑圧搬送波による単側波帯；アナログ信号の単一チャネル；電話（音響の放送を含む．）．

C3F　振幅変調の残留側波帯；アナログ信号の単一チャネル；テレビジョン（映像に限る．）．

R3E　振幅変調の低減搬送波の単側波帯；アナログ信号の単一チャネル；電話（音響の放送を含む．）．

F2D　周波数変調；デジタル信号の単一チャネルで変調のための副搬送波を使用する；データ伝送，遠隔測定又は遠隔指令．

F3E　周波数変調；アナログ信号の単一チャネル；電話（音響の放送を含む．）．

F8W　周波数変調；アナログ信号である2以上のチャネル；これらの組合せのもの．

G1B　位相変調；デジタル信号の単一チャネルで変調のための副搬送波を使用しない；電信で自動受信を目的とするもの．

D7D　同時に，又は一定の順序で振幅変調及び角度変調を行う；デジタル信号である2以上のチャネル；データ伝送，遠隔測定又は遠隔指令．

第3章　無線設備

3 空中線電力の表示（施4条の4）

アマチュア局の空中線電力は，電波の型式のうち主搬送波の変調の型式及び主搬送波を変調する信号の性質によって，次に掲げる電力をもって表示する．

A1　尖頭電力
A3　平均電力
J　尖頭電力
F　平均電力

電波の型式のうちの1文字あるいは2文字で空中線電力の表示は決まるけど，試験問題では，A1はA1Aとして，JはJ3Eとして，FはF3Eとして，空中線電力の表示を答える問題が出題されるよ．

試験の直前 Check!

- **割当周波数** ＞＞ 割り当てられた周波数帯の中央の周波数．
- **特性周波数** ＞＞ 容易に識別し，測定することのできる周波数．
- **基準周波数** ＞＞ 割当周波数に対して，固定し，特定した位置にある周波数．
- **周波数の許容偏差** ＞＞ 中央の周波数の割当周波数からの偏差，特性周波数の基準周波数からの偏差，百万分率又はヘルツで表す．
- **占有周波数帯幅** ＞＞ 上限の周波数を超えて輻射，下限の周波数未満において輻射，全平均電力の0.5パーセント．
- **必要周波数帯幅** ＞＞ 使用される方式に必要な速度及び質，情報の伝送を確保するためにじゅうぶんな占有周波数帯幅の最小値．
- **スプリアス発射** ＞＞ 必要周波数帯外における1又は2以上の周波数の電波の発射．情報の伝送に影響を与えないで低減．高調波発射，低調波発射，寄生発射，相互変調積を含み，帯域外発射を含まない．
- **帯域外発射** ＞＞ 必要周波数帯に近接する周波数の発射．変調の過程において生ずる．
- **不要発射** ＞＞ スプリアス発射及び帯域外発射．
- **空中線電力** ＞＞ 尖頭電力，平均電力，搬送波電力，規格電力．
- **尖頭電力** ＞＞ 変調包絡線の最高尖頭における無線周波数1サイクルの間に送信機から空中線系に供給される平均の電力．
- **平均電力** ＞＞ 変調の最低周波数の周期に比較してじゅうぶん長い時間（通常，平均の電力が最大である約10分の1秒間）にわたって平均されたもの．
- **搬送波電力** ＞＞ 変調のない無線周波数1サイクルの間に送信機から空中線系に供給される平均の電力．
- **規格電力** ＞＞ 終段真空管の出力規格の値．

第3章 無線設備

- □ **水平面の主輻射の角度の幅** ≫ その方向における輻射電力と最大輻射の方向における輻射電力との差が最大 3 デシベル，度で示す．
- □ **変調の型式（電波型式）** ≫ 振幅変調，A：両側波帯，C：残留側波帯，H：全搬送波による単側波帯，J：抑圧搬送波による単側波帯，R：低減搬送波による単側波帯，F：周波数変調，G：位相変調，D：振幅変調及び角度変調．
- □ **信号の性質（電波型式）** ≫ デジタル信号の単一チャネル，1：副搬送波を使用しない，2：副搬送波を使用する，3：アナログ信号の単一チャネル，7：デジタル信号である 2 以上のチャネル，8：アナログ信号である 2 以上のチャネル．
- □ **伝送情報の型式（電波型式）** ≫ 電信，A：聴覚受信，B：自動受信，C：ファクシミリ，D：データ伝送，遠隔測定又は遠隔指令，E：電話，F：テレビジョン，W：これらの組合せのもの．
- □ **空中線電力の表示** ≫ A1A：尖頭電力，A3E：平均電力，J3E：尖頭電力，F2A：平均電力，F3E：平均電力．

国家試験問題

問題 1

次の記述は，「スプリアス発射」及び「帯域外発射」の定義について述べたものである．電波法施行規則（第 2 条）の規定に照らし，____内に入れるべき最も適切な字句の組合せを下の 1 から 4 までのうちから一つ選べ．なお，同じ記号の____内には，同じ字句が入るものとする．

① 「スプリアス発射」とは，__A__ 外における 1 又は 2 以上の周波数の電波の発射であって，そのレベルを__B__ に影響を与えないで低減することができるものをいい，高調波発射，低調波発射，寄生発射及び相互変調積を含み，帯域外発射を含まないものとする．

② 「帯域外発射」とは，__A__ に近接する周波数の電波の発射で情報の伝送のための変調の過程において生ずるものをいう．

	A	B
1	必要周波数帯	情報の伝送
2	必要周波数帯	特性周波数
3	指定周波数帯	情報の伝送
4	指定周波数帯	特性周波数

問題2

　次の表の各欄の記述は，それぞれ電波の型式の記号表示と主搬送波の変調の型式，主搬送波を変調する信号の性質及び伝送情報の型式に分類して表す電波の型式を示したものである．電波法施行規則（第4条の2）の規定に照らし，電波の型式の記号表示と電波の型式の内容が適合するものはどれか．下の表の1から4までのうちから一つ選べ．

区分番号	電波の型式の記号	電波の型式		
		主搬送波の変調の型式	主搬送波を変調する信号の性質	伝送情報の型式
1	G1D	角度変調であって位相変調	デジタル信号である単一チャネルのものであって変調のための副搬送波を使用しないもの	データ伝送，遠隔測定又は遠隔指令
2	D3C	振幅変調であって低減搬送波による単側波帯	アナログ信号である単一チャネルのもの	ファクシミリ
3	F8W	角度変調であって周波数変調	アナログ信号である2以上のチャネルのもの	テレビジョン（映像に限る．）
4	A2A	振幅変調であって両側波帯	デジタル信号である2以上のチャネルのもの	電信であって聴覚受信を目的とするもの

単一チャネルは1から3だよ．2以上のチャネルは7と8だね．
ファクシミリがCでテレビジョンはFだよ．

解説

誤っている選択肢の電波の型式の記号を正しくすると，次のようになります．
2　R3C　　3　F8F　　4　A7A

解答

問題1 → 1　　問題2 → 1

3.2 電波の質・安全施設 重要知識

出題項目 Check!

- □ 電波の質として定められている事項
- □ アマチュア局の周波数の許容偏差と空中線電力の許容偏差の条件
- □ 無線設備の安全施設の条件
- □ 電波の強度に対する安全施設の条件と適用が除外される設備
- □ 高圧電気の意義と高圧電気の機器，空中線等の条件
- □ 避雷器，接地装置を設ける設備とその条件

■1■ 電波の質（法28条）

　送信設備に使用する電波の**周波数の偏差及び幅，高調波の強度等**電波の質は，総務省令で定めるところに適合するものでなければならない．

　電波の周波数の偏差，電波の周波数の幅，高調波の強度等の許容値が総務省令の無線設備規則に，周波数の許容偏差，占有周波数帯幅の許容値，スプリアス発射又は不要発射の強度の許容値として定められています．

■2■ 周波数の許容偏差（設5条）

　送信設備に使用する電波の周波数の許容偏差は，別表第1号（抜粋）に定めるとおりとする．

別表第1号　周波数の許容偏差の表（抜粋）

周波数帯	無線局	周波数の許容偏差（百万分率）
9 kHz を超え 526.5 kHz 以下	アマチュア局	100
1,606.5 kHz を超え 4,000 kHz 以下 〜 10.5 GHz を超え 134 GHz 以下	アマチュア局	500

　「1,606.5 kHz を超え 4,000 kHz 以下」から「10.5 GHz を超え 134 GHz 以下」の間の省略した周波数帯について，アマチュア局の送信設備の周波数の許容偏差は同じ値です．

【3】 空中線電力の許容偏差（設14条）

　空中線電力の許容偏差は，次の表（抜粋）の左欄に掲げる送信設備の区別に従い，それぞれ同表の右欄に掲げるとおりとする．

送信設備	許容偏差	
	上限（パーセント）	下限（パーセント）
アマチュア局の送信設備	20	

アマチュア局は下限が規定されてないんだよ．
電力は小さくした方が混信しなくていいね．

【4】 安全施設等（法30条，施21条の2，施21条の3，施22〜25条）

1 **安全性の確保（法30条，施21条の2）**
① 無線設備には，人体に危害を及ぼし，又は物件に損傷を与えることがないように，総務省令で定める施設をしなければならない．
② 無線設備は，破損，発火，発煙等により人体に危害を及ぼし，又は物件に損傷を与えることがあってはならない．

2 **電波の強度に対する安全施設（施21条の3）**
① 無線設備には，当該無線設備から発射される電波の強度（**電界強度，磁界強度及び電力束密度及び磁束密度**をいう．以下同じ．）が別表第2号の3の2に定める値を超える場所（人が通常，集合し，通行し，その他出入りする場所に限る．）に**取扱者**のほか容易に出入りすることができないように，施設をしなければならない．ただし，次の各号に掲げる無線局の無線設備については，この限りではない．
(1) **平均電力が20ミリワット以下**の無線局の無線設備
(2) **移動する無線局**の無線設備
(3) 地震，台風，洪水，津波，雪害，火災，暴動その他**非常の事態が発生**し，又は発生するおそれがある場合において，臨時に開設する無線局の無線設備
(4) 前3号（(1)から(3)）に掲げるもののほか，この規定を適用することが不合理であるものとして総務大臣が別に告示する無線局の無線設備
② 前項（①）の電波の強度の算出方法及び測定方法については，総務大臣が別に告示する．

3　高圧電気に対する安全施設（施22，23，24，25条）
① 高圧電気（高周波若しくは交流の電圧300ボルト又は直流の電圧750ボルトを超える電気をいう．以下同じ．）を使用する電動発電機，変圧器，ろ波器，整流器その他の機器は，**外部より容易にふれることができないように，絶縁しゃへい体又は接地された金属しゃへい体の内に収容しなければならない．**ただし，**取扱者のほか出入できないように設備した場所に装置する場合は，**この限りでない．
② 送信設備の各単位装置相互間をつなぐ電線であって高圧電気を通ずるものは，**線溝若しくは丈夫な絶縁体又は接地された金属しゃへい体の内に収容しなければならない．**ただし，**取扱者のほか出入できないように設備した場所に装置する場合は，**この限りでない．
③ 送信設備の調整盤又は外箱から露出する電線に高圧電気を通ずる場合においては，その電線が絶縁されているときであっても，電気設備に関する技術基準を定める省令の規定するところに準じて保護しなければならない．
④ 送信設備の空中線，給電線若しくはカウンターポイズであって高圧電気を通ずるものは，その高さが人の歩行その他起居する平面から**2.5メートル以上**のものでなければならない．ただし，次の各号の場合は，この限りでない．
(1) 2.5メートルに満たない高さの部分が，**人体に容易に触れない構造である場合又は人体が容易に触れない位置にある場合**
(2) **移動局**であって，その移動体の構造上困難であり，かつ，**無線従事者以外の者が出入しない場所にある場合**

④に規定する「起居する平面」や「無線従事者以外の者が出入しない」移動局は，船舶のことだね．

▌5▐ 保安施設等（施26条，設9条）

1　空中線等の保安施設（施26条）
　無線設備の空中線系には避雷器又は**接地装置**を，また，カウンターポイズには**接地装置**をそれぞれ設けなければならない．ただし，**26.175MHzを超える周波数**を使用する無線局の無線設備及び陸上移動局又は携帯局の無線設備の空中線については，この限りでない．
2　保護装置（設9条）
　無線設備の電源回路には，ヒューズ又は自動しゃ断器を装置しなければならない．ただし，負荷電力10ワット以下のものについては，この限りでない．

試験の直前 Check! ━━━

☐ **電波の質** ＞＞ 周波数の偏差，幅，高調波の強度等.

☐ **周波数の許容偏差** ＞＞ 9 kHz を超え 526.5 kHz 以下：100（百万分率），それ以外の周波数帯：500（百万分率）

☐ **空中線電力の許容偏差** ＞＞ 上限 20 パーセント，下限は規定されていない.

☐ **総務省令で定める施設** ＞＞ 人体に危害を及ぼし，物件に損傷を与えることがない.

☐ **電波の強度** ＞＞ 電界強度，磁界強度，電力束密度，磁束密度.

☐ **電波の強度に対する安全施設** ＞＞ 規定値を超える，人が通常，集合，通行，出入する場所，取扱者のほか容易に出入りすることができないように施設.

☐ **電波の強度に対する安全施設適用外** ＞＞ 平均電力 20 ミリワット以下. 移動する無線局. 非常の事態が発生，発生するおそれがある場合，臨時に開設.

☐ **高圧電気** ＞＞ 高周波，交流の電圧 300 ボルト，直流の電圧 750 ボルトを超える.

☐ **高圧電気の機器** ＞＞ 電動発電機，変圧器，ろ波器，整流器その他の機器. 絶縁しゃへい体，接地された金属しゃへい体の内に収容. 取扱者のほか出入できない場合はこの限りでない.

☐ **高圧電気の空中線，給電線，カウンターポイズ** ＞＞ 2.5 メートル以上. 限りでないのは，2.5 メートルに満たない高さの部分が人体に容易に触れない，人体が容易に触れない位置，移動体の構造上困難で無線従事者以外出入しない.

☐ **避雷器，接地装置** ＞＞ 空中線系に避雷器又は接地装置. カウンターポイズに接地装置. 26.175 MHz を超える周波数はこの限りでない.

国家試験問題

問題 1

　アマチュア局の送信設備の空中線電力の許容偏差に関する次の記述のうち，無線設備規則（第 14 条）の規定に照らし，この規定の定めるところに適合するものはどれか. 下の 1 から 4 までのうちから一つ選べ.

1　アマチュア局の送信設備の空中線電力の許容偏差は，上限 10 パーセントで下限 20 パーセントとする.

2　アマチュア局の送信設備の空中線電力の許容偏差は，上限 15 パーセントで下限 15 パーセントとする.

3　アマチュア局の送信設備の空中線電力の許容偏差は，上限 20 パーセントとする.

4　アマチュア局の送信設備の空中線電力の許容偏差は，上限 40 パーセントとする.

 アマチュア局の空中線電力の許容偏差は，下限の規定がないよ.

問題2

　次の記述は，送信設備に使用する電波の質及び周波数の許容偏差について述べたものである．電波法（第 28 条）及び電波法施行規則（第 2 条）並びに無線設備規則（第 5 条及び別表第 1 号）の規定に照らし，_____内に入れるべき最も適切な字句の組合せを下の 1 から 4 までのうちから一つ選べ．

① 送信設備に使用する電波の周波数の偏差及び幅，　A　等電波の質は，総務省令で定めるところに適合するものでなければならない．

② 「周波数の許容偏差」とは，発射によって占有する周波数帯の中央の周波数の割当周波数からの許容することができる最大の偏差又は発射の**特性周波数**の基準周波数からの許容することができる最大の偏差をいい，　B　で表す．

③ 1,606.5 kHz を超え 4,000 kHz 以下の周波数の電波を使用するアマチュア局の送信設備に使用する電波の周波数の許容偏差は　C　とする．

	A	B	C
1	空中線電力の許容偏差	100 万分率又はヘルツ	100 万分の 100
2	高調波の強度	100 万分率又はヘルツ	100 万分の 500
3	空中線電力の許容偏差	100 万分率	100 万分の 500
4	高調波の強度	100 万分率	100 万分の 100

太字は穴あきになった用語として，出題されたことがあるよ．

空中線電力は電波の強さが変わるけど，電波の質ではないよね．
アマチュア局の送信設備の周波数の許容偏差は，9kHz を超え 526.5kHz が 100 万分の 100 で，それ以外の周波数は 100 万分の 500 だよ．

問題3

次の記述は，高圧電気に対する安全施設について述べたものである．電波法施行規則（第22条）の規定に照らし，____内に入れるべき最も適切な字句を下の1から10までのうちからそれぞれ一つ選べ．

高圧電気（高周波若しくは交流の電圧 ［ ア ］ 又は直流の電圧 ［ イ ］ を超える電気をいう．）を使用する電動発電機，変圧器，ろ波器，整流器その他の機器は，［ ウ ］，絶縁しゃへい体又は ［ エ ］ しゃへい体の内に収容しなければならない．ただし，［ オ ］ のほか出入できないように設備した場所に装置する場合は，この限りでない．

1	600 ボルト	2	300 ボルト
3	外部より容易に触れることができないように	4	350 ボルト
5	750 ボルト	6	接地された金属
7	調整盤又は外箱から露出することがないように	8	取扱者
9	金属	10	無線従事者

300 ボルト，750 ボルトを超える，だよ．数値に注意してね．金属のしゃへい体に電気が漏れたとき，その金属を接地していないと感電しちゃうよ．

問題4

次の記述は，空中線等の保安施設について述べたものである．電波法施行規則（第26条）の規定に照らし，____内に入れるべき最も適切な字句の組合せを下の1から4までのうちから一つ選べ．

無線設備の空中線系には ［ A ］ を，また，カウンターポイズには ［ B ］ をそれぞれ設けなければならない．ただし，［ C ］ 周波数を使用する無線局の無線設備及び陸上移動局又は携帯局の無線設備の空中線については，この限りでない．

	A	B	C
1	整合器及び避雷器	避雷器	26.175 MHz を超える
2	整合器及び避雷器	接地装置	26.175 MHz 以下の
3	避雷器又は接地装置	避雷器	26.175 MHz 以下の
4	避雷器又は接地装置	接地装置	26.175 MHz を超える

26.175 MHz は電波法令での短波帯（HF）と超短波帯（VHF）の境目なんだよ．短波帯のアンテナは大きいから避雷器とか接地装置がいるよね．

第3章　無線設備

35

問題5

次の記述は，電波の強度に対する安全施設について述べたものである．電波法施行規則（第21条の3）の規定に照らし，____内に入れるべき最も適切な字句の組合せを下の1から4までのうちから一つ選べ．

① 無線設備には，当該無線設備から発射される電波の強度（____A____をいう．以下同じ．）が電波法施行規則別表第2号の3の2（電波の強度の値の表）に定める値を超える場所（人が通常，集合し，通行し，その他出入りする場所に限る．）に取扱者のほか容易に出入りすることができないように，施設をしなければならない．ただし，次に掲げる無線局の無線設備については，この限りではない．

(1) ____B____以下の無線局の無線設備

(2) ____C____の無線設備

(3) 地震，台風，洪水，津波，雪害，火災，暴動その他非常の事態が**発生し，又は発生するおそれがある場合**において，臨時に開設する無線局の無線設備

(4) (1) から (3) までに掲げるもののほか，この規定を適用することが不合理であるものとして総務大臣が別に告示する無線局の無線設備

② ①の電波の強度の算出方法及び測定方法については，総務大臣が別に告示する．

	A	B	C
1	電界強度，磁界強度，電力束密度及び磁束密度	搬送波電力が50ミリワット	移動業務の無線局
2	電界強度，磁界強度，電力束密度及び磁束密度	平均電力が20ミリワット	移動する無線局
3	電界強度及び磁界強度	平均電力が20ミリワット	移動業務の無線局
4	電界強度及び磁界強度	搬送波電力が50ミリワット	移動する無線局

● 解答 ●

問題1 → 3　**問題2** → 2

問題3 → ア—2　イ—5　ウ—3　エ—6　オ—8　**問題4** → 4

問題5 → 2

3.3 無線設備の条件・送信装置の条件 （重要知識）

■ 1 ■ 周波数の安定のための条件（設 15 条）

送信周波数は，外部の温度や電源の変動などのいろいろな条件によって変動しやすいので，周波数の安定のための条件が規定されています．

① 周波数をその**許容偏差内**に維持するため，送信装置は，できる限り**電源電圧又は負荷**の変化によって**発振周波数に影響を与えない**ものでなければならない．

② 周波数をその**許容偏差内**に維持するため，発振回路の方式は，できる限り**外囲の温度**若しくは湿度の変化によって影響を受けないものでなければならない．

③ 移動局（移動するアマチュア局を含む．）の送信装置は，実際上起こり得る**振動又は衝撃**によっても周波数をその**許容偏差内に維持する**ものでなければならない．

■ 2 ■ 水晶発振回路に使用する水晶発振子（設 16 条）

水晶発振回路に使用する水晶発振子は，周波数をその許容偏差内に維持するため，次の条件に適合するものでなければならない．

① 発振周波数が当該送信装置の**水晶発振回路により又はこれと同一の条件の回路により**あらかじめ試験を行って決定されているものであること．

② 恒温槽を有する場合は，恒温槽は水晶発振子の**温度係数に応じてその温度変化の許容値を正確に維持する**ものであること．

周囲温度が変化すると，水晶発振子を用いた発振回路の発振周波数は変化するよ．恒温槽は周囲温度が変化しても水晶発振子を一定の温度に保つ部品だよ．水晶発振子の特性に合わせて温度変化を許容値に納める必要があるね．

第3章 無線設備

3　周波数測定装置（法31，37条，施11条の3）

1　周波数測定装置の備え付け（法31条）

総務省令で定める送信設備には，その誤差が使用周波数の**許容偏差の2分の1以下**である周波数測定装置を備え付けなければならない．

2　無線設備の機器の検定（法37条）

法第31条の規定により備え付けなければならない**周波数測定装置**は，その型式について，**総務大臣の行う検定に合格したもの**でなければ，施設してはならない．ただし，総務大臣が行う検定に相当する型式検定に合格している機器その他の機器であって総務省令で定めるものを施設する場合は，この限りでない．

3　周波数測定装置を備え付ける送信設備（施11条の3）

法第31条の総務省令で定める送信設備は，次に掲げる送信設備以外のものとする．

① **26.175 MHz を超える**周波数の電波を利用するもの

② 空中線電力 **10 ワット以下**のもの

③ 法第31条に規定する周波数測定装置を備え付けている相手方の無線局によってその使用電波の周波数が測定されることとなっているもの

④ 当該送信設備の無線局の免許人が別に備え付けた法第31条に規定する周波数測定装置をもってその使用電波の周波数を随時測定し得るもの

⑤ アマチュア局の送信設備であって，当該設備から発射される電波の**特性周波数**を **0.025 パーセント**（9 kHz を超え 526.5 kHz 以下の周波数の電波を使用する場合は，**0.005 パーセント**）以内の誤差で測定することにより，その電波の占有する周波数帯幅が，当該無線局が動作することを許される周波数帯内にあることを確認することができる装置を備え付けているもの

⑥ その他総務大臣が別に告示するもの

アマチュア局が動作することを許される周波数帯の上下の周波数を確認することができる装置には，マーカ発振器などがあるよ．

4　通信速度（設17条）

アマチュア局の送信装置は，**通常使用する**通信速度でできる限り安定に動作するものでなければならない．

5 変調の条件（設18条）

① 送信装置は，音声その他の周波数によって搬送波を変調する場合には，変調波の尖頭値において（±）100パーセントを超えない範囲に維持されるものでなければならない．

② アマチュア局の送信装置は，通信に秘匿性を与える機能を有してはならない．

秘匿性を与える機能を有するというのは，交信相手以外のアマチュア局が受信しても通信内容が分からない秘話装置などを使うことだよ．

6 送信空中線の条件（設20，22条）

1 型式及び構成の条件（設20条）

送信空中線の型式及び構成は，次の各号に適合するものでなければならない．

① 空中線の利得及び能率がなるべく大であること．

② 整合が十分であること．

③ 満足な指向特性が得られること．

2 指向特性（設22条）

空中線の指向特性は，次に掲げる事項によって定める．

① 主輻射方向及び副輻射方向

② 水平面の主輻射の角度の幅

③ 空中線を設置する位置の近傍にあるものであって電波の伝わる方向を乱すもの

④ 給電線よりの輻射

用語の定義

「水平面の主輻射の角度の幅」とは，その方向における輻射電力と最大輻射の方向における輻射電力との差が最大3デシベルであるすべての方向を含む全角度をいい，度でこれを示す（施2条）．

第3章 無線設備

7　受信設備の条件（法29条，設24，25条）

1　受信設備は，その**副次的に発する電波又は高周波電流**が，総務省令で定める限度を超えて他の無線設備の機能に支障を与えるものであってはならない．

2　法第29条（1）に規定する副次的に発する電波が他の無線設備の機能に支障を与えない限度は，受信空中線と**電気的常数の等しい擬似空中線回路**を使用して測定した場合に，その回路の電力が**4ナノワット以下**でなければならない．

3　受信設備は，なるべく次の各号に適合するものでなければならない．
① 　内部雑音が小さいこと．
② 　感度が十分であること．
③ 　選択度が適正であること．
④ 　了解度が十分であること．

試験の直前 Check!

□ **送信装置（周波数安定の条件）**≫≫ 許容偏差内に維持．電源電圧，負荷の変化，発振周波数に影響を与えない．

□ **発振回路（周波数安定の条件）**≫≫ 許容偏差内に維持．外囲の温度，湿度の変化，影響を受けない．

□ **移動するアマチュア局（周波数安定の条件）**≫≫ 振動又は衝撃によっても許容偏差内に維持．

□ **水晶発振子**≫≫ 当該送信装置の水晶発振回路，同一の条件の回路，あらかじめ試験．恒温槽は水晶発振子の温度係数に応じて許容値に維持．

□ **周波数測定装置**≫≫ 誤差が許容偏差の2分の1以下．総務大臣の検定．

□ **周波数測定装置を要しない**≫≫ 26.175 MHzを超える．空中線電力10ワット以下．相手方の無線局，免許人の別の無線局が測定．特性周波数を0.025パーセント（9 kHzを超え526.5 kHz以下の周波数の電波を使用する場合は，0.005パーセント）以内の誤差で周波数範囲内を確認．

□ **通信速度**≫≫ アマチュア局の送信装置，通常使用する通信速度で安定に動作．

□ **変調**≫≫ 音声その他の周波数，尖頭値，（±）100パーセント超えない．アマチュア局の送信装置は秘匿性の機能を有しない．

□ **空中線の型式，構成**≫≫ 利得及び能率が大．整合が十分．満足な指向特性．

□ **指向特性**≫≫ 主輻射方向，副輻射方向．水平面の主輻射角度の幅，最大輻射の方向との差が最大3デシベルの角度．近傍で電波の伝わる方向を乱さ．給電線よりの輻射．

□ **副次的に発する電波，高周波電流**≫≫ 他の無線設備の機能に支障を与えない．

□ **副次的に発する電波の限度**≫≫ 受信空中線と電気的定数が等しい擬似空中線回路使用．4ナノワット以下．

□ **受信設備**≫≫ 内部雑音が小．感度が十分．選択度が適正．了解度が十分．

国家試験問題

問題 1

　次の記述は，送信装置の周波数の安定のための条件について述べたものである．無線設備規則（第15条）の規定に照らし，　　　　内に入れるべき最も適切な字句の組合せを下の1から4までのうちから一つ選べ．

① 周波数をその許容偏差内に維持するため，送信装置は，できる限り　A　の変化によって発振周波数に影響を与えないものでなければならない．

② 周波数をその許容偏差内に維持するため，発振回路の方式は，できる限り　B　の変化によって影響を受けないものでなければならない．

③ 移動局（移動するアマチュア局を含む.）の送信装置は，実際上起こり得る　C　によっても周波数をその許容偏差内に維持するものでなければならない．

	A	B	C
1	外囲の温度又は湿度	電源電圧又は負荷	振動又は衝撃
2	外囲の温度又は湿度	電源電圧又は負荷	気圧の変化
3	電源電圧又は負荷	外囲の温度又は湿度	気圧の変化
4	電源電圧又は負荷	外囲の温度又は湿度	振動又は衝撃

問題 2

　送信装置の水晶発振回路に使用する水晶発振子の条件に関する次の記述のうち，無線設備規則（第16条）の規定に照らし，この規定の定めるところに適合するものはどれか．下の1から4までのうちから一つ選べ．

1 水晶発振回路に使用する水晶発振子は，発振周波数が当該送信装置の製造業者又は輸入業者の技術基準適合自己確認によりあらかじめ確認されているものであること．

2 水晶発振回路に使用する水晶発振子は，周波数をその許容偏差内に維持するため，発振周波数が当該送信装置の水晶発振回路により又はこれと同一の条件の回路によりあらかじめ試験を行って決定されているものであり，恒温槽を有する場合は，恒温槽は水晶発振子の温度係数に応じてその温度変化の許容値を正確に維持するものであること．

3 水晶発振回路に使用する水晶発振子は，周波数をその許容偏差内に維持するため，総務大臣が別に定める試験用の水晶発振回路により少なくとも6時間動作させて発振周波数が安定していることが確認されているものであること．

4 水晶発振回路に使用する水晶発振子は，総務大臣が別に定める試験用の水晶発振回路により動作させて発振周波数がその許容偏差内にあることが確認されているものであること．

問題3

　次の記述は，アマチュア局における周波数測定装置の備付けについて述べたものである．電波法（第31条）及び電波法施行規則（第11条の3）の規定に照らし，____内に入れるべき最も適切な字句を下の1から10までのうちからそれぞれ一つ選べ．

① 　総務省令で定める送信設備には，その誤差が使用周波数の許容偏差の____ア____以下である周波数測定装置を備え付けなければならない．

② 　①の総務省令で定める送信設備は，次の(1)から(6)までに掲げる送信設備以外のものとする．

(1)　____イ____周波数の電波を利用するもの

(2)　空中線電力____ウ____以下のもの

(3)①に規定する周波数測定装置を備え付けている相手方の無線局によってその使用電波の周波数が測定されることとなっているもの

(4)当該送信設備の無線局の免許人が別に備え付けた①に規定する周波数測定装置をもってその使用電波の周波数を随時測定し得るもの

(5)アマチュア局の送信設備であって，当該設備から発射される電波の____エ____を____オ____（9kHzを超え526.5kHz以下の周波数の電波を使用する場合は，0.005パーセント）以内の誤差で測定することにより，その電波の占有する周波数帯幅が，当該無線局が動作することを許される周波数帯内にあることを確認することができる装置を備え付けているもの

(6)その他総務大臣が別に告示するもの

1	26.175 MHz を超える	2	割当周波数	3	10 ワット
4	4 分の 1	5	0.05 パーセント	6	26.175 MHz 以下の	7	特性周波数
8	50 ワット	9	2 分の 1	10	0.025 パーセント

2分の1以下，26.175MHzを超える，10ワット以下，0.025パーセント以内だよ．数値に注意してね．特性周波数は容易に識別し，かつ，測定することのできる周波数のことで，割当周波数は周波数帯（バンド）の中央の周波数だよ．

アからオの穴に入る字句は，選択肢の二つから一つだよ．あらかじめ分けてから答えを見つけてね．1と6，2と7，3と8，4と9，5と10だね．

問題 4

　送信装置に関する次の記述のうち，無線設備規則（第 15 条，第 17 条及び第 18 条）の規定に照らし，これらの規定に定めるところに適合しないものはどれか．下の 1 から 4 までのうちから一つ選べ．

　1　アマチュア局の送信装置は，通信に秘匿性を与える機能を有してはならない．

　2　アマチュア局の送信装置は，通常使用する通信速度でできる限り安定に動作するものでなければならない．

　3　アマチュア局の送信装置は，周波数をその許容偏差内に維持するため，発振回路の方式ができる限り外囲の温度，湿度又は気圧の変化によって影響を受けないものでなければならない．

　4　移動するアマチュア局の送信装置は，実際上起り得る振動又は衝撃によっても周波数をその許容偏差内に維持するものでなければならない．

問題 5

　送信空中線の型式及び構成が適合しなければならない条件として，無線設備規則（第 20 条）に規定されているものを 1，規定されていないものを 2 として解答せよ．

　ア　整合が十分であること．

　イ　満足な指向特性が得られること．

　ウ　避雷器及び接地装置が設けられていること．

　エ　空中線の利得及び能率がなるべく大であること．

　オ　空中線の近傍にある物体による影響をなるべく受けないものであること．

問題6

　次の記述は，空中線の指向特性及び用語の定義について述べたものである．電波法施行規則（第2条）及び無線設備規則（第22条）の規定に照らし，　　　内に入れるべき最も適切な字句の組合せを下の1から4までのうちから一つ選べ．なお，同じ記号の　　　内には，同じ字句が入るものとする．

① 空中線の指向特性は，次に掲げる事項によって定める．

(1) 主輻射方向及び副輻射方向

(2) 　A　の主輻射の角度の幅

(3) 空中線を設置する位置の近傍にあるものであって電波の伝わる方向を**乱す**もの

(4) 　B　よりの輻射

② 「　A　の主輻射の角度の幅」とは，その方向における輻射電力と最大輻射の方向における輻射電力との差が　C　であるすべての方向を含む全角度をいい，度でこれを示す．

	A	B	C
1	垂直面	給電線	最小3デシベル
2	水平面	給電線	最大3デシベル
3	垂直面	カウンターポイズ	最大3デシベル
4	水平面	カウンターポイズ	最小3デシベル

　太字は穴あきになった用語として，出題されたことがあるよ．

指向特性は，特定の方向へどれだけ強く電波を送受信できるかの性能のことだから，一般に水平の方向だね．それで水平面が規定されているんだね．輻射は放射と同じだよ．

問題7

　次の記述は，受信設備の条件について述べたものである．電波法（第29条）及び無線設備規則（第24条及び第25条）の規定に照らし，　　　内に入れるべき最も適切な字句を下の1から10までのうちからそれぞれ一つ選べ．

①　受信設備は，その副次的に発する電波又は高周波電流が，総務省令で定める限度を超えて他の無線設備の機能に支障を与えるものであってはならない．

②　①に規定する副次的に発する電波が他の無線設備の機能に支障を与えない限度は，受信空中線と　ア　の等しい　イ　を使用して測定した場合に，その回路の電力が　ウ　以下でなければならない．ただし，無線設備規則第24条（副次的に発する電波等の限度）第2項以下の規定において，別に定めのある場合は，その定めるところによるものとする．

③　その他の条件として受信設備は，なるべく次の（1）から（4）までに適合するものでなければならない．

　（1）　エ　が小さいこと．

　（2）感度が十分であること．

　（3）選択度が適正であること．

　（4）　オ　が十分であること．

1　電気的常数		2　利得及び能率		3　4マイクロワット	
4　4ナノワット		5　了解度		6　擬似空中線回路	
7　空中線結合回路		8　内部雑音		9　総合歪率	
10　安定度					

　受信設備から発する電波を測定するときに使うのは，受信空中線と電気的常数が等しい擬似空中線回路だね．擬似空中線回路は，送信設備や受信設備の調整や測定に用いられるよ．

第3章　無線設備

● **解答** ●

問題1 → 4　　**問題2** → 2

問題3 → アー9　イー1　ウー3　エー7　オー10　　**問題4** → 3

問題5 → アー1　イー1　ウー2　エー1　オー2　　**問題6** → 2

問題7 → アー1　イー6　ウー4　エー8　オー5

4.1 資格・操作範囲・無線従事者免許証 （重要知識）

出題項目 Check!

- □ アマチュア無線局の無線設備の操作の条件と操作の特例
- □ 無線従事者の免許を与えない場合
- □ 無線従事者が業務に従事しているときの免許証について
- □ 免許証の再交付を受ける場合と手続き
- □ 免許証を返納する場合と手続き

■1■ 無線従事者の資格と操作範囲（法39条の13，施34条の8，34条の9，34条の10）

1　アマチュア無線局の無線設備の操作は，第40条の定めるところにより，**無線従事者**でなければ行ってはならない．ただし，外国において同条第1項第五号に掲げる資格に相当する資格として総務省令で定めるものを有する者が総務省令で定めるところによりアマチュア無線局の無線設備の操作を行うとき，その他総務省令で定める場合は，この限りでない．

2　法第39条の13（1）ただし書の総務省令で定める資格は，外国政府（その国内において法第40条第1項に規定する資格を有する者に対しアマチュア局に相当する無線局の無線設備の操作を認めるものに限る．）が付与する資格であって総務大臣が別に告示する資格とする．

3　施第34条の8（2）に定める資格を有する者がアマチュア局の無線設備の操作を行うときは，総務大臣が別に告示するところにより行わなければならない．

4　法第39条の13（1）ただし書の総務省令で定める場合は，次の各号に掲げる場合とする．

① アマチュア局の無線設備の操作をその操作ができる資格を有する無線従事者の指揮（立会いをするものに限る．以下同じ．）の下に行う場合であって，総務省令で定める条件に適合するとき．

② 臨時に開設するアマチュア局の無線設備の操作をその操作ができる資格を有する無線従事者の指揮の下に行う場合であって，総務大臣が別に告示する条件に適合するとき．

「無線設備の操作」は，機器のスイッチを切り替えるなどの技術操作と，モールス符号を送ることや話をするなどの通信操作があります．アマチュア局の無線設備の操作は，そのどちらの操作も特に規定がある場合を除き，無線従事者でなければ行うことができません．

２　操作範囲（施行令３条）

表 4.1 の左欄に掲げる資格の無線従事者は，それぞれ同表の右欄に掲げる無線設備の操作を行うことができる．

表 4.1　各級アマチュア無線技士の資格と操作の範囲

資　格	操作の範囲
第一級アマチュア無線技士	アマチュア無線局の無線設備の操作
第二級アマチュア無線技士	アマチュア無線局の空中線電力 200 ワット以下の無線設備の操作
第三級アマチュア無線技士	アマチュア無線局の空中線電力 50 ワット以下の無線設備で 18 メガヘルツ以上又は 8 メガヘルツ以下の周波数の電波を使用するものの操作
第四級アマチュア無線技士	アマチュア無線局の無線設備で次に掲げるものの操作（モールス符号による通信操作を除く．） ①　空中線電力 10 ワット以下の無線設備で 21 メガヘルツから 30 メガヘルツまで又は 8 メガヘルツ以下の周波数の電波を使用するもの ②　空中線電力 20 ワット以下の無線設備で 30 メガヘルツを超える周波数の電波を使用するもの

３　無線従事者の免許（法 41 条，従 46 条）

1　無線従事者になろうとする者は，総務大臣の免許を受けなければならない．

2　無線従事者の免許は，次の各号のいずれかに該当する者でなければ，受けることができない．
　①　資格別に行う無線従事者国家試験に合格した者
　②　第二級，第三級及び第四級アマチュア無線技士の資格の無線従事者の養成課程で，総務大臣が総務省令で定める基準に適合するものであることの認定をしたものを修了した者

3　免許を受けようとする者は，別表第 11 号様式の申請書に次に掲げる書類を添えて，総務大臣又は総合通信局長に提出しなければならない．
　①　氏名及び生年月日を証する書類（戸籍抄本又は住民票の写しのこと．ただし，申請書に住民票コード等を記載したときは添付しなくてよい．）
　②　写真 (注) 1 枚
　　注　申請前 6 月以内に撮影した無帽，正面，上三分身，無背景の縦 30 ミリメートル，横 24 ミリメートルのもので，裏面に申請に係る資格及び氏名を記載したものとする．
　③　法第 41 条第 2 項第二号（2 の②）に規定する認定を受けた養成課程の修了証明書等（同号に該当する者が免許を受けようとする場合に限る．）

4 免許が与えられないことがある者（法 42 条，従 45 条）

1　次の各号のいずれかに該当する者に対しては，無線従事者の**免許を与えないことがで**
きる．
　①　**第 9 章の罪を犯し罰金以上の刑**に処せられ，その執行を終わり，又はその執行を受
　　けることがなくなった日から**2 年を経過しない者**
　②　第 79 条第 1 項第一号又は第二号の規定により無線従事者の免許を**取り消され**，取
　　消しの日から**2 年を経過しない者**
　③　**著しく心身に欠陥**があって無線従事者たるに適しない者
2　法第 42 条の規定により免許を与えない者は，次の各号のいずれかに該当する者とする．
　①　法第 42 条第一号又は第二号（1 の①又は②）に掲げる者（総務大臣又は総合通信
　　局長が特に支障がないと認めたものを除く．）
　②　視覚，聴覚，音声機能若しくは言語機能又は精神の機能の障害により無線従事者の
　　業務を適正に行うに当たって必要な認知，判断及び意思疎通を適切に行うことができ
　　ない者
3　前項（2）（第一号（①）を除く．）の規定は，同項第二号（2 の②）に該当する者であっ
　て，総務大臣又は総合通信局長がその資格の無線従事者が行う無線設備の操作に支障が
　ないと認める場合は，適用しない．
4　第 1 項第二号（2 の②）に該当する者（精神の機能の障害により無線従事者の業務を
　適正に行うに当たって必要な認知，判断及び意思疎通を適切に行うことができない者を
　除く．）が次に掲げる資格の免許を受けようとするときは，前項（3）の規定にかかわらず，
　第 1 項（2）（第一号（①）を除く．）の規定は適用しない．
　①　第一級アマチュア無線技士
　②　第二級アマチュア無線技士
　③　第三級アマチュア無線技士
　④　第四級アマチュア無線技士

　アマチュア無線技士の免許は，耳の聞こえない者，口の利けない者又は目の見えない
者でも，各資格の免許が与えられます．

5 無線従事者免許証（従 47 条，施 38 条）

1　総務大臣又は総合通信局長は，無線従事者の免許を与えたときは，別表第 13 号様式
　の免許証を交付する．
2　前項（1）の規定により免許証の交付を受けた者は，無線設備の操作に関する知識及び

技術の向上を図るように努めなければならない.

3 無線従事者は,その業務に従事しているときは,免許証を**携帯**していなければならない.

第一級アマチュア無線技士の免許証は,総務大臣から交付されます.

「携帯」というのは,持っていてすぐに出せることだよ.
「従事している」というのは,アマチュア局を運用していることだよ.

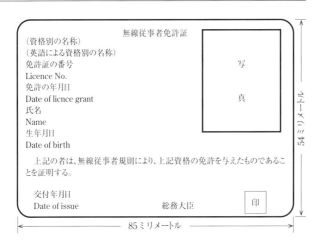

様式4.1 無線従事者免許証

┃6┃ 免許証の再交付 (従50条)

　無線従事者は,**氏名に変更を生じたとき**又は**免許証を汚し,破り,若しくは失ったため**に免許証の再交付を受けようとするときは,別表第11号様式の申請書に次に掲げる書類を添えて総務大臣又は総合通信局長に提出しなければならない.
　① 免許証 (免許証を失った場合を除く.)
　② **写真1枚**
　③ 氏名の変更の事実を証する書類 (氏名に変更を生じたときに限る.)

7 免許証の返納（従51条）

① 無線従事者は，**免許の取消しの処分を受けたとき**は，その処分を受けた日から **10日以内**に免許証を総務大臣又は総合通信局長に返納しなければならない．免許証の再交付を受けた後**失った**免許証を発見したときも同様とする．

② 無線従事者が死亡し，又は失そうの宣告を受けたときは，戸籍法による死亡又は失そう宣告の届出義務者は，**遅滞なく**，その免許証を総務大臣又は総合通信局長に返納しなければならない．

 無線従事者の免許は有効期間が定められていないので，生涯有効だよ．

「失そう宣告」とは，事故などで行方がわからなくなってしまった人について家族などが裁判所に請求して，その人が死んだものとみなしてもらう宣告を受けることです．また「届出義務者」とは，家族などの身近にいる人のことです．

 無線従事者免許証の返納は「10日以内」か「遅滞なく」，無線局免許状の返納は「1箇月以内」か「遅滞なく」だよ．

試験の直前 Check!

- [ ] **アマチュア局の無線設備の操作** ＞＞ 無線従事者．外国政府が付与する資格．臨時に開設するアマチュア局等で無線従事者の指揮の下は無線従事者以外が操作できる．
- [ ] **無線従事者以外が操作できる** ＞＞ 臨時に開設するアマチュア局．家庭内その他これに準ずる限られた範囲内．無線従事者の指揮の下．告示の条件．
- [ ] **免許が与えられない** ＞＞ 罰金以上の刑：2年．免許の取消し：2年．著しく心身に欠陥，無線従事者たるに適しない．
- [ ] **無線従事者が業務に従事** ＞＞ 免許証を携帯．
- [ ] **免許証の再交付** ＞＞ 氏名に変更を生じた．免許証を汚し，破り，失った．
- [ ] **免許証の再交付の書類** ＞＞ 申請書．免許証（免許証を失った場合を除く）．写真1枚．氏名の変更の事実を証する書類（氏名に変更）．
- [ ] **免許証の返納** ＞＞ 免許の取消し処分を受けた．失った免許証を発見した．死亡，失そうの宣告を受けた．
- [ ] **免許証を返す期間** ＞＞ 免許の取消し処分：10日以内．失った免許証を発見：10日以内．死亡，失そう宣告：遅滞なく．

◉━━━◉━━━◉ **国家試験問題** ◉━━━◉━━━◉

問題 1

　次の記述は，無線従事者の免許が与えられない場合について述べたものである．電波法 (第42条) の規定に照らし，_____内に入れるべき最も適切な字句の組合せを下の1から4までのうちから一つ選べ．なお，同じ記号の_____内には，同じ字句が入るものとする．

　総務大臣は，次の (1) から (3) までのいずれかに該当する者に対しては，無線従事者の　A　.

(1) 電波法第9章 (罰則) の罪を犯し　B　に処せられ，その執行を終わり，又はその執行を受けることがなくなった日から　C　を経過しない者

(2) 電波法第79条 (無線従事者の免許の取消し等) 第1項第1号又は第2号の規定により無線従事者の免許を取り消され，取消しの日から　C　を経過しない者

(3) **著しく心身**に欠陥があって無線従事者たるに適しない者

	A	B	C
1	免許を与えないことができる	罰金以上の刑	2年
2	免許を与えないことができる	懲役又は禁錮	1年
3	免許を与えてはならない	罰金以上の刑	1年
4	免許を与えてはならない	懲役又は禁錮	2年

太字は穴あきになった用語として，出題されたことがあるよ．

問題2

　無線従事者の免許証に関する次の記述のうち，電波法施行規則（第38条）及び無線従事者規則（第50条及び第51条）の規定に照らし，これらの規定に定めるところに適合するものを1，適合しないものを2として解答せよ．

　ア　無線従事者は，その業務に従事しているときは，免許証を携帯していなければならない．

　イ　無線従事者は，免許の取消しの処分を受けたときは，その処分を受けた日から10日以内にその免許証を総務大臣又は総合通信局長（沖縄総合通信事務所長を含む．以下ウ，エ及びオにおいて同じ．）に返納しなければならない．

　ウ　無線従事者は，免許証を汚したために免許証の再交付を受けようとするときは，無線従事者規則別表第11号様式の申請書に免許証及び写真2枚を添えて総務大臣又は総合通信局長に提出しなければならない．

　エ　無線従事者は，免許証の再交付を受けた後失った免許証を発見したときは，発見した日から10日以内に発見した免許証を総務大臣又は総合通信局長に返納しなければならない．

　オ　無線従事者は，氏名に変更を生じたために免許証の再交付を受けようとするときは，無線従事者規則別表第11号様式の申請書に免許証及び写真2枚並びに氏名の変更の事実を証する書類を添えて総務大臣又は総合通信局長に提出しなければならない．

写真は1枚だよ．昔の免許証は，申請したときの写真がそのまま使われていたから2枚だったけどね．

● 解答 ●

問題1 →1　　**問題2** →ア−1　イ−1　ウ−2　エ−1　オ−2

52

運用

5.1 免許状記載事項の遵守・秘密の保護 重要知識

出題項目 Check!

- ☐ 無線局免許状記載事項の遵守と目的外通信として運用できる通信
- ☐ 非常通信を行う場合
- ☐ 無線局を運用するときの空中線電力
- ☐ 無線通信の秘密の保護
- ☐ 無線通信の原則として定められていること

1 目的外使用の禁止等（法52条）

　　無線局は，免許状に記載された**目的**又は**通信の相手方**若しくは**通信事項**の範囲を超えて運用してはならない．ただし，次に掲げる通信については，この限りでない．
① 　遭難通信
② 　緊急通信
③ 　安全通信
④ 　**非常通信**
⑤ 　**放送の受信**
⑥ 　その他総務省令で定める通信

アマチュア局の免許状には，目的等の事項が次のように記載されます．

目的	アマチュア業務用
通信の相手方	アマチュア局
通信事項	アマチュア業務に関する事項

2 目的外通信等（法52条，施37条）

1　次に掲げる通信は，法第52条第六号（ 1 の⑥）の通信とする．
① 　無線機器の試験又は調整をするために行う通信
② 　電波の規正に関する通信
③ 　法第74条第1項に規定する通信（非常の場合の無線通信）の訓練のために行う通信
④ 　人命の救助又は人の生命，身体若しくは財産に重大な危害を及ぼす犯罪の捜査若しくはこれらの犯罪の現行犯人若しくは被疑者の逮捕に関し急を要する通信（他の電気

通信系統によっては，当該通信の目的を達することが困難である場合に限る．）

2　非常通信

　非常通信とは，地震，台風，洪水，津波，雪害，火災，暴動その他**非常**の事態が発生し，又は発生するおそれがある場合において，**有線通信を利用することができないか又はこれを利用することが著しく困難**であるときに**人命の救助，災害の救援，交通通信の確保又は秩序の維持のために行われる無線通信**をいう．

3　無線局免許状記載事項の遵守（法 53，55，110 条）

1　無線局を運用する場合においては，**無線設備の設置場所，識別信号，電波の型式及び周波数**は，その無線局の**免許状**に記載されたところによらなければならない．ただし，**遭難通信**については，この限りでない．

2　無線局は，免許状に記載された運用許容時間内でなければ，運用してはならない．ただし，**第 52 条各号**（■1■の ① から ⑥ まで）に掲げる通信を行う場合及び総務省令で定める場合は，この限りでない．

3　第 52 条，第 53 条又は第 55 条（■1■，■3■の 1 又は 2）の規定に違反して無線局を運用した者は，**1 年以下の懲役又は 100 万円以下の罰金**に処する．

4　空中線電力（法 54，110 条）

1　無線局を運用する場合においては，空中線電力は，次の各号の定めるところによらなければならない．ただし，**遭難通信**については，この限りでない．

　①　**免許状に記載されたものの範囲内**であること．

　②　**通信を行うため必要最小のもの**であること．

2　第 54 条第一号（1 の①）の規定に違反して無線局を運用した者は，**1 年以下の懲役又は 100 万円以下の罰金**に処する．

免許状記載事項の範囲内で運用するのだけど，特に空中線電力については，「必要最小のもの」という条件があるよ．

5 秘密の保護 (法 59, 109 条)

1　無線通信の秘密の保護 (法 59 条)

　何人も，法律に別段の定めがある場合を除くほか，**特定の相手方に対して行われる無線通信を傍受して**その**存在若しくは内容を漏らし，又はこれを窃用してはならない．**

2　罰則 (法 109 条)

　① 　無線局の取扱中に係る無線通信の秘密を漏らし，又は**窃用した者**は，　**1 年以下の懲役又は 50 万円以下の罰金**に処する．

　② 　**無線通信の業務に従事する者**がその業務に関し知り得た前項 (①) の秘密を漏らし，又は**窃用したとき**は，**2 年以下の懲役又は 100 万円以下の罰金**に処する．

「傍受」とは，聞こうという意思をもって (たとえば，ダイアルを合わせて) 受信することです．

「窃用」とは，通信の内容を通信している者の意思に反して利用することです．

「秘密を漏らす」ことには，メモをとって他人が見ることができるようにしたり，他人に通信を聞かせることも含まれます．

罰則の規定が，「1 年以下の懲役又は 50 万円以下の罰金」と「2 年以下の懲役又は 100 万円以下の罰金」だよ．ほかの規定で「1 年以下の懲役又は 100 万円以下の罰金」もあるから注意して覚えてね．

6 無線通信の原則 (運 10 条)

---

① 　**必要のない無線通信**は，これを行なってはならない．

② 　無線通信に使用する**用語**は，**できる限り簡潔**でなければならない．

③ 　無線通信を行うときは，**自局の識別信号**を付して，その**出所を明らか**にしなければならない．

④ 　無線通信は，**正確に行う**ものとし，通信上の誤りを知ったときは，**直ちに訂正**しなければならない．

「直ちに」というのは，時間を少しも置かずに，すぐにという意味だよ．

試験の直前 Check!

- □ **免許状の記載範囲を超えない** ＞＞ 目的，通信の相手方，通信事項．
- □ **目的等を超えて運用できる通信** ＞＞ 遭難通信，緊急通信，安全通信，非常通信，放送の受信，省令で定める通信．
- □ **免許状に記載されたところにより運用** ＞＞ 無線設備の設置場所，識別信号，電波の型式，周波数．
- □ **免許状の範囲内，必要最小で運用** ＞＞ 空中線電力．
- □ **免許状の記載範囲を超えて運用した者** ＞＞ 1 年以下の懲役，100 万円以下の罰金．
- □ **非常通信** ＞＞ 地震，台風，洪水，津波，雪害，火災，暴動その他非常の事態が発生，発生するおそれがある．有線通信を利用することができない，著しく困難である．人命の救助，災害の救援，交通通信の確保，秩序の維持のために行う．
- □ **秘密の保護** ＞＞ 何人も，法律に別段の定めを除くほか，特定の相手方の無線通信，傍受して，存在，内容を漏らし，窃用しない．
- □ **秘密を漏らし，窃用した者** ＞＞ 1 年以下の懲役，50 万円以下の罰金．
- □ **無線通信の業務に従事する者が秘密を漏らし，窃用した** ＞＞ その業務に関し知り得た秘密，2 年以下の懲役，100 万円以下の罰金．
- □ **無線通信の原則** ＞＞ 必要のない通信を行わない．用語は簡潔．識別信号で出所を明らかに．正確に行い誤りは直ちに訂正．

国家試験問題

問題 1

次の記述は，アマチュア無線局の目的外使用の禁止等について述べたものである．電波法（第 52 条から第 54 条まで及び第 110 条）の規定に照らし，□□□内に入れるべき最も適切な字句の組合せを下の 1 から 4 までのうちから一つ選べ．

① 無線局は，免許状に記載された目的又は通信の相手方若しくは通信事項の範囲を超えて運用してはならない．ただし，次の (1) から (6) までに掲げる通信については，この限りでない．

　(1) 遭難通信　　(2) 緊急通信　　(3) 安全通信　　(4) **非常通信**　　(5) ⬚ A ⬚

　(6) その他総務省令で定める通信

② 無線局を運用する場合においては，**無線設備の設置場所**，**識別信号**，電波の型式及び周波数は，その無線局の免許状に記載されたところによらなければならない．ただし，遭難通信については，この限りでない．

③ 無線局を運用する場合においては，空中線電力は，次の (1) 及び (2) の定めるところによらなければならない．ただし，遭難通信については，この限りでない．

　(1) 免許状に**記載されたものの範囲内**であること．

（2）通信を行うため　B　であること.

④　①，②又は③（（2）を除く.）の規定に違反して無線局を運用した者は，1年以下の懲役又は　C　に処する.

	A	B	C
1	重要無線通信	必要最小のもの	50万円以下の罰金
2	放送の受信	必要最小のもの	100万円以下の罰金
3	重要無線通信	確実かつ十分なもの	100万円以下の罰金
4	放送の受信	確実かつ十分なもの	50万円以下の罰金

太字は穴あきになった用語として，出題されたことがあるよ.

第5章　運用

問題2

次の記述は，非常通信について述べたものである.電波法（第52条）の規定に照らし，内に入れるべき最も適切な字句の組合せを下の1から4までのうちから一つ選べ.

非常通信とは，地震，台風，洪水，津波，雪害，火災，暴動その他非常の事態が発生し，又は発生するおそれがある場合において，　A　を利用することができないか又はこれを利用することが著しく困難であるときに人命の救助，　B　，交通通信の確保又は　C　のために行われる無線通信をいう.

	A	B	C
1	有線通信	財貨の保全	電力供給の確保
2	有線通信	災害の救援	秩序の維持
3	電気通信業務の通信	災害の救援	電力供給の確保
4	電気通信業務の通信	財貨の保全	秩序の維持

電気通信業務は，固定電話や携帯電話などの公衆通信業務のことだよ.

問題3

次の記述は，無線通信（注）の秘密の保護について述べたものである.電波法（第59条及び第109条）の規定に照らし，内に入れるべき最も適切な字句を下の1から10までのうちからそれぞれ一つ選べ.なお，同じ記号の内には，同じ字句が入るものとする.

注　電気通信事業法第4条（秘密の保護）第1項又は第164条（適用除外等）第3項の通信で

あるものを除く.

① 何人も法律に別段の定めがある場合を除くほか，　ア　**相手方に対して行われ
る無線通信を傍受してその存在若しくは内容**を漏らし，又はこれを　イ　てはな
らない.

② 無線局の取扱中に係る無線通信の秘密を漏らし，又は　イ　た者は，1 年以下の
懲役又は 50 万円以下の罰金に処する.

③ 　ウ　がその　エ　に関し知り得た②の秘密を漏らし，又は　イ　たときは，
　オ　に処する.

1　2 年以下の懲役又は 100 万円以下の罰金	2　不特定の	3　業務
4　他人の用に供し	5　3 年以下の懲役又は 150 万円以下の罰金	
6　特定の	7　通信	8　窃用し
9　無線従事者	10　無線通信の業務に従事する者	

問題 4

次の記述は，一般通信方法における無線通信の原則について述べたものである. 無線
局運用規則（第 10 条）の規定に照らし，　　　内に入れるべき最も適切な字句の組合
せを下の 1 から 4 までのうちから一つ選べ.

① 　A　無線通信は，これを行ってはならない.

② 無線通信に使用する用語は，　B　なければならない.

③ 無線通信を行うときは，自局の識別信号を付して，その出所を明らかにしなけれ
ばならない.

④ 無線通信は，正確に行うものとし，通信上の誤りを知ったときは，　C　なけ
ればならない.

	A	B	C
1	相手局が聴取できない速度のモールス	なるべく略符号又は略語を使用し	直ちに訂正し
2	必要のない	なるべく略符号又は略語を使用し	通報の終了後に訂正し
3	必要のない	できる限り簡潔で	直ちに訂正し
4	相手局が聴取できない速度のモールス	できる限り簡潔で	通報の終了後に訂正し

●解答●

問題 1 →2　**問題 2** →2
問題 3 →アー6　イー8　ウー10　エー3　オー1　**問題 4** →3

5.2 混信等の防止・アマチュア局の運用の特則・業務書類 (重要知識)

出題項目 Check!

☐ 混信等の防止と適用を除外する通信
☐ 擬似空中線回路を使用する場合
☐ アマチュア局の運用について特に定められていること
☐ 免許状の備え付け場所

■ 1 ■ 混信等の防止 (法56条)

　　無線局は，他の無線局又は電波天文業務 (宇宙から発する電波の受信を基礎とする天文学のための当該電波の受信の業務をいう.) の用に供する受信設備その他の総務省令で定める受信設備 (無線局のものを除く.) で総務大臣が指定するものにその運用を阻害するような混信その他の妨害を与えないように運用しなければならない. ただし，第52条第一号から第四号までに掲げる通信 (遭難通信, 緊急通信, 安全通信又は非常通信) については, この限りでない.

■ 2 ■ 擬似空中線回路の使用 (法57条)

　　無線局は，次に掲げる場合には，なるべく擬似空中線回路を使用しなければならない.
① 　無線設備の機器の試験又は調整を行うために運用するとき.
② 　実験等無線局を運用するとき.

■ 3 ■ アマチュア無線局の運用の特則 (法58条, 運257〜261条)

1　アマチュア無線局の行う通信には，暗語を使用してはならない.
2　アマチュア局においては，その発射の占有する周波数帯幅に含まれているいかなるエネルギーの発射も, その局が動作することを許された周波数帯から逸脱してはならない.
3　アマチュア局は，自局の発射する電波が他の無線局の運用又は放送の受信に支障を与え，若しくは与えるおそれがあるときは，すみやかに当該周波数による電波の発射を中止しなければならない. ただし，遭難通信, 緊急通信, 安全通信及び法74条第1項に規定する通信 (非常の場合の無線通信) を行う場合は, この限りでない.
4　アマチュア局の送信する通報は，他人の依頼によるものであってはならない.
5　アマチュア局の無線設備の操作を行う者は，そのアマチュア局の免許人 (免許人が社

団である場合は，その構成員）以外の者であってはならない．

6　アマチュア局の運用については，この章に規定するものの外，第4章（固定業務等の
無線局の運用）の規定を準用する．

アマチュア局が動作することを許される周波数帯の一部を表5.1に示します．

表 5.1　アマチュア局が動作することを許される周波数帯（抜粋）

指定周波数	動作することを許される周波数帯	
7,100 kHz	7,000 kHz から	7,200 kHz まで
14,175 kHz	14,000 kHz から	14,350 kHz まで
21,225 kHz	21,000 kHz から	21,450 kHz まで
52 MHz	50 MHz から	54 MHz まで
145 MHz	144 MHz から	146 MHz まで
435 MHz	430 MHz から	440 MHz まで

1,000〔Hz〕=1〔kHz〕，1,000〔kHz〕=1〔MHz〕

4　備え付けを要する業務書類（法60条，施38条）

1　備え付け書類（法60条）

無線局には，正確な時計及び無線業務日誌その他総務省令で定める書類を備え付けてお
かなければならない．ただし，総務省令で定める無線局については，これらの全部又は一
部の備付けを省略することができる．

2　免許状の備え付け（施38条）

①　法第60条の規定により無線局に備え付けておかなければならない書類は，次の無
線局につき，それぞれに掲げるとおりとする．

　　アマチュア局　　免許状

②　移動するアマチュア局（人工衛星に開設するものを除く．）にあっては，第1項（①）
の規定にかかわらず，その無線設備の常置場所に同項（①）の免許状を備え付けなけ
ればならない．

試験の直前 Check!

☐ **他の無線局又は電波天文業務** ≫ 運用を阻害するような混信，妨害を与えない．遭難
通信，緊急通信，安全通信，非常通信は限りでない．

☐ **擬似空中線回路の使用** ≫ 無線設備の機器の試験，調整．実験等無線局を運用．

☐ **アマチュア局の運用** ≫ 発射の占有する周波数帯幅に含まれているいかなるエネル
ギーの発射：動作することを許された周波数帯から逸脱しない．他の無線局の運用，放
送の受信に支障：すみやかに電波の発射を中止．他人の依頼によるものではない．操作
を行う者は，免許人，社団は構成員以外の者であってはならない．

☐ **免許状の備え付け場所（移動するアマチュア局）** ≫ 無線設備の常置場所．

国家試験問題

問題 1

次の記述は，混信等の防止について述べたものである．電波法（第56条）の規定に照らし，□□□内に入れるべき最も適切な字句の組合せを下の1から4までのうちから一つ選べ．

無線局は，□A□又は電波天文業務（注）の用に供する受信設備その他の総務省令で定める受信設備（無線局のものを除く．）で総務大臣が指定するものにその運用を□B□するような混信その他の□C□ならない．ただし，**遭難通信，緊急通信，安全通信又は非常通信**については，この限りでない．

注　宇宙から発する電波の受信を基礎とする天文学のための当該電波の受信の業務をいう．

	A	B	C
1	他の無線局	反復的に中断	妨害を与えない機能を有しなければ
2	重要無線通信を行う無線局	阻害	妨害を与えない機能を有しなければ
3	重要無線通信を行う無線局	反復的に中断	妨害を与えないように運用しなければ
4	他の無線局	阻害	妨害を与えないように運用しなければ

太字は穴あきになった用語として，出題されたことがあるよ．

問題 2

擬似空中線回路の使用に関する次の記述のうち，電波法（第57条）の規定に照らし，この規定の定めるところに適合するものはどれか．下の1から4までのうちから一つ選べ．

1　無線局は，電波の発射前には，なるべく擬似空中線回路を使用して送信機が正常に動作することを確かめなければならない．

2　無線局は，無線設備の機器の試験又は調整を行うために運用するときは，受信空中線と電気的常数の等しい擬似空中線回路を使用しなければならない．

3　無線局は，電波法第18条（変更検査）の検査に際して運用するときは，擬似空中線回路を使用しなければならない．

4　無線局は，無線設備の機器の試験又は調整を行うために運用するときは，なるべく擬似空中線回路を使用しなければならない．

問題 3

次の記述は，アマチュア局の運用について述べたものである．無線局運用規則（第 257 条，第 258 条，第 259 条及び第 260 条）の規定に照らし，□□□□内に入れるべき最も適切な字句を下の 1 から 10 までのうちからそれぞれ一つ選べ．

① アマチュア局においては，その ┃ア┃ ，┃イ┃ から逸脱してはならない．

② アマチュア局は，自局の発射する電波が ┃ウ┃ に支障を与え，若しくは与えるおそれがあるときは，すみやかに当該周波数による電波の発射を中止しなければならない．ただし，遭難通信，緊急通信，安全通信及び電波法第 74 条（非常の場合の無線通信）第 1 項に規定する通信を行う場合は，この限りでない．

③ アマチュア局の送信する通報は，┃エ┃ であってはならない．

④ アマチュア局の無線設備の操作を行う者は，┃オ┃ 以外の者であってはならない．

1　発射する電波の特性周波数は

2　その局に指定された周波数帯

3　発射の占有する周波数帯幅に含まれているいかなるエネルギーの発射も

4　長時間継続するもの

5　公共業務用無線局の運用又は電波天文業務の用に供する受信設備の機能

6　他の無線局の運用又は放送の受信

7　その局が動作することを許された周波数帯

8　他人の依頼によるもの

9　免許人（免許人が社団である場合は，その構成員）

10　別に告示する者

● **解答** ●

問題 1 →4　**問題 2** →4

問題 3 →アー3　イー7　ウー6　エー8　オー9

5.3 略符号の種類・呼出し応答の送信方法 （重要知識）

出題項目 Check!

- □ Q符号，略符号の種類と意義
- □ 呼出しを行うために電波を発射する前の措置
- □ 呼出し応答のときに送信する事項と回数
- □ 不確実な呼出しに対する応答の方法

1 略符号（運13条）

　無線電信による通信の業務用語には，別表第2号に定める略語又は符号（以下「略符号」という．）を使用するものとする．

1　Q符号

QRA?	貴局名は，何ですか．
QRH?	こちらの周波数は，変化しますか．
QRH	そちらの周波数は，変化します．
QRI?	こちらの発射の音調は，どうですか．
QRK?	こちらの信号の明りょう度は，どうですか．
QRL?	そちらは，通信中ですか．
QRL	こちらは，通信中です．妨害しないでください．
QRM?	こちらの伝送は，混信を受けていますか．
QRN?	そちらは，空電に妨げられていますか．
QRO?	こちらは，送信機の電力を増加しましょうか．
QRP?	こちらは，送信機の電力を減少しましょうか．
QRP	送信機の電力を減少してください．
QRQ?	こちらは，もっと速く送信しましょうか．
QRQ	もっと速く送信してください（1分間に……語）．
QRS?	こちらは，もっとおそく送信しましょうか．
QRS	もっとおそく送信してください（1分間に……語）．
QRT	送信を中止してください．
QRU?	そちらは，こちらへ伝送するものがありますか．
QRU	こちらは，そちらへ伝送するものはありません．
QRV?	そちらは，用意ができましたか．
QRV	こちらは，用意ができました．
QRZ?	誰がこちらを呼んでいますか．
QSB?	こちらの信号には，フェージングがありますか．

QSB	そちらの信号には，フェージングがあります．
QSD?	こちらの信号は，切れますか．
QSM?	こちらは，そちらに送信した最後の電報を反復しましょうか．
QSU	その周波数（又は……kHz（若しくはMHz））で（種別……の発射で）送信又は応答してください．
QSW?	そちらは，この周波数（又は……kHz（若しくはMHz））で（種別……の発射で）送信してくれませんか．
QSW	こちらは，この周波数（又は……kHz（若しくはMHz））で（種別……の発射で）送信しましょう．
QSY?	こちらは，他の周波数に変更して伝送しましょうか．
QSY	他の周波数（又は……kHz（若しくはMHz））に変更して伝送してください．
QTH?	緯度及び経度で示す（又は他の表示による.）そちらの位置は，何ですか．

2　略符号

$\overline{\text{AS}}$	送信の待機を要求する符号
BK	送信の中断を要求する符号
C	肯定する（又はこの前の集合の意義は，肯定と解されたい.）.
CFM	確認してください（又はこちらは，確認します.）.
CL	こちらは，閉局します．
K	送信してください．
NIL	こちらは，そちらに送信するものがありません．
NO	否定する（又は誤り）.
NW	今
R	受信しました．
$\overline{\text{VA}}$	通信の完了符号

■2■ 呼出しの方法（運18,19条の2,20〜22,127,261条）

1　呼出しを行うために電波を発射する前の措置（運19条の2）
　①　無線局が，相手局を呼び出そうとするときは，電波を発射する前に，**受信機を最良の感度に調整し，自局の発射しようとする電波の周波数**その他必要と認める周波数によって**聴守**し，他の通信に混信を与えないことを確かめなければならない．ただし，遭難通信，緊急通信，安全通信及び法第74条第1項に規定する通信（非常の場合の無線通信）を行なう場合並びに海上移動業務以外の業務において他の通信に混信を与えないことが確実である電波により通信を行う場合は，この限りでない．
　②　前項（①）の場合において，他の通信に混信を与えるおそれがあるときは，**その通信が終了した後でなければ呼出しをしてはならない．**
2　特定の相手局を呼び出す方法（運20条）
　呼出しは，順次送信する次に掲げる事項（以下「呼出事項」という.）によって行うもの

とする.

①	相手局の呼出符号	3回以下
②	DE	1回
③	自局の呼出符号	3回以下

3 不特定の相手局を一括して呼び出す方法 (運127条)

免許状に記載された通信の相手方である無線局を一括して呼び出そうとするときは,次の事項を順次送信するものとする.

①	CQ	3回
②	DE	1回
③	自局の呼出符号	3回以下
④	K	1回

4 特定の相手局を一括して呼び出す方法 (運127条の3)

2以上の特定の無線局を一括して呼び出そうとするときは,次に掲げる事項を順次送信して行なうものとする.

①	相手局の呼出符号	**それぞれ2回以下**
②	DE	1回
③	自局の呼出符号	**3回以下**
④	K	1回

前項第一号 (①) に掲げる相手局の呼出符号は,「CQ」に**地域名**を付したものをもって代えることができる.

5 呼出しの反復 (運21条)

① 海上移動業務における呼出しは,1分間以上の間隔をおいて2回反復することができる. 呼出しを反復しても応答がないときは,少なくとも3分間の間隔をおかなければ,呼出しを再開してはならない.

② 海上移動業務における呼出し以外の呼出しの反復及び再開は,できる限り前項 (①) の規定に準じて行うものとする.

6 呼出しの中止 (運22条)

① 無線局は,自局の呼出しが他の既に行われている通信に混信を与える旨の通知を受けたときは,**直ちにその呼出しを中止しなければならない**. 無線設備の機器の試験又は調整のための電波の発射についても同様とする.

② ①の通知をする無線局は,その通知をするに際し,**分で表わす概略の待つべき時間**を示すものとする.

7 規定の準用 (運18, 261条)

無線電話通信の方法については,運20条第2項の呼出しその他特に規定があるものを除くほか,この規則の無線電信通信の方法に関する規定を準用する.

アマチュア局の運用については,第8章 (アマチュア局の運用) に規定するものの外,第4章 (固定業務,陸上移動業務及び携帯移動業務の無線局,簡易無線局並びに非常局の運用) の規定を準用する.

3 応答の方法（運23, 26条）

1 無線局は，自局に対する呼出しを受けたときは，直ちに応答しなければならない．

2 前項の規定による応答は，順次送信する次に掲げる事項（以下「応答事項」という.）によって行うものとする．

①	相手局の呼出符号	3回以下
②	DE	1回
③	自局の呼出符号	1回

3 前項（2）の応答に際して直ちに通報を受信しようとするときは，応答事項の次に「K」を送信するものとする．ただし，直ちに通報を受信することができない事由があるときは，「K」の代りに「$\overline{\text{AS}}$」及び分で表わす概略の待つべき時間を送信するものとする．概略の待つべき時間が10分以上のときは，その理由を簡単に送信しなければならない．

4 　無線局は，**自局に対する呼出しであることが確実でない呼出し**を受信したときは，その呼出しが反復され，かつ，自局に対する呼出しであることが**確実に判明するまで応答してはならない**．

5 自局に対する呼出しを受信した場合において，**呼出局の呼出符号が不確実**であるときは，応答事項のうち相手局の呼出符号の代りに「**QRZ?**」の略符号を使用して，**直ちに応答しなければならない**．

用語

略符号はモールス無線通信で，略語は無線電話通信で用いられる．

「CQ」の略語は「各局」

「DE」の略語は「こちらは」

「K」の略語は「送信してください」

「$\overline{\text{AS}}$」の略語は「お待ちください」（「$\overline{\quad}$」は文字の間隔をあけずに送信する.）

「QRZ?」の略語は「**誰かこちらを呼びましたか**」

呼出しのときの自局の呼出符号は3回以下，
応答のときの自局の呼出符号は1回だよ.

4 呼出し又は応答の簡易化（運126条の2）

1 空中線電力50ワット以下の無線設備を使用して呼出し又は応答を行う場合において，確実に連絡の設定ができると認められるときは，第20条第1項第二号及び第三号又は

第23条第2項第一号に掲げる事項（呼出事項の「DE　1回」及び「自局の呼出符号　3回以下」，応答事項の「相手局の呼出符号　3回以下」）の送信を省略することができる．

2　前項の規定により第20条第1項第二号及び第三号に掲げる事項（呼出事項の「DE　1回」及び「自局の呼出符号　3回以下」）の送信を省略した無線局は，その通信中少なくとも1回以上自局の呼出符号を送信しなければならない．

1　呼出しの簡易化

空中線電力50ワット以下の無線設備を使用して呼出しを行う場合において，確実に連絡の設定ができると認められるときは，次の事項を順次送信して行うことができる．

① 相手局の呼出符号　　　　　　　3回以下

2　応答の簡易化

空中線電力50ワット以下の無線設備を使用して応答を行う場合において，確実に連絡の設定ができると認められるときは，次の事項を順次送信して行うことができる．

① DE　　　　　　　　　　　　1回
② 自局の呼出符号　　　　　　　1回

第5章　運用

試験の直前 Check!

☐ **Q符号** ≫ QRA：貴局名. QRH：周波数変化. QRI：音調. QRK：明りょう度. QRL：通信中. QRM：混信. QRN：空電. QRO：送信電力増加. QRP：送信電力減少. QRQ：速度速く. QRS：速度遅く. QRT：送信中止. QRU：伝送ない. QRV：準備できた. QRZ：誰が呼んでいるか. QSB：フェージング. QSW：この周波数で. QSY：周波数変更. QTH：位置.

☐ **発射前の措置** ≫ 受信機を最良の感度に調整. 発射周波数, 必要と認める周波数を聴守, 他の通信に混信を与えないことを確かめる.

☐ **呼出しが混信のおそれがあるとき** ≫ その通信が終了した後に呼出し.

☐ **特定の相手局を一括して呼び出す** ≫ 相手局の呼出符号それぞれ2回以下, DE 1回, 自局の呼出符号3回以下, K 1回. 相手局の呼出符号は,「CQ」に地域名を付したものに代えることができる.

☐ **呼出しの中止** ≫ 混信を与える通知には直ちに呼出しを中止. 通知する局は分で表す待ち時間を示す.

☐ **自局に対する呼出しを受信** ≫ 直ちに応答.

☐ **自局に対する呼出しが確実でない** ≫ 確実に判明するまで応答しない.

☐ **呼出局の呼出符号が不確実** ≫ QRZ?（誰かこちらを呼びましたか）

国家試験問題

問題1

　次に掲げる無線電信通信に使用するQ符号及び問符並びにその意義の組合せについて，無線局運用規則（第13条及び別表第2号）の規定に照らし，Q符号及び問符並びにその意義の組合せが適合するものを1，適合しないものを2として解答せよ.

	Q符号	意義
ア	QRZ?	貴局名は，何ですか.
イ	QRH?	こちらの周波数は，変化しますか.
ウ	QRK?	そちらは，空電に妨げられていますか.
エ	QRP?	こちらは，送信機の電力を増加しましょうか.
オ	QTH?	緯度及び経度で示す（又は他の表示による.）そちらの位置は，何ですか.

QRZ?は誰が，QRK?は明りょう度，QRP?は電力減らしてだよ.

問題2

　無線局が相手局を呼び出そうとする場合（注）の措置に関する次の記述のうち，無線局運用規則（第19条の2）の規定に照らし，この規定に定めるところに適合するものはどれか．下の1から4までのうちから一つ選べ.

　注　遭難通信，緊急通信，安全通信及び電波法第74条（非常の場合の無線通信）第1項に規定する通信を行う場合並びに海上移動業務以外の業務において他の通信に混信を与えないことが確実である電波により通信を行う場合を除く.

　1　無線局は，相手局を呼び出そうとするときは，電波を発射する前に，自局の発射しようとする電波の周波数を1分間聴守しなければならない.

　2　無線局は，相手局を呼び出そうとするときは，電波を発射する前に，擬似空中線回路を使用して自局の発射しようとする電波の周波数を測定しなければならない.

　3　無線局は，相手局を呼び出そうとするときは，電波を発射する前に，送信機を通常の動作状態に調整し，自局の発射しようとする電波の周波数によって聴守し，他の通信に混信を与えないことを確かめなければならない.

　4　無線局は，相手局を呼び出そうとするときは，電波を発射する前に，受信機を最良の感度に調整し，自局の発射しようとする電波の周波数その他必要と認める周波数によって聴守し，他の通信に混信を与えないことを確かめなければならない.

問題 3

次の記述は，モールス無線通信における特定局あて一括呼出しについて述べたものである．無線局運用規則（第 127 条の 3 及び第 261 条）の規定に照らし，____内に入れるべき最も適切な字句の組合せを下の 1 から 4 までのうちから一つ選べ．

① 2 以上の特定の無線局を一括して呼び出そうとするときは，次の (1) から (4) までに掲げる事項を順次送信して行うものとする．

(1) 相手局の呼出符号 ____A____

(2) DE 1 回

(3) 自局の呼出符号 ____B____

(4) K 1 回

② ①の (1) に掲げる相手局の呼出符号は，「CQ」に ___C___ を付したものをもって代えることができる．

	A	B	C
1	それぞれ 2 回以下	3 回以下	地域名
2	それぞれ 3 回	3 回以下	呼出しの種類
3	それぞれ 3 回	1 回	地域名
4	それぞれ 2 回以下	1 回	呼出しの種類

問題 4

次の記述は，自局の呼出しが他の通信に混信を与える旨の通知を受けた場合について述べたものである．無線局運用規則（第 22 条）の規定に照らし，____内に入れるべき最も適切な字句の組合せを下の 1 から 4 までのうちから一つ選べ．

① 無線局は，自局の呼出しが他の既に行われている通信に混信を与える旨の通知を受けたときは，直ちに ____A____ しなければならない．

② ①の通知をする無線局は，その通知をするに際し，____B____ を示すものとする．

	A	B
1	空中線電力を低下	受けている混信の度合い
2	空中線電力を低下	分で表す概略の待つべき時間
3	その呼出しを中止	受けている混信の度合い
4	その呼出しを中止	分で表す概略の待つべき時間

問題 5

　アマチュア局の無線電話通信における不確実な呼出しに対する応答に関する次の記述のうち，無線局運用規則（第 14 条，第 18 条及び第 26 条並びに別表第 4 号）の規定に照らし，これらの規定の定めるところに適合するものはどれか．下の 1 から 4 までのうちから一つ選べ．

　1　無線局は，自局に対する呼出しを受信した場合において，呼出局の呼出符号が不確実であるときは，応答事項のうち相手局の呼出符号の代わりに「呼出しを反復してください」を使用して，直ちに応答しなければならない．

　2　無線局は，自局に対する呼出しであることが確実でない呼出しを受信したときは，応答事項のうち相手局の呼出符号の代わりに「誰かこちらを呼びましたか」を使用して，直ちに応答しなければならない．

　3　無線局は，自局に対する呼出しであることが確実でない呼出しを受信したときは，その呼出しが反復され，かつ，自局に対する呼出しであることが確実に判明するまで応答してはならない．

　4　無線局は，自局に対する呼出しを受信した場合において，呼出局の呼出符号が不確実であるときは，その呼出符号が確実に判明するまで応答してはならない．

相手局が分からないときは，「誰かこちらを呼びましたか」だね．自局を呼出しているか分からないときは，直ちに応答してはいけないんだよ．

「誰かこちらを呼びましたか」の略語は，無線電信通信の問題では「QRZ?」の略符号だよ．

解答

問題 1 →ア−2　イ−1　ウ−2　エ−2　オ−1　**問題 2** →4
問題 3 →1　**問題 4** →4　**問題 5** →3

5.4 通報の送信・試験電波・非常通信　重要知識

出題項目 **Check!**

☐ 周波数を変更するときの方法
☐ 試験電波の発射の方法

■ 1 通報の送信方法（運 29 ～ 38 条）

1　通報の送信（運 29 条）

呼出しに対して応答を受けたときは，直ちに通報の送信を開始するものとする．

通報の送信は，次に掲げる事項を順次送信して行うものとする．ただし，呼出しに使用した電波と同一の電波により送信する場合は，① から ③ までに掲げる事項の送信を省略することができる．

① 相手局の呼出符号　　　　　1 回
② DE　　　　　　　　　　　1 回
③ 自局の呼出符号　　　　　　1 回
④ 通報
⑤ K　　　　　　　　　　　　1 回

前項の送信において，通報は，和文の送信の場合は「ラタ」，欧文の場合は「AR」をもって終わるものとする．

2　通報の受信証（運 37 条）

通報を確実に受信したときは，次の事項を順次送信するものとする．

① 相手局の呼出符号　　　　　1 回
② DE　　　　　　　　　　　1 回
③ 自局の呼出符号　　　　　　1 回
④ R　　　　　　　　　　　　1 回
⑤ 最後に受信した通報の番号　1 回

3　通報の長時間の送信（運 30 条）

アマチュア局は，長時間継続して通報を送信するときは，10 分ごとを標準として適当に「DE」及び自局の呼出符号を送信しなければならない．

4　誤送の訂正（運 31 条）

送信中において誤った送信をしたことを知ったときは，次に掲げる略符号を前置して正しく送信した適当の語字から更に送信しなければならない．

① 手送による和文の送信の場合は，ラタ
② 自動機（自動的にモールス符号を送信又は受信するものをいう．）による送信及び手送による欧文の送信の場合は，HH

5　通報の反復 (運 32, 運 33 条)

① 相手局に対して，通報の反復を求めようとするときは，「RPT」の次に反復する箇所を示すものとする．

② 送信した通報を反復して送信するときは，1字若しくは1語ごとに反復する場合を除いて，その通報の各通ごと又は一連続ごとに「RPT」を前置するものとする．

6　通信中の周波数の変更の要求 (運 34 条)

通信中において，混信の防止その他の必要により使用電波の型式又は周波数の変更を要求しようとするときは，次の事項を順次送信して行うものとする．ただし，用いようとする電波の周波数があらかじめ定められているときは，第二号 (②) に掲げる事項の送信を省略することができる．

①	QSU 又は QSW 若しくは QSY	1 回
②	変更によって使用しようとする周波数 (又は型式及び周波数)	1 回
③	? (「QSW」を送信したときに限る.)	1 回

7　通信中の周波数の変更に応じる場合 (運 35 条)

前条 (6) に規定する要求を受けた無線局は，これに応じようとするときは，「R」を送信し (通信状態等により必要と認めるときは，「QSW」及び前条 (6) 第二号 (②) の事項を続いて送信する.)，直ちに周波数 (又は型式及び周波数) を変更しなければならない．

8　送信の終了 (運 36 条)

通報の送信を終了し，他に送信すべき通報がないことを通知しようとするときは，送信した通報に続いて次の事項を送信するものとする．

① NIL

② K

9　通信の終了 (運 38 条)

通信が終了したときは，「$\overline{\text{VA}}$」を送信するものとする．ただし，海上移動業務以外の業務においては，これを省略することができる．

Point

「$\overline{\text{AR}}$」の略語は「終わり」

「$\overline{\text{VA}}$」の略語は「さようなら」

「$\overline{\text{HH}}$」の略語は「訂正」

「RPT」の略語は「反復」

「R」の略語は「了解 (又は OK)」

「NIL」の略語は「こちらは，そちらに送信するものがありません.」

2 試験電波の発射の方法 (運 39, 22 条)

1　無線局は，無線機器の試験又は調整のため電波の発射を必要とするときは，発射する前に**自局の発射しようとする電波の周波数及びその他必要と認める周波数**によって聴守し，他の無線局の通信に混信を与えないことを確かめた後，次の符号を順次送信し，更に**1分間聴守**を行い，他の無線局から停止の請求がない場合に限り，「VVV」の連続及び自局の呼出符号1回を送信しなければならない．この場合において，「VVV」の連続及び自局の呼出符号の送信は，**10秒間を超えてはならない**．
　　① 　EX　　　　　　　　　　3回
　　② 　DE　　　　　　　　　　1回
　　③ 　自局の呼出符号　　　　3回
2　前項 (1) の試験又は調整中は，しばしばその電波の周波数により聴守を行い，**他の無線局から停止の要求がないかどうかを確かめなければならない**．
3　第1項 (1) 後段の規定にかかわらず，海上移動業務以外の業務の無線局にあっては，必要があるときは，**10秒間を超えて「VVV」の連続及び自局の呼出符号の送信をすることができる**．
4　無線局は，自局の呼出しが他の既に行われている通信に混信を与える旨の通知を受けたときは，直ちにその呼出しを中止しなければならない．無線設備の機器の試験又は調整のための電波の発射についても同様とする．

Point

「EX」の略語は「ただいま試験中」

試験電波を発射するときの「EX」と「自局の呼出符号」は3回だよ．

3 非常通信及び非常の場合の無線通信の通信方法 (運 131 ～ 133, 135 ～ 136 条)

1　呼出し及び応答の方法 (運 131 条)

　法第74条第1項に規定する通信（非常の場合の無線通信）において連絡を設定するための呼出し又は応答は，呼出事項又は応答事項に「$\overline{\text{OSO}}$」3回を前置して行うものとする．

2　「$\overline{\text{OSO}}$」を前置した呼出しを受信した場合の措置 (運 132 条)

　「$\overline{\text{OSO}}$」を前置した呼出しを受信した無線局は，応答する場合を除く外，これに混信を

与えるおそれのある電波の発射を停止して傍受しなければならない.

3　一括呼出し等 (運 133 条)

法第 74 条第 1 項に規定する通信において, 各局あて又は特定の無線局あての一括呼出しを行う場合には,「CQ」又は第 127 条の 3 第 1 項第一号に掲げる事項 (「相手局の呼出符号」) の前に「$\overline{\text{OSO}}$」3 回を送信するものとする.

4　通報の方法 (運 135 条)

法第 74 条第 1 項に規定する通信において, 通報を送信しようとするときは,「ヒゼウ」(欧文であるときは,「EXZ」) を前置して行うものとする.

5　非常の場合の無線通信の訓練のための通信 (運 135 条の 2)

第 129 条から第 135 条までの規定は, 法第 74 条第 1 項に規定する通信の訓練のための通信について準用する. この場合において, 第 131 条から第 133 条までにおいて「「$\overline{\text{OSO}}$」」とあり, 第 135 条において「「ヒゼウ」(欧文であるときは,「EXZ」)」とあるのは,「「クンレン」」と読み替えるものとする.

6　取り扱いの停止 (運 136 条)

非常通信の取り扱いを開始した後, 有線通信の状態が復旧した場合は, すみやかにその取り扱いを停止しなければならない.

Point

「$\overline{\text{OSO}}$」の略語は「非常」

 無線電報では, ヒジョウの小さい文字が送れないので「ヒゼウ」なんだよ.

試験の直前 Check!

- [ ] **周波数の変更の要求** ≫ QSU 又は QSW 若しくは QSY 1 回, 変更する周波数 1 回, ? (「QSW」を送信したときに限る.) 1 回.
- [ ] **周波数の変更に応じる** ≫ R, (必要と認めるときは QSW 及び変更する周波数 1 回), 直ちに変更する.
- [ ] **試験電波の発射前確かめる** ≫ 発射しようとする周波数, その他必要と認める周波数で聴守, 他の通信に混信を与えない.
- [ ] **試験電波の送信事項** ≫ EX 3 回, DE 1 回, 自局の呼出符号 3 回.
- [ ] **試験電波の発射中確かめる** ≫ 他局から停止の要求がないかどうか.
- [ ] **試験電波の発射** ≫ 「VVV」の連続, 自局の呼出符号を送信. 10 秒を超えない. 必要があれば超えられる.

国家試験問題

問題 1

次の記述は，無線電信通信の通信中において，混信の防止その他の必要により使用電波の型式又は周波数の変更を要求しようとするときに順次送信すべき事項を掲げたものである．無線局運用規則（第34条）の規定に照らし，□□□内に入れるべき最も適切な字句の組合せを下の1から4までのうちから一つ選べ．

① QSU 又は QSW 若しくは[A]　　　　　　　　　　　　　　　1回
② 変更によって使用しようとする周波数（又は電波の型式及び周波数）　1回
③ ?（「[B]」を送信したときに限る．）　　　　　　　　　　　　　1回

	A	B
1	QRX	QSU
2	QSY	QSW
3	QSY	QSU
4	QRX	QSW

解説

QSU は，「その周波数で送信又は応答してください．」

QSW は，「こちらは，この周波数で送信しましょう．」

QSW? は，「そちらは，この周波数で送信してくれませんか．」

QSY は，「他の周波数に変更して伝送してください．」

応答するときが出題されたことがあるよ．R と QSW を送信するよ．
R は了解（ラジャー）だよ．

問題2

次の記述は，モールス無線電信による試験電波の発射について述べたものである．無線局運用規則（第39条）の規定に照らし，___内に入れるべき最も適切な字句を下の1から10までのうちからそれぞれ一つ選べ．なお，同じ記号の___内には，同じ字句が入るものとする．

① 無線局は，無線機器の試験又は調整のため電波の発射を必要とするときは，発射する前に自局の発射しようとする電波の ア によって聴守し，他の無線局の通信に混信を与えないことを確かめた後，次の(1)から(3)までの符号を順次送信し，更に イ 聴守を行い，他の無線局から停止の請求がない場合に限り，「VVV」の連続及び自局の呼出符号1回を送信しなければならない．この場合において，「VVV」の連続及び自局の呼出符号の送信は， ウ を超えてはならない．

(1) EX　　　　　　　　　3回
(2) DE　　　　　　　　　1回
(3) 自局の呼出符号　　 エ

② ①の試験又は調整中は，しばしばその電波の周波数により聴守を行い， オ を確かめなければならない．

③ ①の後段の規定にかかわらず，海上移動業務以外の業務の無線局にあっては，必要があるときは， ウ を超えて「VVV」の連続及び自局の呼出符号の送信をすることができる．

1 周波数　　2 周波数及びその他必要と認める周波数　　3 3分間
4 1分間　　5 10秒間　　6 他の無線局から停止の要求がないかどうか
7 1回　　8 3回　　9 20秒間
10 他の無線局の通信に混信を与えていないかどうか

太字は穴あきになった用語として，出題されたことがあるよ．

「EX」は電話の略語だと「ただいま試験中」，「VVV」は「本日晴天なり」，「DE」は「こちらは」だよ．雨の日でも「本日晴天なり」の用語を使うよ．

解答

問題1 →2　問題2 →ア－2　イ－4　ウ－5　エ－8　オ－6

6 監督

6.1 電波の発射の停止・臨時検査・非常の場合の無線通信 重要知識

出題項目 Check!

- □ 周波数等の変更命令を受ける場合
- □ 臨時に電波の発射の停止を命じられる場合
- □ 臨時検査を実施する場合
- □ 検査の結果について指示を受けた場合
- □ 非常の場合の無線通信を行う場合

1 周波数等の変更，技術基準適合命令（法71，71条の5）

1 総務大臣は，**電波の規整その他公益上**必要があるときは，無線局の**目的の遂行**に支障を及ぼさない範囲内に限り，当該無線局（登録局を除く.）の**周波数若しくは空中線電力**の指定を変更し，又は登録局の**周波数若しくは空中線電力若しくは人工衛星局**の無線設備の設置場所の変更を命ずることができる.

2 総務大臣は，無線設備が第3章（無線設備）に定める技術基準に適合していないと認めるときは，当該無線設備を使用する無線局の免許人等に対し，**その技術基準に適合するように当該無線設備の修理その他の必要な措置をとるべきことを命ずる**ことができる.

2 電波の発射の停止（法72，110条）

1 総務大臣は，無線局の発射する**電波の質**が第28条の総務省令で定めるものに**適合し**ていないと認めるときは，その無線局に対して**臨時に電波の発射の停止**を命ずることができる.

2 総務大臣は，前項（1）の命令を受けた無線局からその発射する**電波の質**が第28条の総務省令の定めるものに**適合するに至った旨の申出**を受けたときは，その無線局に**電波を試験的に発射**させなければならない.

3 総務大臣は，前項（2）の規定により発射する**電波の質**が第28条の総務省令で定めるものに**適合している**ときは，**直ちに**第1項（1）の停止（電波の発射の停止）を解除しなければならない.

4 第72条第1項（1）の規定によって電波の発射を停止された無線局を運用した者は，**1年以下の懲役又は100万円以下の罰金**に処する.

Point

電波の発射の停止と運用の停止

　電波の質が規定に適合していないときに電波の発射の停止を命ぜられることがある．運用の停止を命ぜられるのは，電波法に違反しているとき等である．

■3■ 臨時検査（法73条，施39条）

1　総務大臣は，第71条の5（技術基準適合命令）の**無線設備の修理その他の必要な措置をとるべきことを命じたとき**，第72条第1項の**電波の発射の停止を命じたとき**，同条第2項の申出があったとき，無線局のある船舶又は航空機が外国へ出港しようとするとき，その他この**法律の施行を確保するため特に必要があるとき**は，その職員を無線局に派遣し，その無線設備等（無線設備，無線従事者の資格及び員数並びに時計及び書類）を検査させることができる．

2　総務大臣は，無線局のある船舶又は航空機が外国へ出港しようとする場合その他この法律の施行を確保するため特に必要がある場合において，当該無線局の発射する電波の質又は空中線電力に係る無線設備の事項のみについて検査を行なう必要があると認めるときは，その無線局に電波の発射を命じて，その発射する電波の質又は空中線電力の検査を行なうことができる．

3　免許人は，検査の結果について総務大臣又は総合通信局長から指示を受け相当な措置をしたときは，**速やかにその措置の内容を総務大臣又は総合通信局長に報告しなければ**ならない．

■4■ 非常の場合の無線通信，非常の場合の通信体制の整備（法74，74条の2，110条）

1　総務大臣は，地震，台風，洪水，津波，雪害，火災，暴動その他非常の事態が**発生し，又は発生するおそれがある場合においては，人命の救助，災害の救援，交通通信の確保又は秩序の維持のために必要な通信を無線局に行わせることができる．**

2　総務大臣が前項（1）の規定により**無線局に通信を行わせたときは**，国は，その通信に要した実費を弁償しなければならない．

3　総務大臣は，第74条第1項（1）に規定する通信の円滑な実施を確保するため必要な体制を整備するため，非常の場合における**通信計画の作成，通信訓練の実施その他の必要な措置を講じておかなければならない．**

4　総務大臣は，前項（3）に規定する措置を講じようとするときは，**免許人等の協力を**

求めることができる.

5　第74条第1項（1）の規定による処分に違反した者は，1年以下の懲役又は100万円以下の罰金に処する.

 非常通信は免許人の判断で行って，非常の場合の無線通信は総務大臣が行わせるよ．非常通信と非常の場合の無線通信の違いに注意してね．

試験の直前 Check!

☐ **総務大臣の周波数等の変更命令** ≫ 電波の規整その他公益上必要がある，目的の遂行に支障を及ぼさない範囲，周波数若しくは空中線電力の指定を変更，人工衛星局の設置場所の変更を命ずる.

☐ **無線設備が技術基準に適合しない** ≫ 当該無線設備の修理その他の必要な措置をとるべきことを命ずる.

☐ **電波の質が総務省令に適合しない** ≫ 臨時に電波の発射の停止，適合する申出は試験的に発射，適合していると発射の停止を直ちに解除.

☐ **発射停止の無線局を運用した者** ≫ 1年以下の懲役，100万円以下の罰金.

☐ **臨時検査を行うとき** ≫ 修理その他の必要な措置をとるべきことを命じた，臨時に電波の発射停止を命じた，電波の質が適合するに至る，外国に出航，電波法の施行を確保する，職員を派遣し無線設備等を検査させる.

☐ **検査の結果について指示を受けた** ≫ 措置をしたとき，速やかに総務大臣又は総合通信局長に報告.

☐ **非常の場合の無線通信** ≫ 非常の事態が発生，発生するおそれがある，人命の救助，災害の救援，交通通信の確保，秩序の維持のため，総務大臣が無線局に行わせる.

☐ **非常の場合の無線通信命令を違反した者** ≫ 1年以下の懲役，100万円以下の罰金.

☐ **非常の場合の無線通信の円滑な実施** ≫ 総務大臣は非常の場合における通信計画の作成，通信訓練の実施，必要な措置を講じる，免許人等の協力を求めることができる.

第6章　監督

79

国家試験問題

問題1

　次の記述は，アマチュア無線局の無線設備が技術基準に適合していない場合について述べたものである．電波法（第71条の5及び第73条）の規定に照らし，　　　内に入れるべき最も適切な字句の組合せを下の1から4までのうちから一つ選べ．

① 　総務大臣は，無線設備が電波法第3章（無線設備）に定める技術基準に適合していないと認めるときは，当該無線設備を使用する無線局の免許人に対し，　 A 　を命ずることができる．

② 　総務大臣は，①を命じたときは，　 B 　を無線局に派遣し，その無線設備等（注1）を検査させることができる．

　　注1　無線設備，無線従事者の資格及び員数並びに時計及び書類をいう．

	A	B
1	3箇月以内の期間を定めて無線局の運用の停止	その職員
2	3箇月以内の期間を定めて無線局の運用の停止	登録検査等事業者（注2）
3	その技術基準に適合するように当該無線設備の修理その他の必要な措置をとるべきこと	その職員
4	その技術基準に適合するように当該無線設備の修理その他の必要な措置をとるべきこと	登録検査等事業者（注2）

　　注2　電波法第24条の2（検査等事業者の登録）第1項の登録を受けた者をいう．

問題2

　次の記述は，電波の発射の停止について述べたものである．電波法（第72条及び第110条）の規定に照らし，　　　内に入れるべき最も適切な字句を下の1から10までのうちからそれぞれ一つ選べ．なお，同じ記号の　　　内には，同じ字句が入るものとする．

① 　総務大臣は，無線局の発射する　 ア 　が電波法第28条の総務省令で定めるものに適合していないと認めるときは，当該無線局に対して　 イ 　電波の発射の停止を命ずることができる．

② 　総務大臣は，①の命令を受けた無線局からその発射する　 ア 　が電波法第28条の総務省令の定めるものに適合するに至った旨の申出を受けたときは，その無線局に　 ウ 　させなければならない．

③ 　総務大臣は，②の規定により発射する　 ア 　が電波法第28条の総務省令で定めるものに適合しているときは，直ちに　 エ 　しなければならない．

④ 　①の規定によって電波の発射を停止された無線局を運用した者は，　 オ 　又は100万円以下の罰金に処する．

1　電波の型式及び周波数　　　2　電波の質　　　　　3　臨時に
4　3箇月以内の期間を定めて　　5　職員を派遣し，検査
6　電波を試験的に発射　　　　7　①の停止を解除　　8　その旨を通知
9　2年以下の懲役　　　　　　10　1年以下の懲役

問題3 ▶

　アマチュア無線局の検査に関する次の記述のうち，電波法（第73条）の規定に適合しないものはどれか．下の1から4までのうちから一つ選べ．

1　総務大臣は，無線設備が電波法第3章（無線設備）に定める技術基準に適合していないと認めるときは，電波法第24条の2（検査等事業者の登録）第1項の登録を受けた者を無線局に派遣し，その無線設備等（無線設備，無線従事者の資格及び員数並びに時計及び書類をいう．以下2，3及び4において同じ．）を検査させることができる．

2　総務大臣は，電波法第71条の5（技術基準適合命令）の無線設備の修理その他の必要な措置をとるべきことを命じたときは，その職員を無線局に派遣し，その無線設備等を検査させることができる．

3　総務大臣は，電波法第72条（電波の発射の停止）第1項の電波の発射の停止を命じたときは，その職員を無線局に派遣し，その無線設備等を検査させることができる．

4　総務大臣は，電波法の施行を確保するため特に必要があるときは，その職員を無線局に派遣し，その無線設備等を検査させることができる．

問題4 ▶

　アマチュア局の免許人が無線局の検査の結果について総務大臣又は総合通信局長（沖縄総合通信事務所長を含む．）から指示を受けた場合の措置に関する次の記述のうち，電波法施行規則（第39条）の規定に照らし，この規定に定めるところに適合するものはどれか．下の1から4までのうちから一つ選べ．

1　免許人は，検査の結果について総務大臣又は総合通信局長から指示を受け相当な措置をしたときは，速やかに電波法第24条の2（検査等事業者の登録）第1項の登録を受けた者が総務省令で定めるところにより行う点検を受けなければならない．

2　免許人は，検査の結果について総務大臣又は総合通信局長から指示を受け相当な措置をしたときは，速やかにその措置の内容を総務大臣又は総合通信局長に報告しなければならない．

3　免許人は，検査の結果について総務大臣又は総合通信局長から指示を受け相当な措置をしたときは，その措置の内容を無線局事項書及び工事設計書の写しの備考の欄に記載しなければならない．

4　免許人は，検査の結果について総務大臣又は総合通信局長から指示を受け相当な
措置をしたときは，その措置の内容を無線局検査結果通知書の備考の欄に記載しな
ければならない．

問題5

次の記述は，非常の場合の無線通信について述べたものである．電波法（第74条及
び第74条の2）の規定に照らし，　　　　内に入れるべき最も適切な字句を下の1から
10までのうちからそれぞれ一つ選べ．

① 総務大臣は，地震，台風，洪水，津波，雪害，火災，暴動その他非常の事態が
　　ア　場合においては，人命の救助，**災害の救援**，　イ　のために必要な通信を
無線局に　ウ　ことができる．

② 総務大臣は，①に規定する通信の円滑な実施を確保するため必要な体制を整備す
るため，非常の場合における　エ　必要な措置を講じておかなければならない．

③ 総務大臣は，②に規定する措置を講じようとするときは，　オ　ことができる．

1　関係行政機関に対して協力を求める　　　2　発生し，又は発生するおそれがある

3　免許人の協力を求める　　　4　交通通信の確保又は秩序の維持

5　通信計画の作成，通信訓練の実施その他の　　　6　発生した

7　交通通信の確保，財貨の保全又は電気の供給

8　無線通信に使用する無線設備の配備等

9　行わせる　　　　　　　　　　10　行うよう要請する

太字は穴あきになった用語として，出題されたことがあるよ．

● **解答** ●

問題1→3　**問題2**→アー2　イー3　ウー6　エー7　オー10

問題3→1　**問題4**→2

問題5→アー2　イー4　ウー9　エー5　オー3

6.2 免許の取消し等の処分　　　重要知識

- ☐ 無線局の運用の停止又は制限を受ける場合
- ☐ 無線局の免許の取消しを受ける場合
- ☐ 無線従事者の免許の取消し，従事停止を受ける場合

■1■ 無線局の運用の停止又は制限（法76条）

　　総務大臣は，免許人が電波法，放送法若しくはこれらの法律に基づく命令又はこれらに基づく処分に違反したときは，**3月以内の期間を定めて無線局の運用の停止**を命じ，又は**期間を定めて運用許容時間，周波数若しくは空中線電力を制限**することができる．

　「電波法に基づく命令」とは，電波法施行規則や無線局運用規則等の総務省令のことです．

　「電波法に基づく処分」とは，運用の停止や制限等のことです．

　「免許人」とは，無線局の免許を受けている者のことです．個人でアマチュア局の免許を受けている場合はその個人のことですが，社団の場合は無線クラブの代表者及び無線クラブ全体のことです．

■2■ 無線局の免許の取消し（法76条）

　　総務大臣は，免許人が次の各号のいずれかに該当するときは，その免許を取り消すことができる．
　① 正当な理由がないのに，無線局の運用を引き続き**6月以上休止**したとき．
　② 不正な手段により無線局の免許若しくは第17条の許可（無線局の目的，通信の相手方，通信事項若しくは無線設備の設置場所の変更の許可又は**無線設備の変更の工事の許可**）を受け，又は第19条の規定による指定の変更（識別信号，電波の型式及び周波数，空中線電力並びに運用許容時間に係る指定の変更）を行わせたとき．
　③ **第1項（■1■）の規定による命令又は制限**（無線局の運用の停止を命ぜられ，又は無線局の運用許容時間，周波数若しくは空中線電力の制限）に従わないとき．
　④ 免許人が第5条第3項第一号に該当するに至った（**電波法又は放送法に規定する罪**を犯し，**罰金以上の刑**に処せられ，その執行を終わり又はその執行を受けることがなくなった日から**2年を経過しない**）とき．

注意 制限を受けるのは予備免許のときの指定事項だけど，「電波の型式」は入ってないよ．

■3■ 無線従事者の免許の取消し等の処分（法79条）

　総務大臣は，無線従事者が次の各号の一に該当するときは，その**免許を取り消し**，又は**3箇月以内**の期間を定めてその業務に従事することを停止することができる．
① 　**電波法若しくは電波法に基づく命令又はこれらに基づく処分に違反した**とき．
② 　**不正な手段により免許を受けた**とき．
③ 　第42条第三号（**著しく心身に欠陥**があって無線従事者たるに適しない者）に該当するに至ったとき．

無線局は「3月以内」で無線従事者は「3箇月以内」と書いてあるけど，電波法の条文にそのように書いてあるからだよ．意味は同じだよ．

無線局の免許人が電波法令に違反した場合は，運用の停止を制限されることがあるけど，免許の取消しはないよ．
無線従事者が電波法令に違反した場合は，免許の取消しや従事の停止があるよ．

注意

試験の直前 Check!
□ **免許人が電波法，基づく命令，基づく処分に違反** ≫ 無線局の3月以内の運用の停止．運用許容時間，周波数，空中線電力の制限．
□ **無線局の免許の取消し** ≫ 運用を6月以上休止．不正な手段により無線局の免許，変更の許可，指定事項の変更を受けた．運用停止，制限に従わない．電波法に規定する罰金以上の刑から2年間．
□ **無線従事者の免許の取消し，3箇月以内の従事停止** ≫ 電波法，基づく命令，基づく処分に違反．不正な手段により免許．著しく心身に欠陥．

国家試験問題

問題 1

次の記述は，アマチュア無線局の免許の取消し等について述べたものである．電波法 （第76条）の規定に照らし，　　　内に入れるべき最も適切な字句を下の1から10までのうちからそれぞれ一つ選べ．

① 総務大臣は，免許人が電波法，放送法若しくはこれらの法律に基づく命令又はこれらに基づく処分に違反したときは，3月以内の期間を定めて ア の停止を命じ，又は期間を定めて イ を制限することができる．

② 総務大臣は，免許人が次の (1) から (4) までのいずれかに該当するときは，その免許を取り消すことができる．

(1) 正当な理由がないのに，無線局の運用を引き続き **6月以上**休止したとき．

(2) 不正な手段により無線局の免許若しくは電波法第17条（変更等の許可）の許可を受け，又は同法第19条（申請による周波数等の変更）の規定による指定の変更を行わせたとき．

(3) ウ に従わないとき．

(4) 免許人が エ に規定する罪を犯し**罰金以上の刑**に処せられ，その執行を終わり，又はその執行を受けることがなくなった日から オ を経過しない者に該当するに至ったとき．

1 電波の発射 　　2 電波法又は放送法 　　3 3年 　　4 無線局の運用
5 日本国の国内法 　　6 電波の型式若しくは周波数 　　7 2年
8 ①の規定による命令又は制限 　　9 電波法第71条（周波数等の変更）の命令
10 運用許容時間，周波数若しくは空中線電力

 太字は穴あきになった用語として，出題されたことがあるよ．

問題2

　次の記述は，無線従事者の免許の取消し等について述べたものである．電波法（第79条）の規定に照らし，□□□内に入れるべき最も適切な字句の組合せを下の1から4までのうちから一つ選べ．

　総務大臣は，無線従事者が次の (1) から (3) までのいずれかに該当するときは，その免許を取り消し，又は**3箇月**以内の期間を定めてその　A　することができる．

(1) 電波法若しくは電波法に基く命令又はこれらに基く処分に違反したとき．

(2) 　B　とき．

(3) **著しく心身**に欠陥があって無線従事者たるに適しない者に該当するに至ったとき．

	A	B
1	無線設備の操作の範囲を制限	日本の国籍を失った
2	業務に従事することを停止	不正な手段により免許を受けた
3	無線設備の操作の範囲を制限	不正な手段により免許を受けた
4	業務に従事することを停止	日本の国籍を失った

無線従事者の免許は日本の国籍がなくてもとれるよ．
だから日本の国籍を失ってもだいじょうぶだね．

解答

問題1 →アー4　イー10　ウー8　エー2　オー7　**問題2** →2

6.3 報告・電波利用料・罰則 （重要知識）

- □ 総務大臣に報告する場合と報告の方法
- □ 免許等を要しない無線局，受信設備に対する監督
- □ 電波利用料を納める期日と手続き
- □ 罰則の規定に該当する場合と刑罰

1 報告（法80，81条，施42条の4）

1 無線局の免許人等は，次の場合は，**総務省令で定める手続き**により，総務大臣に報告しなければならない．

① 遭難通信，緊急通信，安全通信又は非常通信を行ったとき．

② **この法律又はこの法律に基づく命令の規定に違反**して運用した無線局を認めたとき．

③ 無線局が外国において，あらかじめ総務大臣が告示した以外の運用の制限をされたとき．

2 総務大臣は，**無線通信の秩序の維持**その他無線局の適正な運用を確保するため必要があると認めるときは，免許人等に対し，**無線局に関し報告**を求めることができる．

3 免許人等は，法第80条各号（1の①，②）の場合は，できる限りすみやかに，文書によって，総務大臣又は総合通信局長に報告しなければならない．

「この法律（電波法）に基づく命令」は，電波法施行規則や無線局運用規則などの総務省令のことだよ．

2 免許等を要しない無線局及び受信設備に対する監督（法82条）

① 総務大臣は，第4条第一号から第三号までに掲げる無線局（以下「**免許等を要しない無線局**」という．）の無線設備の発する電波又は受信設備が副次的に発する電波若しくは高周波電流が他の無線設備の機能に継続的かつ重大な障害を与えるときは，その設備の所有者又は占有者に対し，その障害を除去するために必要な措置をとるべきことを命ずることができる．

② 総務大臣は，免許等を要しない無線局の無線設備について又は**放送の受信を目的とする受信設備以外の受信設備**について前項（①）の措置をとるべきことを命じた場合におい

て特に必要があると認めるときは，その職員を当該設備のある場所に派遣し，その設備を検査させることができる．

免許等を要しない無線局は，発射する電波が微弱で総務省令で定める無線局，空中線電力 1 ワット以下で総務省令で定める無線局，登録局などのことだよ．p6 の 2.1 を見てね．

3 電波利用料（法 103 条の 2）

① 免許人等は，電波利用料として，無線局の免許等の日から起算して **30 日以内**及びその後毎年その免許等の日に応当する日（応当する日がない場合は，その翌日．この条において「応当日」という．）から起算して **30 日以内**に，当該無線局の免許等の日又は応当日（この項において「起算日」という．）から始まる各 1 年の期間について，別表第 6 の左欄に掲げる無線局の区分に従い同表の右欄に掲げる金額（**アマチュア無線局は 300 円**）を国に納めなければならない．

② 免許人等（包括免許人等を除く．）は，第 1 項（①）の規定により電波利用料を納めるときには，その翌年の応当日以後の期間に係る電波利用料を前納することができる．

③ 総務大臣は，電波利用料を**納めない者**があるときは，督促状によって，**期限を指定して督促**しなければならない．

④ 総務大臣は，第 42 項（③）の規定により督促をしたときは，その督促に係る電波利用料の額につき年 14.5 パーセントの割合で，納期限の翌日からその納付又は財産差押えの日の前日までの日数により計算した延滞金を徴収する．ただし，やむを得ない事情があると認めるとき，その他総務省令で定めるときは，この限りでない．

4 罰則（法 105，106，108 条の 2）

他の規定と関係する罰則については，その規定と合わせて示してあります．

1　遭難通信（法 105 条）
① 無線通信の業務に従事する者が第 66 条第 1 項（第 70 条の 6 において準用する場合を含む．）の規定による遭難通信の取扱をしなかったとき，又はこれを遅延させたときは，1 年以上の有期懲役に処する．
② 遭難通信の取扱を妨害した者も，前項と同様とする．
③ 前 2 項（①，②）の未遂罪は，罰する．
2　虚偽の通信（法 106 条）

① 自己若しくは他人に利益を与え，又は他人に損害を加える目的で，無線設備又は第100条第1項第一号（高周波利用設備）の通信設備によって虚偽の通信を発した者は，3年以下の懲役又は150万円以下の罰金に処する．

② 船舶遭難又は航空機遭難の事実がないのに，無線設備によって遭難通信を発した者は，3月以上10年以下の懲役に処する．

3 **重要無線通信妨害**（法108条の2）

① 電気通信業務又は放送の業務の用に供する無線局の無線設備又は**人命若しくは財産の保護，治安の維持，気象業務，電気事業に係る電気の供給の業務若しくは鉄道事業に係る列車の運行の業務**の用に供する無線設備を損壊し，又はこれに物品を接触し，その他その無線設備の機能に障害を与えて**無線通信を妨害した者**は，5年以下の懲役又は250万円以下の罰金に処する．

② 前項（①）の未遂罪は，罰する．

Point

　懲役と罰金の組合せは，「1年以下の懲役又は100万円以下の罰金」，「1年以下の懲役又は50万円以下の罰金」，「2年以下の懲役又は100万円以下の罰金」，「3年以下の懲役又は150万円以下の罰金」，「5年以下の懲役又は250万円以下の罰金」がある．

試験の直前 Check!

□ **総務大臣に報告** ＞＞ 非常通信，電波法に違反，電波法に基づく命令に違反，総務省令で定める手続きで報告．

□ **総務大臣が無線局に報告を求める** ＞＞ 無線通信の秩序の維持，無線局の適正な運用を確保する．

□ **免許等を要しない無線局，受信設備の監督** ＞＞ 副次的に発する電波，高周波電流が他の無線設備の機能に継続的かつ重大な障害．所有者又は占有者に対し障害を除去するため必要な措置を命ずる．放送の受信を目的とする受信設備以外の受信設備について，必要があるとき検査．

□ **電波利用料を納める** ＞＞ 30日以内．300円．前納できる．納めない者は期限を指定して督促．

□ **虚偽の通信を発した者** ＞＞ 自己，他人に利益を与え，他人に損害を加える目的で，無線設備によって虚偽の通信，3年以下の懲役，150万円以下の罰金．

□ **重要無線通信** ＞＞ 電気通信業務，放送の業務，人命若しくは財産の保護，治安の維持，気象業務，電気事業に係る電気の供給の業務，鉄道事業に係る列車の運行の業務．

□ **重要無線通信を妨害した者** ＞＞ 5年以下の懲役，250万円以下の罰金．

第6章　監督

国家試験問題

問題 1

　次の記述は，無線局の免許人が総務大臣に対して行う報告について述べたものである．電波法（第80条及び第81条）の規定に照らし，□□□内に入れるべき最も適切な字句の組合せを下の1から4までのうちから一つ選べ．

① 　無線局の免許人は，次に掲げる場合は，総務省令で定める手続により，総務大臣に報告しなければならない．

　(1) 　 A を行ったとき．

　(2) 電波法又は**電波法に基く命令**の規定に違反して運用した無線局を認めたとき．

　(3) 無線局が外国において，あらかじめ総務大臣が告示した以外の運用の制限をされたとき．

② 　総務大臣は， B その他無線局の適正な運用を確保するため必要があると認めるときは，免許人に対し，無線局に関し報告を求めることができる．

	A	B
1	非常通信又は電波法第74条（非常の場合の無線通信）第1項に規定する通信の訓練のために行う通信	混信の除去
2	非常通信又は電波法第74条（非常の場合の無線通信）第1項に規定する通信の訓練のために行う通信	無線通信の秩序の維持
3	非常通信	無線通信の秩序の維持
4	非常通信	混信の除去

 太字は穴あきになった用語として，出題されたことがあるよ．

問題2

次の記述は，免許等を要しない無線局及び受信設備に対する監督について述べたものである．電波法（第82条）の規定に照らし，____内に入れるべき最も適切な字句を下の1から10までのうちからそれぞれ一つ選べ．

① 総務大臣は，電波法第4条（無線局の開設）第1号から第3号までに掲げる無線局（以下「免許等を要しない無線局」という．）の無線設備の発する電波又は受信設備が副次的に発する**電波若しくは高周波電流**が他の無線設備の機能に ア な障害を与えるときは，その設備の イ に対し，その障害を ウ するために必要な措置をとるべきことを命ずることができる．

② 総務大臣は，免許等を要しない無線局の無線設備について又は放送の受信を目的とする エ について①の措置をとるべきことを命じた場合において特に必要があると認めるときは，その職員を当該設備のある場所に派遣し，その設備を オ させることができる．

1	重大	2	施設者又は利用者	3	実地に調査
4	受信設備以外の受信設備	5	検査		
6	所有者又は占有者	7	継続的かつ重大	8	排除
9	受信設備	10	除去		

問題3

アマチュア無線局の電波利用料の徴収等に関する次の記述のうち，電波法（第103条の2）の規定に照らし，この規定に定めるところに適合するものを1，適合しないものを2として解答せよ．

ア 免許人は，電波利用料として，無線局の免許の日から起算して30日以内及びその後毎年その免許の日に応当する日(注)から起算して30日以内に，当該無線局の免許の日又は応当日から始まる各1年の期間について，電波法に定める金額を国に納めなければならない．
　注 応当する日がない場合には，その翌日．以下ア及びイにおいて「応当日」という．

イ 免許人は，電波利用料を納めるときには，その翌年の応当日以後の期間に係る電波利用料を前納することができる．

ウ 免許人は，無線局の運用を6箇月以上休止する旨を総務大臣に届け出たときには，請求により，その休止の期間に係る電波利用料の還付を受けることができる．

エ 総務大臣は，電波利用料を納めない者があるときは，督促状によって，期限を指定して督促しなければならない．

オ 総務大臣は，電波利用料がその納付の期限経過後更に3箇月を経過しても納付されないときには，3箇月以内の期間を定めて当該無線局の運用の停止を命じ，又は期間を定めて運用許容時間，周波数若しくは空中線電力を制限することができる．

問題4

　次の記述は，虚偽の通信を発した者に対する罰則について述べたものである．電波法（第106条）の規定に照らし，◻◻◻内に入れるべき最も適切な字句の組合せを下の1から4までのうちから一つ選べ．

　◻ A ◻，又は他人に損害を加える目的で，◻ B ◻虚偽の通信を発した者は，◻ C ◻に処する．

	A	B	C
1	自己若しくは他人に利益を与え	電気通信回線を通じて	5年以下の懲役又は250万円以下の罰金
2	自己若しくは他人に利益を与え	無線設備によって	3年以下の懲役又は150万円以下の罰金
3	自己の不正な利益を図り	無線設備によって	5年以下の懲役又は250万円以下の罰金
4	自己の不正な利益を図り	電気通信回線を通じて	3年以下の懲役又は150万円以下の罰金

問題5

　次の記述は，無線通信を妨害した者に対する罰則について述べたものである．電波法（第108条の2）の規定に照らし，◻◻◻内に入れるべき最も適切な字句の組合せを下の1から4までのうちから一つ選べ．

① 電気通信業務又は**放送**の業務の用に供する無線局の無線設備又は◻ A ◻無線設備を損壊し，又はこれに物品を接触し，その他その無線設備の機能に障害を与えて無線通信を妨害した者は，◻ B ◻に処する．

② ①の未遂罪は，罰する．

	A	B
1	人命若しくは財産の保護，治安の維持，気象業務，電気事業に係る電気の供給の業務若しくは鉄道事業に係る列車の運行の業務の用に供する	3年以下の懲役又は150万円以下の罰金
2	人命若しくは財産の保護，治安の維持，気象業務，電気事業に係る電気の供給の業務若しくは鉄道事業に係る列車の運行の業務の用に供する	5年以下の懲役又は250万円以下の罰金
3	遭難通信，緊急通信若しくは安全通信を取り扱う無線局の	3年以下の懲役又は150万円以下の罰金
4	遭難通信，緊急通信若しくは安全通信を取り扱う無線局の	5年以下の懲役又は250万円以下の罰金

● **解答** ●

問題1 →3　**問題2** →アー7　イー6　ウー10　エー4　オー5

問題3 →アー1　イー1　ウー2　エー1　オー2　**問題4** →2

問題5 →2

7 国際法規

7.1 用語の定義・周波数の分配　　重要知識

- □ 無線通信規則等で規定される用語の定義
- □ 局の技術特性として定められている事項
- □ アマチュア業務に分配されている周波数帯

1 国際電気通信連合憲章及び国際電気通信連合条約

　国際電気通信連合憲章及び国際電気通信連合条約は，国際電気通信連合 (ITU) の組織と国際間の電気通信についての基本的な規律を取り決めています．国際電気通信連合憲章に規定する無線通信規則は，国際間の無線通信に関することを取り決めています．

2 用語の定義

① 「主官庁」とは，国際電気通信連合憲章，国際電気通信連合条約及び業務規則の義務を履行するためとるべき措置について責任を有する政府の機関をいう (S 1.2).

② 「協定世界時 (UTC)」とは，決議第 655 (WRC-15) に掲げる，秒 (国際単位系) を基礎とする時系をいう (S 1.14).

③ 「無線通信業務」とは，特定の目的の電気通信のための電波の送信，発射又は受信による業務で，この節 (無線通信規則第 1 条第 3 節 (無線業務)) で定義するものをいう．
　無線通信規則では，無線通信業務とは，特に示さない限り，**地上無線通信業務**をいう (S 1.19).

④ 「**標準周波数報時業務**」とは，**一般的受信**のため，公表された高い精度の**特定周波数**，**報時信号**又はこれらの双方の発射を行う**科学**，**技術**その他の目的のための無線通信業務をいう (S 1.53).

⑤ 「**アマチュア業務**」とは，アマチュア，すなわち，金銭上の利益のためでなく，専ら個人的に無線技術に興味をもち，正当に許可された者が行う自己訓練，通信及び技術研究のための無線通信業務をいう (S 1.56).

⑥ 「**アマチュア衛星業務**」とは，アマチュア業務と同一の目的で地球衛星上の宇宙局を使用する無線通信業務をいう (S 1.57).

⑦ 「宇宙局」とは，地球の大気圏の主要部分の外にあり，又はその外に出ることを目的とし，若しくはその外にあった物体上にある局をいう (S 1.64).

⑧ 「アマチュア局」とは，アマチュア業務の局をいう (S 1.96).

⑨ 「有害な混信」とは，無線航行業務その他の安全業務の運用を**妨害**し，又は**無線通信規則に従って行う無線通信業務の運用に重大な悪影響を与え，若しくはこれを反復的に中断し若しくは妨害する混信をいう (憲章附属書 1003).

（S 1.2）は，無線通信規則第 S 1.2 号を表します．

主管庁は各国で管轄する行政機関だよ．
日本は総務省だね．

Point

電波法施行規則（第 3 条）の定義

「アマチュア業務」とは，金銭上の利益のためでなく，もっぱら個人的な無線技術の興味
によって行う自己訓練，通信及び技術的研究その他総務大臣が別に告示する業務を行う無
線通信業務をいう．

「アマチュア業務」の定義は，無線通信規則と電波
法施行規則は違うところがあるので注意してね．

3　局の技術特性

① 　局において使用する装置の選択及び動作並びにそのすべての発射は，この規則に適合
　　しなければならない（S 3.1）．
② 　局において使用する装置は，ITU-R の関係勧告に従い，**周波数スペクトルを最も効
　　率的に利用することが可能となる信号処理方式をできる限り使用する**ものとする．この
　　方式としては，取り分け，一部の周波数帯域拡張技術が挙げられ，特に振幅変調方式に
　　おいては，**単側波帯技術の使用が挙げられる**（S 3.4）．
③ 　送信局は，**付録第 S 2 号に定める周波数許容偏差に従わ**なければならない（S 3.5）．
④ 　送信局は，**付録第 S 3 号に定めるスプリアス発射の許容し得る最大電力レベルに従わ**
　　なければならない（S 3.6）．
⑤ 　送信局は，一部の業務及び発射の種別に関して現行の無線通信規則に定める帯域外発
　　射又は**帯域外領域の不要発射の許容し得る最大電力レベルに適合**しなければならない．
　　この許容し得る最大電力のレベルに関する規定がない場合には，送信局は，実行可能な
　　最大の範囲で，関係の ITU-R 勧告に定める帯域外発射の限界又は帯域外領域における
　　不要発射の限界に関する要件を満たすものとする（S 3.7）．
⑥ 　さらに，**周波数許容偏差及び不要発射のレベルを技術の現状及び業務の性質によって
　　可能な最小の値に維持する**よう努力するものとする（S 3.8）．
⑦ 　発射の周波数帯幅は，**スペクトルを最も効率的に使用し得る**ようなものでなければな
　　らない．このためには，一般には，**周波数帯幅を技術の現状及び業務の性質によって可
　　能な最小の値に維持する**ことが必要である（S 3.9）．
⑧ 　**周波数帯幅拡張技術が使用される場合には**，スペクトル電力密度は，**スペクトルの効**

94

率的な使用に適する最小のものでなければならない（S 3.10）.

⑨ スペクトルの効率的な使用のために必要となる場合には, 受信機は, いずれの業務で受信機を使用するときも, 適切な場合には, **ドップラー効果を考慮して**, できる限り, 当該業務の送信機の周波数許容偏差に適合するものとする（S 3.11）.

⑩ 受信局は, 関係の発射の種別に適した技術特性を有する装置を使用するものとする. 特に**選択度特性**は, 発射の周波数帯幅に関する第S 3.9号の規定に留意して, 適当なものを採用するものとする（S 3.12）.

⑪ **受信機の動作特性**は, その受信機が, そこから適当な距離にあり, かつ, 無線通信規則に従って運用している**送信機から混信を受けることがないようなもの**とするために十分なものとする（S 3.13）.

⑫ **減衰波の発射**の使用は, すべての局に対して**禁止する**（S 3.15）.

注意 「減衰波」は, 試験問題に「減幅電波」や「B電波」と書かれていることがあるよ.

4 周波数の分配

[1] 地域

周波数の分配のため, 図7.1のように世界を3の地域に区分する（S 5.2）.

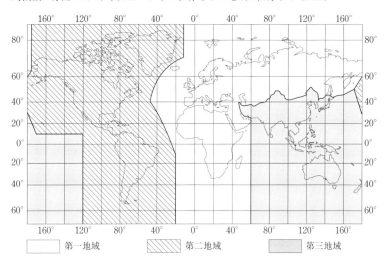

図7.1 地域の区分地図

日本は第三地域に含まれます.

[2]　アマチュア業務に分配されている周波数帯

表 7.1　アマチュア業務に分配されている周波数帯（抜粋）

第一地域	第二地域	第三地域
1,810 kHz～ 1,850 kHz	1,800 kHz～ 1,850 kHz 1,850 kHz～ 2,000 kHz ※	1,800 kHz～ 2,000 kHz ※
3,500 kHz～ 3,800 kHz ※	3,500 kHz～ 3,750 kHz 3,750 kHz～ 4,000 kHz ※	3,500 kHz～ 3,900 kHz ※
7,000 kHz ～ 7,200 kHz		
7,200 kHz ～ 7,300 kHz ※		
☆ 10,100 kHz ～ 10,150 kHz ※		
☆ 14,000 kHz ～ 14,350 kHz		
☆ 18,068 kHz ～ 18,168 kHz		
☆ 21,000 kHz ～ 21,450 kHz		
☆ 24,890 kHz ～ 24,990 kHz		
☆ 28 MHz ～ 29.7 MHz		
	50 MHz～ 54 MHz ※	
144 MHz ～ 146 MHz		
430 MHz ～ 440 MHz ※		
1,260 MHz ～ 1,300 MHz ※		

※を付した周波数は，他の業務と共用する．☆は，正しい答として出題された周波数帯．

Check!

- □ **標準周波数報時業務** ＞＞ 一般的受信，公表された高い精度の特定周波数，報時信号の発射．科学，技術その他の目的．

- □ **無線通信業務** ＞＞ 特定の目的の電気通信，電波の送信，発射，受信の業務．特に示さない限り，地上無線通信業務．

- □ **アマチュア業務** ＞＞ 金銭上の利益でなく，個人的に無線技術に興味，正当に許可された者，自己訓練，通信，技術研究，無線通信業務．

- □ **有害な混信** ＞＞ 無線航行業務，安全業務の運用を妨害．無線通信規則に従って行う無線通信業務の運用に重大な悪影響を与え，反復的に中断，妨害する混信．

- □ **局の技術特性** ＞＞ 無線通信規則に適合．周波数スペクトルを効率的に利用，信号処理方式，単側波帯技術をできる限り使用．付録の周波数許容偏差に従う．不要発射の許容し得る最大電力レベルに適合，不要発射の限界に関する要件を満たす．不要発射のレベルを可能な最小の値に維持．スペクトルを最も効率的に使用，周波数帯幅を可能な最小の値に維持．スペクトル電力密度は効率的な使用に適する最小のもの．受信機はドップラー効果を考慮して送信機の周波数許容偏差に適合．受信局は選択度特性が適当なものを採用．受信機の動作特性は送信機から混信を受けることがないようなもの．減衰波（減幅電波，B電波）の発射はすべての局に禁止．

- □ **アマチュア業務に分配された周波数帯** ＞＞ 1,800 kHz～ 2,000 kHz，3,500 kHz～ 3,900 kHz，7,000 kHz～ 7,200 kHz，10,100 kHz～ 10,150 kHz，14,000 kHz～ 14,350 kHz，18,068 kHz～ 18,168 kHz，21,000 kHz～ 21,450 kHz，24,890 kHz～ 24,990 kHz，28 MHz～ 29.7 MHz．

国家試験問題

問題 1

用語及び定義に関する次の記述のうち，無線通信規則（第1条）の規定に照らし，この規定に定めるところに適合しないものはどれか．下の1から4までのうちから一つ選べ．

1 「アマチュア業務」とは，アマチュア，すなわち，金銭上の利益のためでなく，専ら個人的に無線技術に興味をもち，正当に許可された者が行う自己訓練，通信及び技術研究のための無線通信業務をいう．

2 「無線通信業務」とは，特定の目的の電気通信のための電波の送信，発射又は受信による特定の業務の総体であり，特に示さない限り，地上無線通信業務及び宇宙無線通信業務をいう．

3 「宇宙局」とは，地球の大気圏の主要部分の外にあり，又はその外に出ることを目的とし，若しくはその外にあった物体上にある局をいう．

4 「アマチュア衛星業務」とは，アマチュア業務の目的と同一の目的で地球衛星上の宇宙局を使用する無線通信業務をいう．

解説

2 「無線通信業務」とは，特定の目的の電気通信のための電波の送信，発射又は受信による業務で，無線通信規則第1条第3節（無線業務）で定義するもの．無線通信規則では，無線通信業務とは，特に示さない限り，地上無線通信業務をいう．

問題 2

次の記述は，「有害な混信」の定義について述べたものである．国際電気通信連合憲章附属書（第1003号）の規定に照らし，□□□内に入れるべき最も適切な字句を下の1から10までのうちからそれぞれ一つ選べ．

「有害な混信」とは，□ア□の□イ□し，又は□ウ□に従って行う□エ□の運用に重大な悪影響を与え，若しくはこれを□オ□若しくは妨害する混信をいう．

1 意図的に干渉し		2 運用を中断	
3 その局の属する国の法令		4 運用を妨害	
5 無線通信規則		6 電気通信業務	
7 無線通信業務		8 反覆的に中断し	
9 無線通信業務又は放送業務		10 無線航行業務その他の安全業務	

問題3

局の技術特性に関する次の記述のうち，無線通信規則（第3条）の規定に照らし，この規定に定めるところに適合しないものはどれか．下の1から4までのうちから一つ選べ．

1　局において使用する装置の選択及び動作並びにそのすべての発射は，無線通信規則に適合しなければならない．

2　送信局が発射する電波は，その電波について主管庁が定める周波数の許容偏差に従うよう努力するものとする．

3　発射の周波数帯幅は，スペクトルを最も効率的に使用し得るようなものでなければならない．このためには，一般的には，周波数帯幅を技術の現状及び業務の性質によって可能な最小の値に維持することが必要である．

4　受信機の動作特性は，その受信機が，そこから適当な距離にあり，かつ，無線通信規則に従って運用している送信機から混信を受けることがないようなものを採用するものとする．

解説

2　送信局は，付録第S2号に定める周波数許容偏差に従わなければならない．

問題4

無線通信規則における次の周波数帯のうち，無線通信規則（第5条）の規定に照らし，この規定の定めるところにより，アマチュア業務へ分配されている周波数帯に該当しないものはどれか．下の1から5までのうちから一つ選べ．

1　10,100 kHz～ 10,150 kHz

2　14,000 kHz～ 14,350 kHz

3　18,068 kHz～ 18,168 kHz

4　24,690 kHz～ 24,790 kHz

5　28,000 kHz～ 29,700 kHz

28,000 kHz ～ 29,700 kHz は，
28 MHz～29.7 MHz のことだよ．

解答

問題1 →2　　**問題2** →アー10　イー4　ウー5　エー7　オー8

問題3 →2　　**問題4** →4

7.2 混信・秘密・許可書　重要知識

出題項目 Check!

- □ すべての局に禁止される伝送の種類
- □ 業務を満足に行うための送信局の電力
- □ 混信を避けるための送信局と受信局の条件
- □ 違反を認めた局又は検査官が報告する主管庁
- □ 無線通信の秘密を確保するための措置
- □ 許可書の発給と許可書を有する者が守る事項

1 混信

① すべての局は，**不要な伝送**，**過剰な信号の伝送**，**虚偽の若しくはまぎらわしい信号の伝送又は識別表示のない信号の伝送を禁止する**（第 19 条に定める場合を除く.）(S 15.1).

② 送信局は，**業務を満足に行うため必要な最小限の電力**で輻射する (S 15.2).

③ 混信を回避するため，次の各号に従う (S 15.3).

  (a) 送信局の位置及び業務の性質上可能な場合には，**受信局の位置**は，特に注意して選定しなければならない (S 15.4).

  (b) 不要な方向への輻射又は不要な方向からの受信は，**業務の性質上可能な場合には，指向性のアンテナの利点をできる限り利用して，最小にしなければならない** (S 15.5).

  (c) 送信機及び受信機の選択及び使用は，無線通信規則第 3 条（局の技術特性）の規定に従わなければならない (S 15.7).

  (d) 無線通信規則第 S 22.1 号に定める条件を満たさなければならない (S 15.7).

④ **宇宙局**は，無線通信規則に基づいて電波の発射の停止を要求されるときは，**遠隔指令によりその発射を直ちに停止することができる装置を備え付けなければならない**(S 22.1).

⑤ 局が無線通信規則第 3 条（局の技術特性）の規定に適合しているが，そのスプリアス発射によって有害な混信を生じさせる場合には，その**混信を除去するため，特別な措置**を執らなければならない (S 15.11).

無線通信規則では「必要な最小限の電力で輻射」，
電波法では「空中線電力は，通信を行うため必要最小のもの」だよ.

2 違反の通告

① 国際電気通信連合憲章，国際電気通信連合条約又は無線通信規則の**違反**を認めた管理

機関，局又は検査官は，これをその属する国の主管庁に報告する（S 15.19）．

② 局が行った重大な違反に関する申入れは，これを認めた主管庁がこの局を管轄する国の主管庁に行わなければならない（S 15.20）．

③ 主管庁は，その権限が及ぶ局が国際電気通信連合憲章，国際電気通信連合条約又は無線通信規則の違反を行ったことを知った場合には，その事実を確認して**必要な措置をとる**（S 15.21）．

 違反を認めたときに，自分の国の主管庁に報告するんだよ．

3 秘密

構成国は，**国際通信の秘密を確保するため**，**使用される電気通信のシステムに適合するすべての可能な措置をとる**ことを約束する（憲章 37）．

主官庁は，国際電気通信連合憲章及び国際電気通信連合条約の関連規定を適用するに当たり，**次の事項を禁止し，及び防止するために必要な措置をとる**ことを約束する（S 17.1）．

① 公衆の一般的な利用を目的としていない無線通信を**許可なく傍受すること**（S 17.2）．

② 前号（①）にいう無線通信の傍受によって得られたすべての種類の情報について，許可なく，その内容若しくは単にその存在を漏らし，又はそれを**公表若しくは利用すること**（S 17.3）．

4 許可書

送信局は，その属する国の政府が適当な様式で，かつ，この規則に従って発給する許可書がなければ，個人又はいかなる団体においても，**設置し，又は運用することができない**．ただし，この規定に定める例外の場合を除く（S 18.1）．

許可書を有する者は，国際電気通信連合憲章及び国際電気通信連合条約の関連規定に従い，電気通信の秘密を守ることを要する．許可書には，局が受信機を有する場合には，受信することを許可された無線通信以外の通信の傍受を禁止すること及びこのような通信を偶然に受信した場合には，これを再生し，**第三者に通知し**，又はいかなる目的にも使用してはならず，その存在さえも漏らしてはならないことを**明示又は参照により記載**していなければならない（S 18.4）．

試験の直前 Check!

- □ **禁止される信号の伝送** >> 不要な伝送，過剰な信号の伝送，虚偽の信号の伝送，まぎらわしい信号の伝送，識別表示のない信号伝送.
- □ **送信局が輻射する電力** >> 必要な最小限の電力.
- □ **混信を避けるため** >> 送信局の位置，受信局の位置，特に注意して選定. 不要な方向へ輻射，不要な方向から受信，業務の性質上可能な場合，指向性のアンテナの利点を利用して最小. 宇宙局は遠隔指令によりその発射を直ちに停止することができる装置を備え付け.
- □ **局がスプリアス発射によって有害な混信を生じさせる** >> 混信を除去するため特別な措置を執る.
- □ **違反を認めた局，検査官** >> 認めた局，検査官の属する国の主管庁に報告する.
- □ **違反に対する申入れ** >> 認めた主管庁がこの局を管理する主管庁に，事実を確認して必要な措置をとる.
- □ **秘密（憲章）** >> 構成国，国際通信の秘密を確保，電気通信のシステムに適合するすべての可能な措置をとる.
- □ **秘密（規則）** >> 主管庁，国際電気通信連合憲章及び国際電気通信連合条約の関連規定を適用，禁止し，防止する措置. 公衆の一般的な利用を目的としていない無線通信を許可なく傍受. 無線通信の傍受によって得られたすべての種類の情報，許可なく，内容，存在を漏らし，公表，利用すること.
- □ **許可書** >> 送信局は無線通信規則に従って発給する許可書がなければ設置し運用できない. 国際電気通信連合憲章及び国際電気通信連合条約の関連規定に従い，電気通信の秘密を守る. 傍受を禁止，再生，第三者に通知，漏らしてはならないことを許可書に記載.

国家試験問題

問題 1

無線局からの混信を避けるための措置等に関する次の記述のうち，無線通信規則（第15条及び第22条）の規定に照らし，これらの規定の定めるところに適合しないものはどれか. 下の1から4までのうちから一つ選べ.

1　混信を避けるために，宇宙局は，無線通信規則に基づいて電波の発射の停止を要求されるときは，遠隔指令によりその発射を直ちに停止することができる装置を備え付けなければならない.

2　混信を避けるために，送信局の無線設備及び，業務の性質上可能な場合には，受信局の無線設備は，特に注意して選定しなければならない.

3　混信を避けるために，不要な方向への輻射及び不要な方向からの受信は，業務の性質上可能な場合には，指向性のアンテナの利点をできる限り利用して，最小にし

第
7
章

国
際
法
規

なければならない.

4　局が無線通信規則第 3 条（局の技術特性）の規定に適合していても，そのスプリ
　　アス発射によって有害な混信を生じさせる場合には，その混信を除去するため，特
　　別な措置を執らなければならない.

解説

（誤）「送信局の無線設備」→（正）「送信局の位置」

（誤）「受信局の無線設備」→（正）「受信局の位置」

問題2

　次の記述は，国際電気通信連合憲章等に係る違反の通告について述べたものである.
無線通信規則（第 15 条）の規定に照らし，□□□内に入れるべき最も適切な字句の組
合せを下の 1 から 4 までのうちから一つ選べ.

①　国際電気通信連合憲章，国際電気通信連合条約又は無線通信規則の違反を認めた
　　局は，この違反について □ A □ に報告する.

②　局が行った重大な違反に関する申入れは，これを認めた主管庁が □ B □ に行わ
　　なければならない.

③　主管庁は，その権限が及ぶ局が国際電気通信連合憲章，国際電気通信連合条約又
　　は無線通信規則の違反を行ったことを知った場合には，その事実を確認して
　　□ C □.

	A	B	C
1	その局の属する国の主管庁	この局を管轄する国の主管庁	必要な措置をとる
2	その局の属する国の主管庁	この違反を行った局	国際電気通信連合の事務総局長に通報する
3	国際電気通信連合の事務総局長	この違反を行った局	必要な措置をとる
4	国際電気通信連合の事務総局長	この局を管轄する国の主管庁	国際電気通信連合の事務総局長に通報する

問題3

　次の記述は，通信の秘密について述べたものである. 国際電気通信連合憲章（第 37
条）及び無線通信規則（第 17 条）の規定に照らし，□□□内に入れるべき最も適切な字
句を下の 1 から 10 までのうちからそれぞれ一つ選べ.

①　構成国は，□ ア □ の秘密を確保するため，使用される電気通信のシステムに適
　　合する □ イ □ をとることを約束する.

② 主管庁は，[　ウ　]を適用するに当たり，次の (1) 及び (2) の事項を[　エ　]するために必要な措置をとることを約束する．

(1) 公衆の一般的利用を目的としていない無線通信を許可なく傍受すること．

(2) (1) にいう無線通信の傍受によって得られたすべての種類の情報について，許可なく，その内容若しくは単にその存在を漏らし，又はそれを[　オ　]こと．

1 公衆通信	2 国際通信
3 すべての可能な措置	4 技術的に可能な措置
5 その属する国の法令	
6 国際電気通信連合憲章及び国際電気通信連合条約の関連規定	
7 禁止し，及び防止	8 禁止
9 公表若しくは利用する	10 他人の用に供する

問題4

次の記述は，許可書について述べたものである．無線通信規則（第18条）の規定に照らし，[　　　]内に入れるべき最も適切な字句を下の1から10までのうちからそれぞれ一つ選べ．

① 送信局は，その属する国の政府が適当な様式で，かつ，[　ア　]許可書がなければ，個人又はいかなる団体においても，[　イ　]ことができない（無線通信規則に定める例外を除く.）．

② 許可書を有する者は，[　ウ　]に従い，[　エ　]を守ることを要する．さらに許可書には，局が受信機を有する場合には，受信することを許可された無線通信以外の通信の傍受を禁止すること及びこのような通信を偶然に受信した場合には，これを再生し，[　オ　]に通知し，又はいかなる目的にも使用してはならず，その存在さえも漏らしてはならないことを明示又は参照の方法により記載していなければならない．

1 その属する国の法令に従って発給し，又は承認した

2 無線通信規則に従って発給する　　　　3 設置し，又は運用する

4 無線設備を所有する

5 国際電気通信連合憲章及び国際電気通信連合条約の関連規定

6 その属する国の法令　　7 電気通信の秘密　　8 無線通信の規律

9 利害関係者　　　10 第三者

解答

問題1 →2　**問題2** →1

問題3 →ア－2　イ－3　ウ－6　エ－7　オ－9

問題4 →ア－2　イ－3　ウ－5　エ－7　オ－10

7.3 局の識別・アマチュア業務　　（重要知識）

出題項目 Check!

☐ 局の識別について定められている事項
☐ アマチュア業務について定められている事項
☐ アマチュア局に対する主管庁の措置

1 局の識別

① すべての伝送は，**識別信号その他の手段によって識別され得るもの**でなければならない (S 19.1)．

　しかしながら，技術の現状では，一部の無線方式については，識別信号の伝送が必ずしも可能ではないことを認める (S 19.1.1)．

② **虚偽の又はまぎらわしい識別表示を使用する伝送**は，すべて禁止する (S 19.2)．

③ 次の業務においては，**すべての伝送**は，第 19.13 号から第 19.15 号（遭難信号を自動的に伝送する救命浮機局，非常用位置指示無線標識）までに定められるものを除き，**識別信号を伴うものとする** (S 19.4)．

④ **アマチュア業務** (S 19.5)

⑤ 識別信号を伴う伝送については，局を容易に識別できるようにするため，各局は，その伝送（試験，調整又は実験のために行うものを含む.）中に**できる限りしばしばその識別信号を伝送**しなければならない．もっとも，この伝送中，識別信号は，少なくとも 1 時間ごとに，なるべく毎時 (UTC) の 5 分前から 5 分後までの間に伝送しなければならない．ただし，そのようにすることが通信の不当な中断を生じさせる場合には，この限りでなく，この場合には，識別表示は，伝送の始めと終わりに示さなければならない (S 19.17)．

⑥ 国際公衆通信を行うすべての局，**すべてのアマチュア局**及びその局が所在する領域又は地理的区域の境界外で有害な混信を生じさせるおそれがあるその他の局は，付録第 42 号の国際呼出符字列分配表に掲げるとおり主管庁に分配された**国際符字列に基づく呼出符号を持たなければならない** (S 19.29)．

2 アマチュア業務

① 異なる国のアマチュア局相互間の無線通信は，関係国の一の主管庁がこの無線通信に反対する旨を通告しない限り，認められなければならない (S 25.1)．

② 異なる国のアマチュア局相互間の伝送は，第 1.56 号（アマチュア業務）に規定されてい

るアマチュア業務の目的及び私的事項に付随する通信に限らなければならない (S 25.2).

③ 異なる国のアマチュア局相互間の伝送は，**地上コマンド局とアマチュア衛星業務の宇宙局**との間で交わされる制御信号を除き，意味を隠すために暗号化されたものであってはならない (S 25.2A).

④ アマチュア局は**緊急時及び非常災害時**に限って，**第三者のために国際通信の伝送**を行うことができる．主管庁は，その管轄の下にあるアマチュア局に対するこの規定の適用について決定することができる (S 25.3).

⑤ 主管庁は，アマチュア局を運用するための許可書を得ようとする者にモールス信号によって文を送信し，及び受信する能力を実証させるべきかどうかを決定しなければならない (S 25.5).

⑥ 主管庁は，アマチュア局の機器の操作を希望する者の運用上及び技術上の資格を検証しなければならない．能力の基準に関する指針は，最新版の ITU-R 勧告 M.1544 に示されている (S 25.6).

⑦ アマチュア局の**最大電力**は，関係主官庁が定める (S 25.7).

⑧ 国際電気通信連合憲章，国際電気通信連合条約及び無線通信規則のすべての**一般規定は，アマチュア局に適用する** (S 25.8).

⑨ アマチュア局は，その伝送中**短い間隔**で**自局の呼出符号を伝送**しなければならない (S 25.9).

⑩ 主管庁は**災害救助時**にアマチュア局が準備できるよう，また，通信の必要性を満たせるよう，必要な措置をとることが奨励される (S 25.9A).

⑪ 主管庁は，他の主管庁がアマチュア局を運用する許可書を与えた者が，その管轄内に一時的にいる間に，主管庁が課した当該条件又は制限事項に従うことを条件として，アマチュア局を運用する許可を与えるかどうか，決定することができる (S 25.9B).

⑫ この条の第Ⅰ節 (①～⑪) の規定は，適当な場合には，アマチュア衛星業務にも同様に適用しなければならない (S 25.10).

⑬ アマチュア衛星業務の宇宙局を許可する主管庁は，アマチュア衛星業務の局からの発射に起因する有害な混信を直ちに除外することができることを確保するため，打上げ前に十分な地球指令局を設置するよう措置しなければならない (S 25.11).

呼出符号の伝送は無線通信規則では「短い間隔」，
電波法の無線局運用規則では「10分ごと」だよ.

試験の直前 Check!

□ **局の識別** >> 識別信号その他の手段で識別．虚偽，まぎらわしい識別表示の禁止．局を容易に識別できるようにするため，できる限りしばしば識別信号を伝送．

□ **アマチュア業務の局の識別** >> すべての伝送は識別信号を伴う．すべてのアマチュア局は国際符字列に基づく呼出符号を持つ．

□ **異なる国のアマチュア局相互間の伝送** >> 一の主官庁が反対する旨を通告しない限り，認められる．アマチュア業務の目的，私的事項に付随する通信．地上コマンド局とアマチュア衛星業務の宇宙局との間で交わされる制御信号を除き，暗号化されたものではない．緊急時及び非常災害時は第三者の国際通信の伝送ができる．主管庁が適用を決定する．

□ **アマチュア局の最大電力** >> 関係主管庁が定める．

□ **アマチュア局に適用** >> 国際電気通信連合憲章，国際電気通信連合条約及び無線通信規則のすべての一般規定．

□ **自局の呼出符号の伝送** >> 短い間隔．

□ **災害救助時** >> 主管庁は，アマチュア局が準備できるよう，必要な措置をとることが奨励．

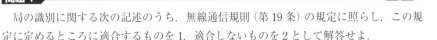

国家試験問題

問題 1

局の識別に関する次の記述のうち，無線通信規則（第19条）の規定に照らし，この規定に定めるところに適合するものを1，適合しないものを2として解答せよ．

ア　アマチュア業務においては，可能な限り，識別信号は自動的に伝送するものとする．

イ　アマチュア業務においては，すべての伝送は，識別信号を伴うものとする．

ウ　アマチュア局は，特別取決めにより国際符字列に基づかない識別信号を持つことができる．

エ　虚偽の又はまぎらわしい識別表示を使用する伝送はすべて禁止する．

オ　すべての伝送は，識別信号その他の手段によって識別され得るものでなければならない．しかしながら，技術の現状では，一部の無線方式（例えば，無線測位，無線中継システム及び宇宙通信システム）については，識別信号の伝送が必ずしも可能ではないことを認める．

問題2

アマチュア業務及びアマチュア衛星業務に関する次の記述のうち，無線通信規則（第25条）の規定に照らし，この規定に定めるところに適合しないものはどれか．下の1から4までのうちから一つ選べ．

1　異なる国のアマチュア局相互間の伝送は，無線通信規則第1条（用語及び定義）に規定されているアマチュア業務の目的及び私的事項に付随する通信に限らねばならない．

2　異なる国のアマチュア局相互間の伝送は，地上コマンド局とアマチュア衛星業務の宇宙局との間で交わされる制御信号を含め，意味を隠すために暗号化されたものとすることができる．

3　アマチュア衛星業務の宇宙局を許可する主管庁は，アマチュア衛星業務の局からの放射に起因する有害な混信を直ちに除外することができることを確保するため，打ち上げ前に十分な地球指令局を設置するよう措置する．

4　アマチュア局の最大電力は，関係主管庁が定める．

問題3

次の記述は，アマチュア業務について述べたものである．無線通信規則（第25条）の規定に照らし，□□□内に入れるべき最も適切な字句の組合せを下の1から4までのうちから一つ選べ．

① 国際電気通信連合憲章，国際電気通信連合条約及び無線通信規則の□ A □一般規定は，アマチュア局に適用する．

② アマチュア局は，その伝送中□ B □自局の呼出符号を伝送しなければならない．

③ 主管庁は，□ C □にアマチュア局が準備できるよう，また通信の必要性を満たせるよう，必要な措置を執ることが奨励される．

	A	B	C
1	技術特性に関する	短い間隔で	緊急時
2	技術特性に関する	30分を標準として	災害救助時
3	すべての	30分を標準として	緊急時
4	すべての	短い間隔で	災害救助時

解答

問題1 →ア-2　イ-1　ウ-2　エ-1　オ-1　**問題2** →2

問題3 →4

8.1 モールス符号 重要知識

出題項目 Check!

□ 欧文のモールス符号を覚える
□ 数字のモールス符号を覚える
□ Q符号と略符号の意義とそのモールス符号を覚える

1 モールス符号の構成

① 1長点（線）の長さは3短点に等しい．
② 1符号を作る各長点または短点の間隔は，1短点に等しい．
③ 2符号の間隔は，3短点に等しい．
④ 2語の間隔は，7短点に等しい．

符号の短点，長点及び間隔は図8.1のようになります．

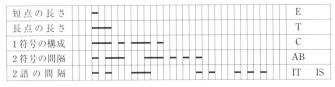

短点の長さ		E	
長点の長さ		T	
1符号の構成		C	
2符号の間隔		AB	
2語の間隔		IT	IS

図8.1　符号の構成

2 モールス符号

　欧文のモールス符号を表8.1に示します．

　欧文のモールス符号の特徴として，文章の中でよく出てくる文字は短い符号（たとえば，Eは・，Tは－など）で構成され，あまり出てこない文字は長い符号（たとえば，Qは－－・－，Zは－－・・など）で構成されています．しかし，特に覚えやすいような規則性はありません．したがって，何度も繰り返し学習して覚えてください．

　単号暗記用カードの表と裏に文字と符号を別々に書いて覚えるのもよい方法です．この方法で一通り覚えたら，ばらばらにして確認したり，似ている符号（たとえば，T，M，O）や前後が反対の符号（たとえば，AとN，FとL）などを並べたりして，正確に覚えてください．

　数字のモールス符号は，短点の数による規則性に注意すれば，簡単に覚えることができます．

文字は一つ〜四つの点（短点または長点）で，数字は五つの点で，「？」などの記号は六つの点で，できているよ．試験問題では，－・・と－・・・のように点の数を変えたり，・－・・と・・・－のように前後が反対の符号などに変えて，誤った符号がよく出題されているよ．符号を覚えるときは，似ている符号に注意しながら覚えてね．

表 8.1　モールス符号

(1) 文字

・ －	A
－ ・ ・ ・	B
－ ・ － ・	C
－ ・ ・	D
・	E
・ ・ － ・	F
－ － ・	G
・ ・ ・ ・	H
・ ・	I
・ － － －	J
－ ・ －	K
・ － ・ ・	L
－ －	M
－ ・	N
－ － －	O
・ － － ・	P
－ － ・ －	Q
・ － ・	R
・ ・ ・	S
－	T
・ ・ －	U
・ ・ ・ －	V
・ － －	W
－ ・ ・ －	X
－ ・ － －	Y
－ － ・ ・	Z

(2) 数字

・ － － － －	1
・ ・ － － －	2
・ ・ ・ － －	3
・ ・ ・ ・ －	4
・ ・ ・ ・ ・	5
－ ・ ・ ・ ・	6
－ － ・ ・ ・	7
－ － － ・ ・	8
－ － － － ・	9
－ － － － －	0

(3) 記号（一アマの試験では「?」が出題されます）

・ － ・ － ・ －	．	ピリオド
－ － ・ ・ － －	，	コンマ
－ － － ・ ・ ・	：	重点または除法の記号
・ ・ － － ・ ・	?	問符
・ － － － － ・	'	略符
－ ・ ・ ・ ・ －	－	横線または除算の記号
－ ・ － － ・	(	左カッコ
－ ・ － － ・ －	)	右カッコ
－ ・ ・ － ・	/	斜線または除法の記号
－ ・ ・ ・ －	=	二重線
・ － ・ － ・	+	十字符号または加算の記号
・ － ・ ・ － ・	""	引用符
－ ・ ・ －	×	乗算の記号
・ － － ・ － ・	@	単価記号

モールス符号の理解度を確認する問題は，いろいろな問題が出題されているので，モールス符号を確実に覚えてね．

3 Q符号・略符号

Q符号及び略符号の意義とそのモールス符号.

① QRA (当局名は，……です.)
　　　－ － ・ －　・ － ・　・ －

② QRH (そちらの周波数は，変化します.)
　　　－ － ・ －　・ － ・　・ ・ ・ ・

③ QRK? (こちらの信号の明りょう度は，どうですか.)
　　　－ － ・ －　・ － ・　－ ・ －　・ ・ － － ・ ・

④ QRK5 (そちらの信号の明りょう度は，非常に良いです.)
　　　－ － ・ －　・ － ・　－ ・ －　・ ・ ・ ・ ・

⑤ QRL (こちらは，通信中です.妨害しないでください.)
　　　－ － ・ －　・ － ・　・ － ・ ・

⑥ QRM? (こちらの伝送は，混信を受けていますか.)
　　　－ － ・ －　・ － ・　－ －　・ ・ － － ・ ・

⑦ QRM1 (そちらの伝送は，混信を受けていません.)
　　　－ － ・ －　・ － ・　－ －　・ － － － －

⑧ QRM3 (そちらの伝送は，かなりの混信を受けています.)
　　　－ － ・ －　・ － ・　－ －　・ ・ ・ － －

⑨ QRM4 (そちらの伝送は，強い混信を受けています.)
　　　－ － ・ －　・ － ・　－ －　・ ・ ・ ・ －

⑩ QRN? (そちらは，空電に妨げられていますか.)
　　　－ － ・ －　・ － ・　－ ・　・ ・ － － ・ ・

⑪ QRN1 (こちらは，空電に妨げられていません.)
　　　－ － ・ －　・ － ・　－ ・　・ － － － －

⑫ QRO (送信機の電力を増加してください.)
　　　－ － ・ －　・ － ・　－ － －

⑬ QRP (送信機の電力を減少してください.)
　　　－ － ・ －　・ － ・　・ － － ・

⑭ QRS (もっと遅く送信してください.)
　　　－ － ・ －　・ － ・　・ ・ ・

⑮ QRU (こちらは，そちらへ伝送するものはありません.)
　　　－ － ・ －　・ － ・　・ ・ －

⑯ QRZ? (誰がこちらを呼んでいますか.)
　　　－ － ・ －　・ － ・　－ － ・ ・　・ ・ － － ・ ・

⑰ QSA? (そちらの信号の強さは，どうですか.)
　　　－ － ・ －　・ ・ ・　・ －　・ ・ － － ・ ・

⑱ QSA2 (そちらの信号の強さは，弱いです.)
　　　－ － ・ －　・ ・ ・　・ －　・ ・ － － －

⑲ QSA3 (そちらの信号の強さは，かなり強いです.)
　　　－ － ・ －　・ ・ ・　・ －　・ ・ ・ － －

⑳ QSA4 (そちらの信号の強さは，強いです.)
　　　－ － ・ －　・ ・ ・　・ －　・ ・ ・ ・ －

㉑ QSB? (こちらの信号には，フェージングがありますか.)
　　　－ － ・ －　・ ・ ・　－ ・ ・ ・　・ ・ － － ・ ・

㉒ QSB (そちらの信号には，フェージングがあります.)
　　　－ － ・ －　・ ・ ・　－ ・ ・ ・

㉓ QSL (こちらは受信証を送ります.)
　　　－ － ・ －　・ ・ ・　・ － ・ ・

㉔ QSY（他の周波数に変更して伝送してください．）
　－・－・－　・・・　－・－－

㉕ QTH（こちらの位置は，緯度…，経度…（又は他の表示による．）です．）
　－－・－　・・・・　・・・・

㉖ AR（送信の終了符号）
　・－・－・
　「‾‾‾」は文字の間隔をあけずに送信する．

㉗ AS（送信の待機を要求する符号）
　・－・・・

㉘ BT（同一の伝送の異なる部分を分離する符号）
　－・・・－

㉙ CFM（確認してください．）
　－・－・　・・－・　－－

㉚ CL（こちらは，閉局します．）
　－・－・　・－・・

㉛ EXZ（非常の場合の無線通信において通報の前置符号（和分は「ヒゼウ」））

㉜ HH（欧文の訂正符号）
　・・・・・・・・

㉝ K（送信してください．）
　－・－

㉞ NIL（他に送信すべき通報がない）

㉟ R（受信しました．）
　・－・

㊱ RPT（通報の反復）
　・－・　・－・－・　－

㊲ VA（通信の完了符号．通信が終了したとき．）
　・・・－・－

第8章　電気通信術

　Q符号の数字は段階を表します．5は「非常に良い」又は「非常に強い」．4は「良い」又は「強い」．3は「かなり良い」又は「かなり…」．2は「かなり悪い」又は「少し…」．1は「悪い」又は「…していません」．

3が「かなり強い」で4が「強い」だよ．
4の方が3より強いんだよ．

Check!

□ **モールス符号で表されるQ符号** ≫ QRH：周波数変化．QRK：明りょう度．QRL：通信中．QRM：混信．QRN：空電．QRO：送信電力増加．QRP：送信電力減少．QRS：遅く．QRU：伝送するものがない．QRZ?：誰が呼んでいるか．QSA：信号強度．QSB：フェージング．QSY：他の周波数に変更．QTH：位置．

□ **モールス符号で表される略符号** ≫ AR：送信の終了．AS：待機．BT：分離．CL：閉局．EXZ：非常通信の通報の前置符号．K：送信してください．NIL：通報がない．R：受信しました．RPT：通報の反復．VA：通信の完了，通信が終了．

国家試験問題

問題 1 ▶

次の記述のうち，アルファベットの字句とその字句を表すモールス符号が適合しない組合せはどれか．無線局運用規則（第12条及び別表第1号）の規定に照らし，下の1から4までのうちから一つ選べ．

字句　　　　　　　　モールス符号

1　WATSUKANAI　　・－ －　・・　－　・－・　－　・－　－・　・・

2　TOMAKOMAI　　－　－－－　－・　・－　－・－　－－－　－・・

3　NEMURO　　　　－・　・　－－　・・－　・－・　－－－

4　ESASHI　　　　　・　・・・　・－　・・・　・・・・　・・

注　モールス符号の点，線の長さ及び間隔は，簡略化してある．

Rは・－・だよ．

問題 2 ▶

ZAYBXL37 を表すモールス符号はどれか．無線局運用規則（第12条及び別表第1号）の規定に照らし，下の1から4までのうちから一つ選べ．

1　－－・・　・－　－・－－　－・・・　－・・－　・－・・　・・・－－　－－－・・

2　－・・－　・－　－・－－　－・・・　－・・－　・－・・　・・・－－　－－－・・

3　－－・・　・－　・－　－・・・　－・・－　・－・・　・・・－－　－－－・・

4　・－・－－　・－　－・－－　－・・・　－・・－　・－・・　・・・－－　－－－・・

注　モールス符号の点，線の長さ及び間隔は，簡略化してある．

同じ文字の選択肢の符号を見比べて，違いを見つけると早く答えが見つかるよ．最初のZと次のAが分かれば答えが分かるね．
数字は分かりやすいから，数字が合っているかを最初に見つけるのもいいね．
－・・・・－のように点が五つある文字はないよ．

問題3

次に掲げるアルファベットの字句及びモールス符号の組合せについて，無線局運用規則（第12条及び別表第1号）の規定に照らし，アルファベットの字句とその字句を表すモールス符号が適合するものを1，適合しないものを2として解答せよ.

	字句	モールス符号
ア	PARIS	・ー ー ・ ・ー ・ ・ ・ ・ ・
イ	HELSINKI	・・・・ ・ ・ー・・ ・・・ ・・ ー・ ・・ ー・ー・
ウ	DUBLIN	ー・・ ・・ー ー・・・ ・ー・・ ・・ ー・
エ	BRIGHTON	ー・・・ ・ー・ ・・ ーー・ ・・・・ ー ーーー ー・
オ	YAMOUTH	ー・ーー ・ー ーー ーーー ・・ー ー ・・・・

注　モールス符号の点，線の長さ及び間隔は，簡略化してある.

Uは短点が二つで，Vは三つだよ．間違った文字によく出てくるよ．一つの選択肢で間違っていれば，その文字はほかの選択肢でもたいてい間違っているからその選択肢も間違いだね.

問題4

次のモールス符号の組合せのうち，モールス無線通信において，「こちらは，通信中です．妨害しないでください.」を示すQ符号をモールス符号で表したものはどれか.無線局運用規則（第12条及び第13条並びに別表第1号及び別表第2号）の規定に照らし，下の1から4までのうちから一つ選べ.

1　ーー・ ・ー ・・・ ・ー ・
2　ーー・ー ・ー・ ・ーー
3　ーーーー ・ー・ ・ー・・
4　ーー・ー ・ー・・ ・ー・・

QRLだよ.

注　モールス符号の点，線の長さ及び間隔は，簡略化してある.

問題5

次のモールス符号の組合せのうち，「そちらの伝送は，かなりの混信を受けています.」を示すQ符号を表したものはどれか.無線局運用規則（第12条及び第13条並びに別表第1号及び別表第2号）の規定に照らし，下の1から4までのうちから一つ選べ.

1　ーー・ー ・ー・ ーー ・・・
2　ーー・ー ・ー・ ー・ー・ ・ー・
3　ーー・ー ・ー・ ーー ・・・ーー
4　ーー・ー ・・・ ・ー・ ・ー・・

QRM3だよ.

注　モールス符号の点，線の長さ及び間隔は，簡略化してある.

問題6

　次の記述は，モールス無線通信における通報の送信の終了及び通信の終了について述べたものである．無線局運用規則（第 12 条，第 13 条，第 36 条及び第 38 条並びに別表第 1 号及び別表第 2 号）の規定に照らし，　　　内に入れるべき最も適切な略符号を表すモールス符号の組合せを下の 1 から 4 までのうちから一つ選べ．

① 　通報の送信を終了し，他に送信すべき通報がないことを通知しようとするときは，送信した通報に続いて次の (1) 及び (2) に掲げる事項を順次送信するものとする．

(1) 　A

(2) 　B

② 　通信が終了したときは，「　C　」を送信するものとする．ただし，海上移動業務以外の業務においては，これを省略することができる．

	A	B	C
1	− · · · ·	· · ·	· − · ·
2	· − − ·	·	· · · −
3	· · − ·	·	· · · −
4	· · − ·	·	· · · · −

NIL　K　V̄Āだよ.

注　モールス符号の点，線の長さ及び間隔は，簡略化してある．

無線工学編

1.1 電気磁気（静電気） 重要知識

出題項目 Check!

- □ 静電誘導，静電遮へい，クーロンの法則とは
- □ 静電気力，電界，電位差の求め方
- □ 平行平板コンデンサの静電容量の求め方
- □ コンデンサの直列接続と並列接続の合成静電容量，電荷，電圧の求め方
- □ 静電エネルギーの求め方

■ 1 ■ 静電気

　物体を摩擦すると静電気が発生します．このとき物体の持つ電気を電荷といいます．電荷には，正（＋）と負（－）があります．異なる種類の電荷どうしは，互いに引き合い，同じ種類の電荷は，互いに反発し合います．図 1.1 のように電気による力の状態を表した線を電気力線といいます．一本の電気力線は，ゴムひものように縮まる性質を持っています．また，電気による力が働く空間を電界または電場といいます．

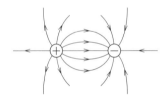
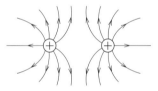

図1.1　電気力線

　電気的な性質は物質中の電子によって生じます．電子が多いか少ないかによって静電気の性質が表れます．その電子が移動すると電流が流れます．電子は負（－）の電荷を持っているので電流の向きと反対方向に移動します．

　正（＋）に帯電している物体に帯電していない導体を近づけると，帯電している物体に**近い側には負（－）の電荷**が，**遠い側には正（＋）の電荷**が生じます．この現象を**静電誘導**といいます．負（－）に帯電している物体に近い側には正（＋）の電荷が生じます．

　図 1.2 (a) に示すように，正（＋）に帯電している物体 A を中空の金属等の導体 B で包むと，静電誘導によって B の内面には負（－）の電荷が現れ，B の外側の表面にはの正（＋）電荷が現れます．

　次に，図 1.2 (b) のように導体 B を接地すると，B の外側の表面にある電荷は大地へ逃げ，B の外側には A の電荷による静電誘導現象が発生しないので，帯電していない物体を近づけても物体は A の電荷の影響を受けません．これを**静電遮へい**と呼びます．

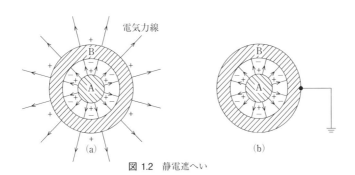

図 1.2 静電遮へい

静電気が誘導されるから静電誘導で，
静電気の影響がなくなるから静電遮へいだね．

2 クーロンの法則

図 1.3 のように真空中で r〔m〕離れた二つの点電荷 Q_1，Q_2〔C：クーロン〕の間に働く力の大きさ F〔N：ニュートン〕は，クーロンの法則によって次式で表されます．

$$F = k \frac{Q_1 Q_2}{r^2} \text{〔N〕} \tag{1.1}$$

ただし，k は空間によって定まる定数で，真空中では，

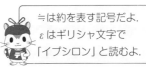
≒は約を表す記号だよ．
ε はギリシャ文字で
「イプシロン」と読むよ．

$$k = \frac{1}{4\pi\varepsilon_0} \doteqdot 9 \times 10^9$$

ここで，$\varepsilon_0 \doteqdot 8.85 \times 10^{-12}$〔F/m〕は真空の誘電率です．また，空気もほぼ同じ値です．

$$F \leftarrow \overset{Q_1}{\bigoplus} \qquad \qquad \overset{Q_2}{\bigoplus} \rightarrow F$$
$$\overset{}{\longleftarrow} \quad r \quad \longrightarrow$$

図 1.3 クーロンの法則

力の方向は二つの電荷を結ぶ直線上にあります．**同じ種類の電荷**どうしは**反発力**，**異なる種類の電荷**には**吸引力**が働きます．

電気力の働く空間を**電界**または**電場**といいます．単位正電荷（＋1〔C〕）当たりに働く力の大きさが**電界の強さ**を表します．真空中において，点電荷 Q〔C〕から r〔m〕離れた点の電界の強さ E〔V/m：ボルト毎メートル〕は，次式で表されます．

$$E = k \frac{Q}{r^2} \text{〔V/m〕} \tag{1.2}$$

117

電界の強さが E 〔V/m〕の**均一な電界中**に，点電荷 Q 〔C〕を置いたとき，**電荷に働く力の大きさ** F 〔N〕は，次式で表されます．

$$F = QE \text{〔N〕} \tag{1.3}$$

電界の強さが均一な電界中において，電界と同じ方向に r 〔m〕離れた2点間の電位差 V 〔V〕は，次式で表されます．

$$V = Er \text{〔V〕} \tag{1.4}$$

 r 〔m〕が変化しても E 〔V/m〕が均一で変わらないときは，r 〔m〕$\times E$ 〔V/m〕によって，V 〔V〕を求めることができるよ．

Point

電位差

仕事 W 〔J〕は力 F 〔N〕と距離 r 〔m〕の積で表される．電荷に電気力が働いている空間で，2点間を単位電荷 $Q=1$ 〔C〕が移動したときの仕事 W 〔J〕を電位 V 〔V〕という．均一な電界 E 〔V/m〕と同じ方向に r 〔m〕離れた2点間の電位差 V 〔V〕は，次式で表される．

$$V = \frac{W}{Q} = \frac{Fr}{Q} = \frac{QEr}{Q} = Er \text{〔V〕} \tag{1.5}$$

3 ベクトル量の計算

静電気の力や電界は，大きさと方向を持ったベクトル量で表されます．電界の強さを E 〔V/m〕，そのベクトル量を **E** とすると，図1.4のように矢印で表され，矢印の方向が電界の方向を表し，長さが電界の強さ（大きさ）を表します．

図1.4　点電荷による電界

二つの電荷による合成電界 E_0 は図1.5のようにベクトル和となります．図において，Q_1 による電界を E_1，Q_2 による電界を E_2 とすると，各々のベクトルを平行四辺形の各辺としたときに，その対角線が合成ベクトルを表し，合成電界の強さ E_0 〔V/m〕は，E_1，E_2 の成す角が直角のときは，次式によって求めることができます．

$$E_0 = \sqrt{E_1{}^2 + E_2{}^2} \text{〔V/m〕} \tag{1.6}$$

電界はベクトル量ですが，電位はベクトルではないので，合成電位を計算するときは大きさの和を求めます．そのとき，数値が負の場合は差として計算します．

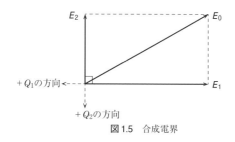

図1.5 合成電界

二つの電界ベクトルの矢印の向きが直角のときは，三平方の定理を使って四角形の対角線の長さを求めてね．二つの電界ベクトルの矢印が同じ直線状にあるときは，同じ向きなら足し算，逆向きのときは引き算で求めることができるよ．逆向きで同じ大きさだったら零になるね．

4 静電容量

2枚の金属板の電極を図1.6のように平行に置き電極の間に V〔V〕の電圧を加えると，電極には電荷 Q〔C〕が蓄えられます．このとき静電容量を C〔F：ファラド〕とすると，次式が成り立ちます．

$$Q = CV \ \text{〔C〕} \tag{1.7}$$

電圧 V〔V〕は，次式で表されます．

$$V = \frac{Q}{C} \ \text{〔V〕} \tag{1.8}$$

$Q = CV$は，「キュウリ渋い」で覚えてね．

1〔V〕の電圧を加えたときに1〔C〕の電荷を蓄える静電容量が1〔F〕だよ．

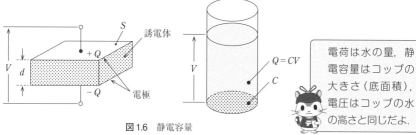

図1.6 静電容量

電荷は水の量，静電容量はコップの大きさ（底面積），電圧はコップの水の高さと同じだよ．

119

電荷を蓄えることができる部品をコンデンサといいます．図1.6の平行平板電極の面積を S 〔m²〕，間隔を d 〔m〕，誘電体の誘電率を ε 〔F/m〕とすると，**平行平板コンデンサの静電容量** C 〔F〕は，次式で表されます．

$$C = \varepsilon \frac{S}{d} \text{〔F〕}$$

(1.9)

静電容量は面積に比例して，電極の間隔に反比例するよ．

ここで，

$$\varepsilon = \varepsilon_r \varepsilon_0$$

ただし，ε_0 は真空の誘電率，ε_r は比誘電率です．

また，誘電体の種類と厚さ等の形状によって，加えることができる最大電圧が決まります．その電圧を超える電圧を加えるとコンデンサは絶縁破壊を起こします．それをコンデンサの**耐電圧**といいます．

コンデンサを構成する電極間の誘電体の種類により，紙（ペーパー）コンデンサ，マイカコンデンサ，セラミックコンデンサ，電解コンデンサ，プラスチックフィルムコンデンサ，空気コンデンサ等の種類に分類されます．

紙（ペーパー）コンデンサは，主に低周波用に用いられます．電解コンデンサは大容量のものが作れますが，極性があり，電源回路や低周波用に用いられます．マイカコンデンサは雲母の薄片が用いられ，セラミックコンデンサは比誘電率が大きい磁器が用いられます．

Point

指数の計算

ゼロがたくさんある数を表すときに，10を何乗かした累乗を用いる．このときゼロの数を表す数字を指数と呼び，次のように表される．

$$1 = 10^0$$
$$10 = 10^1$$
$$100 = 10^2$$

掛け算は，

$$1,000 = 100 \times 10 = 10^2 \times 10^1 = 10^{2+1} = 10^3$$

のように指数の足し算で計算する．割り算（分数）は，

$$0.1 = 1 \div 10 = \frac{1}{10} = 10^{0-1} = 10^{-1}$$

のように指数の引き算で計算する．静電容量の単位は〔μF〕や〔pF〕で表されることが多く，μ（マイクロ）は 10^{-6}，p（ピコ）は 10^{-12} を表す．

▌5▐　コンデンサの接続

　いくつかのコンデンサを直列または並列に接続したときに，それらを一つのコンデンサに置き換えた値を合成静電容量といいます.

(1) 並列接続

　図 1.7 (a) に示すように，並列に接続された各コンデンサに蓄えられた電荷を Q_1，Q_2，Q_3〔C〕，加わる電圧を V〔V〕とすると，全電荷 Q〔C〕は，

$$Q = C_1V + C_2V + C_3V = (C_1 + C_2 + C_3)V$$
$$= C_PV$$

　よって，並列に接続したときの**合成静電容量** C_P〔F〕は，次式で表されます.

$$C_P = C_1 + C_2 + C_3 \text{〔F〕} \tag{1.10}$$

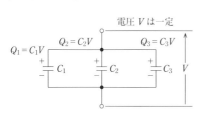

全電荷 $Q = Q_1 + Q_2 + Q_3$

(a) 並列接続

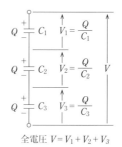

全電圧 $V = V_1 + V_2 + V_3$

(b) 直列接続

図1.7　コンデンサの接続

(2) 直列接続

　図 1.7 (b) に示すように，直列に接続された各コンデンサに蓄えられた電荷を Q〔C〕，加わる電圧を V_1，V_2，V_3〔V〕とすると，全電圧 V〔V〕は，

$$V = V_1 + V_2 + V_3$$

$$= \frac{Q}{C_1} + \frac{Q}{C_2} + \frac{Q}{C_3} = \left(\frac{1}{C_1} + \frac{1}{C_2} + \frac{1}{C_3} \right) Q = \frac{1}{C_S} Q \text{〔V〕}$$

　したがって，直列に接続したときの**合成静電容量** C_S〔F〕は，次式で表されます.

$$\frac{1}{C_S} = \frac{1}{C_1} + \frac{1}{C_2} + \frac{1}{C_3} \tag{1.11}$$

　図 1.8 に示すように，コンデンサが**二つの場合**は，次式を使って計算することができます.

$$C_S = \frac{C_1 C_2}{C_1 + C_2} \text{〔F〕} \tag{1.12}$$

> 式 (1.12) はコンデンサが二つの場合にのみ使えるよ. 三つ以上のときに二つずつ計算する場合は使えるよ.

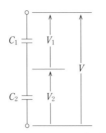

図1.8 コンデンサの直列接続

二つのコンデンサの静電容量が同じ値 C 〔F〕のときは,

$$C_S = \frac{C}{2} \text{〔F〕} \tag{1.13}$$

図 1.8 の二つのコンデンサの接続において,各コンデンサに蓄えられる電荷は同じ値なので,静電容量 C_1, C_2〔F〕に加わる電圧 V_1, V_2〔V〕は反比例の関係となって次式で表されます.

$$\frac{C_1}{C_2} = \frac{V_2}{V_1} \quad \text{または,} \quad C_1 : C_2 = V_2 : V_1 \tag{1.14}$$

電源電圧 V〔V〕は V_1, V_2 に分圧されますが,各コンデンサの電圧は反対側のコンデンサの静電容量に比例します.

$$V_1 = \frac{C_2}{C_1 + C_2} V \text{〔V〕} \quad , \quad V_2 = \frac{C_1}{C_1 + C_2} V \text{〔V〕} \tag{1.15}$$

 直列接続はコンデンサの静電容量が
小さい方が電圧が大きくなるよ.

6 コンデンサに蓄えられるエネルギー

コンデンサは電荷によって,電気エネルギーを蓄えることができます.電圧が V〔V〕,電荷が Q〔C〕,静電容量が C〔F〕のとき,**静電エネルギー** W〔J〕は次式で表されます.

$$W = \frac{1}{2} QV = \frac{1}{2} CV^2 \text{〔J〕} \tag{1.16}$$

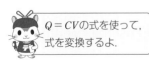 $Q = CV$ の式を使って,
式を変換するよ.

試験の直前 Check!

- □ **静電誘導** >> 正 (+) に帯電した物体に近い側は負 (−), 遠い側は正 (+).

- □ **静電遮へい** >> 導体で包んで接地する. 電荷の影響を受けない.

- □ **クーロンの法則** >> 点電荷間の力 $F = k \dfrac{Q_1 Q_2}{r^2}$, $k = \dfrac{1}{4\pi\varepsilon_0} \doteqdot 9 \times 10^9$

- □ **点電荷による電界の強さ** >> $E = k \dfrac{Q}{r^2}$

- □ **直角方向に向いた合成電界の強さ** >> $E_0 = \sqrt{E_1{}^2 + E_2{}^2}$

- □ **均一な電界中の力** >> $F = QE$

- □ **均一な電界中の2点間の電位差** >> $V = Er$

- □ **静電容量** >> $C = \varepsilon_r \varepsilon_0 \dfrac{S}{d}$

- □ **静電容量 C, 電荷 Q, 電圧 V** >> $Q = CV$, $V = \dfrac{Q}{C}$

- □ **コンデンサの種類** >> 紙：ペーパーコンデンサ. 雲母：マイカコンデンサ. 磁器：セラミックコンデンサ. 極性あり：電解コンデンサ.

- □ **並列合成静電容量** >> $C_P = C_1 + C_2 + C_3$

- □ **直列合成静電容量** >> $\dfrac{1}{C_S} = \dfrac{1}{C_1} + \dfrac{1}{C_2} + \dfrac{1}{C_3}$ 　逆数にして C_S を求める.

- □ **直列合成静電容量 (二つの場合)** >> $C_S = \dfrac{C_1 C_2}{C_1 + C_2}$ 　二つが同じ値 $C_S = \dfrac{C}{2}$

- □ **直列接続の静電容量と電圧比** >> $\dfrac{C_1}{C_2} = \dfrac{V_2}{V_1}$, $C_1 : C_2 = V_2 : V_1$

- □ **静電エネルギー** >> $W = \dfrac{1}{2} QV = \dfrac{1}{2} CV^2$

問題 1

　図に示すように，点 A および B に電荷が置かれ，電界の強さが零になる点 P の位置が点 A と B を結ぶ直線上で，B の右 2〔m〕であるとき，点 B の電荷の値として正しいものを下の番号から選べ．ただし，点 A の電荷は +9〔C〕，AB 間の距離は 1〔m〕とする．

1　　 4〔C〕

2　　 6〔C〕

3　 −2〔C〕

4　 −4〔C〕

5　 −6〔C〕

点 P では，点 A の（＋）の電荷による電界が右向きなので，点 B の電荷による電界が左向きのとき合成電界が零となるから，点 B の電荷は（−）だね．

解説

クーロンの法則より，電界の強さ E〔V/m〕は次式で表されます．

$$E = k\frac{Q}{r^2} \qquad ただし，\qquad k = \frac{1}{4\pi\varepsilon_0} \fallingdotseq 9\times10^9$$

電界の強さは電荷に比例して，距離の 2 乗に反比例するので，点 A の電荷 Q_1 による電界と点 B の電荷 Q_2 による電界の強さが等しいときは，距離を解説図のようにとると，次式が成り立ちます．

$$k\frac{Q_1}{r_3^2} = k\frac{Q_2}{r_2^2} \qquad よって，\qquad \frac{Q_1}{r_3^2} = \frac{Q_2}{r_2^2}$$

式を変形して，

$$\frac{r_2^2}{r_3^2} = \frac{Q_2}{Q_1}$$

$Q_1 = 9$〔C〕，$r_3 = r_1 + r_2 = 1 + 2 = 3$〔m〕だから，

$$\frac{r_2^2}{r_3^2} = \frac{2^2}{3^2} = \frac{4}{9} = \frac{Q_2}{9}$$

解説図のように，電界は逆向きなので，Q_2 の電荷は −4〔C〕となります．

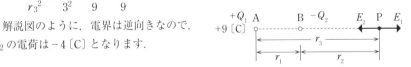

問題2

図に示すように，真空中で$\sqrt{2}$〔m〕離れた点aおよびbにそれぞれ点電荷$Q_1 = 1 \times 10^{-9}$〔C〕および$Q_2 = -1 \times 10^{-9}$〔C〕が置かれているとき，線分abの中点cから線分abに垂直方向に$\sqrt{2}/2$〔m〕離れた点dの電界の強さの値として，正しいものを下の番号から選べ．ただし，真空の誘電率をε_0〔F/m〕としたとき，$1/(4\pi\varepsilon_0) = 9 \times 10^9$とする．

1　$3\sqrt{2}$〔V/m〕

2　$6\sqrt{2}$〔V/m〕

3　$9\sqrt{2}$〔V/m〕

4　$12\sqrt{2}$〔V/m〕

5　$15\sqrt{2}$〔V/m〕

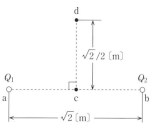

解説

問題の図の点ad間と点bd間の距離r〔m〕は次式で表されます．

$$r = \sqrt{\left(\frac{\sqrt{2}}{2}\right)^2 + \left(\frac{\sqrt{2}}{2}\right)^2} = \sqrt{\frac{2}{4} + \frac{2}{4}} = \sqrt{\frac{4}{4}} = 1 \text{〔m〕}$$

点aの電荷Q_1〔C〕と点bの電荷Q_2〔C〕の大きさは同じなので，点dに生じるそれらの電界の強さE_1, E_2〔V/m〕は次式で表されます．

$$E_1 = E_2 = \frac{1}{4\pi\varepsilon_0} \times \frac{Q_1}{r^2} = 9 \times 10^9 \times \frac{1 \times 10^{-9}}{1^2} = 9 \text{〔V/m〕}$$

ベクトルで表される電界E_1とE_2の合成電界E_0は，解説図のように正方形の対角線で表されるので，合成電界の強さE_0〔V/m〕は次式で表されます．

$$E_0 = \sqrt{2}\,E_1 = \sqrt{2} \times 9 = 9\sqrt{2} \text{〔V/m〕}$$

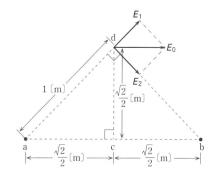

図を描いて求めれば，E_1とE_2の電界ベクトルがつくる四角形が正方形でなくても，E_0を求めることができるよ．E_1とE_2の成す角度が60〔°〕のときのE_0は，E_1の$\sqrt{3}$倍になるよ．

問題3

図1に示すように，空気中に置かれた電極間距離1〔cm〕の平行平板コンデンサがある．このコンデンサを，図2に示すように電極間の距離を2〔mm〕増し，更に電極間に厚さ4〔mm〕の誘電体を入れた後に静電容量を測定したところ，図1のコンデンサと同じ値になった．この誘電体の比誘電率として，最も近いものを下の番号から選べ．

1　1.5
2　2.0
3　2.5
4　3.0
5　3.5

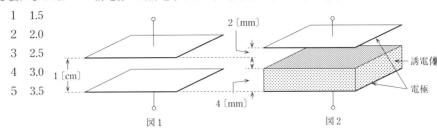

図1　　　　　　　　　　　　　　図2

C_1 と C_2 のコンデンサを直列接続したときの合成静電容量が C_0 のとき，次の式が成り立つよ．

$$\frac{1}{C_0} = \frac{1}{C_1} + \frac{1}{C_2}$$

解説

電極の面積を S〔m²〕，電極間距離を d〔m〕，真空の誘電率を ε_0，比誘電率を ε_r とすると，図1のコンデンサは $d = 1$〔cm〕$= 10 \times 10^{-3}$〔m〕，空気の比誘電率 $\varepsilon_r = 1$ なので静電容量 C_0〔F〕は次式で表されます．

$$C_0 = \frac{\varepsilon_r \varepsilon_0 S}{d} = \frac{\varepsilon_0 S}{10 \times 10^{-3}}$$

図2のコンデンサは $d = 10 + 2 - 4$〔mm〕$= 8 \times 10^{-3}$〔m〕，$\varepsilon_r = 1$ の静電容量 C_1〔F〕と $d = 4$〔mm〕$= 4 \times 10^{-3}$〔m〕，ε_r の静電容量 C_2〔F〕の直列接続として表すことができます．ここで C_1 と C_2 は，次式で表されます．

$$C_1 = \frac{\varepsilon_0 S}{8 \times 10^{-3}} \qquad , \qquad C_2 = \frac{\varepsilon_r \varepsilon_0 S}{4 \times 10^{-3}}$$

C_1 と C_2〔F〕の直列合成静電容量と C_0 が等しい条件より，次式が成り立ちます．

$$\frac{1}{C_0} = \frac{1}{C_1} + \frac{1}{C_2}$$

$$\frac{10 \times 10^{-3}}{\varepsilon_0 S} = \frac{8 \times 10^{-3}}{\varepsilon_0 S} + \frac{4 \times 10^{-3}}{\varepsilon_r \varepsilon_0 S}$$

$$10 - 8 = \frac{4}{\varepsilon_r} \qquad \text{よって，} \qquad \varepsilon_r = \frac{4}{2} = 2$$

126

図に示す回路において，最初はスイッチ S_1 およびスイッチ S_2 は開いた状態にあり，コンデンサ C_1 およびコンデンサ C_2 に電荷は蓄えられていなかった．次に S_2 を開いたまま S_1 を閉じて C_1 を 24〔V〕の電圧で充電し，更に，S_1 を開き S_2 を閉じたとき，C_2 の端子電圧が 9〔V〕になった．C_1 の静電容量が 6〔μF〕のとき，C_2 の静電容量の値として，正しいものを下の番号から選べ．

1   2〔μF〕

2   4〔μF〕

3   6〔μF〕

4   8〔μF〕

5   10〔μF〕

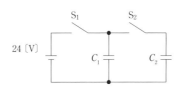

C_1 と C_2 はバケツの底の大きさ，電荷は水の量，電圧は水の高さと同じだよ．はじめに C_1 にためた電荷の量は，C_2 に移っても全体の量は変わらないよ．

解説

$C_1 = 6$〔μF〕のコンデンサを $V_1 = 24$〔V〕の電圧で充電したときに蓄えられる電荷 Q_1〔C〕は次式で表されます．

$$Q_1 = C_1 V_1$$
$$= 6 \times 10^{-6} \times 24 = 144 \times 10^{-6} \text{〔C〕}$$

スイッチを切り替えて，コンデンサを並列に接続したときの端子電圧は $V_2 = 9$〔V〕だから，C_1 に蓄えられる電荷 Q_2〔C〕は次式で表されます．

$$Q_2 = C_1 V_2$$
$$= 6 \times 10^{-6} \times 9 = 54 \times 10^{-6} \text{〔C〕}$$

切り替えの前後で，最初に電源から供給された全電荷の量は変化しないので，$Q_1 - Q_2$ が C_2 に蓄えられる電荷の量となります．よって，C_2 を求めると，

$$C_2 = \frac{Q_1 - Q_2}{V_2}$$

$$= \frac{144 \times 10^{-6} - 54 \times 10^{-6}}{9}$$

$$= \frac{(144 - 54) \times 10^{-6}}{9} = 10 \times 10^{-6} \text{〔F〕} = 10 \text{〔}\mu\text{F〕}$$

10^{-6} を μ の記号のまま使って，$Q_1 = 6\mu \times 24 = 144$〔$\mu$C〕のように計算してもいいよ．

第
1
章

電
気
物
理

問題5

耐電圧がすべて 36〔V〕で，静電容量が 4〔μF〕，6〔μF〕および 24〔μF〕の 3 個のコンデンサを直列に接続したとき，その両端に加えることのできる最大電圧の値として，正しいものを下の番号から選べ．

1　24〔V〕　　2　36〔V〕　　3　66〔V〕　　4　90〔V〕　　5　102〔V〕

> 直列接続したコンデンサに加わる電圧は，静電容量に反比例するから，一番小さいコンデンサの耐圧から電荷を求めてね．残りの二つのコンデンサの電圧は，36〔V〕より小さくなるけど直列接続して加わるから，答えは36〔V〕より大きくなるよ．

解説

直列接続されたコンデンサの静電容量を $C_1 = 4$〔μF〕，$C_2 = 6$〔μF〕，$C_3 = 24$〔μF〕とすると，これらに蓄えられる電荷は同じ値だから，それぞれの電圧は静電容量に反比例します．よって，C_1 に耐電圧 $V_1 = 36$〔V〕が加わったときが，直列接続したコンデンサに加えることができる最大電圧 V〔V〕となります．

このときの電荷 Q〔C〕を求めると，次式で表せます．

10^{-6}のまま計算すると，あとの計算が楽だよ．

$$Q = C_1 V_1 = 4 \times 10^{-6} \times 36 = 144 \times 10^{-6} \text{〔C〕}$$

C_2，C_3 の電圧を V_2，V_3〔V〕とすると，最大電圧 V〔V〕は，

$$V = V_1 + V_2 + V_3$$

$$= V_1 + \frac{Q}{C_2} + \frac{Q}{C_3}$$

$$= 36 + \frac{144 \times 10^{-6}}{6 \times 10^{-6}} + \frac{144 \times 10^{-6}}{24 \times 10^{-6}}$$

$$= 36 + 24 + 6 = 66 \text{〔V〕}$$

● **解答** ●

問題1 →4　　**問題2** →3　　**問題3** →2　　**問題4** →5　　**問題5** →3

1.2 電気磁気 (電流と磁気) 【重要知識】

出題項目 Check!

☐ 磁界 (磁場) とは，磁束，磁束密度の求め方
☐ アンペアの法則とは
☐ フレミングの左手の法則と右手の法則の使い方
☐ 導線の微小部分の電流による磁界の求め方
☐ ファラデーの法則，レンツの法則とは

1 磁力線

磁石にはN極とS極があって，異なる種類の磁極どうしは，互いに引き合い，同じ種類の磁極は，互いに反発し合います．磁気による力の状態を表した線を磁力線といい，図1.9のように表します．磁気による力が働く空間を**磁界**または**磁場**といいます．

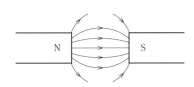
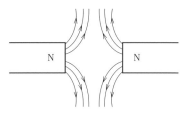

図1.9　磁力線

Point

磁気誘導

　N極の磁石に磁気を帯びていない鉄片を近づけると，磁石に近い側はS極に磁化され，遠い側はN極に磁化される．逆のS極の磁石に近い側はN極に磁化される．

磁力線の性質

　磁力線はN極から出てS極に入る．磁力線どうしは交わらない．隣り合う磁力線は反発する．磁力線の方向は磁界の方向を示し，面積密度が磁界の強さを表す．

2 磁気に関するクーロンの法則

図1.10のように真空中で r 〔m〕離れた二つの点磁極 m_1，m_2〔Wb：ウェーバ〕の間に働く力の大きさ F〔N：ニュートン〕は，クーロンの法則によって次式で表されます．

$$F = k \frac{m_1 m_2}{r^2} \text{〔N〕} \tag{1.17}$$

ただし，k は空間によって定まる定数で，真空中では，

$$k = \frac{1}{4\pi\mu_0} \fallingdotseq 6.3 \times 10^4$$

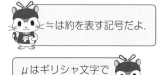

ここで，$\mu_0 = 4\pi \times 10^{-7}$〔H/m〕は真空の透磁率です．また，空気もほぼ同じ値です．

図1.10 磁気に関するクーロンの法則

力の方向は二つの点磁極を結ぶ直線上にあります．**同じ磁極どうしは反発力**，**異なる磁極には吸引力**が働きます．

磁力の働く空間を**磁界**または**磁場**といいます．**単位正磁極**（+1〔Wb〕）当たりに働く力の大きさが**磁界の強さ**を表します．磁界は力や電界と同じように**大きさと方向を持つベクトル量**です．真空中において，点磁極 m〔Wb〕から r〔m〕離れた点の磁界の強さ H〔A/m：アンペア毎メートル〕は，次式で表されます．

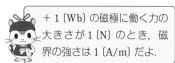

$$H = \frac{m}{4\pi\mu_0 r^2} \text{〔A/m〕} \tag{1.18}$$

磁界の強さが H〔A/m〕の**均一な磁界中**に，点磁極 m〔Wb〕を置いたとき，**磁極に働く力の大きさ** F〔N〕は，次式で表されます．

$$F = mH \text{〔N〕} \tag{1.19}$$

m〔Wb〕の磁極からは $\phi = m$〔Wb〕の磁束が発生します．磁極の影響を受ける場所において単位面積当たりの磁束を磁束密度 B〔T：テスラ〕と呼び，次式の関係があります．

$$B = \mu H \text{〔T〕} \tag{1.20}$$

ここで，

$$\mu = \mu_r \mu_0$$

ただし，μ は透磁率，μ_r は比透磁率です．

真空中では，式（1.20）の $\mu = \mu_0$ として式（1.18）を代入すると，点磁極 m〔Wb〕から r〔m〕離れた点の磁束密度 B〔T〕は次式で表されます．

$$B = \mu_0 H = \frac{m}{4\pi r^2} \text{〔T〕} \tag{1.21}$$

$4\pi r^2$ は半径が r の球の表面積を表すよ．点磁極 m〔Wb〕から発生する磁束 $\phi = m$〔Wb〕を表面積で割ると磁束密度を求めることができるよ．

また，磁束密度 B 〔T〕が一定なコイルの内部では，コイルの断面積を S 〔m²〕とすると，コイルを通過する磁束 ϕ 〔Wb〕は次式で表されます．

$$\phi = BS \ 〔\text{Wb}〕 \tag{1.22}$$

3 右ねじの法則

導線に電流を流すと図 1.11 (a) のように導体のまわりに回転する磁力線が発生します．この状態を表す法則を**アンペアの右ねじの法則**といいます．図 (b) のように導線を巻いたものをコイルといい，磁力線の向きは図のようになります．コイルの磁界を強くするには，コイルの巻数を多くする，コイルの断面積を小さくする，コイルに軟鉄心を入れる，電流を大きくする方法があります．

直線状電流⇔進む向き，磁界⇔回す向きだよ．
回転電流⇔回す向き，磁界⇔進む向きだよ．

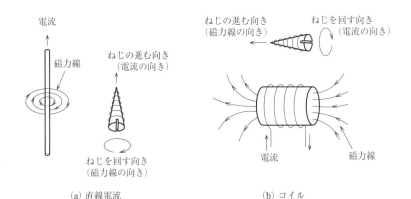

（a）直線電流　　　　　　　　（b）コイル

図 1.11　アンペアの右ねじの法則

4 アンペアの法則

図 1.11 (a) の直線状の導線を流れる電流による磁界の状態を図 1.12 に示します．電流から距離 r 〔m〕の点を通って電流と垂直な平面上の円を考えると，この円周上ではどの点でも磁界の強さ H 〔A/m：アンペア毎メートル〕は均一です．

このとき，磁界の強さ H と円周 $2\pi r$ を掛けると円の中心を流れている電流 I 〔A〕と等しくなります．これを**アンペアの法則**といいます．この関係は，

$$H \times 2\pi r = I \tag{1.23}$$

の式で表されるので，磁界の強さは次式で表されます．

131

$$H = \frac{I}{2\pi r} \text{〔A/m〕} \qquad (1.24)$$

$\pi \fallingdotseq 3.14$,
$\frac{1}{\pi} \fallingdotseq 0.318$,
$\frac{1}{2\pi} \fallingdotseq 0.159$
を覚えてね.

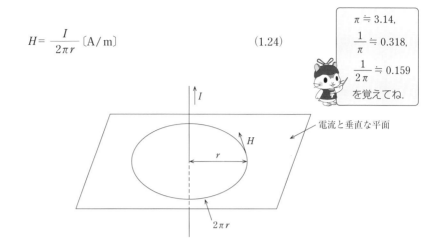

I
電流と垂直な平面
H
r
2πr

図 1.12　アンペアの法則

5　ビオ・サバールの法則

図 1.13 のように，導線の微小部分$\Delta \ell$〔m〕(Δ（デルタ）：少ない量を表します．) を流れる電流によって，導線から r〔m〕離れた点 P に生じる磁界の強さΔH〔A/m〕は，次式で表されます．

θはギリシャ文字で
「シータ」と読むよ.

$$\Delta H = \frac{I \Delta \ell}{4\pi r^2} \sin\theta \text{〔A/m〕} \qquad (1.25)$$

導線と点 P を結ぶ直線との成す角度θが直角 ($\theta = 90$〔°〕) のとき，$\sin\theta = 1$ となるので，磁界の強さΔH〔A/m〕は，次式で表されます．

$$\Delta H = \frac{I \Delta \ell}{4\pi r^2} \text{〔A/m〕} \qquad (1.26)$$

I
P
⊗ ΔH
θ
r
Δℓ
⊗：磁界の向きが紙面に垂直で表から裏の方向を表す

図 1.13　ビオ・サバールの法則

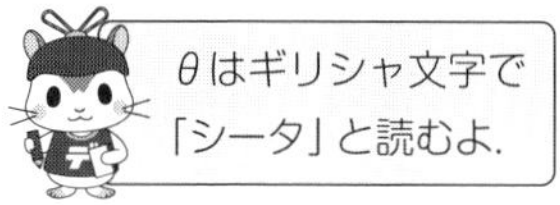

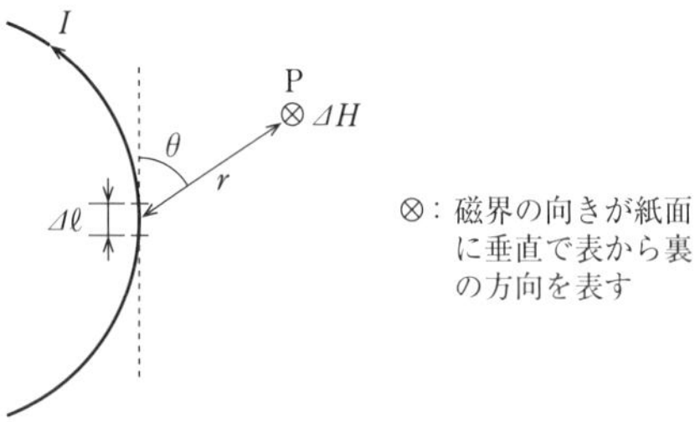

Point

三角関数

三角関数の sin（サイン），cos（コサイン），tan（タンジェント）と直角三角形の比を図 1.14 に示す．

試験問題で使われる sin の値を次に示す．

$$\sin 30° = \frac{1}{2} \quad , \quad \sin 45° = \frac{1}{\sqrt{2}} \quad , \quad \sin 60° = \frac{\sqrt{3}}{2} \quad , \quad \sin 90° = 1$$

三平方の定理

$$c = \sqrt{a^2 + b^2}$$

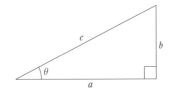

$$\sin \theta = \frac{b}{c}$$

$$\cos \theta = \frac{a}{c}$$

$$\tan \theta = \frac{b}{a}$$

図 1.14

■ 6 ■ 磁界中の電流に働く力とフレミングの左手の法則

磁界の中に電流の流れている導線を置くと導線に**電磁力**が働きます．この向きを表すのが**フレミングの左手の法則**です．図 1.15 のように左手の親指，人差し指，中指を互いに直角に開き，**人差し指を磁界の向き**，**中指を電流の向き**に合わせると**親指が力の向き**を表します．

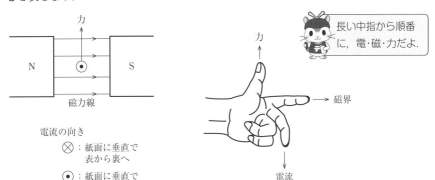

図 1.15 フレミングの左手の法則

7 電磁誘導とフレミングの右手の法則

　図 1.16 のように，一様な磁界中にある導線を移動させると導線に**起電力**（電圧）が発生します．これを**電磁誘導**と呼びます．このとき，これらの向きを表すのが**フレミングの右手の法則**です．右手の親指，人差し指，中指を互いに直角に開き，人差し指を磁界の向き，親指を力の向きに合わせると中指が起電力の向きを表します．

　磁界の強さ H〔A/m〕と空間の透磁率 μ〔H/m：ヘンリー毎メートル〕の積を磁束密度と呼び，磁束密度を B〔T：テスラ〕$=\mu H$，磁力線と直角方向に移動する導線の移動速度を v〔m/s〕とすると，磁力線と導線が直角のとき，長さ ℓ〔m〕の**導線に発生する起電力** e〔V〕は，次式で表されます．

$$e = B\ell v \ \text{〔V〕} \tag{1.27}$$

μはギリシャ文字で「ミュー」と読むよ．起電力は，電力ではなく電圧が発生することだよ．

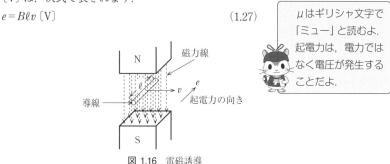

図 1.16　電磁誘導

8 ファラデーの法則

　図 1.17 のように，導線を巻いたものをコイルといいます．コイルの面積を S〔m²〕，磁束密度を B〔T〕とすると，コイルを通過する磁束は $\phi = BS$〔Wb：ウェーバ〕で表されます．微小時間 Δt〔s〕の間に磁束が微小変化 $\Delta\phi$〔Wb〕するとき，コイルの巻数を N 回とすると，コイルに誘導起電力 e〔V〕が発生します．これを電磁誘導に関する**ファラデーの法則**と呼び，誘導起電力の大きさは次式で表されます．

$$e = N\frac{\Delta\phi}{\Delta t}\ \text{〔V〕} \tag{1.28}$$

　このとき，発生する誘導起電力の向きを表す法則が**レンツの法則**です．その**起電力による誘導電流によって発生する磁束が元の磁束の変化を妨げる向き**に誘導起電力が発生します．磁束が増加する場合と減少する場合では，逆向きの誘導起電力が発生します．

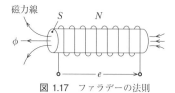

図 1.17　ファラデーの法則

試験の直前 Check!

□ **磁界** ≫ 磁場．単位正磁極（+1〔Wb〕），働く力（1〔N〕），磁界（1〔A/m〕）．大きさと方向を持つベクトル量．

□ **真空中の点磁極による磁界の強さ** ≫ $H = \dfrac{m}{4\pi\mu_0 r^2}$

□ **真空中の点磁極による磁束密度** ≫ $B = \mu_0 H = \dfrac{m}{4\pi r^2}$

□ **断面積 S のコイルを通過する磁束** ≫ $\phi = BS$

□ **アンペアの法則** ≫ $H \times 2\pi r = I$

□ **導線の微小部分の電流による磁界の強さ** ≫ $\Delta H = \dfrac{I\Delta\ell}{4\pi r^2}\sin\theta$

□ **フレミングの左手の法則** ≫ 電磁力（親指），磁界の方向（人差し指），電流の方向（中指）．

□ **フレミングの右手の法則** ≫ 導体の運動方向（親指），磁界の方向（人差し指），起電力の方向（中指）．

□ **ファラデーの法則** ≫ 起電力＝鎖交磁束の時間に対する変化．

□ **レンツの法則** ≫ 磁束の変化を妨げる方向に起電力．

国家試験問題

問題 1

図に示すように，直流電流 I〔A〕が流れている直線導線の微小部分 $\Delta\ell$〔m〕から 30 度の方向で r〔m〕の距離にある点 P に，$\Delta\ell$ によって生ずる磁界の強さ ΔH〔A/m〕を表す式として，正しいものを下の番号から選べ．

1　$\Delta H = \dfrac{\sqrt{3}I\Delta\ell}{4\pi r^2}$

2　$\Delta H = \dfrac{I\Delta\ell}{2\sqrt{3}\pi r^2}$

3　$\Delta H = \dfrac{\sqrt{3}I\Delta\ell}{8\pi r^2}$

4　$\Delta H = \dfrac{I\Delta\ell}{4\sqrt{3}\pi r^2}$

5　$\Delta H = \dfrac{I\Delta\ell}{8\pi r^2}$

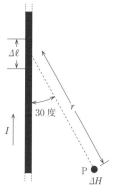

解説

直線導線の微小部分と点 P を結ぶ直線との成す角度を θ とすると，$\Delta\ell$〔m〕によって

生ずる磁界の強さ ΔH 〔A/m〕は，ビオ・サバールの法則より次式で表されます.

$$\Delta H = \frac{I\Delta\ell}{4\pi r^2}\sin\theta \ \text{〔A/m〕} \qquad\qquad \cdots\cdots(1)$$

$\sin 30° = \dfrac{1}{2}$ を式（1）に代入すると，次式のようになります.

$$\Delta H = \frac{I\Delta\ell}{4\pi r^2} \times \frac{1}{2} = \frac{I\Delta\ell}{8\pi r^2} \ \text{〔A/m〕}$$

角度が「90度」，「45度」，「60度」のときは次のようになります.

$\sin 90° = 1$ のときは，$\Delta H = \dfrac{I\Delta\ell}{4\pi r^2}$ 〔A/m〕

$\sin 45° = \dfrac{1}{\sqrt{2}}$ のときは，$\Delta H = \dfrac{I\Delta\ell}{4\sqrt{2}\pi r^2}$ 〔A/m〕

$\sin 60° = \dfrac{\sqrt{3}}{2}$ のときは，$\Delta H = \dfrac{\sqrt{3}I\Delta\ell}{8\pi r^2}$ 〔A/m〕

三角関数の数値を覚えておいてね．直角三角形を書いて覚えると分かりやすいよ.

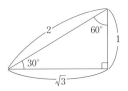

問題2

　図に示す環状鉄心Mの内部に生ずる磁束 ϕ を表す式として，正しいものを下の番号から選べ．ただし，漏れ磁束および磁気飽和はないものとする.

1　$\phi = \dfrac{\mu NI\ell}{S}$ 〔Wb〕

2　$\phi = \dfrac{\mu NIS}{\ell}$ 〔Wb〕

3　$\phi = \dfrac{NIS}{\mu\ell}$ 〔Wb〕

4　$\phi = \dfrac{\mu NI}{S\ell}$ 〔Wb〕

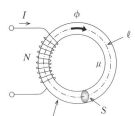

N：コイルの巻数
I：コイルに流す直流電流〔A〕
ℓ：Mの平均磁路長〔m〕
S：Mの断面積〔m²〕
μ：Mの透磁率〔H/m〕

環状鉄心M

解説

　環状鉄心の内部の磁界は，コイルに流す電流によって発生しています．コイル内部の磁界の強さ H 〔A/m〕を一定として，環状鉄心を1周する長さを ℓ 〔m〕とするとアンペアの法則を適用することができます．そのとき，磁界の内側にある電流 I 〔A〕はコイル

の巻数の N 倍となるので，次式が成り立ちます．

$$H\ell = NI$$

よって，　$H = \dfrac{NI}{\ell}$ 〔A/m〕

鉄心内部の磁束密度 B〔T〕は，$B = \mu H$〔T〕で表されるので，鉄心の断面積を S〔m²〕とすると，磁束 ϕ〔Wb〕は次式で表されます．

$$\phi = BS = \mu HS = \dfrac{\mu NIS}{\ell} \text{〔Wb〕}$$

問題3

次の記述は，電気と磁気に関する法則について述べたものである．このうち正しいものを1，誤っているものを2として解答せよ．

ア　磁界中に置かれた導体に電流を流すと，導体に電磁力が働く．このとき，磁界の方向，電流の方向および電磁力の方向の三者の関係を表したものを，フレミングの右手の法則という．

イ　運動している導体が磁束を横切ると，導体に起電力が発生する．磁界の方向，磁界中の導体の運動の方向および導体に発生する誘導起電力の方向の三者の関係を表したものを，フレミングの左手の法則という．

ウ　直線状の導体に電流を流したとき，電流の流れる方向と導体の周囲に生ずる磁界の方向との関係を表したものを，アンペアの右ネジの法則という．

エ　電磁誘導によってコイルに誘起される起電力の大きさは，コイルと鎖交する磁束の時間に対する変化の割合に比例する．これを電磁誘導に関するビオ・サバールの法則という．

オ　電磁誘導によって生ずる誘導起電力の方向は，その起電力による誘導電流の作る磁束が，もとの磁束の変化を妨げるような方向である．これをレンツの法則という．

解説

誤っている選択肢は次の法則を表します．

ア　フレミングの左手の法則

イ　フレミングの右手の法則

エ　ファラデーの法則

解答

問題1 →5　**問題2** →2

問題3 →ア−2　イ−2　ウ−1　エ−2　オ−1

$1_{.3}$　電気磁気（コイル・電気現象）　　重要知識

出題項目 Check!

- ☐ コイルの性質，自己インダクタンスを大きくするには
- ☐ ヒステリシス曲線の特性
- ☐ コイルの合成インダクタンスの求め方
- ☐ 導線の電気抵抗の表し方
- ☐ 各種電気磁気現象の特徴
- ☐ 国際単位の表し方

■1■ コイル

　コイルの磁束は電流によって発生するので，電流が変化すると起電力が発生します．発生する起電力の大きさによって定まるコイルの定数をインダクタンス L〔H：ヘンリー〕と呼びます．

　一般に図 1.18 のように円筒形の心に導線を巻いた構造で，心を入れない空心と比較してケイ素鋼板や圧粉鉄心を用いると自己インダクタンスを大きくすることができます．コイルを流れる電流が単位時間（1〔秒〕）当たりに1〔A〕変化すると，発生する起電力が1〔V〕のときコイルの自己インダクタンスは1〔H：ヘンリー〕です．コイルには次のような性質があります．

① 　直流を通す．

② 　コイルの自己インダクタンスはコイルの**巻数の2乗に比例**する．

③ 　コイルを流れる交流電流の大きさは**周波数に反比例**する．

④ 　コイルを流れる交流電流の大きさは**自己インダクタンスに反比例**する．

⑤ 　コイルを流れる交流電流は，電圧より 90 度**位相が遅れる**．

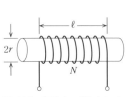

図 1.18　自己インダクタンス

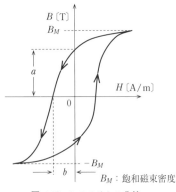

図 1.19　ヒステリシス曲線

　図 1.18 のコイルにおいて，コイルの**自己インダクタンス**は巻数 N の 2 乗に比例して大きくなり，巻数が同じ場合には，巻いている**長さ ℓ を短く**すると大きくなり，**半径 r を小さく**すると小さくなります．また，コイルを巻いている物質の**透磁率**に比例します．

　コイルに交流電圧を加えると電流が流れるのを妨げる作用があります．これを**リアクタンス**といいます．リアクタンスは**交流電流の周波数**に比例します．

　コイルに電流を流すと電流に比例してコイル内部の**磁界 H〔A/m〕**が増加します．このときコイル内部の磁性材料の**磁束密度 B〔T〕**は，図 1.19 のように変化します．磁界を増加したときと減少したときでは，別な経路をたどって磁束密度が変化する曲線を**ヒステリシス曲線**あるいは**磁化曲線**と呼びます．図の a を**残留磁気**と呼び，電流によって発生する磁界が $H=0$ になっても磁力が残ることを表します．また，図の b を**保磁力**と呼びます．**永久磁石材料**としては，残留磁気 a と保磁力 b がともに**大きい**磁性体が適していますが，コイルの心として用いると，図の曲線の囲む面積が**大きいほど**磁性材料の中で熱として失われる**損失が大きく**なります．この損失を**ヒステリシス損**と呼びます．

2 コイルの接続

(1) 和動接続

　図 1.20 (a) に示すように，自己インダクタンス L_1 と L_2〔H〕のコイルを，電流によって発生する磁束が加わる方向に接続すると，**合成インダクタンス L_+〔H〕**は，次式で表されます．

$$L_+ = L_1 + L_2 + 2M \tag{1.29}$$

　ここで，M〔H〕は，結合の度合いを表す相互インダクタンスです．

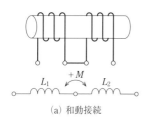

(a) 和動接続　　　　　　　　　　(b) 差動接続

図 1.20　コイルの接続

(2) 差動接続

　図 1.20 (b) に示すように，L_1 と L_2 のコイルを，電流によって発生する磁束が反対方向となるように接続すると，**合成インダクタンス L_-〔H〕**は，次式で表されます．

$$L_- = L_1 + L_2 - 2M \tag{1.30}$$

$L_1=L_2=M$ のときは，$L_+=4L_1$，$L_-=0$ となるんだね．

(3) 結合係数

コイルの結合の状態を表す**結合係数** k は，次式で表されます．

$$k = \frac{M}{\sqrt{L_1 L_2}} \tag{1.31}$$

一般に k は 1 より小さい値を持ち，二つのコイルの磁束が全て交わって漏れ磁束がない状態のとき $k=1$ となります．また，相互インダクタンス M 〔H〕は，次式によって求めることができます．

$$M = k\sqrt{L_1 L_2} \; \text{〔H〕} \tag{1.32}$$

■3■ 物質の電気的，磁気的な性質

電気を通しやすい銀，銅，金，アルミニウム，鉄，鉛等の金属を**導体**といいます．電気を通しにくいビニール，雲母（うんもと呼び電気の絶縁に使われる鉱石），ガラス，油，空気等を**絶縁体**といいます．また，導体と絶縁体の中間の電気の通りやすい性質を持ったものを**半導体**といいます．半導体には，ゲルマニウム，シリコン，セレン等があります．半導体は，他の物質（ヒ素やホウ素等）を少し混ぜて，トランジスタの材料等に用いられます．導体は温度が上がると抵抗率が増加しますが，半導体は温度が上がると抵抗率が減少する特徴があります．

導線の電気抵抗（単位〔Ω：オーム〕）の値は，**長さ**（単位〔m〕）に比例し，**断面積**（単位〔m²〕）に反比例します．このとき物質で決まる比例定数を**抵抗率**（単位〔Ω・m〕）といいます．また，抵抗率の逆数は**導電率**（単位〔S/m：ジーメンス毎メートル〕）と呼びます．

> 抵抗率〔Ω・m〕は断面積 1〔m²〕で長さ 1〔m〕の物質の抵抗値だよ．

磁気的な性質を磁化といい，磁化する物質を磁性体といいます．鉄やニッケル等の金属に磁石を近づけると，磁石に近い側に反対の磁極が生じて磁石との間に吸引力が働きます．磁気誘導を生じる鉄，ニッケル，コバルト等の物質を強磁性体といいます．これらは加えた磁界と同じ方向に磁化されます．加えた磁界と反対方向にわずかに磁化される銅，銀等は反磁性体といいます．

■4■ 電気磁気現象

(1) 圧電効果（ピエゾ効果）

水晶，ロッシェル塩，チタン酸バリウム等の結晶体に**圧力や張力を加えると，結晶体の表面に電荷が現れて電圧が発生**する現象．

(2) ゼーベック効果

銅とコンスタンタンまたはクロメルとアルメル等の**異種の金属**を環状に結合して閉回路をつくり，両接合点に温度差を加えると，回路に**起電力が生ずる**現象．

(3) ペルチェ効果

異種の金属の接点に電流を流すと，その電流の向きによって，**熱を発生しまたは吸収する現象**.

(4) トムソン効果

1種類の金属や半導体で，2点の温度が異なるとき，その間に電流を流すと，熱を吸収しまたは熱を発生する現象.

(5) 表皮効果

導線に高周波電流を流すと**周波数が高くなるにつれて，導体表面近くに密集して電流が流れ中心部に流れなくなる現象**. そのとき，導線の電流が流れる部分の断面積が小さくなるので，直流を流したときに比較して**抵抗が大きくなります**.

(6) 磁気ひずみ現象

磁化されている**磁性体に力を加えると**，ひずみによってその**磁化の強さが変化します**. 逆に磁性体の磁化の強さが変化すると，**機械的なひずみが現れます**. これらの現象を総称して磁気ひずみ現象といいます.

(7) ホール効果

電流の流れている**半導体に**，電流と直角に**磁界を加えると**，両者に直角の方向に**起電力が現れる現象**.

5 電気磁気等に関する単位

電気磁気量は国際単位系（SI）で表されます. それらの量および単位の名称と単位記号を表1.1に示します.

表1.1 電気磁気量と単位

量	名称および単位記号	量	名称および単位記号
長さ	メートル〔m〕	アドミタンス	ジーメンス〔S〕
質量	キログラム〔kg〕	電荷	クーロン〔C〕
時間	秒〔s〕	電束密度	クーロン毎平方メートル〔C/m²〕
力	ニュートン〔N〕	磁極の強さ	ウェーバ〔Wb〕
トルク	ニュートンメートル〔N・m〕	磁束	ウェーバ〔Wb〕
仕事	ジュール〔J〕	磁束密度	テスラ〔T〕
エネルギー	ジュール〔J〕	静電容量	ファラド〔F〕
電圧	ボルト〔V〕	インダクタンス	ヘンリー〔H〕
電流	アンペア〔A〕	電界の強さ	ボルト毎メートル〔V/m〕
電力	ワット〔W〕	磁界の強さ	アンペア毎メートル〔A/m〕
抵抗	オーム〔Ω〕	誘電率	ファラド毎メートル〔F/m〕
抵抗率	オームメートル〔Ω・m〕	透磁率	ヘンリー毎メートル〔H/m〕
導電率	ジーメンス毎メートル〔S/m〕	周波数	ヘルツ〔Hz〕
インピーダンス	オーム〔Ω〕		

試験の直前 Check!

- □ **コイルの自己インダクタンス** >> 巻数の 2 乗に比例. 巻数が同じで巻きの長さを短くすると大きく, 半径を小さくすると小さくなる. 透磁率に比例.
- □ **コイルを流れる交流電流** >> 電圧より 90 度位相が遅れる.
- □ **コイルのリアクタンス** >> 電流の周波数に比例.
- □ **ヒステリシス曲線** >> 磁化曲線. 横軸：磁界. 縦軸：磁束密度. 残留磁気. 保持力. 面積が大きいほど損失大.
- □ **コイルの接続** >> 和動接続 $L_+ = L_1 + L_2 + 2M$, 差動接続 $L_- = L_1 + L_2 - 2M$
- □ **結合係数** >> $k = \dfrac{M}{\sqrt{L_1 L_2}}$
- □ **導線の電気抵抗** >> 長さに比例, 断面積に反比例. 抵抗率の単位〔Ω・m〕.
- □ **圧電効果** >> 結晶体に圧力や張力を加えると, 結晶体の表面に電荷.
- □ **ゼーベック効果** >> 異種の金属を環状に結合, 接合点に温度差を加えると起電力発生.
- □ **ペルチェ効果** >> 異種の金属の接点に電流を流すと, 熱を発生, 吸収.
- □ **表皮効果** >> 高周波電流が導線の表面近くに集中. 抵抗が大きく.
- □ **トムソン効果** >> 1 種類の金属や半導体の 2 点間に電流を流すと, 熱を発生, 吸収.
- □ **磁気ひずみ現象** >> 磁性体に力を加えると磁化が変化. 磁化が変化すると機械的ひずみ.
- □ **ホール効果** >> 電流の流れている半導体に磁界を加えると, 起電力発生.
- □ **単位** >> 抵抗率〔Ω・m〕, 導電率〔S/m〕, アドミタンス〔S〕, 電束密度〔C/m²〕, 磁束密度〔T〕, 電界の強さ〔V/m〕, 磁界の強さ〔A/m〕, 誘電率〔F/m〕, 透磁率〔H/m〕.

国家試験問題

問題 1

次の記述は, 図に示す磁性材料のヒステリシスループ（曲線）について述べたものである. このうち正しいものを 1, 誤っているものを 2 として解答せよ.

ア　横軸は磁界の強さ, 縦軸は磁束密度を示す.

イ　a は残留磁気の大きさ, b は保磁力を示す.

ウ　鉄心入りコイルに交流電流を流すと, ヒステリスループ内の面積に反比例した 電気エネルギーが鉄心の中で熱として失われる.

エ　永久磁石材料としては, ヒステリシスループの a と b がともに小さい磁性体が適している.

オ　ヒステリシスループの囲む面積が大きい材料ほどヒステリシス損が大きい.

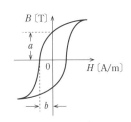

ヒステリシスループ

解説

ウ　鉄心入りコイルに交流電流を流すと，ヒステリシスループ内の面積が大きいほど電気エネルギーが鉄心の中で熱として失われる．

エ　永久磁石材料としては，ヒステリシスループの残留磁気 a と保磁力 b がともに大きい磁性体が適している．

問題2

次の記述は，図に示すコイルの自己インダクタンスについて述べたものである． □□□ 内に入れるべき字句の正しい組合せを下の番号から選べ．

コイルの自己インダクタンスは，コイルの A に比例して大きくなる．巻数が同じ場合には，コイルの長さ ℓ を長くすると**小さくなり**，コイルの半径 r を小さくすると B なる．また，コイルが巻かれている棒状の物質の C に比例して大きくなる．

	A	B	C
1	巻数の2乗	大きく	誘電率
2	巻数の2乗	小さく	透磁率
3	巻数	小さく	誘電率
4	巻数	大きく	透磁率

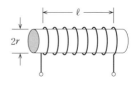

太字は穴あきになった用語として，出題されたことがあるよ．

無線工学の選択肢の数は四つと五つがあるよ．この問題のように選択肢が四つで穴あきが ABC の三つある問題は，ABC の穴のうちどれか二つに埋める字句が分かれば，たいてい答えが見つかるよ．正確に内容が分かっているものを二つ答えれば一つ分からなくても大丈夫だよ．

問題3

　図に示す回路において，コイル A の自己インダクタンスが 8〔mH〕およびコイル B
の自己インダクタンスが 2〔mH〕であるとき，端子 ab 間の合成インダクタンスの値と
して，正しいものを下の番号から選べ．ただし，直列に接続されているコイル A およ
びコイル B の間の結合係数を 0.6 とする．

1　 5.2〔mH〕

2　 7.6〔mH〕

3　10.0〔mH〕

4　14.8〔mH〕

5　18.0〔mH〕

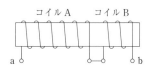

解説

　二つのコイル A，B の自己インダクタンスを $L_1 = 8$〔mH〕，$L_2 = 2$〔mH〕，結合係数
を $k = 0.6$ とすると，相互インダクタンス M〔mH〕は次式で表されます．

$$M = k\sqrt{L_1 L_2}$$
$$= 0.6 \times \sqrt{8 \times 2} = 0.6 \times \sqrt{4 \times 4}$$
$$= 0.6 \times 4 = 2.4 \text{〔mH〕}$$

　問題の図より，コイルが巻いている向きは同じ向きなので，コイルの磁束が互いに加
わり合う和動接続となり，合成インダクタンス L〔mH〕は次式で表されます．

$$L = L_1 + L_2 + 2M$$
$$= 8 + 2 + 2 \times 2.4 = 10 + 4.8 = 14.8 \text{〔mH〕}$$

 掛け算を先に計算するよ．

問題4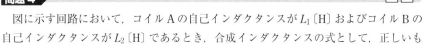

　図に示す回路において，コイル A の自己インダクタンスが L_1〔H〕およびコイル B の
自己インダクタンスが L_2〔H〕であるとき，合成インダクタンスの式として，正しいも
のを下の番号から選べ．ただし，コイルの相互インダクタンスを M〔H〕とする．

1　$L_1 + L_2 + 2M$

2　$L_1 + L_2 - 2M$

3　$L_1 - L_2 + 2M$

4　$L_1 - L_2 - 2M$

5　$L_1 + L_2 - \sqrt{2}M$

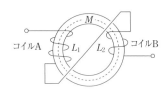

 電流を流したときの磁界の向きから，
和動接続か差動接続なのか分かるよ．

解説

　図において，コイル A の上にある端子からコイル B の下にある端子に電流を流すと，コイル A の磁界は上向き（時計回り），コイル B の磁界は下向き（時計回り）となります．コイルの接続は，それらの磁界が加わり合う和動接続となるので，合成インダクタンス L〔H〕は次式で表されます．

$$L = L_1 + L_2 + 2M \text{〔H〕}$$

注意 コイルが巻き進む向きと磁界の向きは関係ないよ．巻いている向きを考えればいいんだよ．電流が右回りのときは右ねじが進む向きの磁界が発生するよ．

問題 5

　次の記述は，各種の電気現象等について述べたものである．このうち正しいものを 1，誤っているものを 2 として解答せよ．

　ア　磁性体に力を加えると，ひずみによってその磁化の強さが変化し，逆に磁性体の磁化の強さが変化すると，ひずみが現れる．この現象を総称して磁気ひずみ現象という．

　イ　2種の金属線の両端を接合して閉回路をつくり，二つの接合点に温度差を与えると，起電力が発生して電流が流れる．この現象をペルチェ効果という．

　ウ　電流の流れている半導体に，電流と直角に磁界を加えると，両者に直角の方向に起電力が現れる．この現象をホール効果という．

　エ　結晶体に圧力や張力を加えると，結晶体の両面に正負の電荷が現れる．この現象をトムソン効果という．

　オ　高周波電流が導体を流れる場合，表面近くに密集して流れる．この現象を表皮効果という．

解説

　誤っている選択肢は，次の記述です．

　イ　ゼーベック効果

　エ　ピエゾ効果（圧電効果）

第1章 電気物理

問題6

　次の表は，電気磁気量に関する国際単位系（SI）からの抜粋である．□□□内に入れるべき字句を下の番号から選べ．

量	単位名称および単位記号
透磁率	ア
導電率	イ
誘電率	ウ
電束密度	エ
磁束密度	オ

1　アンペア毎メートル〔A/m〕　　　　2　ファラド毎メートル〔F/m〕

3　ジーメンス毎メートル〔S/m〕　　　4　クーロン毎平方メートル〔C/m²〕

5　ヘンリー毎メートル〔H/m〕　　　　6　ジュール〔J〕

7　ニュートンメートル〔N・m〕　　　8　テスラ〔T〕

9　ウェーバ〔Wb〕　　　　　　　　　10　ボルト毎メートル〔V/m〕

● 解答 ●

問題1　→ア−1　イ−1　ウ−2　エ−2　オ−1　**問題2**　→2

問題3　→4　**問題4**　→1

問題5　→ア−1　イ−2　ウ−1　エ−2　オ−1

問題6　→ア−5　イ−3　ウ−2　エ−4　オ−8

2.1 電気回路（直流回路） 重要知識

出題項目 Check!

- □ 電流，電圧，抵抗，コンダクタンス，抵抗率，導電率とは
- □ オームの法則，キルヒホッフの法則による電圧，電流，抵抗の求め方
- □ 合成抵抗の求め方
- □ 電圧の分圧と電流の分流の求め方
- □ ミルマンの定理による電圧の求め方
- □ ブリッジ回路が平衡したときの抵抗の比

1 電圧，電流

　図 2.1 (a) のように電池に電球を接続すると，回路に電流が流れて電球が点灯します．これを回路図で表せば図 (b) のようになります．また電球を電気的に同じ働きをする抵抗と置き換えた等価回路は図 (c) のようになります．電流は電気の流れを表します．単位はアンペア（記号〔A〕）です．電流を水の流れに例えれば，電圧は水圧に当たる量で電気を送り出す強さを表します．電圧の単位はボルト（記号〔V〕）です．電流の大きさは，導線の断面を毎秒通過する電気量（電荷）で表されます．1 秒間に 1〔C〕の電気量（電荷）が通過すると 1〔A〕です．

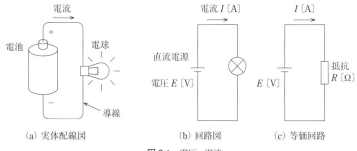

(a) 実体配線図　　　　　　　(b) 回路図　　　　　(c) 等価回路

図 2.1　電圧，電流

　時間が経過しても電圧や電流の大きさや向きが変わらない電気を**直流**といいます．電池の電圧や電流は直流です．商用電源を送る電灯線の電圧や電流は，大きさや向きが変わる**交流**です．

2 電気抵抗

(1) 抵抗率

　図 2.2 のような**長さ** ℓ〔m〕，**断面積** A〔m²〕の**導線の抵抗** R〔Ω〕は，次式で表されます．

$$R = \rho \frac{\ell}{A} \ [\Omega] \tag{2.1}$$

ここで，$\overset{\text{ロー}}{\rho}$（単位：オーム・メートル〔$\Omega\cdot$m〕）は導線の材質と温度によって定まる比例定数で，**抵抗率**といいます．また，金属等の導線の電気抵抗は温度が上がると大きくなります．

図2.2 導線の抵抗

(2) 導電率

抵抗率の逆数を導電率と呼び，電気の通りやすさを表す定数です．**導電率** $\overset{\text{シグマ}}{\sigma}$（単位：ジーメンス毎メートル〔S/m〕）は次式で表されます．

$$\sigma = \frac{1}{\rho} \ [\text{S/m}] \tag{2.2}$$

> 導線の電気抵抗は，導線の抵抗率と長さに比例して，導線の断面積と導電率に反比例するよ．

3 オームの法則

図2.3のように，**抵抗** R〔Ω〕に**電圧** V〔V〕を加えると流れる**電流** I〔A〕は，電圧に比例し，抵抗に反比例します．この関係を表した法則が**オームの法則**です．式で表せば次のようになります．

$$I = \frac{V}{R} \ [\text{A}] \qquad \text{または，} \qquad V = RI \ [\text{V}] \qquad \text{または，} \qquad R = \frac{V}{I} \ [\Omega] \tag{2.3}$$

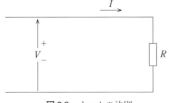

> 電流の矢印の向きは，電流が流れる向きを表すよ．
> 電圧の矢印の向きは，電圧がプラスの向きを表すよ．

図2.3 オームの法則

抵抗 R〔Ω〕の逆数を**コンダクタンス** G（単位：ジーメンス〔S〕）と呼び，電流 I〔A〕は，次式で表されます．

$$G = \frac{1}{R} \ [\text{S}] \tag{2.4}$$

$$I = GV \ [\text{A}] \tag{2.5}$$

4　キルヒホッフの法則

いくつかの起電力や抵抗が含まれる電気回路は，キルヒホッフの法則によって表すことができます．

(1) 第1法則（電流の法則）

図2.4の回路の接続点Pにおいて，流入する電流の和と流出する電流の和は等しくなって，次式が成り立ちます．

$$I_1 + I_2 = I_3 \text{〔A〕} \tag{2.6}$$

(2) 第2法則（電圧の法則）

図2.4の閉回路aにおいて，各部の電圧降下の和は起電力（電圧源）の和と等しくなって，次式が成り立ちます．

$$E_1 - E_2 = V_1 - V_2 = I_1 R_1 - I_2 R_2 \text{〔V〕} \tag{2.7}$$

閉回路bでは，次式が成り立ちます．

$$E_2 = V_2 + V_3 = I_2 R_2 + I_3 R_3 \text{〔V〕} \tag{2.8}$$

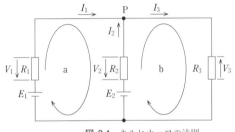

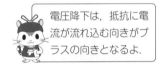

電圧降下は，抵抗に電流が流れ込む向きがプラスの向きとなるよ．

図 2.4　キルヒホッフの法則

図2.4のaやbのように，ひとまわりして元に戻る経路を持つ回路を閉回路といいます．回路の一部でも閉回路になれば，キルヒホッフの電圧の法則が成り立ちます．

直列に接続された抵抗に電流が流れると各抵抗にはオームの法則に基づく電圧が発生します．電源側からみれば，その部分で電圧が下がるので**電圧降下**といいます．

5　電圧の分圧と電流の分流

図2.5 (a) のように抵抗 R_1，R_2〔Ω〕を直列に接続した回路に加える電圧を V〔V〕とすると，各抵抗に加わる電圧 V_1，V_2〔V〕は次式で表されます．

$$V_1 = \frac{R_1}{R_1 + R_2} V \text{〔V〕} \tag{2.9}$$

第2章　電気回路

149

$$V_2 = \frac{R_2}{R_1 + R_2} V \,\text{(V)} \tag{2.10}$$

また，次式のように電圧の比を抵抗の比で表すことができます．

$$V_1 : V_2 = R_1 : R_2 \tag{2.11}$$

電圧の分圧は，その抵抗値に比例するよ．

図 2.5 (b) のように抵抗 R_1, R_2〔Ω〕を並列に接続したときに，回路全体を流れる電流を I〔A〕とすると，各抵抗を流れる電流 I_1, I_2〔A〕は次式で表されます．

$$I_1 = \frac{R_2}{R_1 + R_2} I \,\text{(A)} \tag{2.12}$$

$$I_2 = \frac{R_1}{R_1 + R_2} I \,\text{(A)} \tag{2.13}$$

また，次式のように電流の比を抵抗の比で表すことができます．

$$I_1 : I_2 = \frac{1}{R_1} : \frac{1}{R_2} = R_2 : R_1 \tag{2.14}$$

電流の分流は，対辺の抵抗値に比例するよ．

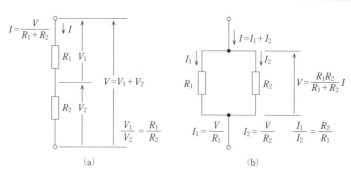

図 2.5　電圧の分圧と電流の分流

6 ミルマンの定理

(1) 電圧源と電流源

電池等の電圧を発生させる能力を起電力といいます．電池等の電源は，図 2.6 のような電圧源 E〔V〕と内部抵抗 r〔Ω〕で表すことができます．電圧源そのものの抵抗値は 0 なので内部抵抗は直列回路で表されます．

電圧 E〔V〕，内部抵抗 r〔Ω〕の電圧源の出力を短絡させたときに流れる短絡電流 I_0〔A〕は，次式で表されます．

$$I_0 = \frac{E}{r} \,\text{(A)} \tag{2.15}$$

図 2.6 の電圧源と内部抵抗は，図 2.7 の電流源 I_0〔A〕と内部抵抗 r〔Ω〕あるいは内部コンダクタンス $G = 1/r$〔S〕で表すことができます．電流源そのものの抵抗値は無限大

なので，内部抵抗は並列回路で表されます．

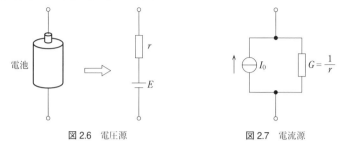

図 2.6　電圧源　　　　　　　　　図 2.7　電流源

(2) ミルマンの定理

図 2.8 のように，いくつかの電圧源と抵抗が並列に接続されているとき，その端子電圧 $V〔\mathrm{V}〕$ は，ミルマンの定理より次式で表されます．

$$V = \frac{\dfrac{E_1}{R_1} + \dfrac{E_2}{R_2} - \dfrac{E_3}{R_3}}{\dfrac{1}{R_1} + \dfrac{1}{R_2} + \dfrac{1}{R_3}} 〔\mathrm{V}〕 \tag{2.16}$$

V と E の向きが
逆向きのときは，
$-E$ とするよ．
E が接続されて
いないときは，
$E = 0$ としてね．

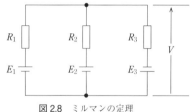

図 2.8　ミルマンの定理

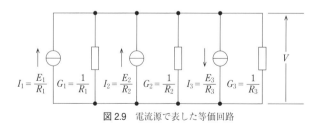

図 2.9　電流源で表した等価回路

ミルマンの定理は図 2.9 のような電圧源を電流源に置き換えて計算する方法なので，図 2.8 の各枝路に流れる電流を求めるときは，図 2.8 の回路に端子電圧 $V〔\mathrm{V}〕$ を当てはめて求めます．

151

国家試験問題では，電圧源（起電力）と抵抗が三つ並列に接続された回路の各々の抵抗に流れる電流を求める問題が出題されているよ．キルヒホッフの法則を用いて，三つの枝路に流れる電流を定めて，それを未知数として連立方程式を立てて求めることができるけど，計算が難しいのでミルマンの定理を用いた方が簡単に計算することができるよ．

7 電力

　抵抗に電流が流れると熱が発生します．また，モータに電流を流すと力が発生します．このように電気の行う仕事を電力といいます．図2.3の抵抗で消費する**電力** P（単位：ワット〔W〕）は，次式で表されます．

$$P = VI \ \text{〔W〕} \tag{2.17}$$

　オームの法則より，$V = RI$ を代入すると，

$$P = VI = (RI) \times I = RI^2 \ \text{〔W〕} \tag{2.18}$$

$I = \dfrac{V}{R}$ を代入すると，

$$P = VI = V \times \left(\dfrac{V}{R}\right) = \dfrac{V^2}{R} \ \text{〔W〕} \tag{2.19}$$

8 部品の接続

(1) 直列接続

　抵抗，コイル，コンデンサを図2.10のように直列接続したとき，合成した値は次のようになります．

$$R_S = R_1 + R_2 \ \text{〔Ω〕} \tag{2.20}$$

$$L_S = L_1 + L_2 \ \text{〔H〕} \tag{2.21}$$

$$\frac{1}{C_S} = \frac{1}{C_1} + \frac{1}{C_2} \tag{2.22}$$

　または，次式で表されます．

$$C_S = \frac{C_1 C_2}{C_1 + C_2} \ \text{〔F〕} \tag{2.23}$$

式 (2.23) はコンデンサが二つの場合にのみ使えるよ．三つ以上のときに，二つずつ計算する場合は，この式を使うこともできるよ．

第2章　電気回路

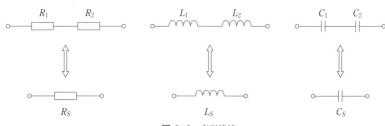

図 2.10　直列接続

同じ値の部品二つを直列に接続すると，抵抗とコイルでは合成した値は2倍に，コンデンサでは1/2倍（半分）になるよ．

第2章　電気回路

(2) 並列接続

図 2.11 のように並列接続したとき，合成した値は次のようになります．

$$\frac{1}{R_P} = \frac{1}{R_1} + \frac{1}{R_2} \tag{2.24}$$

または，

$$R_P = \frac{R_1 R_2}{R_1 + R_2} \ (\Omega) \tag{2.25}$$

$$\frac{1}{L_P} = \frac{1}{L_1} + \frac{1}{L_2} \tag{2.26}$$

または，

$$L_P = \frac{L_1 L_2}{L_1 + L_2} \ (H) \tag{2.27}$$

$$C_P = C_1 + C_2 \ (F) \tag{2.28}$$

式 (2.25), (2.27) は部品が二つの場合にのみ使えるよ．三つ以上のときに，二つずつ計算する場合は，この式を使うこともできるよ．

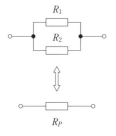

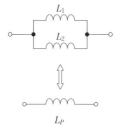

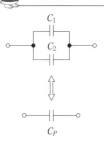

図 2.11　並列接続

153

同じ値の部品二つを並列に接続すると，コンデンサでは合成した値は2倍に，抵抗とコイルでは1/2倍（半分）になるよ．

9 ブリッジ回路

図2.12のような回路をブリッジ回路といいます．各抵抗の比が次式の関係にあるとき，

$$\frac{R_1}{R_2} = \frac{R_3}{R_4} \qquad \text{あるいは} \qquad R_1 R_4 = R_2 R_3 \qquad (2.29)$$

ブリッジ回路が平衡します．このときa端とb端の電圧が等しくなるので電流 $I_5 = 0$ 〔A〕となります．

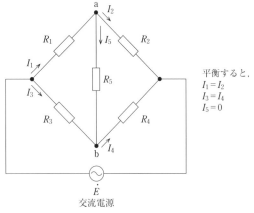

平衡すると，
$I_1 = I_2$
$I_3 = I_4$
$I_5 = 0$

$\dot{E}$
交流電源

図2.12　ブリッジ回路

正方形の各辺と対角線に抵抗がある形だと直ぐにブリッジ回路だって分かるけど，回路の形を変えて出題されるから気をつけてね．

154

試験の直前 Check!

□ **導線の抵抗** ≫ $R = \rho \dfrac{\ell}{A}$, ρ：抵抗率

□ **導電率** ≫ $\sigma = \dfrac{1}{\rho}$

□ **オームの法則** ≫ $I = \dfrac{V}{R}$, $V = RI$, $R = \dfrac{V}{I}$

□ **キルヒホッフの法則** ≫ 流入電流の和と流出電流の和は等しい．電圧降下の和は起電力の和と等しい．

□ **電圧の分圧** ≫ $V_1 = \dfrac{R_1}{R_1 + R_2} V$, $V_2 = \dfrac{R_2}{R_1 + R_2} V$

□ **電流の分流** ≫ $I_1 = \dfrac{R_2}{R_1 + R_2} I$, $I_2 = \dfrac{R_1}{R_1 + R_2} I$

□ **ミルマンの定理** ≫ $V = \dfrac{\dfrac{E_1}{R_1} + \dfrac{E_2}{R_2} - \dfrac{E_3}{R_3}}{\dfrac{1}{R_1} + \dfrac{1}{R_2} + \dfrac{1}{R_3}}$　　V と E の向きが逆は $-E$

□ **直列合成抵抗** ≫ $R_S = R_1 + R_2$

□ **並列合成抵抗** ≫ $\dfrac{1}{R_P} = \dfrac{1}{R_1} + \dfrac{1}{R_2}$, $R_P = \dfrac{R_1 R_2}{R_1 + R_2}$

□ **ブリッジ回路** ≫ 対辺の抵抗積 $R_1 R_4 = R_2 R_3$ のとき回路が平衡．中央に接続された抵抗の電流 $I = 0$

R と n 倍の nR の並列合成抵抗 R_P は，次の式で表されるよ．

$$R_P = \frac{R \times nR}{R + nR} = \frac{n}{1 + n} R$$

同じ値なら $\dfrac{1}{2}R$，2 倍なら $\dfrac{2}{3}R$，3 倍なら $\dfrac{3}{4}R$ だね．

155

国家試験問題

問題 1

図に示す直流回路において，スイッチ S を開いたとき，直流電源から I〔A〕の電流が流れた．S を閉じたとき直流電源から $2I$〔A〕の電流を流すための抵抗 R_X の値として，正しいものを下の番号から選べ．

1　4〔Ω〕
2　6〔Ω〕
3　12〔Ω〕
4　24〔Ω〕

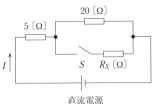

直流電源

S を開いたときの全合成抵抗は，$5 + 20 = 25$〔Ω〕だよ．S を閉じると電流が 2 倍になるから，全合成抵抗は，$25 ÷ 2 = 12.5$〔Ω〕だね．そうすると 20〔Ω〕と R_X の並列抵抗は $12.5 - 5 = 7.5$〔Ω〕だね．並列合成抵抗は $1/R$ の足し算で計算するよ．

解説

電源電圧を E〔V〕，抵抗を $R_1 = 5$〔Ω〕，$R_2 = 20$〔Ω〕とすると，S を開いたときに回路に流れる電流 I〔A〕は次式で表されます．

$$I = \frac{E}{R_1 + R_2} = \frac{E}{5 + 20} = \frac{E}{25}$$

S を閉じたときに，$2I$〔A〕を流すには，合成抵抗を R_T〔Ω〕とすると，次式が成り立ちます．

$$2I = \frac{E}{R_T} \qquad 2 \times \frac{E}{25} = \frac{E}{R_T} \qquad \text{よって，} R_T = \frac{25}{2}〔Ω〕$$

R_2 と R_X の並列合成抵抗を R_Y〔Ω〕とすると，

$$R_Y = R_T - R_1 = \frac{25}{2} - 5 = \frac{25}{2} - \frac{10}{2} = \frac{15}{2}〔Ω〕$$

$$\frac{1}{R_Y} = \frac{1}{R_2} + \frac{1}{R_X} \qquad \frac{2}{15} = \frac{1}{20} + \frac{1}{R_X}$$

$R_Y = \dfrac{15}{2}$ だから，$\dfrac{1}{R_Y} = \dfrac{2}{15}$ だよ．

$$\frac{1}{R_X} = \frac{2}{15} - \frac{1}{20} = \frac{8}{60} - \frac{3}{60} = \frac{5}{60}$$

よって，$R_X = \dfrac{60}{5} = 12$〔Ω〕

問題2

図に示す直流回路において，抵抗 R_3〔Ω〕に流れる電流〔A〕の値として，正しいものを下の番号から選べ.

1　0.25〔A〕

2　0.50〔A〕

3　1.00〔A〕

4　1.25〔A〕

5　1.50〔A〕

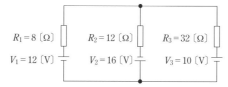

ミルマンの定理を使おう.

解説

ミルマンの定理を用いると，解説図の電圧 V〔V〕は次式で表されます.

$$V = \frac{\dfrac{V_1}{R_1} - \dfrac{V_2}{R_2} + \dfrac{V_3}{R_3}}{\dfrac{1}{R_1} + \dfrac{1}{R_2} + \dfrac{1}{R_3}}$$

$$= \frac{\dfrac{12}{8} - \dfrac{16}{12} + \dfrac{10}{32}}{\dfrac{1}{8} + \dfrac{1}{12} + \dfrac{1}{32}} = \frac{\dfrac{12\times12}{8\times12} - \dfrac{16\times8}{12\times8} + \dfrac{10\times3}{32\times3}}{\dfrac{12}{8\times12} + \dfrac{8}{12\times8} + \dfrac{3}{32\times3}}$$

$$= \frac{(12\times12) - (16\times8) + (10\times3)}{12 + 8 + 3} = \frac{144 - 128 + 30}{23} = \frac{46}{23} = 2 \text{〔V〕}$$

よって，$V_3 > V$ となるので，R_3 流れる電流 I_3 は，上向きに流れるから次式によって求めることができます.

$$I_3 = \frac{V_3 - V}{R_3} = \frac{10 - 2}{32} = \frac{8}{32} = \frac{1}{4} = 0.25 \text{〔A〕}$$

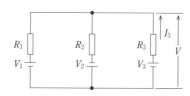

第2章　電気回路

問題3

　図に示す抵抗 $R = 120$〔Ω〕で作られた回路において，端子 ab 間の合成抵抗の値として，正しいものを下の番号から選べ．

1　　90〔Ω〕
2　105〔Ω〕
3　120〔Ω〕
4　135〔Ω〕
5　150〔Ω〕

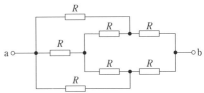

端子 ab を結ぶ線から上と下に分けて合成抵抗を計算するよ．
そのとき，線上にある一つの R は二つの $2R$ の並列接続とするよ．

解説

　問題の図の回路は，解説図のように中央に位置する抵抗 R を二つの抵抗 $2R$ に分けて考えることができます．問題の図を半分に分けた解説図において，cd 間の並列合成抵抗 R_{cd}〔Ω〕は次式で表されます．

$$R_{cd} = \frac{3R \times R}{3R + R} = \frac{3R^2}{4R} = \frac{3}{4}R = \frac{3}{4} \times 120 = 90 \text{〔Ω〕}$$

　半分の抵抗回路の合成抵抗 R_a〔Ω〕は，次式で表されます．

$$R_a = R_{cd} + R = 90 + 120 = 210 \text{〔Ω〕}$$

　全体の回路は半分の回路の合成抵抗 R_a が，二つ並列に接続された合成抵抗として表すことができるので，R_a を $1/2$ にすれば合成抵抗 R_{ab}〔Ω〕を求めることができます．

　よって，合成抵抗 R_{ab}〔Ω〕は，次式で表されます．

$$R_{ab} = \frac{R_a}{2} = \frac{210}{2} = 105 \text{〔Ω〕}$$

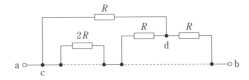

同じ値の抵抗を並列接続すると合成抵抗は $1/2$ になるよ．

問題 4

図に示す回路において，電流 I の値として，正しいものを下の番号から選べ．

1 0.24〔A〕

2 0.32〔A〕

3 0.38〔A〕

4 0.42〔A〕

5 0.48〔A〕

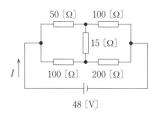

ブリッジ回路が平衡しているときは，まん中の
抵抗は，取って計算していいよ．

第2章　電気回路

解説

解説図のように，$\dfrac{R_1}{R_2} = \dfrac{R_3}{R_4}$ （あるいは $R_1R_4 = R_2R_3$）の関係があるとブリッジ回路が

平衡するので，中央の抵抗を取って合成抵抗を求めることができます．R_1 と R_2 の直列
合成抵抗 $R_{12} = 50 + 100 = 150$〔Ω〕，R_3 と R_4 の直列合成抵抗 $R_{34} = 100 + 200 = 300$〔Ω〕の
並列合成抵抗 R_P〔Ω〕は次式で表されます．

$$R_P = \frac{R_{12}R_{34}}{R_{12}+R_{34}}$$

$$= \frac{150 \times 300}{150 + 300}$$

$$= \frac{150 \times 300}{150 \times (1+2)} = \frac{300}{3} = 100 \text{〔Ω〕}$$

並列抵抗の計算は，
和 (＋) 分の積 (×) だよ．

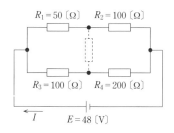

よって，回路を流れる電流 I〔A〕は，

$$I = \frac{E}{R_P} = \frac{48}{100} = 0.48 \text{〔A〕}$$

中央の抵抗は短絡しても (線でつないでも) いいよ．計算が楽な方にしよう．
分数の計算は，分子と分母を同じ数 (150) の掛け算に分ければ，その数 (150) を消
せるので，計算が楽にできるよ．

解答

問題 1 → 3　**問題 2** → 1　**問題 3** → 2　**問題 4** → 5

159

2.2 電気回路（交流回路 1）　　　重要知識

出題項目 Check!

- □ 正弦波交流の周波数, 位相差, 平均値, 実効値の求め方
- □ コイルとコンデンサの特性
- □ リアクタンスとインピーダンスの求め方
- □ インピーダンスに加わる電圧, 流れる電流, 電力の求め方
- □ ブリッジ回路が平衡したときのインピーダンスの比

1 交流

　図 2.13 のように時間とともに電圧や電流の大きさや向きが変化する電気を交流といいます. 商用電源を送る電灯線の電圧や電流は交流です. 電池の電圧や電流は直流です.

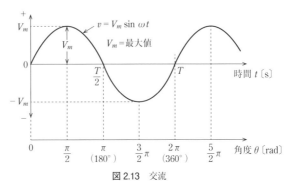

図 2.13　交流

　図 2.13 の正弦波交流電圧 v 〔V〕は, 三角関数を用いて表されます. 三角関数は一般に角度 θ 〔rad〕(または〔°〕) の関数として表されますが, 時間 t 〔s〕とともに変化する電圧は, **角周波数** ω 〔rad/s〕を使って, $\theta = \omega t$ 〔rad〕とすることによって, 次式のように表すことができます.

$$v = V_m \sin \theta = V_m \sin \omega t \text{〔V〕} \tag{2.30}$$

　ω は**周波数** f 〔Hz〕を用いると, $\omega = 2\pi f$ で表されます.

　また, 時間差 t 〔s〕における位相差 θ 〔rad〕は, 次式で表されます.

> 角度の単位〔rad〕は
> ラジアンというよ.
> 全円周角 360〔°〕=
> 2π〔rad〕, $\pi = 3.14$
> だよ.

$$\theta = \omega t = 2\pi f t \text{〔rad〕} \tag{2.31}$$

　交流は, 時間とともに電圧や電流の大きさが変化しますから直流と比較して同じ働き(熱や明るさ等) ができる大きさを表す量が必要です. これを実効値といいます. 一般に交流は実効値で表されます. 図 2.13 の正弦波交流電圧の**最大値**を V_m〔V〕とすると, **平均**

値 V_a および**実効値** V_e〔V〕は，次式で表されます.

$$V_a = \frac{2}{\pi} \times V_m \fallingdotseq 0.64 \times V_m \text{ 〔V〕} \tag{2.32}$$

$$V_e = \frac{V_m}{\sqrt{2}} \fallingdotseq \frac{V_m}{1.4} \fallingdotseq 0.71 \times V_m \text{ 〔V〕} \tag{2.33}$$

電灯線の電圧の実効値 V_e は 100〔V〕，その最大値 V_m は約 140〔V〕です.

図 2.13 の交流波形は + − に変化する状態を繰り返します. 一つのサイクルを繰り返す時間を**周期** T（単位：〔s〕）と呼び，1 秒間の周期の数を**周波数** f（単位：ヘルツ〔Hz〕）といいます. 電灯線の交流の周波数は，東日本では 50〔Hz〕，西日本では 60〔Hz〕です.

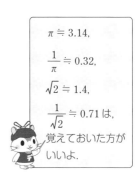

$\pi \fallingdotseq 3.14,$

$\dfrac{1}{\pi} \fallingdotseq 0.32,$

$\sqrt{2} \fallingdotseq 1.4,$

$\dfrac{1}{\sqrt{2}} \fallingdotseq 0.71$ は，

覚えておいた方がいいよ.

Point

ルート（平方根）

ある同じ数を掛けると，a になる数を $\sqrt{a}$ で表す.

$$\sqrt{a} \times \sqrt{a} = a$$

となる. たとえば，$a = 9$ とすると，9 は同じ数の 3 どうしを掛けると 9 になるので，

$$\sqrt{9} \times \sqrt{9} = 3 \times 3 = 9$$

よって，$\sqrt{9} = 3$ である.

いくつかの値を示すと，

$$\sqrt{1} = 1 \qquad \sqrt{2} \fallingdotseq 1.4 \qquad \sqrt{3} \fallingdotseq 1.7 \qquad \sqrt{4} = 2$$

ここで，$\fallingdotseq$ の記号は約を表す.

指数の計算をするときは，$\sqrt{}$ は $\dfrac{1}{2}$ 乗として計算する.

$$\sqrt{10^4} = (10^4)^{1/2} = 10^{4 \times 1/2} = 10^2$$

2 交流回路

（1）抵抗

抵抗 R〔Ω〕に交流の電圧 v〔V〕を加えると，直流と同じように電流 i_R〔A〕が流れます. このとき電圧と電流の関係を図に示すと図 2.14 のようになります. 電圧と電流は時間的なずれがないので，このような関係を電圧と電流は同位相であるといいます. 交流電源の電圧の実効値を V〔V〕とすると，回路を流れる電流の実効値 I_R〔A〕は次式で表されます.

$$I_R = \frac{V}{R} \text{ 〔A〕} \tag{2.34}$$

161

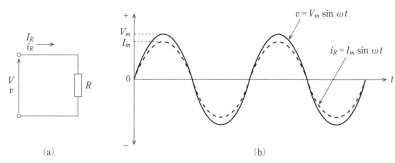

図 2.14　抵抗回路

(2) リアクタンス

　コイルやコンデンサに交流電圧を加えると電流が流れるのを妨げる作用があります. これをリアクタンスといいます. 単位は抵抗と同じオーム（記号〔Ω〕）です. 図 2.15 の交流電源の周波数を f〔Hz〕, コイルのインダクタンスを L〔H〕, コンデンサの静電容量を C〔F〕とすると, **コイルのリアクタンス X_L〔Ω〕, コンデンサのリアクタンス X_C〔Ω〕**は, 次式で表されます.

$$X_L = \omega L = 2\pi f L \,〔\Omega〕 \qquad X_C = \frac{1}{\omega C} = \frac{1}{2\pi f C}\,〔\Omega〕 \qquad (2.35)$$

　ただし, π は円周率　$\pi \fallingdotseq 3.14$　です.

　コイルのリアクタンスは周波数が高くなるほど大きくなり, コンデンサのリアクタンスは周波数が高くなるほど小さくなります.

　交流の電圧の実効値を V〔V〕とすると, 回路を流れる電流の実効値 I_L, I_C〔A〕はそれぞれ次式で表されます.

$$I_L = \frac{V}{X_L}\,〔A〕 \qquad I_C = \frac{V}{X_C}\,〔A〕 \qquad (2.36)$$

　また, 図 2.15 のように, コイルやコンデンサの電流と電圧は時間的なずれが生じます. これを位相差といいます. 位相差は角度（〔°〕または〔rad〕）で表され 1 周期を 360〔°〕（ 2π〔rad〕）として表します. 電流を基準とすると**コイルの電圧は 90〔°〕（ $\pi/2$〔rad〕）進み, コンデンサの電圧は 90〔°〕（ $\pi/2$〔rad〕）遅れます.** 電圧を基準とすると**コイルの電流は 90〔°〕（ $\pi/2$〔rad〕）遅れ, コンデンサの電流は 90〔°〕（ $\pi/2$〔rad〕）進みます.**

> 電流を基準とするとコイルの電圧 V_L の位相が 90〔°〕（ $\pi/2$〔rad〕）進み, コンデンサの電圧 V_C の位相は 90〔°〕（ $\pi/2$〔rad〕）遅れるよ. それで, V_L と V_C の位相差は 180〔°〕（ π〔rad〕）の逆位相となるから, V_L を＋とすると V_C は－として計算するんだね. だから, コイルのリアクタンス X_L〔Ω〕とコンデンサのリアクタンス X_C〔Ω〕は, X_L を＋として X_C を－として計算するよ.

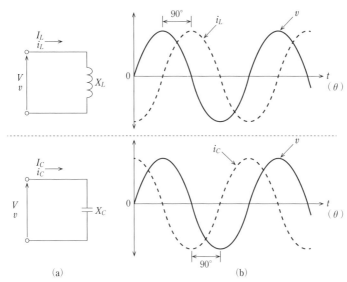

(a)   (b)

図 2.15 リアクタンス回路

(3) リアクタンスの周波数特性

　コイルのリアクタンス X_L〔Ω〕は周波数 f〔Hz〕が高くなるほど大きくなり，コンデンサのリアクタンス X_C〔Ω〕は周波数 f〔Hz〕が高くなるほど小さくなります．これらのリアクタンスと周波数の特性を図 2.16 (a) および図 (b) に示します．また，コイルとコンデンサを直列接続したときの特性を図 (c) に，並列接続したときの特性を図 (d) に示します．

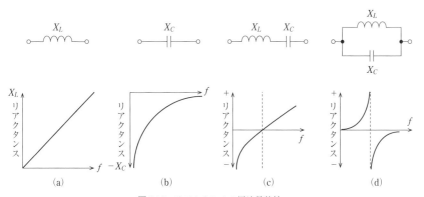

図 2.16 リアクタンスの周波数特性

直列接続すると，ある周波数でリアクタンスは 0 になって，並列接続すると，ある周波数でリアクタンスが無限大になるんだよ．そのときの周波数を共振周波数というよ．

163

(4) 交流電流と電圧のベクトル表示

交流電流や電圧は，三角関数の sin や cos を用いた瞬時値 i，v によって表す場合と $\dot{I}$ や $\dot{V}$ の・の付いた記号の複素数を用いたベクトルによって表す方法があります．瞬時値表示は瞬間の値を知ることができ，複素数表示は大きさと電圧と電流等の間の位相の関係を知ることができます．$\dot{I}$ や $\dot{V}$ の大きさは，I または $|\dot{I}|$，V または $|\dot{V}|$ の記号で表されます．これらは実効値を表すので，最大値を I_m，V_m とすると，$I_m = \sqrt{2}\,I$，$V_m = \sqrt{2}\,V$ となります．

交流回路を複素数を用いて計算するときでも，j の計算方法以外は直流回路と同じように計算することができます．オームの法則やキルヒホッフの法則，直列回路や並列回路の計算も同じように計算することができます．

抵抗回路の電流と電圧の位相は同相なので，抵抗 R〔Ω〕に交流電流 $\dot{I}$〔A〕が流れているとき，抵抗に加わる電圧 $\dot{V}_R$〔V〕は，

$$\dot{V}_R = R\dot{I}\,\text{〔V〕} \tag{2.37}$$

インダクタンス回路の電圧は，電流よりも位相が $\pi/2$〔rad〕$= 90$〔°〕進んでいるので，インダクタンス L〔H〕のコイルに加わる電圧 $\dot{V}_L$〔V〕は，

$$\dot{V}_L = j\omega L\dot{I} = jX_L\dot{I}\,\text{〔V〕} \tag{2.38}$$

コンデンサ回路の電圧は，電流よりも位相が $\pi/2$〔rad〕$= 90$〔°〕遅れているので，静電容量 C〔F〕のコンデンサに加わる電圧 $\dot{V}_C$〔V〕は，

$$\dot{V}_C = \frac{1}{j\omega C}\dot{I} = -jX_C\dot{I}\,\text{〔V〕} \tag{2.39}$$

これらの部品と電圧 $\dot{V}$，電流 $\dot{I}$ の関係を図 2.17 に示します．

> 虚数単位 j は，
> $j = \sqrt{-1}$ だよ．
> $j^2 = j \times j = -1$，
> $\dfrac{1}{j} = \dfrac{j}{j \times j} = \dfrac{j}{-1} = -j$
> となるよ．

(a) 電流と抵抗の電圧　　(b) 電流とコイルの電圧　　(c) 電流とコンデンサの電圧

図 2.17　電流と電圧のベクトル表示

> j は，位相が $\pi/2$〔rad〕進んで，$-j = 1/j$ は，位相が $\pi/2$〔rad〕遅れるよ．$\dot{V} = jX_L\dot{I}$ のときは，$X_L\dot{I}$ に j をくっつけたのが $\dot{V}$ だから，$\dot{V}$ が進むんだよ．

(5) インピーダンス

　抵抗 R〔Ω〕，コイルやコンデンサのリアクタンス X_L〔Ω〕，X_C〔Ω〕が直列や並列に接続された回路全体の交流電流を妨げる値をインピーダンス $\dot{Z}$〔Ω〕と呼び，複素数で表します．抵抗やリアクタンスのみの場合でもインピーダンスということもあります．抵抗やリアクタンスが接続されたインピーダンスを求めるときは，抵抗とリアクタンスに生じる電圧の位相が 90〔°〕（ $\pi/2$〔rad〕）異なるので，単純な足し算では求めることができません．そこで，図 2.18 (a)の回路の電圧 $\dot{V}$〔V〕は抵抗とコイルの電圧 $\dot{V}_R$ と $\dot{V}_L$〔V〕のベクトル和として，図 2.18 (b) のように表します．式で表すと次式のように表されます．

$$\dot{V} = \dot{V}_R + \dot{V}_L \text{〔V〕} \tag{2.40}$$

　直角三角形の短辺から長辺を求めるときに使う三平方の定理を用いると，$\dot{V}$ の大きさ V〔V〕は次式で表されます．

$$V = \sqrt{V_R{}^2 + V_L{}^2} \text{〔V〕} \tag{2.41}$$

$\dot{V}_R = \dot{I} \times R$，$\dot{V}_L = \dot{I} \times jX_L$ の関係から，図 2.18 (a) の直列回路の**合成インピーダンス** $\dot{Z}$ は次式で表されます．

$$\dot{Z} = R + jX_L \text{〔Ω〕} \tag{2.42}$$

合成インピーダンスの大きさ Z〔Ω〕は電圧と同様に，次式で表されます．

$$Z = \sqrt{R^2 + X_L{}^2} \text{〔Ω〕} \tag{2.43}$$

また，回路を流れる電流 $\dot{I}$〔A〕と電流の大きさ I〔A〕は，次式で表されます．

$$\dot{I} = \frac{\dot{V}}{\dot{Z}} = \frac{\dot{V}}{R + jX_L} \text{〔A〕} \tag{2.44}$$

$$I = \frac{V}{Z} = \frac{V}{\sqrt{R^2 + X_L{}^2}} \text{〔A〕} \tag{2.45}$$

> 直列に接続された抵抗とリアクタンスに発生する電圧は，抵抗やリアクタンスに比例するよ．

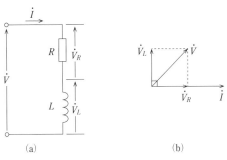

(a)　　　　　　　　　(b)

図 2.18　インピーダンス回路

図 2.19 の直列回路の合成インピーダンス $\dot{Z}$〔Ω〕とその大きさ Z〔Ω〕は，

$$\dot{Z}=R+jX_L-jX_C \text{〔Ω〕} \tag{2.46}$$

$$Z=\sqrt{R^2+(X_L-X_C)^2}=\sqrt{R^2+\left(\omega L-\frac{1}{\omega C}\right)^2}\text{〔Ω〕} \tag{2.47}$$

図 2.20 の並列回路の合成インピーダンス $\dot{Z}$〔Ω〕は，次式で表されます．

$$\dot{Z}=\frac{jX_L\times(-jX_C)}{jX_L+(-jX_C)}=\frac{j\times(-j)X_LX_C}{j(X_L-X_C)}=-j\,\frac{X_LX_C}{X_L-X_C}\text{〔Ω〕} \tag{2.48}$$

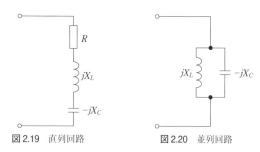

図 2.19　直列回路　　　　図 2.20　並列回路

(6) アドミタンス

インピーダンス $\dot{Z}$〔Ω〕は抵抗と同じように電流を妨げる量を表しますが，インピーダンスの逆数を取って電流を流しやすくする量を表す値をアドミタンスといいます．アドミタンス $\dot{Y}$〔S：ジーメンス〕は次式で表されます．

$$\dot{Y}=G+jB \text{〔S〕} \tag{2.49}$$

ここで，G はコンダクタンス，B はサセプタンスといいます．

アドミタンス回路は，図 2.21 のように並列接続したときに，式 (2.49) のような和で表すことができます．

図 2.18 の $R-L$ 直列回路のインピーダンス $\dot{Z}$〔Ω〕は，

$$\dot{Z}=R+j\omega L \text{〔Ω〕} \tag{2.50}$$

よって，アドミタンス $\dot{Y}$ は次式で表されます．

$$\dot{Y}=\frac{1}{R+j\omega L}$$

$$=\frac{1}{(R+j\omega L)}\times\frac{(R-j\omega L)}{(R-j\omega L)}$$

$j^2=j\times j=-1$ だよ．

$$=\frac{R-j\omega L}{R^2+j\omega LR-j\omega LR-j^2(\omega L)^2}$$

$$=\frac{R}{R^2+(\omega L)^2}-\frac{j\omega L}{R^2+(\omega L)^2}\text{〔S〕} \tag{2.51}$$

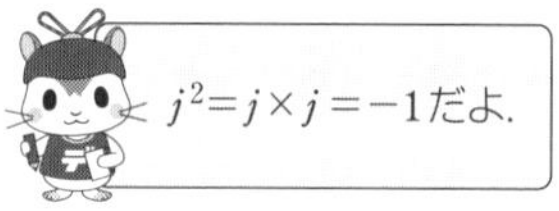

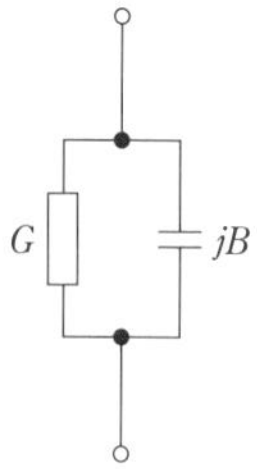

図 2.21　アドミタンス

166

3 交流の電力

電力は単位時間当たりのエネルギーを表し，電圧と電流の積で表されます．交流は時間とともに電圧と電流が変化するので，単位時間当たりの量を求めるためには，電圧と電流の瞬時値（瞬間の値）の積で表される瞬時電力を求めてから，瞬時電力の平均値を求めます．

(1) 抵抗の電力

電圧および電流の最大値が V_m〔V〕，I_m〔A〕の正弦波交流の電圧および電流の瞬時値 v〔V〕，i〔A〕は，次式で表されます．

$$v = V_m \sin \omega t \,〔V〕 \tag{2.52}$$
$$i = I_m \sin \omega t \,〔A〕 \tag{2.53}$$

瞬時電力 p はこれらの積で表されます．電力 P_a〔W〕は瞬時電力の平均値で表され，次式の関係があります．

$$P_a = \frac{V_m I_m}{2} = \frac{V_m}{\sqrt{2}} \times \frac{I_m}{\sqrt{2}} = VI \,〔W〕 \tag{2.54}$$

ここで，V，I は実効値を表します．

> 瞬時電力から電力を求めるには，積分を使わないとできないから計算が難しいよ.

(2) リアクタンスの電力

コイルの電圧はコイルを流れる電流より 90° 位相が進んでいるので，電圧および電流の瞬時値 v，i は，次式で表されます．

$$v = V_m \cos \omega t \tag{2.55}$$
$$i = I_m \sin \omega t \tag{2.56}$$

瞬時電力 p はこれらの積で表され，瞬時電力の平均値を計算すると零になるので，コイルやコンデンサのリアクタンスでは，電力は消費されません．

(3) インピーダンスの電力

図 2.18 のインピーダンス回路において，**抵抗で消費される電力 P_a〔W〕を有効電力**と呼び，次式で表されます．

$$P_a = V_R I = R I^2 \,〔W〕 \tag{2.57}$$

リアクタンスでは，電力は消費されるわけではありませんが，次式のように電圧と電流の積を求めることができます．これを**無効電力 P_q〔var：バール〕**といいます．

$$P_q = V_L I = X_L I^2 \,〔var〕 \tag{2.58}$$

抵抗とコイルやコンデンサで構成されたインピーダンスの電圧と電流の積を**皮相電力 P_s〔VA：ボルトアンペア〕**といい，次式で表されます．

$$P_s = VI = Z I^2 \,〔VA〕 \tag{2.59}$$

また皮相電力と有効電力の比を力率と呼び，**力率 $\cos\theta$** は次式で表されます．

$$\cos\theta = \frac{P_a}{P_s} \,(\times 100 〔\%〕) \tag{2.60}$$

167

力率は$\cos\theta$と書いて，0～1（100〔%〕）の数値だよ．
角度じゃないよ．

▌4▐　交流ブリッジ回路

　図 2.22 のような回路をブリッジ回路といいます．各インピーダンスの比が次式の関係にあるとき，

$$\frac{\dot{Z}_1}{\dot{Z}_2} = \frac{\dot{Z}_3}{\dot{Z}_4} \qquad あるいは \qquad \dot{Z}_1\dot{Z}_4 = \dot{Z}_2\dot{Z}_3 \qquad (2.61)$$

ブリッジ回路が平衡します．このとき端子 a と端子 b の電圧と位相が等しくなるので電流 $\dot{I}_5 = 0$〔A〕となります．

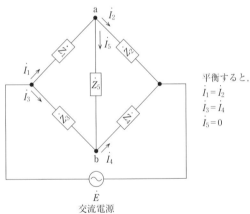

平衡すると，
$\dot{I}_1 = \dot{I}_2$
$\dot{I}_3 = \dot{I}_4$
$\dot{I}_5 = 0$

交流電源

図 2.22　交流ブリッジ回路

第2章　電気回路

試験の直前 Check!

☐ **交流波形の位相差** ≫ $\theta = \omega t = 2\pi f t$

☐ **交流電圧の平均値** ≫ $V_a = \dfrac{2}{\pi} V_m \fallingdotseq 0.64 \times V_m$, V_m：最大値

☐ **交流電圧の実効値** ≫ $V_e = \dfrac{1}{\sqrt{2}} V_m \fallingdotseq 0.71 \times V_m$, V_m：最大値

☐ **コイルとコンデンサ** ≫ コイルの電圧は電流より位相が進む．コンデンサの電圧は電流より位相が遅れる．電流を基準とした電圧の位相の進み遅れが逆になる．

☐ **リアクタンス** ≫ コイル：$jX_L = j2\pi f L$ ，　　コンデンサ：$-jX_C = -j\dfrac{1}{2\pi f C}$

☐ **直列回路のインピーダンス** ≫ $\dot{Z} = R + j(X_L - X_C)$ ，　　$Z = \sqrt{R^2 + (X_L - X_C)^2}$

☐ **リアクタンスの並列回路のインピーダンス** ≫ $\dot{Z} = -j\dfrac{X_L X_C}{X_L - X_C}$

☐ **アドミタンス** ≫ $\dot{Y} = \dfrac{1}{\dot{Z}}$

☐ **インピーダンス回路の有効電力** ≫ $P_a = V_R I = R I^2$

☐ **力率** ≫ $\cos\theta = \dfrac{\text{有効電力}}{\text{皮相電力}} = \dfrac{P_a}{P_s}$ （×100〔%〕）

☐ **交流ブリッジ回路** ≫ 対辺のインピーダンス $\dot{Z}_1 \dot{Z}_4 = \dot{Z}_2 \dot{Z}_3$ のとき回路が平衡．中央に接続されたインピーダンスの電流 $\dot{I} = 0$

第2章　電気回路

169

国家試験問題

問題1

　図に示す正弦波交流において，電圧の最大値 V_m が 47〔V〕のとき，平均値（正の半周期の平均）V_a，実効値 V_e および繰り返し周波数 f の値の組合せとして，最も近いものを下の番号から選べ．ただし，$\sqrt{2} \fallingdotseq 1.4$ とする．

	V_a	V_e	f
1	30〔V〕	34〔V〕	100〔Hz〕
2	30〔V〕	34〔V〕	200〔Hz〕
3	30〔V〕	40〔V〕	100〔Hz〕
4	34〔V〕	40〔V〕	200〔Hz〕
5	34〔V〕	44〔V〕	100〔Hz〕

$V_a \fallingdotseq 0.64 V_m$, $V_e \fallingdotseq 0.71 V_m$ だよ．周期 T の周波数 f は，$f = 1/T$ だね．図の波形は3周期だよ．

解説

最大値が V_m〔V〕の正弦波交流電圧の平均値 V_a〔V〕は次式で表されます．

$$V_a = \frac{2}{\pi} V_m \fallingdotseq \frac{2}{3.14} V_m$$

$$\fallingdotseq 0.64 V_m = 0.64 \times 47 \fallingdotseq 30 \text{〔V〕} \quad (V_a \text{の答})$$

交流電圧の実効値 V_e〔V〕は，次式で表されます．

$$V_e = \frac{1}{\sqrt{2}} V_m \fallingdotseq \frac{1}{1.4} V_m$$

$$\fallingdotseq 0.71 V_m = 0.71 \times 47 \fallingdotseq 34 \text{〔V〕} \quad (V_e \text{の答})$$

問題の図より，周期 T〔s〕は，10×10^{-3}〔s〕と読みとれるので周波数 f〔Hz〕は次式で表されます．

$$f = \frac{1}{T} = \frac{1}{10 \times 10^{-3}}$$

$$= 1 \times 10^2 = 100 \text{〔Hz〕} \quad (f \text{の答})$$

問題2

図に示す回路において，交流電源電圧 $\dot{E}$ が 200 〔V〕，抵抗 R_1 が 10 〔Ω〕，抵抗 R_2 が 20 〔Ω〕およびコンデンサ C のリアクタンスが 20 〔Ω〕であるとき，R_2 を流れる電流 $\dot{I}$ の値として，正しいものを下の番号から選べ．

1 $4 - j2$ 〔A〕

2 $4 + j4$ 〔A〕

3 $6 - j2$ 〔A〕

4 $6 + j4$ 〔A〕

5 $8 - j2$ 〔A〕

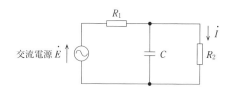

解説

回路の合成インピーダンス $\dot{Z}$ 〔Ω〕は次式で表されます．

$$\dot{Z} = R_1 + \cfrac{1}{\cfrac{1}{R_2} + \cfrac{1}{-jX_C}} = 10 + \cfrac{1}{\cfrac{1}{20} + j\cfrac{1}{20}} = 10 + \frac{20}{1+j}$$

$$= 10 + \frac{20 \times (1-j)}{(1+j)(1-j)} = 10 + \frac{20 \times (1-j)}{1 - j^2}$$

$$= 10 + \frac{20 - j20}{2} = 20 - j10 \ \text{〔Ω〕}$$

> 分母の j を消すために分母と分子それぞれに $(1-j)$ を掛けるよ．
> $(a+b)(a-b) = a^2 - b^2$，$j^2 = -1$ だよ．

R_1 〔Ω〕を流れる電流を $\dot{I}_{R1}$ 〔A〕とすると，R_1 の両端の電圧 $\dot{V}_{R1}$ 〔V〕は，

$$\dot{V}_{R1} = R_1 \dot{I}_{R1} = R_1 \times \frac{\dot{E}}{\dot{Z}} = 10 \times \frac{200}{20 - j10} = \frac{200}{2-j} \ \text{〔V〕}$$

したがって，R_2 を流れる電流 $\dot{I}$ 〔A〕は，

$$\dot{I} = \frac{\dot{E} - \dot{V}_{R1}}{R_2} = \frac{\dot{E}}{R_2} - \frac{\dot{V}_{R1}}{R_2} = \frac{200}{20} - \frac{1}{20} \times \frac{200}{2-j}$$

$$= 10 - 10 \times \frac{2+j}{(2-j)(2+j)} = 10 - 10 \times \frac{2+j}{2^2 - j^2}$$

$$= 10 - \frac{20}{5} - j\frac{10}{5} = 6 - j2 \ \text{〔A〕}$$

問題3

次の記述は，図に示す回路の各種電力と力率について述べたものである．　□□□内に入れるべき字句の正しい組合せを下の番号から選べ．ただし，交流電圧 V を100〔V〕，回路に流れる電流 I を2〔A〕とする．

(1) 皮相電力は，　□A□　〔VA〕である

(2) 有効電力 (消費電力) は，　□B□　〔W〕である．

(3) 力率は，　□C□　〔%〕である．

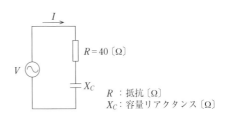

	A	B	C
1	282	200	80
2	282	160	50
3	200	200	50
4	200	160	80
5	200	200	80

R ：抵抗〔Ω〕
X_C：容量リアクタンス〔Ω〕

力率は，$\dfrac{有効電力}{皮相電力} \times 100$〔%〕だよ．

選択肢のBの値をAの値で割って，100を掛けてCの値になるのは，選択肢の4だけだね．

解説

(1) 皮相電力 P_s〔VA〕は次式で表されます．

$$P_s = VI$$
$$= 100 \times 2 = 200 〔VA〕$$

(2) 有効電力 P_a〔W〕は次式で表されます．

$$P_a = RI^2$$
$$= 40 \times 2^2 = 40 \times 4 = 160 〔W〕$$

(3) 力率 $\cos\theta$〔%〕は次式で表されます．

$$\cos\theta = \frac{P_a}{P_s} \times 100$$
$$= \frac{160}{200} \times 100 = 80 〔%〕$$

問題4

　図に示す RLC 直列回路において，抵抗 R で消費される電力の値として，最も近いものを下の番号から選べ．ただし，抵抗 R の値は 30〔Ω〕，コイル L のリアクタンス X_L は 40〔Ω〕，コンデンサ C のリアクタンス X_C は 10〔Ω〕とする．

1　190〔W〕
2　375〔W〕
3　550〔W〕
4　735〔W〕
5　920〔W〕

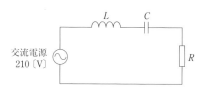

コイルとコンデンサのリアクタンスの符号が逆なので，それらの合成リアクタンスは，$40 - 10 = 30$〔Ω〕だよ．

解説

　回路の合成インピーダンスの大きさ Z〔Ω〕は次式で表されます．
$$Z = \sqrt{R^2 + (X_L - X_C)^2} = \sqrt{30^2 + (40-10)^2} = \sqrt{30^2 + 30^2}$$
$$= \sqrt{2 \times 30^2} = 30\sqrt{2}\ 〔Ω〕$$

　電源電圧を V〔V〕とすると，回路を流れる電流の大きさ I〔A〕は，
$$I = \frac{V}{Z} = \frac{210}{30\sqrt{2}} = \frac{7}{\sqrt{2}}\ 〔A〕$$

　したがって，抵抗 R〔Ω〕で消費される電力 P〔W〕は，
$$P = I^2 \times R = \left(\frac{7}{\sqrt{2}}\right)^2 \times 30 = \frac{49 \times 30}{2} = 735\ 〔W〕$$

問題5

　図に示す交流ブリッジ回路が平衡しているときの交流電源の周波数 f〔Hz〕を表す式として，正しいものを下の番号から選べ．

1　$f = \dfrac{1}{2\pi\sqrt{LCR_1R_4}}$

2　$f = \dfrac{1}{2\pi}\sqrt{\dfrac{CR_1}{LR_4}}$

3　$f = \dfrac{1}{2\pi LC}\sqrt{\dfrac{R_2R_3}{R_1R_4}}$

4　$f = \dfrac{1}{2\pi\sqrt{LC}}$

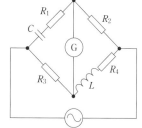

$R_1 \sim R_4$：抵抗〔Ω〕
C：静電容量〔F〕
L：インダクタンス〔H〕
Ⓖ：検流計
◯〜：交流電源

$$5 \quad f = \frac{1}{2\pi}\sqrt{\frac{R_4}{LCR_1}}$$

ブリッジ回路が平衡しているときは，対辺の
インピーダンスを掛けた値が等しくなるよ．

解説

問題の図の回路において，$\dot{Z}_1 = R_1 - j\dfrac{1}{\omega C}$，$\dot{Z}_2 = R_2$，$\dot{Z}_3 = R_3$，$\dot{Z}_4 = R_4 + j\omega L$ とする

と，ブリッジが平衡しているときは次式が成り立ちます．

$$\dot{Z}_1\dot{Z}_4 = \dot{Z}_2\dot{Z}_3$$

$$\left(R_1 - j\frac{1}{\omega C}\right) \times (R_4 + j\omega L) = R_2 R_3$$

$$R_1 R_4 - j\frac{1}{\omega C}R_4 + j\omega L R_1 - j^2\frac{L}{C} = R_2 R_3$$

$$R_1 R_4 + \frac{L}{C} + j\left(\omega L R_1 - \frac{1}{\omega C}R_4\right) = R_2 R_3 \qquad \cdots\cdots(1)$$

$-j^2 = -(-1) = +1$ だよ．

実数と虚数で表される複素数の等式は，実数部と虚数部がそれぞれ等しいので，式
(1) の虚数部より次式が成り立ちます．

$$\omega L R_1 - \frac{1}{\omega C}R_4 = 0 \qquad \omega L R_1 = \frac{1}{\omega C}R_4 \qquad \omega^2 = \frac{R_4}{LCR_1}$$

両辺の $\sqrt{}$ をとると，

$$\omega = \sqrt{\frac{R_4}{LCR_1}} \qquad \text{よって，} \quad f = \frac{1}{2\pi}\sqrt{\frac{R_4}{LCR_1}} \text{ (Hz)}$$

実数部と虚数部は別な座標上の値
だから，別々に計算するんだよ．

●**解答**●

問題1 → 1　問題2 → 3　問題3 → 4　問題4 → 4　問題5 → 5

2.3 電気回路（交流回路2）　　重要知識

出題項目 Check!

- □ 共振回路の共振周波数，尖鋭度 Q，静電容量の求め方
- □ 共振回路が共振したときの電圧，電流，インピーダンス特性
- □ フィルタ回路の種類と特性
- □ 過度現象回路の電圧，電流を表す式
- □ 過度現象回路の時定数の求め方

■ 1 ■ 共振回路

(1) 共振周波数

　図 2.23 (a) のように抵抗，コイル，コンデンサを接続した回路を直列共振回路，図 2.24 (a)，(b) のような回路を並列共振回路といいます．電源の周波数 f〔Hz〕を変化させていくと，周波数がある値のときに，共振回路を流れる電流は直列共振回路では最大になり，並列共振回路では最小になります．このときの周波数を**共振周波数** f_0〔Hz〕と呼び，次式で表されます．

$$f_0 = \frac{1}{2\pi\sqrt{LC}} \text{〔Hz〕} \tag{2.62}$$

　回路を流れる電流 $\dot{I}$〔A〕と各部の電圧 $\dot{V}_R$，$\dot{V}_L$，$\dot{V}_C$〔V〕のベクトル図は，図 2.23 (b) のようになります．$\dot{V}_R$ は $\dot{I}$ と同位相，$\dot{V}_L$ は $\dot{I}$ より $\pi/2$〔rad〕（90°）位相が進み，$\dot{V}_C$ は $\dot{I}$ より $\pi/2$〔rad〕（90°）位相が遅れているので，$\dot{V}_L$ と $\dot{V}_C$ の位相差は π〔rad〕（180°）となります．共振周波数では $\dot{V}_L$ と $\dot{V}_C$ の大きさが等しくなり，L と C の直列合成リアクタンスは零となるので，共振したときのインピーダンス Z〔Ω〕は，直列共振回路では最小の R〔Ω〕となり，共振したときに回路を流れる電流は $I_0 = E/R$〔A〕で表されます．周波数を変化させたときの電流の変化を図2.23 (c) に示します．図において，$I_0/\sqrt{2}$〔A〕となる周波数の幅 B〔Hz〕を直列共振回路の周波数帯域幅と呼びます．

　また，並列共振回路では，共振したときのインピーダンスは最大となります．図 2.23 (a) の直列共振回路と図 2.24 (a) の並列共振回路では，共振時のインピーダンスは R〔Ω〕となり，図 (b) の**並列共振回路の共振時のインピーダンス** Z_0〔Ω〕は次式で表されます．

$$Z_0 = \frac{L}{Cr} \text{〔Ω〕} \tag{2.63}$$

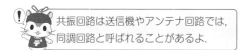

共振回路は送信機やアンテナ回路では，同調回路と呼ばれることがあるよ．

175

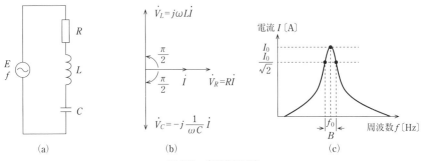

図 2.23　直列共振回路

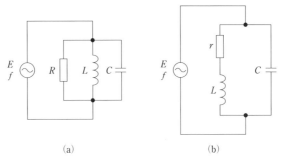

図 2.24　並列共振回路

(2) 共振回路の尖鋭度 (Q)

図 2.23 (a) の直列共振回路において，回路が共振するのは，コイルのリアクタンスと
コンデンサのリアクタンスの大きさが等しくなったときです．そのとき，それぞれのリ
アクタンスには大きさが等しくて逆位相の電圧が発生します．

図 2.23 (a) の回路が共振したとき（共振角周波数：$\omega_0 = 2\pi f_0$），抵抗に発生する電圧
V_R〔V〕とリアクタンスに発生する電圧の大きさ V_L または V_C の比を共振回路の尖鋭度
(Q) といいます．回路を流れる電流の大きさを I〔A〕とすると，Q_A は次式の関係があ
ります．

$$Q_A = \frac{V_L}{V_R} = \frac{\omega_0 L I}{RI} = \frac{\omega_0 L}{R} \tag{2.64}$$

$$= \frac{V_C}{V_R} = \frac{1}{RI} \times \frac{I}{\omega_0 C} = \frac{1}{\omega_0 C R} \tag{2.65}$$

共振回路の抵抗は，一般には回路の損失として扱われることが多いので，回路の Q
が大きいほど損失が少なくて良好な共振回路となります．また，Q が大きいほど共振回
路の周波数帯域幅が狭くなります．

図2.23 (c) の共振周波数 f_0〔Hz〕と周波数帯域幅 B〔Hz〕より，Q_A は次式で表されます．

$$Q_A = \frac{f_0}{B} \tag{2.66}$$

図 2.24 (a) の並列共振回路では，共振回路の Q は，共振時に抵抗を流れる電流の大きさ I_R〔A〕とリアクタンスを流れる電流の大きさ I_L または I_C の比で表されるので，Q_B は次式の関係があります．

$$Q_B = \frac{I_L}{I_R} = \frac{\dfrac{V}{\omega_0 L}}{\dfrac{V}{R}} = \frac{R}{\omega_0 L} \tag{2.67}$$

$$= \frac{I_C}{I_R} = \frac{\omega_0 C V}{\dfrac{V}{R}} = \omega_0 C R \tag{2.68}$$

式 (2.64) と式 (2.65) の両辺の積を求めると，

$$Q_A{}^2 = \frac{\omega_0 L}{R} \times \frac{1}{\omega_0 C R} = \frac{1}{R^2} \times \frac{L}{C}$$

よって，直列共振回路の Q_A は次式で表されます．

$$Q_A = \frac{1}{R} \sqrt{\frac{L}{C}} \tag{2.69}$$

式 (2.67) と式 (2.68) の両辺の積を求めると，

$$Q_B{}^2 = \frac{R}{\omega_0 L} \times \omega_0 C R = R^2 \times \frac{C}{L}$$

よって，並列共振回路の Q_B は次式で表されます．

$$Q_B = R \sqrt{\frac{C}{L}} \tag{2.70}$$

また，図 2.24 (b) の並列共振回路の Q_C は次式で表されます．

$$Q_C = \frac{\omega_0 L}{r} = \frac{1}{\omega_0 C r} \tag{2.71}$$

2 フィルタ回路

フィルタには，特定の周波数以上の入力信号を出力させる**高域フィルタ** (HPF：ハイパスフィルタ)，特定の周波数以下の信号を出力させる**低域フィルタ** (LPF：ローパスフィルタ)，特定の周波数帯域の信号を出力させる**帯域フィルタ** (BPF：バンドパスフィルタ)，特定の周波数帯域の信号を出力させない**帯域消去 (阻止) フィルタ** (BEF：バンドエリミネイトフィルタ) があります．図2.25に各フィルタ回路と減衰特性を示します．

第2章 電気回路

コイルは高い周波数の信号を減衰させて低い周波数の信号を通すよ.
コンデンサは高い周波数の信号を通して低い周波数の信号を減衰させるよ.

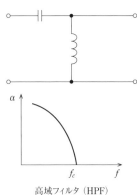

高域フィルタ（HPF）

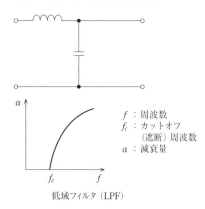

f　：周波数
f_c　：カットオフ
　　　　（遮断）周波数
α　：減衰量

低域フィルタ（LPF）

HPFやLPFは，コンデンサやコイルを増やして，
π形やT形になっている回路もあるよ.

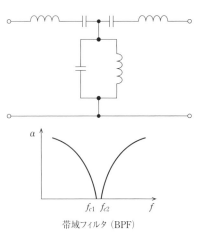

帯域フィルタ（BPF）

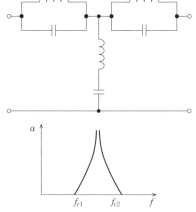

帯域消去フィルタ（BEF）

図 2.25　フィルタ回路

178

3　変成器結合回路

　1 次側と 2 次側のコイルを磁界結合して，交流電圧，交流電流，インピーダンスを変換する回路を変成器または変圧器（トランス）といいます．図 2.26 の回路において，1 次側と 2 次側それぞれのコイルの巻線数を n_1，n_2，電圧を V_1，V_2〔V〕，電流を I_1，I_2〔A〕とすると，次式の関係が成り立ちます．

$$\frac{V_1}{V_2} = \frac{n_1}{n_2} \tag{2.72}$$

$$\frac{I_1}{I_2} = \frac{n_2}{n_1} \tag{2.73}$$

> 1 次側と 2 次側の電力 $P = VI$ は変わらないので，電圧の巻数比と電流の巻数比は，逆の比になるんだよ．

　2 次側にインピーダンス（抵抗）Z_2〔Ω〕を接続したとき，1 次側からみたインピーダンス Z_1〔Ω〕は，次式で表されます．

$$Z_1 = \frac{V_1}{I_1} = \frac{n_1}{n_2} \, V_2 \times \frac{n_1}{n_2} \times \frac{1}{I_2}$$

$$= \left(\frac{n_1}{n_2}\right)^2 \frac{V_2}{I_2} = \left(\frac{n_1}{n_2}\right)^2 Z_2 \tag{2.74}$$

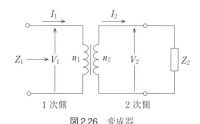

図 2.26　変成器

4　過渡現象

(1) $C-R$ 回路

　図 2.27 (a) のコンデンサ C〔F〕と抵抗 R〔Ω〕が直列に接続された回路において，スイッチ S を閉じて直流電圧を加えると，電流 i〔A〕が流れてコンデンサに電荷 q〔C〕が蓄積されます．このとき，電流は時間 t〔s〕とともに大きさが変化し徐々に減少します．電流が時間 t の関数として表されるので，積分を用いて計算すると電荷 q は次式で表されます．

$$q = \int i \, dt \;〔\text{C}〕 \tag{2.75}$$

> 電流が変化しないときは，電荷は電流と時間の掛け算で求めることができるけど，電流が変化するので積分を使うんだね．積分は電流の値と短い時間の積 $i\,dt$ を，電流の変化に合わせて足していく計算をするんだよ．

179

　抵抗に加わる電圧を v_r，コンデンサに加わる電圧を v_c〔V〕とすると，次式が成り立ちます．

$$E = v_r + v_c$$

$$= Ri + \frac{1}{C}\int i\,dt \text{〔V〕} \tag{2.76}$$

　それぞれの項に含まれる i は時間とともに変化するので時間 t〔s〕の関数で表されます．式 (2.76) は微分方程式なので，これを解くと次式のように時間とともに変化する電流の式を求めることができます．

$$i = \frac{E}{R} e^{-\frac{t}{CR}} = \frac{E}{R} e^{-\frac{t}{\tau}} \text{〔A〕} \tag{2.77}$$

　ただし，e は自然対数の底 ($e = 2.718\cdots$).

　τ〔s〕は時定数 ($\tau = CR$)

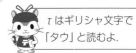

τ はギリシャ文字で「タウ」と読むよ.

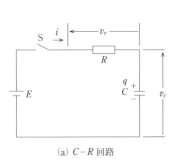

(a) C–R 回路

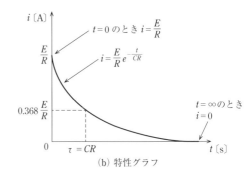

(b) 特性グラフ

図2.27　C–R 回路の過度現象

　時間の経過によって電流が変化する様子は，図 2.27 (b) のように表されます．

$t = 0$〔s〕のときの電流 i〔A〕は，次式で表されます．

$$i = \frac{E}{R} e^{-0} = \frac{E}{R} \text{〔A〕}$$

$t = \tau$〔s〕のときの電流 i〔A〕は，次式で表されます．

$$i = \frac{E}{R} e^{-1} = \frac{E}{R} \times \frac{1}{e^1} \fallingdotseq \frac{E}{R} \times \frac{1}{2.718} \fallingdotseq 0.368 \frac{E}{R} \text{〔A〕}$$

　また，十分に時間が経過したとき（理論的には $t = \infty$〔s〕）を定常状態といいます．このときの電流は 0〔A〕になります．

$$i = \frac{E}{R} e^{-\infty} = \frac{E}{R} \times \frac{1}{e^\infty} = 0 \text{〔A〕} \tag{2.78}$$

式 (2.77) より，抵抗に加わる電圧 v_r 〔V〕は，

$$v_r = Ri = R\frac{E}{R}e^{-\frac{t}{CR}} = Ee^{-\frac{t}{CR}} \text{〔V〕} \tag{2.79}$$

コンデンサに加わる電圧 v_c は，電源電圧 E と v_r の差だから次式で表されます．

$$v_c = E - v_r = E(1 - e^{-\frac{t}{CR}}) \tag{2.80}$$

(2) $L-R$ 回路

図 2.28 のようにコイル L〔H〕と抵抗 R〔Ω〕が直列に接続された回路では，時間とともに変化する電流 i〔A〕は，次式で表されます．

$$i = \frac{E}{R}(1 - e^{-\frac{R}{L}t})$$

$$= \frac{E}{R}(1 - e^{-\frac{t}{\tau}})\text{〔A〕} \tag{2.81}$$

ただし，τ〔s〕は時定数（$\tau = L/R$）．

また，$C-R$ 回路と同様に求めると，$t=0$〔s〕のとき $i=0$〔A〕，$t=\tau$〔s〕のとき，$i \fallingdotseq 0.632\frac{E}{R}$〔A〕，$t=\infty$〔s〕の定常状態のとき，$i=\frac{E}{R}$〔A〕となります．

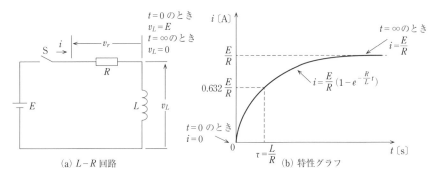

図 2.28　$L-R$ 回路の過度現象

第2章　電気回路

試験の直前 Check!

- □ **共振周波数** >> $f_0 = \dfrac{1}{2\pi\sqrt{LC}}$

- □ **直列共振** >> 共振時インピーダンス最小 R，$\dot{V}_R$ は $\dot{I}$ と同位相，$\dot{V}_L$ は $\dot{I}$ より $\pi/2$〔rad〕進み，$\dot{V}_C$ は $\dot{I}$ より $\pi/2$〔rad〕遅れ，$\dot{V}_L$ と $\dot{V}_C$ の位相差は π〔rad〕.

- □ **並列共振** >> 共振時インピーダンス最大．共振時電流 $I_L = I_C$，位相差 π〔rad〕.

- □ **並列共振回路の共振時のインピーダンス** >> $Z_0 = \dfrac{L}{Cr}$

- □ **直列共振回路の尖鋭度** >> $Q = \dfrac{\omega_0 L}{R} = \dfrac{1}{\omega_0 CR} = \dfrac{1}{R}\sqrt{\dfrac{L}{C}} = \dfrac{f_0}{B}$　　　B：周波数帯域幅

- □ **並列共振回路の尖鋭度** >> $Q = \dfrac{R}{\omega_0 L} = \omega_0 CR = R\sqrt{\dfrac{C}{L}}$　　　R：並列接続の抵抗

- □ **並列共振回路の尖鋭度** >> $Q = \dfrac{\omega_0 L}{r} = \dfrac{1}{\omega_0 Cr}$　　　r：L と直列接続の抵抗

- □ **フィルタ** >> 高域フィルタ（HPF），低域フィルタ（LPF），帯域フィルタ（BPF），帯域消去（阻止）フィルタ（BEF）.

- □ **C−R 回路のコンデンサの過渡現象の電圧** >> $v_c = E\left(1 - e^{-\frac{t}{CR}}\right)$

- □ **C−R 回路の過渡現象の時定数** >> $\tau = CR$

- □ **L−R 回路の過渡現象の時定数** >> $\tau = \dfrac{L}{R}$

国家試験問題

問題 1

図に示す RLC 並列回路の尖鋭度（Q）の値を求める式として，誤っているものを下の番号から選べ．ただし，共振角周波数を ω_0〔rad/s〕とする．

1　$\omega_0 CR$

2　$\omega_0 LR$

3　$\sqrt{C/L}\,R$

4　$R/(\omega_0 L)$

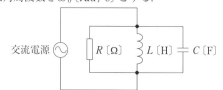

交流電源　　　R〔Ω〕　L〔H〕　C〔F〕

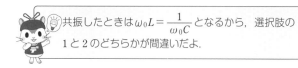

共振したときは $\omega_0 L = \dfrac{1}{\omega_0 C}$ となるから，選択肢の1と2のどちらかが間違いだよ．

問題2

図に示す RLC 直列回路において，回路を 7.1〔MHz〕の周波数に共振させたときの，可変コンデンサ C_V の静電容量および回路の尖鋭度 (Q) の最も近い値の組合せを下の番号から選べ．ただし，抵抗 R は 4〔Ω〕，コイル L の自己インダクタンスは 1〔μH〕，コンデンサ C の静電容量は 200〔pF〕とする．また，$7.1^2 \fallingdotseq 50$，$\pi^2 \fallingdotseq 10$ とする．

	C_V	Q
1	200〔pF〕	11
2	300〔pF〕	11
3	300〔pF〕	22
4	600〔pF〕	22
5	600〔pF〕	33

解説

可変コンデンサ C_V〔F〕とコンデンサ C〔F〕の合成静電容量を C_t〔F〕，コイルのインダクタンスを L〔H〕とすると，回路の共振周波数 f_0〔Hz〕は，次式で表されます．

$$f_0 = \frac{1}{2\pi\sqrt{LC_t}}$$

両辺を2乗すると，

$$f_0{}^2 = \frac{1}{(2\pi)^2 LC_t} \qquad \text{よって，} \quad C_t = \frac{1}{4\pi^2 f_0{}^2 L}$$

題意の数値を代入すると，合成静電容量 C_t〔F〕は，

$$C_t = \frac{1}{4\pi^2 f_0{}^2 L} = \frac{1}{4 \times \pi^2 \times (7.1 \times 10^6)^2 \times 1 \times 10^{-6}}$$

$$\fallingdotseq \frac{1}{4 \times 10 \times 7.1^2 \times 10^{12} \times 10^{-6}} \fallingdotseq \frac{10^6}{40 \times 50} \times 10^{-12}$$

$$= 500 \times 10^{-12} \text{〔F〕} = 500 \text{〔pF〕}$$

求める可変コンデンサの静電容量 C_V〔pF〕は，

$$C_V = C_t \text{〔pF〕} - C \text{〔pF〕} = 500 - 200 = 300 \text{〔pF〕} \quad (C_V \text{の答})$$

求める回路が共振したときの回路の尖鋭度 Q は，

$$Q = \frac{\omega_0 L}{R} = \frac{2\pi f_0 L}{R} = \frac{2 \times 3.14 \times 7.1 \times 10^6 \times 1 \times 10^{-6}}{4}$$

$$\fallingdotseq \frac{44.59}{4} \fallingdotseq 11 \quad (Q \text{の答})$$

$Q = \dfrac{1}{R}\sqrt{\dfrac{L}{C_t}}$ の式で求めることもできるよ．

第2章 電気回路

問題3

　図に示す LC 直列回路のリアクタンスの周波数特性を表す特性曲線図として，正しいものを下の番号から選べ．

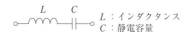

L：インダクタンス
C：静電容量

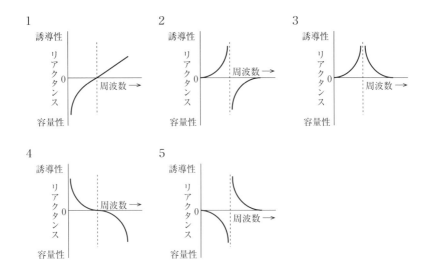

周波数が高くなると，コイルのリアクタンスが大きくなって直列回路のリアクタンスは誘導性で大きくなるよ．

解説

　電源の周波数を f〔Hz〕とすると，直列回路のリアクタンス jX〔Ω〕は次式で表されます．

$$jX = j2\pi fL - j\frac{1}{2\pi fC}\ 〔Ω〕$$

　共振周波数で $jX = 0$〔Ω〕となります．共振周波数より周波数が高くなると jX は正の値となるので誘導性となり，周波数が低くなると jX は負の値となるので容量性となります．

L と C の並列回路のときは，選択肢の2だよ．

問題 4

　次の記述は，図に示す直列共振回路の周波数特性について述べたものである．□□□内に入れるべき字句の正しい組合せを下の番号から選べ．ただし，共振周波数を f_0〔Hz〕とし，そのとき回路に流れる電流 I を I_0〔A〕とする．また，I が $I_0/2$ となる周波数を f_1 および f_4〔Hz〕$(f_1 < f_4)$，$I_0/\sqrt{2}$ となる周波数を f_2 および f_3〔Hz〕$(f_2 < f_3)$ とする．

(1) 共振周波数 f_0〔Hz〕は □A□ で表され，そのときの I_0 は □B□ となる．

(2) 回路の尖鋭度 Q は，$Q =$ □C□ で表される．

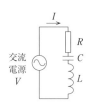

R：抵抗〔Ω〕
C：静電容量〔F〕
L：インダクタンス〔H〕

	A	B	C
1	$\dfrac{\sqrt{LC}}{2\pi}$	$\dfrac{V}{R}$	$\dfrac{f_0}{f_4 - f_1}$
2	$\dfrac{\sqrt{LC}}{2\pi}$	$V\sqrt{\dfrac{C}{L}}$	$\dfrac{f_0}{f_3 - f_2}$
3	$\dfrac{1}{2\pi\sqrt{LC}}$	$\dfrac{V}{R}$	$\dfrac{f_0}{f_3 - f_2}$
4	$\dfrac{1}{2\pi\sqrt{LC}}$	$V\sqrt{\dfrac{C}{L}}$	$\dfrac{f_0}{f_4 - f_1}$
5	$\dfrac{1}{2\pi\sqrt{LC}}$	$\dfrac{V}{R}$	$\dfrac{f_0}{f_4 - f_1}$

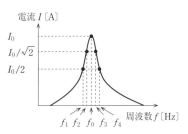

　共振周波数は次の式で表されるよ．並列共振回路も同じ式だよ．
$$f_0 = \frac{1}{2\pi\sqrt{LC}}〔\text{Hz}〕$$
共振するとコイルとコンデンサの合成リアクタンスは 0〔Ω〕になるから，回路のインピーダンスは，R〔Ω〕になるよ．

問題5

　図に示す回路において，静電容量が3〔μF〕のコンデンサに蓄えられた電荷が6〔μC〕であるとき，抵抗 R の値として，正しいものを下の番号から選べ．ただし，回路は定常状態にあるものとする．

1　4〔kΩ〕

2　6〔kΩ〕

3　8〔kΩ〕

4　10〔kΩ〕

5　12〔kΩ〕

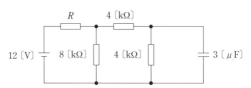

静電容量 C，電荷 Q のとき，電圧 V は，次の式で表されるよ．

$$V = \frac{Q}{C} \text{〔V〕}$$

どちらも μ が付いているので，そのまま計算すれば，6/3 = 2〔V〕だね．

解説

　定常状態ではコンデンサに電荷が蓄積され，コンデンサには充電電流が流れないので，抵抗に流れる電流で各部の電圧降下を考えることができます．コンデンサ C〔F〕に蓄積された電荷を Q〔C〕とすると，コンデンサの端子電圧 V_1〔V〕は次式で表されます．

$$V_1 = \frac{Q}{C} = \frac{6 \times 10^{-6}}{3 \times 10^{-6}} = 2 \text{〔V〕}$$

コンデンサと並列に接続された抵抗 $R_1 = 4$〔kΩ〕に流れる電流 I_1〔A〕は，

$$I_1 = \frac{V_1}{R_1} = \frac{2}{4 \times 10^3} = 0.5 \times 10^{-3} \text{〔A〕}$$

抵抗 R_1 と直列に接続された同じ値の抵抗 $R_2 = 4$〔kΩ〕も V_1 と同じ大きさの電圧 $V_2 = 2$〔V〕が加わるので，$R_3 = 8$〔kΩ〕の抵抗に加わる電圧 V_3〔V〕は，

$$V_3 = V_1 + V_2 = 2 + 2 = 4 \text{〔V〕}$$

となります．R_3 に流れる電流 I_3〔A〕は次式で表されます．

$$I_3 = \frac{V_3}{R_3} = \frac{4}{8 \times 10^3} = 0.5 \times 10^{-3} \text{〔A〕}$$

　抵抗 R〔Ω〕を流れる電流は $I_1 + I_3$ となるので，電源電圧を E〔V〕とすると，抵抗 R は次式によって求めることができます．

$$R = \frac{E - V_3}{I_1 + I_3} = \frac{12 - 4}{0.5 \times 10^{-3} + 0.5 \times 10^{-3}} = \frac{8}{(0.5 + 0.5) \times 10^{-3}}$$

$$= 8 \times 10^3 \text{〔Ω〕} = 8 \text{〔kΩ〕}$$

$$\frac{1}{10^{-3}} = 10^3$$
だよ．

問題6

図に示す回路が電源周波数fに共振しているとき，ab間のインピーダンスが$10\,[\mathrm{k\Omega}]$であった．このときのインダクタンスLの値として，最も近いものを下の番号から選べ．ただし，抵抗rの値は$5\,[\Omega]$で，共振時のLのリアクタンスに比べて十分小さいものとする．

1　$2\,[\mu\mathrm{H}]$
2　$4\,[\mu\mathrm{H}]$
3　$8\,[\mu\mathrm{H}]$
4　$10\,[\mu\mathrm{H}]$
5　$14\,[\mu\mathrm{H}]$

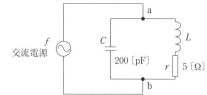

 共振したときのインピーダンスZ_0は，次の式で表されるよ．
$$Z_0 = \frac{L}{Cr}\,[\Omega]$$

解説

共振時のインピーダンス$Z_0\,[\Omega]$は次式で表されます．

$$Z_0 = \frac{L}{Cr} \qquad\qquad \cdots\cdots(1)$$

式(1)を変形して，インダクタンス$L\,[\mathrm{H}]$を求めると，次式で表されます．

$L = Z_0 Cr = 10\times10^3\times200\times10^{-12}\times5$

$\quad = 10\times10^3\times1{,}000\times10^{-12} = 10\times10^3\times10^3\times10^{-12} = 10\times10^{3+3-12}$

$\quad = 10\times10^{-6}\,[\mathrm{H}] = 10\,[\mu\mathrm{H}]$

問題7

次の記述は，図1に示す抵抗$R\,[\Omega]$と静電容量$C\,[\mathrm{F}]$の直列回路の過渡現象について述べたものである．　□□□内に入れるべき字句の正しい組合せを下の番号から選べ．ただし，初期状態でCの電荷は零とし，εは自然対数の底とする．

(1) スイッチSを接(ON)にして直流電圧$V\,[\mathrm{V}]$を加えてからの電流$i\,[\mathrm{A}]$は，経過時間を$t\,[\mathrm{s}]$とすれば次式で表される．

$$i = \frac{V}{R}\varepsilon^{-\frac{t}{CR}}\,[\mathrm{A}]$$

したがって，Sを接(ON)にした瞬間($t=0\,[\mathrm{s}]$)の電流iは，　A　$[\mathrm{A}]$である．
(2) $t=0\,[\mathrm{s}]$からの静電容量Cの電圧$v_c\,[\mathrm{V}]$の変化は，図2の　B　である．
(3) tが十分経過したとき(定常状態)のCに蓄えられる電荷量は，　C　$[\mathrm{C}]$である．

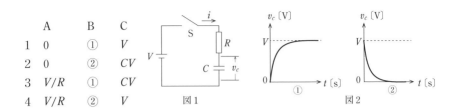

	A	B	C
1	0	①	V
2	0	②	CV
3	V/R	①	CV
4	V/R	②	V

図1　　　　　①　　　図2

 $t = 0$ 〔s〕のとき，コンデンサの電圧を 0 〔V〕として電流を求めればいいね．電荷は $Q = CV$ の式で表されるよ．「キュウリ渋い」で覚えてね．

コンデンサに電流が流れると，だんだん電荷がたまって電圧 v_c が増えていくよ．$t = 0$ 〔s〕のときは電荷がないから $v_c = 0$ 〔V〕，$t = \infty$ 〔s〕のときは $v_c = V$ 〔V〕になるよ．

問題8

　図に示す回路において，スイッチSを接（ON）にして直流電源 E から抵抗 R とコイル L に電流を流した．このときの時定数 τ を表す式として，正しいものを下の番号から選べ．ただし，抵抗の値を R 〔Ω〕，コイルの自己インダクタンスを L 〔H〕とする．

1　$1/(LR)$
2　$1/\sqrt{LR}$
3　LR
4　R/L
5　L/R

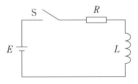

回路を流れる電流 i 〔A〕は，次の式で表されるよ．
$$i = \frac{E}{R}(1 - e^{-\frac{R}{L}t})$$
e^{-1} となるときの t が時定数 τ だよ．

● 解答 ●

| 問題1 → 2 | 問題2 → 2 | 問題3 → 1 | 問題4 → 3 | 問題5 → 3 |

| 問題6 → 4 | 問題7 → 3 | 問題8 → 5 |

3 半導体

第3章 半導体

3.1 半導体・ダイオード　　　　　　　　　　　　　　重要知識

出題項目 Check!
- □ 各種半導体素子の種類，特徴，用途
- □ ダイオードの電圧と電流の特性を求める

■1■ N形半導体，P形半導体

　物質の電気伝導は，原子に存在する電子のうち価電子帯の電子によって行われます．不純物を含まない**真性半導体**の**ゲルマニウム**や**シリコン**は4価の価電子を持ち，ヒ素やアンチモンなどの5価の価電子を持つ不純物を混ぜたものを**N形半導体**といいます．図3.1のように，N形半導体の電気伝導は，自由電子によって行われます．ホウ素やインジウムなどの3価の価電子を持つ不純物を混ぜたものは**P形半導体**と呼び，電気伝導は価電子が不足してプラスの電荷と考えることができる正孔（ホール）によって行われます．**N形半導体**では**自由電子**を，**P形半導体**では**正孔**（ホール）を**多数キャリア**と呼びます．また，正孔（ホール）はプラスの電荷，電子はマイナスの電荷を持っていますので，電流の向きと電子の移動する向きは逆向きです．

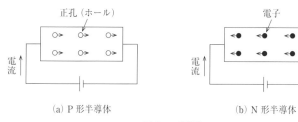

(a) P形半導体　　　　　　　　　　(b) N形半導体

図 3.1　半導体

　電子はマイナスの電荷を持っているよ．だから，電子が多いとマイナスのN形半導体で，電子が少ないとプラスのP形半導体だよ．Nはネガティブの負，Pはポジティブの正の意味だよ．

■2■ ダイオード

　P形半導体とN形半導体を接合した素子をダイオードといいます．ダイオードは図3.2のように，一方向に電流を流しやすい性質を持っています．

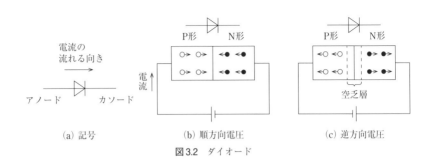

(a) 記号　　　　　　　　(b) 順方向電圧　　　　(c) 逆方向電圧

図 3.2　ダイオード

各種ダイオードの名称と特徴を次に示します.

① **PN 接合ダイオード**：電源の**整流**用には**シリコンダイオード**が用いられます.　逆方向電流が少なく, **順方向の内部抵抗が小さい**特徴を持っています.

② **点接触ダイオード**：N 形または P 形半導体に金属針を接触させた構造です.　低い順方向電圧でも整流作用があるので, 受信機の**直線検波回路**に用いられます.

③ **ツェナーダイオード**：シリコンダイオードの**逆方向電圧**を増加させていくと, ある電圧で急激に電流が流れます.　これを**降伏現象**といいます.　このときダイオードの**電圧がほぼ一定**となるので, この特性を利用して**電源の定電圧回路**に用いられます.

④ **バラクタダイオード**：逆方向電圧を加えるとキャリアが存在しない空乏層が生じてダイオードが静電容量を持ち, **電圧を大きくすると空乏層の幅が広くなって, 静電容量が小さくなる**特性を利用したダイオードです.　**可変容量ダイオード**とも呼びます.　*LC* 同調回路 (共振回路) などに用いられます.

バラクタダイオードのバラクタは, バリアブル (可変) リアクタンスの意味だよ. リアクタンスは静電容量などが交流回路で持つ電流を防げる値のことだよ.

⑤ **発光ダイオード (LED)**：**順方向電流を流すと発光する**特性を利用したダイオードです.　白熱電球と比べると, 信頼性が高く**寿命が長い**特徴があります.　電気信号を光信号に変換する素子として用いられます.

⑥ **ホト (フォト) ダイオード**：PN 接合部に逆方向電圧を加え, 光を当てると**光の強さに比例して電流が流れる**特性を利用した**受光**素子です.　光を当てるとキャリアが発生して電流が流れる原理を**光起電力効果**といいます.　光信号を電気信号に変換する素子として用いられます.

⑦ **ホト (フォト) トランジスタ**：ホトダイオードと同じ**受光**素子ですが, 増幅作用があるので**高感度**です.　ベースに電極を設けない **2 端子素子**の構造です.　発光ダイオードと組み合わせて一つのパッケージとしたものを**ホトカプラ**やホトインタラプタと呼びます.

⑧　**インパットダイオード**：逆方向電圧を加えると**負性抵抗特性**を持つので，SHF（マイクロ波）帯の発振に用いられます．同じ動作をする素子として**ガンダイオード**があります．

⑨　**トンネルダイオード**：**不純物濃度が高く**，順方向電圧を加えたとき**負性抵抗特性**があります．SHF帯の増幅や発振に用いられます．

ダイオードの図記号を図3.3に示します．

ダイオード　　　　ツェナーダイオード　バラクタダイオード　　発光ダイオード　　　ホトダイオード

図3.3　ダイオードの図記号

ツェナーダイオードの図記号のカソード側の線が曲がっているのは，
電流が急激に流れるグラフを表すよ．

3　ダイオードの特性

図3.4（a）のように，PN接合ダイオードを接続して，可変電源の電圧と極性を変化させたときのダイオードの電圧 V_D〔V〕と電流 I_D〔A〕の特性は，図3.4（b）のように表されます．

理想ダイオードの特性は順方向にのみ電流を流して，逆方向は電流を流さないので，順方向抵抗が0〔Ω〕の電流軸に沿った直線と，逆方向抵抗が無限大〔Ω〕の電圧軸に沿った直線で表されます．

電源の整流などに用いられるシリコンダイオードの特性は，約0.5〔V〕のスレッショルド電圧を超える電圧を加えると順方向電流が流れます．このとき，わずかに順方向抵抗を持つので，図3.4（b）のような順方向の特性曲線となります．また，最大定格電圧を超える逆方向電圧を加えると電子なだれ現象を起こし，急激に電流が流れます．

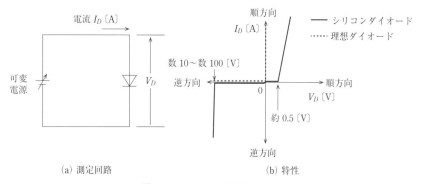

（a）測定回路　　　　　　　　　　　　　（b）特性

図3.4　ダイオードの特性

第3章　半導体

191

順方向と逆方向の特性は似ているけど，順方向のスレッショルド電圧は 0.5〔V〕くらいで，逆方向の最大定格電圧の降伏電圧は数 10〔V〕から数 100〔V〕以上もあるよ．ツェナーダイオードは降伏電圧が数〔V〕だよ．スレッショルドは限界値のことで，その値から急に電流が流れ出す電圧だよ．

〔4〕 各種の半導体素子や電子部品

ダイオード以外の各種の半導体素子や電子部品の名称と特徴を次に示します．

サーミスタは温度（サーマル）敏感（センシティブ）抵抗素子（レジスタ），バリスタは非直線（バリアブル）抵抗素子のことだよ.

① **サーミスタ**：大きい負の温度特性を持ち，**温度**変化により**抵抗値が大きく変化**する素子です．温度センサや電子回路の温度補償用等に用いられます．

② **バリスタ**：加えた**電圧**により，**抵抗値が大きく変化す**る素子です．過電圧保護回路等に用いられます．

③ **サイリスタ**（シリコン制御整流素子）：アノード（陽極），カソード（陰極）間の電流をゲート電流で制御する素子です．直流電流の制御や整流に用いられます．

④ **電子管**：ガラス管内を真空中にして金属またはその酸化物の陰極（カソード），格子（グリッド），陽極（プレート）等の電極を置いた構造で，**陰極**を**加熱**すると内部の**自由電子**が外部に飛び出して電流が流れる**熱電子放射現象**を利用したものです．増幅作用を持つ三極真空管や表示管として用いられる**ブラウン管**等の電子管があります．

⑤ **ガス入り放電管**：ガラス管やセラミック管内に二つの放電電極を持ちネオンやアルゴンガスを封入した構造で，**規定値以上の電圧**を加えると放電を開始し，電極間の**抵抗値（インピーダンス）**が変化して**電圧の上昇を制限します**．電極間の静電容量が小さく，小形でも大きな電流が流せる特徴があります．アンテナ系と送信機の間に接続する同軸避雷器の**サージ防護デバイス**に用いられます．

試験の直前 Check! ━━━━━━━━━━━━━━━━

☐ **PN 接合シリコンダイオード** ≫ 逆方向電流が少. 順方向内部電圧降下が小. 整流用.

☐ **点接触ダイオード** ≫ 半導体に金属針を接触. 高周波の検波用.

☐ **ツェナーダイオード** ≫ シリコンダイオード. 降伏現象. 逆方向電圧が一定. 定電圧回路用. 急激な電流が流れる記号.

☐ **バラクタダイオード** ≫ 可変容量ダイオード. 逆方向電圧によって静電容量が変化. 同調回路用. コンデンサの記号.

☐ **発光ダイオード (LED)** ≫ 順方向電流で発光. 寿命が長い. 電気信号を光信号に変換. 発光を表す矢印記号.

☐ **ホト (フォト) ダイオード** ≫ 逆方向電圧を加えた PN 接合部に光. 強さに比例した電流. 光起電力効果. 受光を表す矢印記号.

☐ **ホト (フォト) トランジスタ** ≫ 受光素子. 高感度. 2 端子素子. 発光ダイオードと一つのパッケージはフォトカプラ.

☐ **インパットダイオード, ガンダイオード** ≫ 逆方向電圧, 負性抵抗特性. SHF 帯の発振素子.

☐ **トンネルダイオード** ≫ 不純物濃度が高い. 順方向電圧, 負性抵抗特性. SHF 帯の増幅, 発振素子.

☐ **ダイオードのスレッショルド電圧** ≫ 約 0.5〔V〕. この電圧を超える電圧を加えなければ順方向電流は流れない.

☐ **サーミスタ** ≫ 温度によって抵抗値が変化. 温度センサ用.

☐ **バリスタ** ≫ 電圧によって抵抗値が大きく変化.

☐ **電子管** ≫ 陰極を加熱. 自由電子が外部に飛び出す. 熱電子放射現象. ブラウン管.

☐ **ガス入り放電管** ≫ 規定値以上の電圧の上昇を制限. サージ防護デバイス.

◉◉◉ **国家試験問題** ◉◉◉

問題 1

次の記述は, 発光ダイオード (LED) について述べたものである. このうち誤っているものを下の番号から選べ.

1 LED の基本的な構造は, PN 接合の構造を持ったダイオードである.

2 LED を使用するときの電圧および電流は, 最大定格より低い値にする.

3 光信号を電気信号に変換する特性を利用する半導体素子である.

4 順方向電圧を加えて, 順方向電流を流したときに発光する.

解説

3 電気信号を光信号に変換する特性を利用します.

第3章 半導体

193

問題2

　次の記述は，ダイオードについて述べたものである．　￣￣￣内に入れるべき字句を下の番号から選べ．

(1) シリコン (Si) 等の一つの結晶内に P 形と N 形の半導体の層を作ったとき，この層を接した状態を PN 接合といい，この構造をもつダイオードを PN 接合ダイオードという．シリコン (Si) を用いた接合ダイオードは　ア　方向電流が非常に少なく，**整流**用の素子として広く用いられている．

(2) PN 接合ダイオードに加える逆方向電圧を大きくしていくと，ある電圧で電流が急激に**増加**する．これを　イ　といい，この特性を利用するダイオードを　ウ　ダイオードという．

(3) PN 接合ダイオードに加える逆方向電圧を増加させるほど空乏層の幅が広くなるので，接合部の静電容量は　エ　なる．この特性を利用するダイオードを　オ　ダイオードという．

1　大きく	2　トンネル	3　降伏現象	4　逆	5　ガン
6　小さく	7　ツェナー	8　ホール効果	9　順	10　バラクタ

太字は穴あきになった用語として，出題されたことがあるよ．

静電容量の交流特性はリアクタンスというね．
バラクタはバリアブル (変化) リアクタンスのことだよ．

アからオの穴に入る字句は，普通は選択肢の二つから一つだよ．あらかじめ分けてから答えを見つけてね．1 と 6, 2 と 7, 3 と 8, 4 と 9, 5 と 10 だよ．でも，この問題はダイオードの名前が 2, 7, 5, 10 の四つだから，四つから選ぶこともあるから注意してね．

問題3

図1に示すように，電気的特性が同一のダイオードDを2個直列に接続したときの電圧電流特性（$V-I$特性）を表すグラフとして，最も近いものを下の番号から選べ．ただし，1個のDの電圧電流特性（V_D-I_D特性）を図2とする．

V：端子 ab 間の電圧
I：端子 ab に流れる電流

図1

V_D：D の両端の電圧
I_D：D に流れる電流

図2

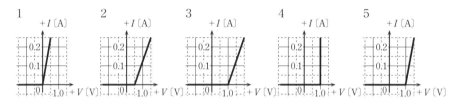

ダイオードを直列に二つ接続すると，電流が流れ始めるスレッショルド電圧は2倍になって，順方向特性の抵抗も2倍になるよ．

解説

　問題の図2のグラフの順方向特性より，1個のDのスレッショルド電圧は0.5〔V〕と読み取ることができます．問題の図1はDが2個直列に接続されているので，スレッショルド電圧は2倍の1.0〔V〕となります．

　問題の図2のグラフの順方向特性において，電流が流れているときの特性は，電圧が0.5〔V〕増加したときに，電流は0.25〔A〕増加するので，Dが2個直列に接続されていると2倍の電圧の1.0〔V〕増加したときに，電流が0.25〔A〕増加する特性となります．

　よって，問題の図1のダイオードの電圧電流特性は選択肢3です．

第3章 半導体

195

問題4

ガンダイオードについての記述として，正しいものを下の番号から選べ．

1 　逆方向バイアスを与え，このバイアス電圧を変化させると，等価的に可変静電容量として働く特性を利用する．

2 　一定値以上の逆方向電圧が加わると，電界によって電子がなだれ現象を起こし，電流が急激に増加する特性を利用する．

3 　GaAs（ガリウムヒ素）などの化合物半導体で構成され，バイアス電圧を加えるとマイクロ波の発振を起こす．

4 　電波を吸収すると温度が上昇し，抵抗の値が変化する素子で，電力計に利用される．

問題5

次の記述は，避雷器に用いられるサージ防護デバイスについて述べたものである．□□□内に入れるべき字句の正しい組合せを下の番号から選べ．

(1) サージ防護デバイスは，雷などによるサージ電圧から機器を保護するための素子であり，規定電圧値　A　の電圧が加わった場合に電流が流れ，素子の両端の電圧の**上昇を制限**して機器を保護する．

(2) サージ防護デバイスとして，ガス入り放電管，金属酸化物バリスタなどが用いられる．このうち　B　は電極間の静電容量が小さく，小形でも比較的大きな電流が流せるので，アンテナ系と送信機の間に接続する同軸避雷器のサージ防護デバイスに適している．

	A	B
1	以上	ガス入り放電管
2	以上	金属酸化物バリスタ
3	以下	ガス入り放電管
4	以下	金属酸化物バリスタ

バリスタはバリアブル（変化）レジスタ（抵抗）のことだよ．
コーヒーとは関係ないよ．

サージ防護デバイスは，大きな電圧が加わると急激に電流が流れる特性があるよ．
加えられた電圧によって，抵抗値が変化する特性を持っているんだね．

● 解答 ●

問題1 → 3　　問題2 → アー4　イー3　ウー7　エー6　オー10

問題3 → 3　　問題4 → 3　　問題5 → 1

3.2 トランジスタ・FET 重要知識

出題項目 Check!

☐ トランジスタの特性
☐ α 遮断周波数，β 遮断周波数，トランジション周波数とは
☐ トランジスタと FET の図記号と電極名
☐ FET の特性と特徴

1 接合形トランジスタ

(1) トランジスタの構造

　P 形半導体の間にきわめて薄い N 形半導体を接合したものを **PNP 形トランジスタ**，N 形半導体の間にきわめて薄い P 形半導体を接合したものを **NPN 形トランジスタ**といいます．構造図および図記号を図 3.5 に示します．図の電極のうちエミッタとベース間に電流を流すと，エミッタとコレクタの間に大きな電流が流れます．この特性を利用して増幅回路等に用いられます．また，エミッタとベース間に電流を流さないと，エミッタとコレクタ間には電流が流れません．

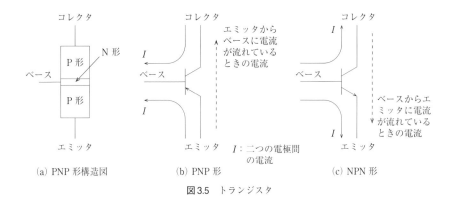

(a) PNP 形構造図　　　(b) PNP 形　　　(c) NPN 形

図3.5　トランジスタ

　二つの電極間の導通を調べると，PNP トランジスタは，コレクタからベースの向きに，エミッタからベースの向きに電流が流れます．エミッタとコレクタ間は電流が流れません．

(2) 電流増幅率

　トランジスタの電極のうちエミッタとベース間を流れる電流をわずかに変化させると，エミッタとコレクタ間を流れる電流を大きく変化させることができます．この特性を利用して増幅回路等に用いられます．図 3.6 に示すベース接地回路の電流増幅率 α は，次式で表されます．

$$\alpha = \frac{\Delta I_C}{\Delta I_E} \qquad (3.1)$$

ただし，ΔI_C：コレクタ電流の変化分

　　　　ΔI_E：エミッタ電流の変化分

　　　　ΔI_B：ベース電流の変化分

Δはギリシャ文字の「デルタ」と読んで，微小な量を表すよ.

図3.7のようなエミッタ接地回路の電流増幅率 β は，次式で表されます.

$$\beta = \frac{\Delta I_C}{\Delta I_B} \qquad (3.2)$$

α，β の間には，次の関係があります.

$$\alpha = \frac{\beta}{1+\beta} \qquad , \qquad \beta = \frac{\alpha}{1-\alpha} \qquad (3.3)$$

$\alpha = 0.99$ のときは $\beta = 99$ となります.

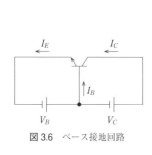

図3.6　ベース接地回路

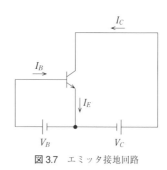

図3.7　エミッタ接地回路

Point

トランジスタの特性

　一般にトランジスタの特性は h 定数で表される.

　エミッタ接地電流増幅率 h_{fe}：h 定数で表すコレクタ電流 I_C とベース電流 I_B の比

　　$h_{fe} = I_C / I_B$

　コレクタ遮断電流 I_{CBO}：エミッタを開放し，コレクタ-ベース間に逆方向の電圧（一般的には最大定格電圧 V_{CBO}）を加えたときの電流.

(3) トランジスタの高周波特性

　トランジスタ増幅回路を高周波で用いると，電極間の静電容量やベース領域におけるキャリアの拡散速度等の影響で電流増幅率が低下します．ベース接地増幅回路では，電流増幅率 α が低周波での電流増幅率 α_0 の $1/\sqrt{2}$ の値になったときの周波数 f_α〔Hz〕を**α遮断周波数**と呼び，使用周波数を f〔Hz〕とすると α は，次式で表されます.

第3章　半導体

$$\alpha = \frac{\alpha_0}{\sqrt{1 + \left(\dfrac{f}{f_\alpha}\right)^2}} \tag{3.4}$$

$1/\sqrt{2}$ をデシベルで表すと -3 〔dB〕です.

エミッタ接地増幅回路の電流増幅率 β は,

$$\beta = \frac{\beta_0}{\sqrt{1 + \left(\dfrac{f}{f_\beta}\right)^2}} \tag{3.5}$$

式 (3.5) の電流増幅率 β が低周波での電流増幅率 β_0 の $1/\sqrt{2}$ の値になったときの周波数 f_β 〔Hz〕を **β 遮断周波数** といいます.また,**$\beta = 1$** となる周波数 f_t 〔Hz〕を**トランジション周波数**といいます.

β 遮断周波数が高いトランジスタほど
高周波特性が良いトランジスタだよ.

2 FET

(1) FET の構造

図 3.8 のように N 形半導体で構成されたチャネルに P 形半導体のゲートを接合したものを **N チャネル接合形 FET** といいます.図の電極のうちソースとゲート間の電圧をわずかに変化させると,ソースとドレイン間の電流を大きく変化させることができます.この特性を利用して増幅回路等に用いられます.

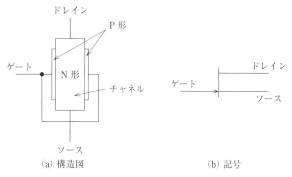

(a) 構造図   (b) 記号

図3.8 N チャネル接合形 FET

FET には,図 3.9 のような接合形 FET や MOS 形 FET があります.**MOS 形 FET** は,金属（Metal：メタル）のゲートが酸化物（Oxide：オキサイド）の絶縁膜を挟んで半導体

199

(Semiconductor：セミコンダクタ）に接合した構造です．**絶縁ゲート形**とも呼ばれます．MOS形FETは接合形FETと比較して**入力インピーダンスが高い特徴**があります．

接合形FETは，ゲートに電圧を加えない状態でドレイン-ソース間に電圧を加えると**電流が流れます**．ゲートに電圧を加えるとその電流が減少します．同様にデプレッション（減少）形MOSFETもゲート電圧を加えると電流が減少します．エンハンスメント（増大）形MOSFETは，ゲートに電圧を加えない状態ではドレイン-ソース間の電流が流れませんが，ゲートに電圧を加えると電流が流れます．

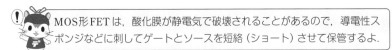

MOS形FETは，酸化膜が静電気で破壊されることがあるので，導電性スポンジなどに刺してゲートとソースを短絡（ショート）させて保管するよ．

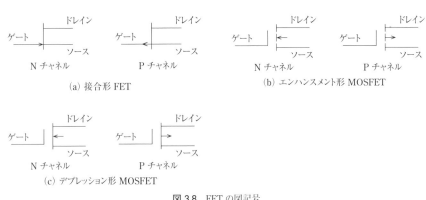

(a) 接合形 FET

(b) エンハンスメント形 MOSFET

(c) デプレッション形 MOSFET

図 3.8　FET の図記号

真性半導体のシリコンを用いないで，化合物半導体の**ガリウムヒ素**（GaAs）を用いたFETをガリウムヒ素FETといいます．**電子移動度が大きく**，**高周波特性に優れ**，高利得，低雑音の増幅回路を作ることができます．高周波の低雑音増幅回路やマイクロ波の電力増幅器等に用いられています．

矢印はP形とN形の半導体に電流が流れる向きを表すよ．チャネルに内向きの矢印が付いているときは，チャネルに電流が流れ込む向きだからNチャネル形だよ．チャネルに外向きの矢印が付いているときはPチャネル形だよ．

接合形トランジスタは，PN接合間を電流が流れるので**バイポーラ**（2極）**トランジスタ**．FETの電流が流れるチャネルはP形またはN形なので**ユニポーラ**（単極）**トランジスタ**といいます．また，制御が電流か電圧かで区分すると**接合形トランジスタは電流制御形**，**FETは電圧制御形**トランジスタといいます．

(2) FET の特性

FET の電圧・電流特性は，次の定数で表されます.

① 増幅定数 μ：ゲート-ソース間の電圧 V_{GS} を変化させたときのドレイン-ソース間の電圧 V_{DS} の変化の比を表します.

$$\mu = \frac{\Delta V_{DS}}{\Delta V_{GS}} \tag{3.6}$$

μ はギリシャ文字で「ミュー」と読むよ.

② 相互コンダクタンス g_m：ドレイン-ソース間の電圧 V_{DS} を一定にしてゲート-ソース間の電圧 V_{GS} を変化させたときのドレイン電流 I_D の変化の比を表します.

$$g_m = \frac{\Delta I_D}{\Delta V_{GS}} \tag{3.7}$$

コンダクタンスは抵抗の逆数だよ.

③ ドレイン抵抗 r_d：ゲート-ソース間の電圧 V_{GS} を一定にして，ドレイン電流 I_D を変化させたときのドレイン-ソース間の電圧 V_{DS} の変化の比を表します.

$$r_d = \frac{\Delta V_{DS}}{\Delta I_D} \tag{3.8}$$

(3) FET の特徴

FET は接合形トランジスタと比較すると，次の特徴があります.

① **電圧制御形.**

② **入力インピーダンスが高い.**

③ 高周波特性が優れている.

④ **内部雑音が小さい.**

第3章　半導体

201

試験の直前 Check!

□ **トランジスタの電流** ＞＞ PNP形，NPN形がある．PからNの方向に流れる．

□ **エミッタ接地電流増幅率** ＞＞ $h_{fe}=I_C/I_B$

□ **コレクタ遮断電流** ＞＞ エミッタ開放，コレクタ−ベース間に逆方向の（最大定格）電圧を加えたときの電流 I_{CBO}．

□ **α 遮断周波数** ＞＞ 低周波でのベース接地電流増幅率 α_0 の $1/\sqrt{2}$，3〔dB〕低下する周波数．

□ **β 遮断周波数** ＞＞ 低周波でのエミッタ接地電流増幅率 β_0 の $1/\sqrt{2}$，3〔dB〕低下する周波数．

□ **トランジション周波数** ＞＞ ベース接地電流増幅率 $\beta=1$ となる周波数．

□ **FETのチャネル** ＞＞ 矢印が内側を向くのがN形チャネル，N形は自由電子が多数キャリア．

□ **MOSFET** ＞＞ 金属−酸化膜（絶縁物）−半導体の構成．記号の線が切れているのがエンハンスメント形，切れてないのがデプレッション形．接合形FETより入力インピーダンスが高い．ゲートとソースを短絡させて保管．

□ **FETの特徴** ＞＞ 電圧制御形．入力インピーダンスが高い．高周波特性が優れる．内部雑音が小さい．

□ **化合物半導体** ＞＞ ガリウムヒ素FET．電子移動度が大きい．高周波特性が優れる．

□ **バイポーラトランジスタ** ＞＞ 接合形トランジスタ

□ **ユニポーラトランジスタ** ＞＞ FET

□ **相互コンダクタンス** ＞＞ $g_m=\dfrac{\Delta I_D}{\Delta V_{GS}}$

国家試験問題

問題 1

次の記述は，トランジスタの電気的特性について述べたものである． □□□ 内に入れるべき字句を下の番号から選べ．

(1) トランジスタの高周波特性を示す α 遮断周波数は，□ ア □接地回路のコレクタ電流とエミッタ電流の比 α が，低周波のときの値の□ イ □になるときの周波数である．

(2) トランジスタの高周波特性を示すトランジション周波数は，エミッタ接地回路の電流増幅率 β の絶対値が□ ウ □となる周波数である．

(3) コレクタ遮断電流は，エミッタを□ エ □して，コレクタ・ベース間に□ オ □方向電圧（一般的には最大定格電圧）を加えたときのコレクタに流れる電流である．

| 1 | 逆 | 2 | $1/\sqrt{3}$ | 3 | 短絡 | 4 | 1 | 5 | ベース |
| 6 | 順 | 7 | $1/\sqrt{2}$ | 8 | 開放 | 9 | 0（零） | 10 | コレクタ |

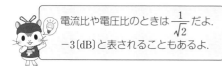

電流比や電圧比のときは $\dfrac{1}{\sqrt{2}}$ だよ．

-3〔dB〕と表されることもあるよ．

問題 2

次の記述は，電界効果トランジスタ（FET）について述べたものである．このうち誤っているものを下の番号から選べ．

1 構造が，金属（ゲート）−酸化膜（絶縁物）−半導体により形成されているものをMOS形FETという．

2 FETは，接合形とMOS形に大別され，MOS形にはデプレッション形とエンハンスメント形がある．

3 ガリウムヒ素（GaAs）FETは，マイクロ波の発振回路素子や増幅回路素子として用いられている．

4 FETは，一般のバイポーラトランジスタのような電流制御型に対し，電圧制御素子である．

5 MOS形FETを部品単体で保管するときは，内部の酸化膜（絶縁物）が静電気で破壊されないように，一般的にゲートとソースを開放状態にしておくとよい．

解説

5 一般的にゲートとソースを短絡状態にさせておくとよい．

問題3

次の記述は，図に示すNチャネル接合形の電界効果トランジスタ（FET）について述べたものである．［　］内に入れるべき字句の正しい組合せを下の番号から選べ．

(1) 一般に，ドレイン・ソース間には，［　A　］の電圧を加えて用いる．

(2) FETの相互コンダクタンス g_m は，電圧および電流の変化分を Δ とすれば $g_m =$ ［　B　］で表される．

(3) (1) の場合，$V_{GS}=0$〔V〕のとき，I_D は［　C　］.

	A	B	C
1	Dに負（−），Sに正（＋）	$\Delta I_D/\Delta V_{DS}$	流れない
2	Dに負（−），Sに正（＋）	$\Delta I_D/\Delta V_{GS}$	流れる
3	Dに負（−），Sに正（＋）	$\Delta I_D/\Delta V_{GS}$	流れない
4	Dに正（＋），Sに負（−）	$\Delta I_D/\Delta V_{GS}$	流れる
5	Dに正（＋），Sに負（−）	$\Delta I_D/\Delta V_{DS}$	流れない

D：ドレイン
S：ソース
G：ゲート
V_{DS}：D−S間電圧〔V〕
V_{GS}：G−S間電圧〔V〕
I_D：ドレイン電流〔A〕

相互コンダクタンスは，入力電圧のゲート・ソース間（ΔV_{GS}）に加えた電圧で，ドレイン電流（ΔI_D）を制御する特性だよ．

● 解答 ●

問題1 →アー5　イー7　ウー4　エー8　オー1　**問題2** →5

問題3 →4

4 電子回路

4.1 増幅回路（トランジスタ・FET） 重要知識

出題項目 Check!

☐ トランジスタ増幅回路の接地方式と特徴
☐ トランジスタ増幅回路の回路定数と増幅度の求め方
☐ トランジスタをダーリントン接続したときの電流増幅率の求め方
☐ FET 増幅回路の回路定数と増幅度の求め方
☐ プッシュプル増幅回路の名称と動作

1 トランジスタ増幅回路

　小さい振幅の信号をより大きな振幅の信号にする電子回路を増幅回路といいます.

(1) 接地方式

　トランジスタのどの電極を入力側と出力側で共通に使用するかを接地方式といいます. エミッタ接地増幅回路, ベース接地増幅回路, コレクタ接地増幅回路があります. 各接地方式を図 4.1 に示します.

　直流電源自体のインピーダンスは $0\,(\Omega)$ なので, 交流増幅回路では, 直流電源は無視してつながっていると考えて, 図 4.1 (c) はコレクタ接地増幅回路と呼びます.

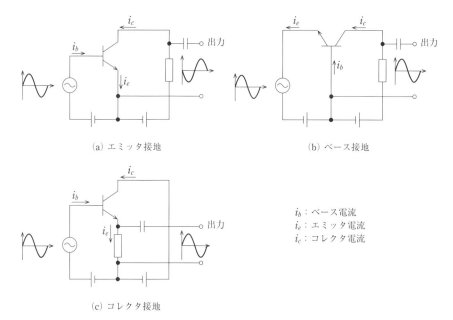

（a）エミッタ接地　　　　　　　　　（b）ベース接地

（c）コレクタ接地

i_b：ベース電流
i_e：エミッタ電流
i_c：コレクタ電流

図 4.1　接地方式

Point

　各増幅回路のベースとエミッタ間には順方向に直流電源の電圧を加える. **コレクタから
ベース間には逆方向**に直流電源電圧を加える. コレクタからエミッタに直流電源電圧を加
えるとコレクタとベース間が逆方向となる.

　NPN トランジスタと PNP トランジスタでは, 加える直流電源電圧の向きが逆になる.
エミッタの矢印が電流の流れる順方向.

(2) 各接地方式の特徴

① **エミッタ接地**：電流増幅率が大きい. 電力利得が大きい. 入力電圧と出力電圧は逆
位相.

② **ベース接地**：入力インピーダンスが低い. 出力インピーダンスが高い. 出力から入
力の帰還が少ないので高周波増幅に向く. 入力電圧と出力電圧は同位相.

③ **コレクタ接地**：**電圧増幅度が小さい（ほぼ 1）. 入力インピーダンスが高い. 出力イ
ンピーダンスが低い.** インピーダンス変換回路としても用いられる. **入力電圧と出力
電圧は同位相. エミッタホロワ回路**とも呼ぶ.

> 交流の増幅回路では, 直流電源は短絡（ショート）していると考えるんだよ. そうす
> ると, コレクタが入力と出力の共通電極となって接地しているでしょう.
> ホロワ（フォロワー：follower）は, 「ファン」や「追っかけ」の意味もあるよ. エミッ
> タが入力電圧を追っかけて, 同じ位相でほぼ同じ電圧が出力されるんだよ.

(3) 動作点

　トランジスタは, ダイオードと同じように片方向にしか電流が流れません. そこで
＋－に変化する交流信号を増幅するためには, 図 4.2 (a) のように入力信号電圧に直流
電圧を加えてベース電圧とします. この加える電圧のことをバイアス電圧といいます.

　また, 図 4.2 (b) の点 P_A, P_B, P_C のことを動作点といいます. この動作点の位置に
よって増幅回路は A 級, B 級, C 級の３種類の動作があります.

　A 級増幅回路では, ベースとエミッタ間には順方向のバイアス電圧を加え, コレクタ
とエミッタ間では, コレクタからベースに加わる電圧が逆方向電圧を加えます.

　A 級増幅は入力信号の全周期を増幅しますが, B 級増幅では半周期を, C 級増幅では
周期の一部のみを増幅します. 増幅によって出力波形が入力波形と異なることをひずみ
といいます. A 級増幅のひずみは少ないですが, B 級, C 級増幅ではひずみが多くなり
ます. 各級増幅回路の特徴を表 4.1 に示します.

206

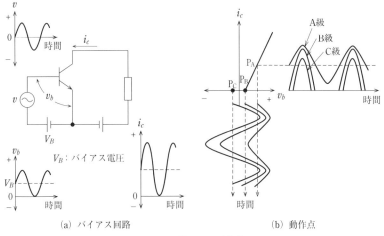

(a) バイアス回路　　　　　　　　　(b) 動作点

図 4.2　増幅回路の動作点

表 4.1　各級増幅回路の特徴

動作点	コレクタ電流	効率	ひずみ	用　途
A 級	入力信号がないときでも流れる	悪い	少ない	低周波増幅，高周波増幅（小信号用）
B 級	入力信号の半周期のみ流れる	中位	中位	低周波増幅（プッシュプル用）高周波増幅
C 級	入力信号の一部の周期のみ流れる	良い	多い	高周波増幅（周波数逓倍，電力増幅用）

C 級増幅回路は入力波形の一部しか増幅しないので，出力にはひずみが多いのだけど，高周波増幅回路は出力側に共振回路を使うことで，基本周波数の正弦波成分を取り出すことができるので，高周波増幅には用いられるよ．

(4) バイアス回路

　ベースのバイアス電圧として，コレクタ側の電源を使用するために用いられるバイアス回路の種類を図 4.3 に示します．個々のトランジスタの特性の違いや温度変化等で動作点が変化しますが，固定バイアス回路はそれらの影響を受けやすく，電流帰還バイアス回路が最も安定に動作します．

第4章　電子回路

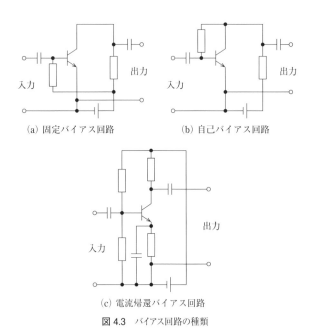

(a) 固定バイアス回路　　　　　　　(b) 自己バイアス回路

(c) 電流帰還バイアス回路

図 4.3　バイアス回路の種類

(5) h パラメータ

エミッタ接地増幅回路を h パラメータで表した等価回路を図 4.4 に示します．各部の電圧，電流は次式で表されます．

$$v_b = h_{ie} i_b + h_{re} v_c \qquad (4.1)$$

$$i_c = h_{fe} i_b + h_{oe} v_c \qquad (4.2)$$

> ただし，v_b, i_b：ベース電圧，電流
> v_c, i_c：コレクタ電圧，電流
> h_{ie}：入力インピーダンス
> h_{re}：電圧帰還率
> h_{fe}：電流増幅率
> h_{oe}：出力アドミタンス

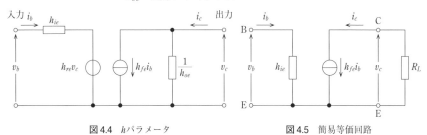

図 4.4　h パラメータ　　　　　　　図 4.5　簡易等価回路

208

$h_{ie}i_b \gg h_{re}v_c$, $h_{fe}i_b \gg h_{oe}v_c$ の条件のときに，負荷抵抗 R_L を接続したときは図4.5の簡易等価回路で表すことができます．各部の電圧，電流は次式で表されます．

$$v_b = h_{ie}i_b \qquad (4.3)$$
$$i_c = h_{fe}i_b \qquad (4.4)$$
$$v_c = R_L i_c \qquad (4.5)$$

式 (4.3) より電流増幅度 A_I は，次式で表されます．

$$A_I = -\frac{i_c}{i_b} = -h_{fe} \qquad (4.6)$$

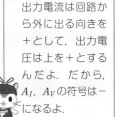

出力電流は回路から外に出る向きを＋として，出力電圧は上を＋とするんだよ．だから，A_I, A_V の符号は－になるよ．

式 (4.3)，(4.4)，(4.5) より電圧増幅度 A_V は，負荷抵抗を R_L とすると次式で表されます．

$$A_V = \frac{v_c}{v_b} = -\frac{R_L i_c}{h_{ie}i_b} = -\frac{h_{fe}R_L}{h_{ie}} \qquad (4.7)$$

式 (4.6)，(4.7) の符号を無視して電力増幅度 A_P を求めると，次式で表されます．

$$A_P = A_I A_V = \frac{h_{fe}^2 R_L}{h_{ie}} \qquad (4.8)$$

電力は向きを考えないよ．

エミッタ接地トランジスタ回路の電圧や電流の特性を直流で測定した静特性を図4.6に示します．h パラメータはこれらの特性曲線の微小な変化で表されるので，出力アドミタンス h_{oe} は図の第1象限の $\Delta I_C / \Delta V_{CE}$，電流増幅率 h_{fe} は図の第2象限の $\Delta I_C / \Delta I_B$，入力インピーダンス h_{ie} は図の第3象限の $\Delta V_{BE} / \Delta I_B$，電圧帰還率 h_{re} は図の第4象限の $\Delta V_{CE} / \Delta V_{BE}$ の値で表すことができます．

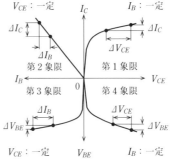

V_{CE}：コレクターエミッタ間電圧〔V〕
V_{BE}：ベースーエミッタ間電圧〔V〕
I_B：ベース電流〔A〕
I_C：コレクタ電流〔A〕

図4.6　トランジスタの静特性曲線

(6) ダーリントン接続

図4.7 (a) のようなトランジスタの接続方法をダーリントン接続といいます．二つのトランジスタを等価的に電流増幅率の大きな一つのトランジスタに置き換えることができます．図 (a) のトランジスタ Tr_1, Tr_2 の電流増幅率をそれぞれ h_{fe1}, h_{fe2} とすると，$h_{fe1} \gg 1$, $h_{fe2} \gg 1$ の条件では，図 (a) において $i_{c1} \fallingdotseq i_{e1} = i_{b2}$ とすることができます．また，$i_{c1} + i_{c2} \fallingdotseq i_{c2}$ として，図 (b) の等価的なトランジスタ Tr_0 の電流増幅率 h_{fe0} を求めると，

209

次式で表されます.

$$h_{fe0} = \frac{i_{c0}}{i_{b0}} = \frac{i_{c1} + i_{c2}}{i_{b1}} \fallingdotseq \frac{i_{c2}}{i_{b1}}$$

$$\fallingdotseq \frac{i_{c1}}{i_{b1}} \times \frac{i_{c2}}{i_{c1}} \fallingdotseq \frac{i_{c1}}{i_{b1}} \times \frac{i_{c2}}{i_{b2}} = h_{fe1} h_{fe2} \tag{4.9}$$

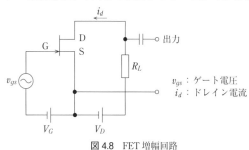

図4.7　ダーリントン接続

2　FET 増幅回路

(1) ソース接地増幅回路

図 4.8 に N チャネルソース接地 FET 増幅回路を示します.　ゲート電圧 v_{gs}〔V〕のわずかな変化でドレイン電流 i_d〔A〕を大きく変化させることができます.

図 4.8　FET 増幅回路

(2) FET 増幅回路の等価回路

ソース接地増幅回路の交流で表した等価回路を図 4.7 に示します.　ゲート-ソース間の電圧 v_{gs} と相互コンダクタンス g_m よりドレイン電流 i_d は次式で表されます.

$$i_d = g_m v_{gs} \tag{4.10}$$

図 4.8 のソース接地増幅回路の直流電源は,　図 4.9 の交流等価回路で表すと短絡しているものとして取り扱うことが

コンダクタンスは
抵抗の逆数だよ.

できるので，ドレイン抵抗 r_d と負荷抵抗 R_L は並列接続されているとすると，合成抵抗 R_P は次式で表されます．

$$R_P = \frac{r_d R_L}{r_d + R_L} \tag{4.11}$$

式（4.10），（4.11）より電圧増幅度 A_V は，次式で表されます．

$$A_V = \frac{v_{ds}}{v_{gs}} = \frac{i_d R_P}{v_{gs}} = \frac{g_m v_{gs} R_P}{v_{gs}}$$

$$= g_m R_P = g_m \frac{r_d R_L}{r_d + R_L} \tag{4.12}$$

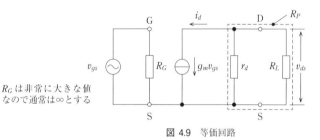

図 4.9 等価回路

R_G は非常に大きな値なので通常は∞とする

(3) 各接地方式の特徴

FET のどの電極を入力側と出力側で共通に使用するかを接地方式といいます．

① **ソース接地**：電圧増幅度が大きい．電力利得が大きい．入力電圧と出力電圧は逆位相．

② **ゲート接地**：入力インピーダンスが低い．**出力から入力への帰還が少ない**ので高周波増幅に適している．入力電圧と出力電圧は同位相．

③ **ドレイン接地**：電圧増幅度が小さい（ほぼ1）．**出力インピーダンスが低いので**インピーダンス変換回路に適している．入力電圧と出力電圧は同位相．

バイポーラトランジスタの接地方式と比較すると，**ソース接地はエミッタ接地**，ゲート接地はベース接地，ドレイン接地はコレクタ接地に相当します．

■3■ 電力増幅回路

低周波電力増幅回路には，主に図4.10に示すプッシュプル増幅回路が用いられます．プッシュプル増幅回路は特性のそろった二つのトランジスタを用いて，交流の正負の半周期で異なるトランジスタを B 級で動作させます．入力が正の半周期では負荷抵抗 R に i_{c1} が流れ，負の半周期では i_{c2} が流れて，交流の全周期にわたって増幅回路として動作します．出力トランスを使用しないプッシュプル回路は，OTL プッシュプル回路（OTL：アウトプット・トランス・レス）または **SEPP 回路**（SEPP：シングル・エンディッド・プッシュ・プル）とも呼ばれます．また，特性のそろった NPN 形と PNP 形のト

ランジスタが用いられているため**コンプリメンタリ回路**とも呼ばれます．トランジスタをB級で動作させるとき，トランジスタの入力電圧が立ち上がるときの非線形特性による**クロスオーバひずみ**を除去するために，バイアス電源V_Bによって無信号状態においてわずかにバイアス電流を流しています．

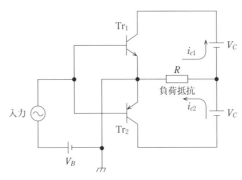

図4.10 電力増幅回路

試験の直前 Check!

- [ ] **エミッタホロワ増幅回路** ≫ コレクタ接地電圧増幅回路のこと．電圧増幅度は約1．入力電圧と出力電圧は同位相．入力インピーダンスが高い．出力インピーダンスが低い．インピーダンス変換回路に用いる．

- [ ] **h パラメータ** ≫ 入力インピーダンス：$h_{ie} = \dfrac{v_b}{i_b}$ ，　電流増幅率：$h_{fe} = \dfrac{i_c}{i_b}$

- [ ] **エミッタ接地電圧増幅度** ≫ $A_V = -\dfrac{h_{fe}R_L}{h_{ie}}$

- [ ] **ダーリントン接続** ≫ $h_{fe0} = h_{fe1}h_{fe2}$

- [ ] **ソース接地増幅回路** ≫ バイポーラトランジスタのエミッタ接地に相当．電圧増幅度が大きい．電力利得が大きい．入力電圧と出力電圧は逆位相．

- [ ] **ゲート接地増幅回路** ≫ 入力インピーダンスが低い．出力から入力への帰還が少ない．高周波増幅に適している．入力電圧と出力電圧は同位相．

- [ ] **ドレイン接地増幅回路** ≫ 電圧増幅度が小さい．出力インピーダンスが低い．インピーダンス変換回路に適している．

- [ ] **FET 増幅回路の電圧増幅度** ≫ $A_V = g_m \dfrac{r_d R_L}{r_d + R_L}$

- [ ] **OTL プッシュプル回路** ≫ SEPP回路とも呼ぶ．低周波電力増幅回路．特性のそろったNPN形とPNP形のトランジスタを用いたコンプリメンタリ回路．B級で動作，クロスオーバひずみを除去するため，わずかにバイアス電流を流す．

国家試験問題

問題1

次の記述は，図に示すエミッタホロワ増幅回路について述べたものである．□□□内に入れるべき字句を下の番号から選べ．ただし，コンデンサCの影響は無視するものとする．

(1) 電圧増幅度A_Vの大きさは，約 ア である．

(2) 入力電圧と出力電圧の位相は， イ である．

(3) 入力インピーダンスは，エミッタ接地増幅回路と比べて，一般に ウ ．

(4) この回路は， エ 接地増幅回路ともいう．

(5) この回路は， オ 変換回路としても用いられる．

1　同相　　2　1　　　3　低い　　4　コレクタ　　5　インピーダンス

6　逆相　　7　100　　8　高い　　9　ベース　　10　周波数

問題2

図に示すエミッタ接地トランジスタ増幅回路の簡易等価回路において，入力インピーダンスがh_{ie}〔Ω〕，電流増幅率がh_{fe}，負荷抵抗がR_L〔Ω〕のとき，この回路の電力増幅度Aを表す式として，正しいものを下の番号から選べ．

1　$A = h_{fe}{}^2 R_L / h_{ie}$

2　$A = h_{fe} R_L / h_{ie}$

3　$A = h_{fe}{}^2 / h_{ie}$

4　$A = h_{fe} R_L$

5　$A = h_{fe}$

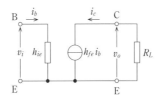

⊖ : 理想電流源

B : ベース
C : コレクタ
E : エミッタ
i_b : ベース電流
i_c : コレクタ電流
v_i : 入力電圧
v_o : 出力電圧

電力は電流の2乗で表されるよ．

213

問題3

　図に示す電界効果トランジスタ（FET）増幅器の等価回路において，相互コンダクタンス g_m が8〔mS〕，ドレイン抵抗 r_d が20〔kΩ〕，負荷抵抗 R_L が5〔kΩ〕のとき，この回路の電圧増幅度 V_{ds}/V_{gs} の大きさの値として，最も近いものを下の番号から選べ．ただし，コンデンサ C_1 および C_2 のリアクタンスは，増幅する周波数において十分小さいものとする．

1　24
2　32
3　48
4　64

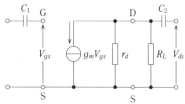

G：ゲート
D：ドレイン
S：ソース
⊖：電流源
V_{gs}：入力交流電圧
V_{ds}：出力交流電圧

解説

r_d と R_L〔kΩ〕の並列合成抵抗 R_P〔kΩ〕は次式で表されます．

$$R_P = \frac{r_d R_L}{r_d + R_L}$$

$$= \frac{20 \times 5}{20+5} = \frac{20 \times 5}{5 \times (4+1)}$$

$$= \frac{20}{5} = 4 \text{〔kΩ〕} = 4 \times 10^3 \text{〔Ω〕}$$

並列抵抗の計算は，和（＋）分の積（×）だよ．

電圧増幅度 A_V は，

$$A_V = g_m R_P$$
$$= 8 \times 10^{-3} \times 4 \times 10^3 = 32$$

解答

問題1→アー2　イー1　ウー8　エー4　オー5　**問題2**→1
問題3→2

*4.*2 増幅回路（演算増幅器・負帰還増幅回路）重要知識

出題項目 Check!

- ☐ 演算増幅器の特徴と増幅度の求め方
- ☐ 負帰還増幅回路の方式と特徴
- ☐ 負帰還増幅回路の帰還率と増幅度の求め方
- ☐ 増幅度のデシベル値の求め方
- ☐ 雑音指数を表す式
- ☐ 増幅回路の特性と雑音指数

1 演算増幅器（オペアンプ）

演算増幅器は差動増幅回路で構成された IC です．直流から高周波までの広い範囲で増幅回路として用いられます．図 4.11（a）は入力と出力の位相を**逆位相**で増幅する**反転増幅回路**，図 4.11（b）は入力と出力の位相を**同位相**で増幅する**非反転増幅回路**です．

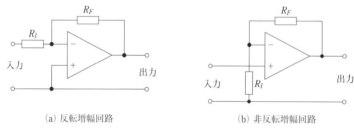

(a) 反転増幅回路   (b) 非反転増幅回路

図 4.11　演算増幅器

反転増幅回路の電圧増幅度 A_V は，次式で表されます．

$$A_V = \frac{R_F}{R_I} \tag{4.13}$$

非反転増幅回路の電圧増幅度 A_V は，次式で表されます．

$$A_V = 1 + \frac{R_F}{R_I} \tag{4.14}$$

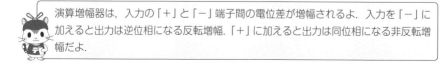

演算増幅器は，入力の「＋」と「－」端子間の電位差が増幅されるよ．入力を「－」に加えると出力は逆位相になる反転増幅．「＋」に加えると出力は同位相になる非反転増幅だよ．

2 負帰還増幅回路

(1) 負帰還増幅回路の種類

出力の一部を逆位相で入力に戻すことを負帰還といいます．図 4.12 (a)は並列（電圧）帰還直列注入形増幅回路といい，出力インピーダンスは減少して，入力インピーダンスは増加します．図 4.12 (b)は直列（電流）帰還直列注入形増幅回路といい，出力インピーダンスは増加して，入力インピーダンスも増加します．

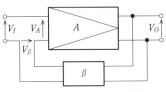
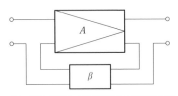

(a) 並列（電圧）帰還直列注入形増幅回路　　　(b) 直列（電流）帰還直列注入形増幅回路

図 4.12　負帰還増幅回路

(2) 増幅度

図 4.12 (a) において，増幅器の増幅度を A，帰還回路の帰還率を β，各部の電圧を V_I，V_A，V_β，V_O とすると，次式が成り立ちます．

$$A = \frac{V_O}{V_A} \qquad , \qquad \beta = \frac{V_\beta}{V_O}$$

負帰還回路全体の増幅度 A_F は，次式で表されます．

$$A_F = \frac{V_O}{V_I} = \frac{V_O}{V_A + V_\beta} = \frac{V_O}{V_A + V_O \beta} = \frac{A}{1 + A\beta} \tag{4.15}$$

$A\beta$ の値が 1 に比較して大きいときは，$A_F \fallingdotseq \dfrac{1}{\beta}$ の式で計算できるよ．

(3) 負帰還増幅回路の特徴

① 増幅度が下がる．

② 周波数特性が改善される．

③ ひずみが減少する．

④ 電源電圧の変動に対して動作が安定である．

⑤ 入・出力インピーダンスを変化させることができる．

増幅度が 3 〔dB〕低下する周波数の幅を周波数帯域幅というよ．負帰還増幅は周波数帯域幅が広くなって周波数特性が改善されるよ．

216

3 デシベル

増幅回路やアンテナの利得等の電圧や電力比はデシベルで表されます．電力増幅度 G をデシベル G_{dB}〔dB〕で表すと，次式で表されます．

$$G_{dB} = 10 \log_{10} G \tag{4.16}$$

また，電圧増幅度 A をデシベル A_{dB}〔dB〕で表すと，

$$A_{dB} = 20 \log_{10} A \tag{4.17}$$

$\log_{10}$ は常用対数です．$x = 10^y$ の関係があるとき，次式で表されます．

$$y = \log_{10} x \tag{4.18}$$

次にデシベルの計算に必要な公式を示します．

$$\log_{10}(ab) = \log_{10} a + \log_{10} b \qquad \log_{10} \frac{a}{b} = \log_{10} a - \log_{10} b$$

$$\log_{10} a^b = b \log_{10} a$$

よく使われる数値を次に示します．

$$\log_{10} 1 = \log_{10} 10^0 = 0 \qquad \log_{10} 10 = \log_{10} 10^1 = 1$$

$$\log_{10} 100 = \log_{10} 10^2 = 2$$

$$\log_{10} 2 \fallingdotseq 0.3 \qquad \log_{10} 3 \fallingdotseq 0.48$$

$$\log_{10} 4 = \log_{10}(2 \times 2) = \log_{10} 2 + \log_{10} 2 \fallingdotseq 0.6$$

比：x	1/10	1/2	1	2	3	4	5	10	20	100
電力：G_{dB}〔dB〕	-10	-3	0	3	4.8	6	7	10	13	20
電圧：A_{dB}〔dB〕	-20	-6	0	6	9.6	12	14	20	26	40

真数の2倍と10倍のデシベルを覚えておけば，たいていの試験問題はできるよ．電力で考えると，$2 \times 2 = 4$ 倍は 3〔dB〕 $+ 3$〔dB〕 $= 6$〔dB〕，$10 \div 2 = 5$ 倍は 10〔dB〕 -3〔dB〕 $= 7$〔dB〕だよ．log の計算をしなくても dB のままで簡単に計算できるよ．

4 ひずみ率

増幅回路の出力において，入力信号以外の周波数成分が出力されることがあります．これをひずみと呼びます．ひずみの周波数成分は，増幅回路の特性によって異なりますが，特に基本波の周波数の2倍，3倍…の高調波ひずみ成分が多く発生します．基本波の電圧を V_1〔V〕，ひずみ波の第2高調波成分が V_2〔V〕…第 n 高調波成分が V_n〔V〕のときの**ひずみ率** K〔%〕は，次式で表されます．

$$K = \frac{\sqrt{V_2{}^2 + V_3{}^2 + \cdots V_n{}^2}}{V_1} \times 100 \ \text{〔\%〕} \tag{4.19}$$

5　雑音指数

増幅回路の入力と出力において，入力の信号電力を S_I〔W〕，入力の雑音電力を N_I〔W〕，出力の信号電力を S_O〔W〕，出力の雑音電力を N_O〔W〕とすると，**雑音指数** F は次式で表されます．

$$F = \frac{(S_I / N_I)}{(S_O / N_O)} \tag{4.20}$$

雑音指数は，受信機等の増幅回路の雑音性能を表すもので，増幅回路内部で発生する雑音がない回路は $F = 1$（0〔dB〕）で表されます．

トランジスタから発生する雑音には，**散弾雑音**，**フリッカ雑音**，**分配雑音**があります．**フリッカ雑音は低周波領域**において発生し，雑音電力は周波数 f に反比例（雑音電圧は $\sqrt{f}$ に反比例）します．これらの雑音のために雑音指数が低下します．高周波領域における雑音指数は α 遮断周波数が高い素子を用いると改善することができます．

試験の直前 Check!

□ **演算増幅器** ≫ ＋入力端子の出力は同位相．－入力端子の出力は逆位相．＋－入力端子間の電圧を増幅する．

□ **演算増幅器の反転増幅回路** ≫ 電圧増幅度 $A_V = \dfrac{R_F}{R_I}$

□ **並列帰還直列注入形負帰還増幅回路** ≫ 入力インピーダンスは増加．出力インピーダンスは減少．

□ **直列帰還直列注入形負帰還増幅回路** ≫ 入力インピーダンスは増加．出力インピーダンスは増加．

□ **負帰還増幅回路の増幅度** ≫ $A_F = \dfrac{A}{1 + A\beta}$　，　$1 \ll A\beta$ のとき，$A_F \fallingdotseq \dfrac{1}{\beta}$

□ **電力増幅度のデシベル** ≫ $G_{dB} = 10\log_{10}G$

□ **電圧増幅度のデシベル** ≫ $A_{dB} = 20\log_{10}A$

□ **電力デシベルの数値（電圧デシベル）** ≫ 1倍：0〔dB〕（0〔dB〕），2倍：3〔dB〕（6〔dB〕），1/2倍：－3〔dB〕（－6〔dB〕），10倍：10〔dB〕（20〔dB〕），10^n倍：$10 \times n$〔dB〕（$20 \times n$〔dB〕）

□ **雑音指数** ≫ $F = \dfrac{(S_I / N_I)}{(S_O / N_O)}$

□ **トランジスタの雑音** ≫ 散弾雑音，フリッカ雑音，分配雑音．フリッカ雑音は低周波領域．高周波領域は α 遮断周波数が高い素子を用いると雑音指数を改善．

第4章 電子回路

● 国家試験問題 ●

問題 1

図に示す理想的な演算増幅器（オペアンプ）を使用した反転電圧増幅回路において，電圧利得が32〔dB〕のとき，抵抗 R_1 および R_2 の最も近い値の組合せとして，正しいものを下の番号から選べ．ただし，$\log_{10}2 \fallingdotseq 0.3$ とする．

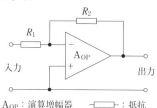

	R_1	R_2
1	1〔kΩ〕	10〔kΩ〕
2	1〔kΩ〕	20〔kΩ〕
3	1〔kΩ〕	40〔kΩ〕
4	40〔kΩ〕	1〔kΩ〕
5	40〔kΩ〕	2〔kΩ〕

A_{OP}：演算増幅器　———：抵抗

反転電圧増幅回路の電圧増利得 A_V（真数）は，次の式で表されるよ．

$$A_V = \frac{R_2}{R_1}$$

32〔dB〕は，20〔dB〕＋6〔dB〕＋6〔dB〕だよ．電圧比の 20〔dB〕は 10 倍，6〔dB〕は 2 倍だよ．dB の足し算は真数の掛け算で計算するよ．

解説

電圧利得のデシベル A_{dB} の真数を A_V とすると，$A_{dB} = 20 \log_{10} A_V$ と表されるので，題意の数値を代入すると次式のようになります．

$$32 = 20 + 6 + 6 \fallingdotseq 20 \log_{10} 10 + 20 \log_{10} 2 + 20 \log_{10} 2$$
$$= 20 \log_{10}(10 \times 2 \times 2) = 20 \log_{10} 40$$

よって，$A_V = 40$ となります．A_V は問題の図の抵抗値より求めることができるので，

$$A_V = \frac{R_2}{R_1} = 40$$

となる選択肢は，$R_1 = 1$〔kΩ〕，$R_2 = 40$〔kΩ〕です．

抵抗の比率で計算するときは，〔kΩ〕のままで計算していいよ．

抵抗値が問題に書いてあって，電圧利得のdB 値を求める問題も出るよ．

第4章 電子回路

問題2

図に示す負帰還増幅回路において，電圧増幅度 A が 1×10^5（真数）の演算増幅器を用いて，負帰還増幅回路の電圧増幅度を 20（真数）にしたい．帰還回路の帰還率 β の値として，最も近い値を下の番号から選べ．

1 0.005

2 0.02

3 0.05

4 0.2

5 0.5

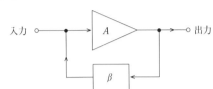

負帰還増幅回路の増幅度 A_F は，$A_F = \dfrac{A}{1+A\beta}$ だよ．

解説

負帰還回路全体の増幅度 A_F は，演算増幅器の増幅度を A，帰還回路の帰還率を β とすると次式で表されます．

$$A_F = \frac{A}{1+A\beta} \qquad \cdots\cdots(1)$$

$A_F = 20$ は $A = 1 \times 10^5$ に比較して非常に小さいので，分母の $A\beta$ は 1 よりかなり大きくなるから，$1 + A\beta \fallingdotseq A\beta$ とすると，式 (1) は次式のようになります．

$$A_F \fallingdotseq \frac{A}{A\beta} = \frac{1}{\beta}$$

よって，

$$\beta \fallingdotseq \frac{1}{A_F} = \frac{1}{20} = 0.05$$

A の値が大きいときは，$\beta \fallingdotseq \dfrac{1}{A_F}$ で求めれば簡単だね．

問題3

ある増幅回路において，入力電圧が $4\,[\mathrm{mV}]$ のとき，出力電圧が $8\,[\mathrm{V}]$ であった．このときの電圧利得の値として，最も近いものを下の番号から選べ．ただし，$\log_{10}2 \fallingdotseq 0.3$ とする．

1 $50\,[\mathrm{dB}]$　　2 $54\,[\mathrm{dB}]$　　3 $60\,[\mathrm{dB}]$　　4 $66\,[\mathrm{dB}]$　　5 $70\,[\mathrm{dB}]$

電圧利得 A（真数）の dB 値 A_{dB} は次の式で表されるよ．
$$A_{\mathrm{dB}} = 20 \log_{10} A\,[\mathrm{dB}]$$

解説

入力電圧が $V_I = 4$〔mV〕$= 4 \times 10^{-3}$〔V〕，出力電圧が $V_O = 8$〔V〕のとき，増幅回路の電圧利得の真数 A は次式で表されます．

$$A = \frac{8}{4 \times 10^{-3}} = 2 \times 10^3$$

電圧利得 A をデシベル A_{dB}〔dB〕で表すと，

$$A_{dB} = 20 \log_{10} A = 20 \log_{10}(2 \times 10^3)$$
$$= 20 \log_{10} 2 + 20 \log_{10} 10^3$$
$$\fallingdotseq 20 \times 0.3 + 20 \times 3 = 6 + 60 = 66 \,〔dB〕$$

 掛け算を先に計算するよ．

 真数の掛け算は，dB の足し算だよ．電圧の計算は，真数の 10 が 20〔dB〕で，0 が一つ増えれば 20〔dB〕足すんだよ．2 が 6〔dB〕，2×2＝4 が 6＋6＝12〔dB〕のやり方を覚えておけば，たいていの試験問題はできるよ．真数の割り算のときは，dB の引き算だよ．

問題 4

次の記述は，増幅回路の性能を示す雑音指数について述べたものである．このうち誤っているものを下の番号から選べ．

1 入力側の信号対雑音比を A，出力側の信号対雑音比を B としたとき，雑音指数は (A/B) で表される．

2 雑音の発生しない理想的な増幅回路の雑音指数は 1（0〔dB〕）である．

3 増幅する周波数が高周波領域になると，バイポーラトランジスタはフリッカ雑音のため雑音指数が悪化する．

4 高周波領域における雑音指数を改善するには，f_α（ベース接地電流増幅率 α が $1/\sqrt{2}$ になる周波数）の高い素子を選択するとよい．

解説

誤っている選択肢は次のようになります．

3 （誤）「周波数が高周波領域」→（正）「周波数が低周波領域」

● 解答 ●

問題1 → 3　**問題2** → 3　**問題3** → 4　**問題4** → 3

第
4
章

電
子
回
路

4.3 発振回路　　　　　　　　　　　　　重要知識

出題項目 Check!

☐ 発振回路の発振条件
☐ 発振回路の発振周波数の求め方
☐ 水晶発振子，セラミック発振子の特性
☐ 位相同期ループ (PLL) 発振器の構成と発振周波数の求め方

■1■ 発振回路

(1) 自励発振回路

　一定の振幅の信号電圧を継続して作り出す回路を発振回路といいます．送信機の搬送波を発生させる回路等に用いられます．発振回路には自励発振回路と水晶発振回路があります．自励発振回路の発振周波数は，共振回路を構成するコンデンサ C とコイル L との共振周波数で決まります．自励発振回路は可変容量コンデンサ（バリコン）で C の値を変化させれば発振周波数を変化させることができます．図 4.13 に発振回路の原理図を示します．発振が持続する回路の条件は，次式で表されます．

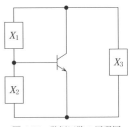

図 4.13　発振回路の原理図

$$\frac{h_{fe}X_3}{X_2} \geq 1 \tag{4.21}$$

$$X_2 + X_3 = -X_1 \tag{4.22}$$

ただし，h_{fe}：トランジスタの電流増幅率

Point

リアクタンスの種類

　X_2 と X_3 が同じ種類のリアクタンスで，X_1 が異なる種類のリアクタンスのときに発振する．X_2 と X_3 が誘導性のコイルのときは，X_1 は容量性のコンデンサにする．

　図 4.14 のハートレー発振回路は，リアクタンス X_2 と X_3〔Ω〕に同じ種類のコイルを用いるので，エミッタを挟んでベースとコレクタは逆位相になって，帰還回路を構成します．また，発振周波数 f〔Hz〕は共振回路の共振周波数となるので，次式によって求めることができます．

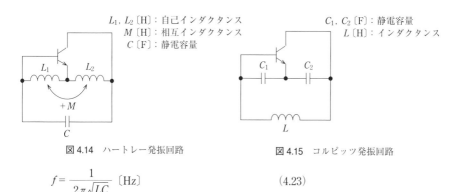

L_1, L_2〔H〕：自己インダクタンス
M〔H〕：相互インダクタンス
C〔F〕：静電容量

C_1, C_2〔F〕：静電容量
L〔H〕：インダクタンス

図 4.14　ハートレー発振回路

図 4.15　コルピッツ発振回路

$$f = \frac{1}{2\pi\sqrt{LC}} \ \text{〔Hz〕} \tag{4.23}$$

ここで，L〔H〕は相互結合がないときは，$L = L_1 + L_2$〔H〕で表され，L_1 と L_2 が和動接続で結合しているときは，$L = L_1 + L_2 + 2M$〔H〕で表されます．

図 4.15 のコルピッツ発振回路では，リアクタンス X_2 と X_3〔Ω〕に同じ種類のコンデンサを用いるので発振周波数 f〔Hz〕は式 (4.23) で表されます．ただし，C〔F〕は C_1 と C_2〔F〕の直列合成静電容量として次式で表されます．

$$C = \frac{C_1 C_2}{C_1 + C_2} \ \text{〔F〕} \tag{4.24}$$

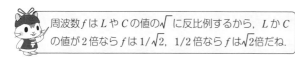

周波数 f は L や C の値の $\sqrt{\ }$ に反比例するから，L か C の値が 2 倍なら f は $1/\sqrt{2}$，$1/2$ 倍なら f は $\sqrt{2}$ 倍だね．

(2) 水晶発振回路

　水晶発振回路は**水晶発振子（水晶振動子）**によって発振周波数が決まります．その構造，回路図の記号，**等価回路**，リアクタンス特性を図 4.16 に示します．水晶発振子は

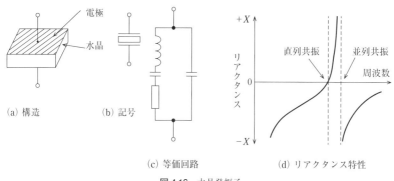

(a) 構造　　　(b) 記号　　　　(c) 等価回路　　　(d) リアクタンス特性

図 4.16　水晶発振子

223

水晶を薄く切り出したものに電極を付けた構造です．**ピエゾ効果**（圧電効果）によって水晶に電圧を加えると圧力や張力が発生し，また圧力や張力を加えると，結晶体の表面に電圧が発生する現象を利用しています．コイルとコンデンサを用いた発振回路に比較して回路の**尖鋭度**（*Q*）が高い特徴があります．

水晶発振回路の発振周波数は，水晶の厚み等の構造で決まります．外部の温度変化等の影響が少なく発振周波数は非常に安定です．

温度変化による周波数安定性は水晶発振子より劣りますが，水晶発振子とほぼ同じように使用することができ，安価で小型軽量の素子として**セラミック発振子**があります．セラミック発振子は，チタン酸ジルコン酸鉛を主とする圧電セラミックのピエゾ効果（圧電効果）を利用したもので，電気的等価回路は水晶発振子とほぼ同じなので，発振回路ではコイルと置き換えることができます．

水晶発振回路を図 4.17 に示します．図（b）のピアース BC 発振回路の発振条件は，水晶発振子のリアクタンスが**プラス（誘導性）**の

同調回路は共振回路ともいうよ．

狭い周波数範囲を利用します．そのとき水晶発振子自体は，**等価的にコイル**として動作するので，コレクタ・エミッタ間のリアクタンスが異なるマイナスの容量性のときに発振が持続します．*LC* 並列同調回路のリアクタンス特性は，図 4.18 のように同調（共振）周波数 f_0 より低いと誘導性，高いと容量性となります．そこで，*LC* 同調回路の同調周波数 f_0 は発振周波数 f よりもわずかに低くします．図 4.17 (c) のピアース BE 発振回路では，同調回路が誘導性のときに発振するので，*LC* 同調回路の同調周波数は発振周波数よりもわずかに高くします．

（a）無調整（コルピッツ）
　　発振回路

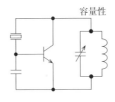

容量性

（b）ピアース BC 発振回路

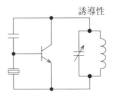

誘導性

（c）ピアース BE 発振回路

図 4.17　水晶発振回路

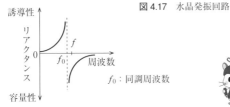

誘導性

リアクタンス

f

f_0　周波数

f_0：同調周波数

容量性

図 4.18　並列同調回路のリアクタンス特性

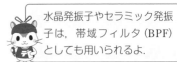

水晶発振子やセラミック発振子は，帯域フィルタ（BPF）としても用いられるよ．

(3) 位相同期ループ発振回路

図 4.19 に位相同期ループ（PLL）発振回路を示します．安定度の良い水晶発振回路を用いた**基準水晶発振器**の発振周波数 f_s〔Hz〕を固定分周器で $1/M$ にした周波数と**電圧制御発振器**（VCO）の出力周波数 f_0〔Hz〕を $1/n$ に分周した周波数を**位相比較器**で比較して，**低域フィルタ**（LPF）を通った制御電圧で VCO を制御することによって発振周波数を安定に保ちます．また，**可変分周器**の分周比を変えることによって，出力周波数 f_0 を変化させることができます．PLL 発振回路は送信機や受信機の発振回路や**周波数シンセサイザ**に用いられます．また，LPF の出力が周波数偏移に比例することを利用して，周波数変調波の復調器としても用いられています．

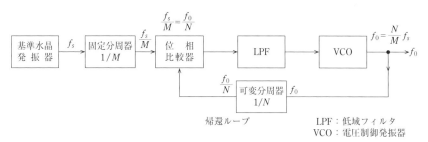

図 4.19　PLL 発振回路

試験の直前 Check!

- [ ] **トランジスタ発振回路** ≫ BE 間のリアクタンスと CE 間のリアクタンスが同じ種類．CB 間のリアクタンスが異なる種類．
- [ ] **発振回路の定数の変更** ≫ C または L を n 倍，f は $1/\sqrt{n}$ 倍．
- [ ] **水晶発振子** ≫ ピエゾ効果を利用．特性が等価的にコイルの範囲で発振する．
- [ ] **LC 並列同調回路のリアクタンス特性** ≫ 同調周波数より低いと誘導性，高いと容量性．
- [ ] **セラミック発振子** ≫ 圧電セラミックのピエゾ効果（圧電効果）を利用．水晶発振子とほぼ同じ．周波数安定性は水晶発振子より劣る．発振回路はコイルと置換え．
- [ ] **位相同期ループ（PLL）発振器** ≫ 基準水晶発振器，固定分周器，位相比較器，低域フィルタ（LPF），電圧制御発振器，可変分周器．周波数シンセサイザに用いる．
- [ ] **PLL 発振周波数** f_0 ≫ $f_0 = \dfrac{N}{M} f_s$　f_s：基準発振周波数，N：可変分周比，M：固定分周比

225

国家試験問題

問題1

図に示すハートレー発振回路の原理図において，コンデンサ C の静電容量が51〔%〕減少したとき，発振周波数は元の値から何〔%〕変化するか．最も近いものを下の番号から選べ．

1　35〔%〕

2　43〔%〕

3　49〔%〕

4　53〔%〕

5　60〔%〕

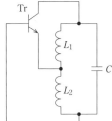

Tr：トランジスタ
C：コンデンサ〔F〕
L_1, L_2：コイル〔H〕

解説

コイル $L=L_1+L_2$〔H〕とコンデンサ C〔F〕で構成された発振回路の発振周波数 f〔Hz〕は次式で表されます．

$$f=\frac{1}{2\pi\sqrt{LC}}\,\text{〔Hz〕}$$

C が51〔%〕減少した値は，$0.49C$ だから，これを代入すると，

$$f_1=\frac{1}{2\pi\sqrt{L\times0.49C}}$$

$$=\frac{1}{\sqrt{0.7^2}}\times\frac{1}{2\pi\sqrt{LC}}=\frac{1}{0.7}f\fallingdotseq1.43f\,\text{〔Hz〕}$$

よって，43〔%〕増加します．

問題2

図は，3端子接続形のトランジスタ発振回路の原理的構成例を示したものである．この回路が発振するときのリアクタンス X_1，X_2 および X_3 の特性の正しい組合せを下の番号から選べ．

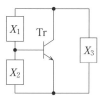

	X_1	X_2	X_3
1	誘導性	誘導性	誘導性
2	誘導性	容量性	容量性
3	誘導性	容量性	誘導性
4	容量性	容量性	容量性

X_2 と X_3 は同じ符号のリアクタンスだよ．
共振回路を構成するので，異なる符号のリアクタンスも必要だね．

問題3

次の記述は，図に示す特性曲線を持つ水晶発振子について述べたものである．◯◯◯内に入れるべき字句の正しい組合せを下の番号から選べ．

(1) 水晶発振子は，水晶の ◯A◯ 効果を利用して機械的振動を電気的信号に変換する素子であり，単純な LC 同調回路に比べて尖鋭度 Q が高い．

(2) 水晶発振子で発振を起こすには，図の特性曲線の ◯B◯ の範囲が用いられ，このとき水晶発振子自体は，等価的に ◯C◯ として動作する．

	A	B	C
1	ペルチェ	a	コイル
2	ペルチェ	b	コンデンサ
3	ピエゾ	c	コンデンサ
4	ピエゾ	b	コイル

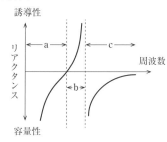

Q が高い特性を利用するなら，特性曲線は狭い範囲だね．誘導性はコイルだよ．
この二つで答えが見つかるよ．

227

問題4

次の記述は，図に示す位相同期ループ（PLL）を用いた周波数シンセサイザ発振器の原理的な構成例について述べたものである．□□□内に入れるべき字句の正しい組合せを下の番号から選べ．なお，同じ記号の□□□内には，同じ字句が入るものとする．

(1) PLLは，二つの入力信号を比較する　A　，この出力に含まれる不要な成分を除去するための低域フィルタ（LPF）およびその出力に応じた周波数の信号を発振する　B　の三つの主要部分で構成される．

(2) 基準発振器の出力の周波数 f_s を3.2〔MHz〕，固定分周器の分周比 $1/M$ を1/128，可変分周器の分周比 $1/N$ を1/6,800としたとき，出力の周波数 f_0 は，　C　〔MHz〕になる．

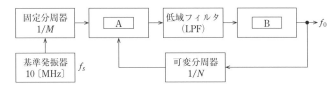

	A	B	C
1	位相比較器	電圧制御発振器	145
2	位相比較器	電圧制御発振器	170
3	位相比較器	水晶発振器	145
4	振幅比較器	水晶発振器	145
5	振幅比較器	電圧制御発振器	170

 基準周波数 f_s=3.2〔MHz〕の $1/M$=1/128と，出力周波数 f_0〔MHz〕の $1/N$=1/6,800 の値が同じ値になるときの f_0 を求めるんだよ．

解説

基準発振器の出力周波数を f_s〔MHz〕，固定分周器の分周比を M，可変分周器の分周比を N とすると，位相比較器に入力する二つの周波数，f_s/M と f_0/N が同じときに位相同期ループ（PLL）回路は，安定するので，出力周波数 f_0〔MHz〕は次式で表されます．

$$f_0 = \frac{N}{M} \times f_s$$

$$= \frac{6{,}800}{128} \times 3.2 = \frac{6{,}800}{4 \times 32} \times 3.2 = 1{,}700 \times 0.1 = 170 〔\text{MHz}〕$$

解答

問題1▶2　**問題2**▶2　**問題3**▶4　**問題4**▶2

4.4 パルス回路・デジタル回路　重要知識

1 パルス回路

(1) 微分回路

図 4.20 (a) はコンデンサを用いて構成した微分回路，図 4.20 (b) はコイルを用いて構成した微分回路です．微分回路にパルス波を入力したときの入力および出力波形を図 4.20 (c) に示します．

> 微分は，微小時間 dt の間に変化する電圧 dV を $\dfrac{dV}{dt}$ で表すよ．微分回路は電圧の傾きが出力されるよ．

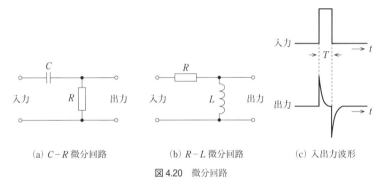

(a) $C-R$ 微分回路　　(b) $R-L$ 微分回路　　(c) 入出力波形

図 4.20 微分回路

> 微分回路は，入力のパルス電圧が上がるときや下がるときに出力電圧が発生するよ．電圧が一定で平らなときは電圧が発生しないんだね．上の平らなところから見れば下がるときはマイナスになるので，下がるときはマイナスの出力電圧が発生するよ．

(2) 積分回路

図 4.21 (a) はコンデンサを用いて構成した積分回路，図 4.21 (b) はコイルを用いて構成した積分回路を表します．積分回路にパルス波を入力したときの入力および出力波形を図 4.21 (c) に示します．

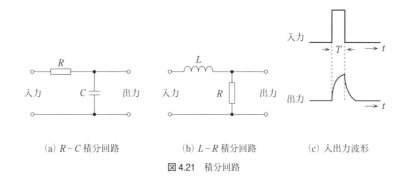

(a) $R-C$ 積分回路　　　　(b) $L-R$ 積分回路　　　　(c) 入出力波形

図 4.21　積分回路

Point

微分と積分

　交流回路のリアクタンスの計算で用いるコイルの電圧 $\dot{V}_L=jX_L\dot{I}$ は電流の微分がコイル電圧となることを表し，コンデンサの電圧 $\dot{V}_C=-jX_C\dot{I}$ は，電流の積分がコンデンサ電圧となることを表す．出力側にコイルが接続されていれば微分回路，出力側にコンデンサが接続されていれば積分回路となる．

　出力側に抵抗が接続されているときは，出力電圧は $\dot{V}_R=\dot{I}R$ で表されるので電流 $\dot{I}$ に比例する．入力側がコイルのとき電流は，$\dot{I}=-j(1/X_L)\dot{V}_L$ で表されるので積分回路，入力側がコンデンサのとき電流は，$\dot{I}=jX_C\dot{V}_C$ で表されるので微分回路となる．

2　デジタル回路

(1) 論理素子

　コンピュータ等に用いられるデジタル回路の基本回路のことです．電圧の高い状態（H または 1）および低い状態（L または 0）のみで電子回路を構成します．

　図 4.22 に論理回路の論理素子（論理ゲート）を示します．

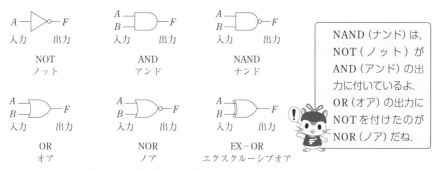

NAND（ナンド）は，NOT（ノット）が AND（アンド）の出力に付いているよ．OR（オア）の出力に NOT を付けたのが NOR（ノア）だね．

図 4.22　論理素子のシンボル

(2) 真理値表

論理素子の入力と出力の状態を表した表です．基本論理回路の真理値表を表 4.2 に示します．

表 4.2 真理値表

入力		出力 F					
A	B	NOT	AND	NAND	OR	NOR	EX−OR
0	0	1	0	1	0	1	0
0	1	1	0	1	1	0	1
1	0	0	0	1	1	0	1
1	1	0	1	0	1	0	0
論理式		$F=\overline{A}$	$F=A \cdot B$	$F=\overline{A \cdot B}$	$F=A+B$	$F=\overline{A+B}$	$F=A \oplus B$

NOT の B 入力はありません．
「──」否定　　「＋」論理和　　「・」論理積　　「⊕」排他的論理和

Point

論理素子の動作

NOT（ノット）回路は，逆にすること．$1 \rightarrow 0$，$0 \rightarrow 1$

AND（アンド）回路は，掛け算すること．$1 \times 1 = 1$，$1 \times 0 = 0$

OR（オア）回路は，足し算すること．$1 + 0 = 1$，ただし，$1 + 1 = 1$

 1＋1＝1となるんだね．

(3) ブール代数の公式

論理素子の動作は "0" または "1" のみの数を用いたブール代数で計算することができます．ブール代数の公式を次に示します．

$$A+A=A \qquad A+1=1 \qquad A+0=A$$
$$A \cdot A=A \qquad A \cdot 1=A \qquad A \cdot 0=0$$
$$A+\overline{A}=1 \qquad A \cdot \overline{A}=0$$
$$\overline{A \cdot B}=\overline{A}+\overline{B} \qquad \text{ド・モルガンの定理}$$
$$\overline{A+B}=\overline{A} \cdot \overline{B} \qquad \text{ド・モルガンの定理}$$

 ブール代数の公式は難しいね．
公式に "1" と "0" を入れて確認してね．

　ド・モルガンの定理は，図 4.23（a）のように，NAND 回路が二つの入力それぞれに NOT 回路を付けた負入力 OR 回路に変換することができ，図 4.23（b）のように，NOR 回路が二つの入力それぞれに NOT 回路を付けた負入力 AND 回路に変換することができることを表します．

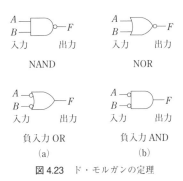

図 4.23　ド・モルガンの定理

試験の直前 Check!

□　**微分回路** ≫ 入力側がコンデンサ，出力側が抵抗の┓形回路．入力側が抵抗，出力側がコイル．立ち上がりと立ち下がりに鋭いパルスが出力．

□　**積分回路** ≫ 入力側がコイル，出力側が抵抗の┓形回路．入力側が抵抗，出力側がコンデンサ．立ち上がりと立ち下がりがゆっくり変化する出力．

□ **NOT（否定）** ≫ 入力が 1 のとき出力が 0．入力が 0 のとき出力が 1．$F = \overline{A}$

□ **AND（論理積）** ≫ 両方の入力が 1 のとき，出力が 1．$F = A \cdot B$

□ **NAND** ≫ AND の否定．$F = \overline{A \cdot B}$

□ **OR（論理和）** ≫ どちらか一方または両方の入力が 1 のとき，出力が 1．$F = A + B$

□ **NOR** ≫ OR の否定．$F = \overline{A + B}$

□ **ド・モルガンの定理** ≫ $\overline{A \cdot B} = \overline{A} + \overline{B}$：NAND 回路は負入力 OR 回路と同じ．
$\overline{A + B} = \overline{A} \cdot \overline{B}$：NOR 回路は負入力 AND 回路と同じ．

国家試験問題

問題1

次の記述は，図1に示す回路について述べたものである．　□□□内に入れるべき字句の正しい組合せを下の番号から選べ．

(1) 図1に示す回路の入力端子に，図2(a)に示す幅Tの矩形波電圧を加えたとき，出力端子に現れる電圧波形は，同図　□A□である．ただし，tは時間を示し，回路の時定数はTより小さいものとする．

(2) 図1の回路と等価な回路を抵抗とコイルLを用いて表せ，□B□の回路となる．

(3) 図1の回路は，時定数がTより十分大きいとき，□C□回路とも呼ばれる．

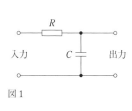

図1

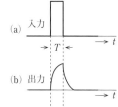

図3

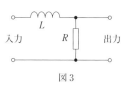

(a) 入力

(b) 出力

(c) 出力

図2

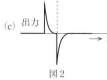

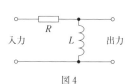

図4

	A	B	C
1	(c)	図3	微分
2	(c)	図4	積分
3	(b)	図4	積分
4	(b)	図3	積分
5	(b)	図4	微分

パルス電圧が抵抗Rを通してコンデンサCに電流が流れるよ．電流によって電荷がたまると，Cの電圧が上昇していくので，図2の(b)のようになるよ．同じ回路にするには，$R \rightarrow L$，$C \rightarrow R$だね．

RとCが逆に接続された微分回路も出るよ．

問題2

図に示す論理回路の真理値表として正しいものを下の番号から選べ．ただし，正論理とし，A および B を入力，X を出力とする．

1

A	B	X
0	0	0
0	1	1
1	0	1
1	1	0

2

A	B	X
0	0	0
0	1	1
1	0	0
1	1	1

3

A	B	X
0	0	1
0	1	0
1	0	0
1	1	1

4

A	B	X
0	0	1
0	1	1
1	0	1
1	1	0

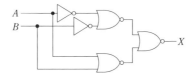

解説

解説図の各部の入出力の値を真理値表に示します．NOR回路は入力 A，B が「0」，「0」のときのみ出力 X が「1」となります．真理値表から選択肢1の回路です．

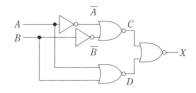

真理値表

入力		各部の入出力				出力
A	B	$\overline{A}$	$\overline{B}$	C	D	X
0	0	1	1	0	1	0
0	1	1	0	0	0	1
1	0	0	1	0	0	1
1	1	0	0	1	0	0

試験場では，問題の表のはじに各部の値を書き込んで求めてね．

解答

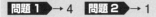

問題1 → 4　**問題2** → 1

5 送信機

5.1 電信送信機・AM 送信機 　重要知識

出題項目 Check!
- □ 送信機の周波数逓倍器の動作
- □ 電けん操作回路の動作とキークリック防止回路の構成
- □ 振幅変調波形の最大振幅，最小振幅，変調度の求め方
- □ 搬送波電力，振幅変調波の電力と電圧の求め方

1 トランシーバ

図 5.1 (a) のように電波を利用して音声等を送るための機器を送信機といいます．図 (b) のように電波を受けて音声等を取り出すための機器を受信機といいます．また，この両方を一つにまとめた機器をトランシーバといいます．

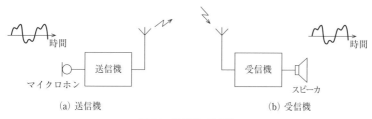

(a) 送信機 　　　　　　　　　　　　(b) 受信機

図 5.1　送信機，受信機

トランシーバはプレストークボタン (PTT スイッチ)によって送受信を切り替えます．スイッチを押すと送信状態に，離すと受信状態になります．SSB トランシーバ等では VOX 回路によって，送話の音声の有無で自動的に送受信を切り替えることができます．電信用トランシーバでは，電けんを押すと送信状態になり，電けんを離すと受信状態になる電けん操作によって送受信切り替えができる機器があります．これをブレークイン方式といいます．

2 変調

音声等の低周波は，そのまま電波として空間に放射することができません．高周波の搬送波を変調することによって，電波として空間に放射することができるようにします．搬送波を音声等の信号に応じて変化させることを変調といいます．搬送波の振幅を音声等の振幅で変化させる変調方式を振幅変調 (AM) といいます．搬送波の周波数を変化させる変調方式を周波数変調 (FM) といいます．

235

AMは，Amplitude (アンプリチュード：振幅) Modulation (モジュレーション：変調)，FMは，Frequency (フリークエンシー：周波数) Modulation (モジュレーション：変調) のことだよ。

■3■ 電信 (A1A) 送信機

モールス符号の電けん操作によって搬送波を断続する送信機を電信送信機といいます．図5.2に構成図を示します．各部の動作は次のようになります．

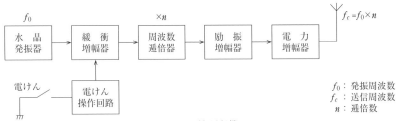

図5.2　電信送信機

① **水晶発振器**：搬送波を作り出す回路です．発振周波数を安定にするために水晶発振回路が用いられます．
② **緩衝増幅器**：水晶発振器が後段の影響を受けて，その発振周波数が変動するのを防ぐように疎に結合するために用いられます．A級増幅を使って後段の影響がないようにします．緩衝というのは，影響をやわらげるという意味です．
③ **周波数逓倍器**：高い周波数を得るときに発振周波数を整数倍にする回路です．**ひずみの大きいC級増幅**を使って出力に含まれる**高調波成分**から入力周波数の整数倍の出力周波数を得ます．
④ **励振増幅器**：電力増幅器を動作させるために必要とする電圧に増幅する回路です．
⑤ **電力増幅器**：アンテナから放射するために必要とする電力に増幅する回路です．効率の良いC級増幅で動作させます．
⑥ **電けん操作回路**：電けん操作によって搬送波を断続します．

電信 (A1A) は，搬送波の振幅が変化することで符号を送るから，振幅変調だよ。

Point

電けん操作回路

電けん操作回路にはトランジスタのエミッタ回路を断続する方法等がある．このとき電

236

けんに並列に，抵抗とコンデンサの直列回路で構成された**キークリック防止回路**を挿入する．

　電けん回路の電圧が高い場合や電流が大きい回路を断続する場合は，断続する回路へ直接電けんを接続せずに，**キーイングリレー**を用いて間接的に回路の断続を行う．電けん操作に合わせて，送信機と受信機のアンテナ切り替えや受信機の動作停止等は**ブレークインリレー**によって切り替えを行う．

4 電信波形

電けん操作で搬送波が断続された送信機出力波形をオシロスコープで観測すると図5.3のような電信波形になります．図 (a) が正常な波形です．図 (b) 〜 (f) は異常な波形です．

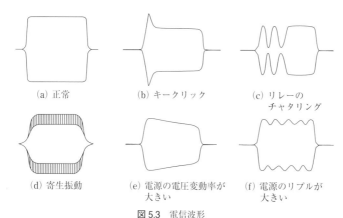

(a) 正常　　　　　(b) キークリック　　　(c) リレーの
　　　　　　　　　　　　　　　　　　　　　　チャタリング

(d) 寄生振動　　　(e) 電源の電圧変動率が　(f) 電源のリプルが
　　　　　　　　　　　大きい　　　　　　　　大きい

図5.3　電信波形

5 振幅変調 (A3E)

図5.4 (a) のような搬送波を図 (b) のような信号波で振幅変調すると，図 (c) のような振幅変調波が得られます．図 (c) において，最大振幅を A〔V〕，最小振幅を B〔V〕，搬送波の振幅を C〔V〕，信号波の振幅を S〔V〕とすると，**変調度 m〔%〕**は次式で表されます．

$$m = \frac{S}{C} \times 100 〔\%〕 \tag{5.1}$$

または，

$$m = \frac{A-B}{A+B} \times 100 〔\%〕 \tag{5.2}$$

第5章　送信機

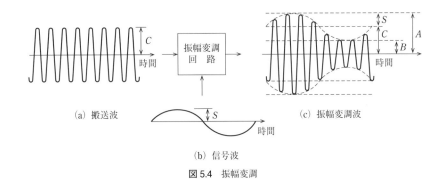

(a) 搬送波

(b) 信号波

(c) 振幅変調波

図 5.4　振幅変調

変調された振幅変調波は，図 5.5 (a) のように搬送波の上下に信号波の周波数 (f_s) 離れたところの周波数に側波が発生します．搬送波の周波数 (f_c) に対して，上の側波 ($f_c + f_s$) を上側波，下の側波 ($f_c - f_s$) を下側波といいます．このとき，上下の側波の幅が振幅変調波の幅となりこれを占有周波数帯幅といいます．振幅変調波の占有周波数帯幅は，$2f_s$ となります．音声はいろいろな周波数成分を持つので図 (b) のように音声信号波を表すと音声信号波で変調された振幅変調波は図 (c) のようになります．このときの上下の側波を上側波帯，下側波帯といいます．搬送波と両方の側波帯を伝送する方式を DSB（A3E）といいます．

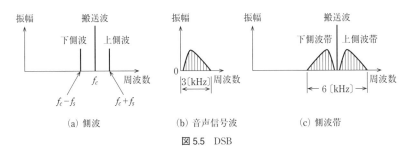

(a) 側波

(b) 音声信号波

(c) 側波帯

図 5.5　DSB

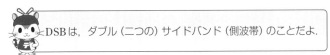

DSB は，ダブル（二つの）サイドバンド（側波帯）のことだよ．

6 振幅変調波の電力

搬送波を単一正弦波の信号波で振幅変調すると図 5.4 (c) のように搬送波の振幅が変化します．振幅変調波は図 5.6 (a) のように搬送波の周波数 f_c から信号波の周波数 f_s 離れた位置に発生する二つ周波数の側波 $f_c + f_s$ と $f_c - f_s$ の合成波として表されます．搬送

波の振幅を C,変調度を m とすると,振幅変調波の最大振幅 A は,搬送波の振幅と各側波の振幅の和として,

$$A = C + \frac{m}{2}C + \frac{m}{2}C = C + mC = (1+m)C \tag{5.3}$$

で表されます.最小振幅 B は,搬送波の振幅から各側波の振幅を引いて,

$$B = C - \frac{m}{2}C - \frac{m}{2}C = C - mC = (1-m)C \tag{5.4}$$

$m = 1$ のとき $A = 2C$,$B = 0$ となるので最大振幅は搬送波の振幅の 2 倍だね.

で表されます.搬送波の振幅 C は A と B の平均値となるので,次式で表されます.

$$C = \frac{A+B}{2} \tag{5.5}$$

信号波の振幅 S は図 5.4(c)より,次式で表されます.

$$S = \frac{A-B}{2} \tag{5.6}$$

式 (5.5) および (5.6) より,変調度 m は次式で表されます.

$$m = \frac{S}{C} = \frac{A-B}{A+B} \tag{5.7}$$

また,搬送波の実効値電圧を V_C〔V〕,信号波の実効値電圧を V_S〔V〕とすると,搬送波と側波のスペクトルは図 5.6(a)で表すことができます.電圧の 2 乗と電力は比例するので,図 5.6(b)のように搬送波電力を P_C〔W〕とすると,**振幅変調波の平均電力 P**〔W〕は搬送波電力と側波の電力の和として,次式で表されます.

$$P = P_C + \left(\frac{m}{2}\right)^2 P_C + \left(\frac{m}{2}\right)^2 P_C$$

$$= P_C + 2 \times \frac{m^2}{4}P_C = \left(1 + \frac{m^2}{2}\right)P_C \text{〔W〕} \tag{5.8}$$

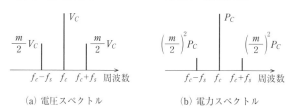

V_C〔V〕:搬送波電圧　　　　　　P_C〔W〕:搬送波電力

(a) 電圧スペクトル　　　　　　(b) 電力スペクトル

図 5.6　振幅変調波のスペクトル

搬送波電圧の最大値を E_C〔V〕とすると実効値 V_C〔V〕は,次式で表されます.

第5章　送信機

$$V_C = \frac{1}{\sqrt{2}} E_C \tag{5.9}$$

電圧の実効値 V は電力 P の $\sqrt{\ }$ に比例します．式 (5.8) の搬送波電力 P_C が搬送波電圧の実効値 $V_C{}^2$ に比例するものとすれば，A3E 波の電圧の実効値 V〔V〕は次式で表されます．

$$V = \sqrt{P} = \sqrt{V_C{}^2\left(1+\frac{m^2}{2}\right)} = V_C\sqrt{1+\frac{m^2}{2}} = \frac{1}{\sqrt{2}}E_C\sqrt{1+\frac{m^2}{2}}\ \text{〔V〕} \tag{5.10}$$

変調度 m の値は 1 (100〔%〕) 以下なので，m^2 は m よりも小さくなって図 5.6 のようになるよ．$m = 1$ のとき側波の電圧は搬送波の電圧の 1/2 で，側波の電力は搬送波の電力の 1/4 となるね．

7 AM（A3E）送信機

(1) AM（A3E）送信機の構成

搬送波を振幅変調して送信する送信機を AM 送信機または DSB 送信機といいます．図 5.7 に構成図を示します．各部の動作は次のようになります．電信送信機と同じ部分は省略します．

① マイクロホン：音声等の音波を電気信号に変換する装置です．

② **音声増幅器** (低周波増幅器)：音声信号を増幅する回路です．

③ **変調器**：音声信号を変調に必要とする電力に増幅する回路です．

④ **電力増幅器**：アンテナから放射するために必要とする電力に増幅する回路です．図 5.4 のような高電力変調では，効率の良い C 級動作とすることができます．

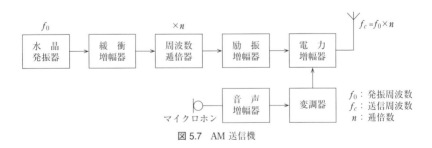

図 5.7　AM 送信機

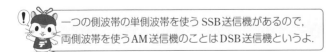

一つの側波帯の単側波帯を使う SSB 送信機があるので，両側波帯を使う AM 送信機のことは DSB 送信機というよ．

240

(2) 高電力変調

送信機の電力増幅段で変調を行う方式です．変調器からは側波の電力が供給されるので，変調器の変調電力が大きくなりますが，電力増幅段を C 級で動作させることができるので，終段の効率は良くなります．

変調された振幅変調波は，ひずみの多い C 級で増幅することができないよ．

(3) 低電力変調

電力増幅段よりも手前の増幅段で変調を行う方式です．変調器の変調電力は小さくてすみますが，電力増幅段をひずみの少ない A 級または B 級で動作させなければならないので，電力効率は悪くなります．

(4) 電力効率

送信機の電力増幅器において，直流供給電力を P〔W〕，高周波出力電力 P_o〔W〕とすると，電力効率 η〔%〕は次式で表されます．

$$\eta = \frac{P_o}{P} \times 100 \ [\%] \tag{5.11}$$

直流供給電流を I〔A〕，直流供給電圧を V〔V〕とすると，直流供給電力 P〔W〕は次式で表されます．

$$P = VI \ [\text{W}] \tag{5.12}$$

第5章 送信機

Point

電波型式の記号

A3E　振幅変調の両側波帯，アナログ信号の単一チャネル，電話．

J3E　振幅変調の抑圧搬送波単側波帯，アナログ信号の単一チャネル，電話．

F3E　周波数変調，アナログ信号の単一チャネル，電話．

試験の直前 Check!

☐ **周波数逓倍器** ≫ ひずみが大きい C 級増幅．基本波の整数倍の高調波成分．

☐ **電けん操作回路** ≫ キークリック防止回路を挿入．高い電圧や大きい電流はキーイングリレー．アンテナ切り替えはブレークインリレー．

☐ **振幅変調波の変調度** ≫ $m = \dfrac{S}{C} = \dfrac{A-B}{A+B}$　　S：信号波の振幅

☐ **振幅変調波の最大振幅** ≫ $A = (1+m)C$　　m：変調度

☐ **振幅変調波の最小振幅** ≫ $B = (1-m)C$　　C：搬送波の振幅

☐ **振幅変調波の電力** ≫ $P = \left(1 + \dfrac{m^2}{2}\right) P_C$　　P_C：搬送波電力

☐ **振幅変調波の電圧** ≫ $V = \dfrac{1}{\sqrt{2}} E_C \sqrt{1 + \dfrac{m^2}{2}}$　　E_C：搬送波の振幅

国家試験問題

問題1

　次の記述は，AM（A1A，A2A）送信機に用いられる電けん操作回路について述べたものである．　□□□内に入れるべき字句の正しい組合せを下の番号から選べ．

(1) 図1は，エミッタ回路を断続する場合の回路例を示す．図中の電けんに並列に挿入されている R と C の回路は，　□ A □　を抑える効果がある．

(2) 図2は，電圧が高い回路や電流の大きい回路を断続する場合の回路例を示す．断続する回路へ直接電けんを接続せず，　□ B □　リレー（RL）を用いて間接的に回路の断続を行う．

(3) 単信方式では一般に，電けん操作による電けん回路の断続に合わせて，アンテナの切り替えや受信機の動作停止等を行う　□ C □　リレーが用いられる．

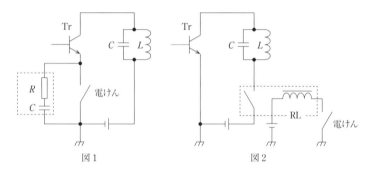

図1　　　　　　　　　　図2

	A	B	C
1	リプル	キーイング	ブレークイン
2	リプル	ブレークイン	キーイング
3	キークリック	キーイング	ブレークイン
4	キークリック	ブレークイン	キーイング
5	キークリック	キーイング	プレストーク

通信中の相手に呼びかけるのがブレークインだね．
アンテナ切り替えなどの送受信の切り替えが必要だね．

問題2

図は，振幅が一定の搬送波を，単一正弦波で振幅変調したときの波形である．Aの値が8〔V〕のときのBの値として，正しいものを下の番号から選べ．ただし，変調度は60〔%〕とする．

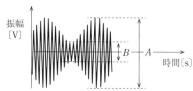

1　0.5〔V〕

2　1.0〔V〕

3　1.5〔V〕

4　2.0〔V〕

5　2.5〔V〕

解説

解説図より$A/2 = 4$〔V〕だから，変調度の真数を$m = 0.6$，搬送波の振幅をC〔V〕とすると，次式が成り立つ．

$$\frac{A}{2} = (1+m)C = (1+0.6)C = 1.6C = 4 〔V〕$$

よって，$C = \dfrac{4}{1.6}$〔V〕　　　……(1)

解説図より$B/2$を求めて，式(1)を代入すると，

$$\frac{B}{2} = (1-m)C = (1-0.6)C$$

$$= 0.4C = 0.4 \times \frac{4}{1.6} = 1 〔V〕$$

よって，$B = 2$〔V〕

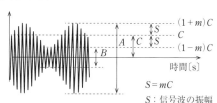

$S = mC$

S：信号波の振幅

C：搬送波の振幅

図を描くとAが$1+0.6 = 1.6$になって，Bが$1-0.6 = 0.4$の関係だね．BはAの$1/4$になるから$8/4 = 2$〔V〕だよ．

243

問題 3

AM（A3E）送信機において，変調をかけないときの送信電力の値が 500〔W〕であった．単一正弦波で変調度 70〔%〕の変調をかけたときの送信電力の値として，最も近いものを下の番号から選べ．

1　561〔W〕　　2　623〔W〕　3　675〔W〕　　4　745〔W〕　　5　850〔W〕

搬送波電力 P_C，変調度（真数）m より，変調された電力 P は，次の式で表されるよ．
$$P=\left(1+\frac{m^2}{2}\right)P_C$$

解説

搬送波電力を P_C〔W〕，変調度 70〔%〕の真数を $m=0.7$ とすると，変調をかけたときの被変調波の平均電力 P〔W〕は次式で表されます．

$$P=\left(1+\frac{m^2}{2}\right)P_C=\left(1+\frac{0.7^2}{2}\right)\times500=\left(1+\frac{0.49}{2}\right)\times500$$

$$=(1+0.245)\times500=500+0.245\times500\fallingdotseq500+123=623\ 〔W〕$$

記号式を答える問題も出るよ．変調をかけたときの送信電力が分かっていて，変調をかけないときの送信電力の搬送波電力を求める問題も出るよ．

問題 4

AM（A3E）送信機の出力端子において，A3E 波の電圧の実効値を求める式として，正しいものを下の番号から選べ．ただし，変調をかけないときの搬送波電圧の振幅（最大値）を E_c〔V〕，変調度は $m\times100$〔%〕とし，変調信号は，単一の正弦波信号とする．

1　$E_c\sqrt{1+\frac{m^2}{2}}$〔V〕　　　2　$\sqrt{2}E_c\sqrt{1+\frac{m^2}{2}}$〔V〕　　3　$\frac{1}{\sqrt{2}}E_c\sqrt{1+\frac{m^2}{2}}$〔V〕

4　$\frac{1}{\sqrt{2}}E_c\left(1+\frac{m^2}{2}\right)$〔V〕　　5　$E_c\left(1+\frac{m^2}{2}\right)$〔V〕

電力は実効値で求めるよ．実効値は振幅（最大値）の $\frac{1}{\sqrt{2}}$ だよ．

問題5

無変調時の送信電力 (搬送波電力) が 400〔W〕の DSB (A3E) 送信機が，特性インピーダンス 50〔Ω〕の同軸ケーブルでアンテナに接続されている．この送信機の変調度を100〔%〕にしたとき，同軸ケーブルに加わる電圧の最大値として，最も近いものを下の番号から選べ．ただし，同軸ケーブルの両端は整合がとれているものとする．

1 141〔V〕

2 200〔V〕

3 283〔V〕

4 400〔V〕

5 566〔V〕

解説

給電線とアンテナの整合がとれているので，同軸ケーブルのインピーダンスを送信機の負荷抵抗とみなすことができます．

搬送波電力を P_C〔W〕，搬送波電圧の実効値を V_e〔V〕，最大値を V_A〔V〕，同軸ケーブルの特性インピーダンスを Z_0〔Ω〕とすると，

$$P_C = \frac{V_e^2}{Z_0} = \left(\frac{V_A}{\sqrt{2}}\right)^2 \times \frac{1}{Z_0}$$

$$400 = \frac{V_A^2}{2 \times 50}$$

$$V_A^2 = 400 \times 2 \times 50$$

よって，

$$V_A = \sqrt{400 \times 100} = \sqrt{2^2 \times 100^2} = 200 〔V〕$$

解説図のように，100〔%〕変調をかけたときの最大電圧 V_B〔V〕は，V_A で表される搬送波電圧の最大値の 2 倍になるので，

$$V_B = 2V_A = 2 \times 200$$
$$= 400 〔V〕$$

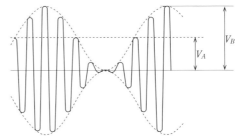

解答

問題1 → 3   **問題2** → 4   **問題3** → 2   **問題4** → 3   **問題5** → 4

$5_{.2}$ SSB 送信機　　　　　重要知識

出題項目 Check!

☐ SSB 波を発生する方法
☐ DSP とは
☐ SSB 送信機の構成，特徴，各部の動作
☐ SSB 送信機の終段電力増幅回路の構成，調整方法

1 SSB (J3E)

(1) SSB の発生

振幅変調（DSB）のうち，図 5.8 のように片方の側波帯のみ伝送すれば同じ情報を伝送することができます．このような方式を SSB（J3E）といい，図 (a) のように周波数の低い側波帯のみを使用する方式を LSB，図 (b) のように周波数の高い側波帯のみを使用する方式を USB といいます．SSB 波の変調は平衡変調回路と帯域フィルタによって行われます．平衡変調回路には，図 5.9 のリング変調回路等が用いられます．搬送波の周波数を f_c，信号波の周波数を f_s とすると，平衡変調回路は，$f_c + f_s$ および $f_c - f_s$ の**両側波帯のみが出力**されます．搬送波 f_c は出力トランスに平衡して加わるから出力されません．

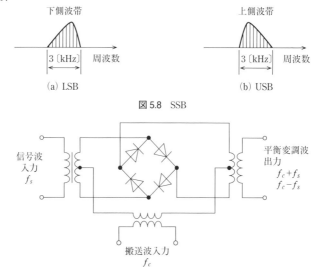

図 5.8　SSB

図 5.9　リング変調回路

> SSBは，Single（シングル：単）SideBand（サイドバンド：側波帯），
> DSBは，Double（ダブル：両）SideBand（サイドバンド：側波帯）のことだよ.

(2) フィルタ法

　フィルタ法を用いた SSB 変調器の構成図を図 5.10 に示します．リング変調回路等の**平衡変調器**を用いて，**搬送波が抑圧された両側波帯**のうちいずれかの側波帯のみを**帯域フィルタ（BPF）**を用いて取り出して SSB 波を作ります.

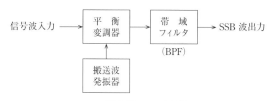

図 5.10　フィルタ法

(3) 移相法

　移相法を用いた SSB 変調器の構成図を図 5.11 に示します．搬送波と信号波のそれぞれを**π/2移相器**によって，位相を変化させた成分と変化させない成分を平衡変調し，それを合成することに SSB 波を取り出します．信号波の周波数範囲にわたって一様に $\pi/2$〔rad〕移相偏移を得るためにアナログ回路以外にデジタル移相器も用いられます.

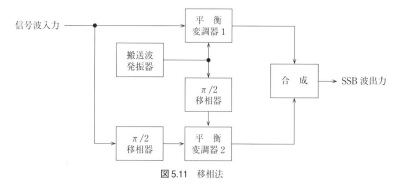

図 5.11　移相法

(4) DSP

　DSP（デジタル・シグナル・プロセッサ）は音声等のアナログ信号を **A-D 変換器**（アナログ-デジタル変換器）でデジタル信号に変換した後に用いられるデジタル信号処理専用の演算プロセッサです．信号を**演算処理**するので，複雑な信号処理が可能で演算処理部の**ソフトウェア**の入れ替えでいくつもの機能を実現することができます.

247

2 SSB（J3E）送信機

(1) SSB（J3E）送信機の構成

搬送波を振幅変調したとき発生する上側波帯または下側波帯のうち，どちらか片方の側波帯を送信する装置です．図5.12に構成を示します．各部の動作は次のようになります．AM送信機と同じ部分は省略します．

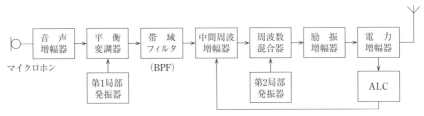

図 5.12　SSB 送信機

① **第1局部発振器**：中間周波数の搬送波を作り出す回路です．水晶発振回路が用いられます．

② **平衡変調器**：搬送波が抑圧された（抑えられた）振幅変調波を得る回路です．トランジスタを二つ使った平衡変調器やダイオードを四つ使ったリング変調器等が用いられます．

③ **帯域フィルタ**（BPF）：平衡変調された DSB 波から上側波帯または下側波帯のどちらかを取り出す回路です．水晶フィルタ等が用いられます．これらの SSB 波を発生する回路の動作は図5.13のようになります．

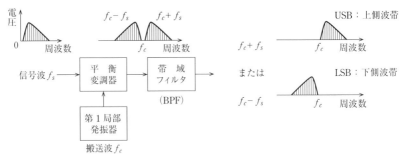

図 5.13　SSB 波の発生

④ **中間周波増幅器**：中間周波数の SSB 信号を増幅します．

⑤ **周波数混合器**：中間周波数と第2局部発振器の出力周波数を混合して，必要な送信周波数を得ます．

⑥ **第2局部発振器**：必要な送信周波数に変換するための高周波を発振します．可変周波数発振器（VFO）が用いられます．

⑦ **励振増幅器**：電力増幅器に必要とする電圧まで増幅します．

⑧ **電力増幅器**：アンテナから放射するために必要とする電力に増幅する回路です．SSB変調波を増幅するので，ひずみの少ない**A級，AB級，B級動作**とします．また，動作を安定にするために**中和コンデンサ**が用いられます．

⑨ **ALC 回路**：電力増幅器に一定レベル以上の入力電圧が加わるとひずみが発生するので，増幅器の利得を制御してひずみを軽減するための回路です．SSB 送信機では音声入力が大きくなると出力電力が比例して大きくなるので，ALC 回路によって過変調を抑えて平均変調度を上げることができます．

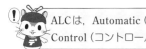 ALCは，Automatic（オートマチック：自動）Level（レベル）Control（コントロール：制御）のことだよ．

SSB 波の変調方式には図 5.13 に示す平衡変調器と帯域フィルタ（BPF）を用いたフィルタ法のほかに，移相法と DSP（Digital Signal Processor）による方法があります．これらは，帯域フィルタを使わずに SSB 波を得ることができます．

Point

周波数混合器

周波数 f_s〔Hz〕の高周波信号波と周波数 f_0〔Hz〕の局部発振器の出力を混合器に入力すると，出力はそれらの和の $f_s + f_0$〔Hz〕および差の $f_s - f_0$〔Hz〕の周波数成分が表れる．そのうち必要な周波数成分を帯域フィルタで取り出して，他の周波数に変換する．

振幅変調された信号を増幅する SSB 送信機では周波数混合器を用いる．ひずみが多い周波数逓倍器は用いられない．

(2) SSB 方式の特徴

AM（DSB）方式と比較すると SSB 方式は次の特徴があります．

① 片側の側波帯だけ利用するので，**占有周波数帯幅がほぼ 1/2 となり**，周波数利用効率が高い．

② 選択性フェージングの影響が小さい．

③ **通話中以外は電波が放射されないので**，ビート妨害が少なくなり**混信が軽減できる**．

④ 受信帯域幅はほぼ 1/2 で良いので，**受信雑音電力がほぼ 1/2** となるから，信号対雑音比が良い．

⑤ 搬送波の発射がないので，**終段電力増幅部の消費電力が少ない**．

⑥ 100〔%〕変調をかけたとき，**送信機出力は 1/6** となる．

100〔%〕変調した DSB 送信機の搬送波電力を 1 とすると，一つの側波の電力は 1/4 になるよ．搬送波電力の 1/4 が SSB 送信機の電力だよ.

DSB 送信機の電力は，搬送波電力を 1 とするとその 1/4 の側波の電力が二つ加わるので，1＋(1/4)＋(1/4)＝6/4 になるから，SSB 送信機は DSB 送信機の 1/6 の電力だね.

試験の直前 Check!

- **SSB フィルタ法** ＞＞ 平衡変調器（リング変調器）で搬送波が抑圧された両側波帯，帯域フィルタ（BPF）で SSB 波.
- **SSB 移相法** ＞＞ 平衡変調器，π/2 移相器，合成. 帯域フィルタ（BPF）が不要. 信号波の周波数範囲にわたって一様に π/2〔rad〕位相偏移が必要.
- **DSP** ＞＞ A−D 変換器，デジタル信号処理専用の演算プロセッサ. 信号を演算処理する. ソフトウェア入れ替えできる.
- **SSB 送信機の構成** ＞＞ 音声増幅器，平衡変調器（リング変調器），局部発振器，帯域フィルタ，中間周波増幅器，周波数混合器，励振増幅器，電力増幅器，ALC 回路.
- **ALC 回路** ＞＞ 一定のレベル以上の入力で増幅器の利得を制御する. ひずみを抑える.
- **SSB 送信機の終段電力増幅器** ＞＞ A 級，AB 級，B 級動作. 中和コンデンサ.
- **DSB と比較した SSB** ＞＞ 占有周波数帯幅が 1/2. 選択性フェージングの影響が小さい. 混信が軽減できる. 受信雑音電力が 1/2. 終段電力増幅部の消費電力が少ない. 100〔%〕変調の送信機出力は 1/6.

国家試験問題

問題1

次の記述は，SSB（J3E）波の発生方法について述べたものである．□□内に入れるべき字句の正しい組合せを下の番号から選べ．なお，同じ記号の□□内には同じ字句が入るものとする．

(1) フィルタ法では，まず，平衡変調器やリング変調器を用いて，□A□両側波帯信号を発生させ，次に，いずれか一方の側波帯のみを□B□を用いて取り出す．

(2) 図は，移相法による SSB 変調器の構成例を示したものである．この方法は，フィルタ法に必要な急峻なしゃ断特性などをもつ□B□が不要な反面，信号波の広い周波数範囲にわたって一様に□C□〔rad〕移相することが必要である．デジタル信号処理の発展に伴うデジタル移相器の実現により，この方法が実用化されている．

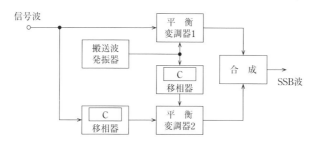

	A	B	C
1	抑圧搬送波	帯域除去フィルタ（BEF）	π
2	抑圧搬送波	帯域フィルタ（BPF）	$\pi/2$
3	抑圧搬送波	帯域フィルタ（BPF）	$\pi/4$
4	全搬送波	帯域除去フィルタ（BEF）	$\pi/2$
5	全搬送波	帯域フィルタ（BPF）	$\pi/4$

第5章　送信機

251

問題2

　次の記述は，図に示す SSB (J3E) 送信機の原理的構成例の各部の動作について述べたものである．このうち誤っているものを下の番号から選べ．

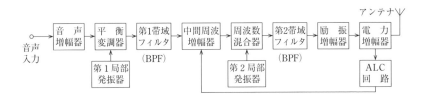

1　平衡変調器は，音声信号と第1局部発振器出力とから，搬送波を抑圧した DSB 信号を作る．

2　第1帯域フィルタは，平衡変調器で作られた上側波帯または下側波帯のいずれか一方を通過させる．

3　周波数混合器で第2局部発振器出力と中間周波増幅器出力とが混合され，第2帯域フィルタを通して所要の送信周波数の SSB 信号が作られる．

4　SSB 信号をひずみなく増幅するため，電力増幅器には AB 級または B 級などの直線増幅器を用いる．

5　ALC 回路は，音声入力レベルが低いときに音声が途切れないよう，中間周波増幅器の利得を制御する．

正しい選択肢を誤った選択肢に変えて出題されることがあるから，正確に覚えてね．

解説

5　ALC 回路は，音声入力レベルが高いときにひずみが発生しないよう，中間周波増幅器の利得を制御する．

問題 3

次の記述は，図に示す SSB（J3E）送信機の終段電力増幅回路の原理的な構成例について述べたものである．このうち誤っているものを下の番号から選べ．

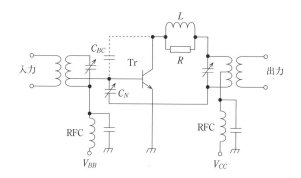

1　トランジスタ（Tr）の高周波増幅器では，ベース・コレクタ間の接合容量 C_{BC} を通して出力の一部が帰還電圧として入力に戻り，自己発振を生じることがある．

2　図の C_N は，自己発振を防止するため，帰還電圧と同位相の電圧を作り，帰還電圧を打ち消している．

3　図の LR 並列回路は寄生振動防止用回路であり，増幅周波数とは無関係の周波数の発振を防止するためのものである．

4　図の RFC は，高周波インピーダンスを高く保ち，直流電源回路へ高周波電流が漏れることを阻止するためのものである．

5　トランジスタ（Tr）の動作点は，A 級または AB 級等で動作するように図中のバイアス電圧 V_{BB} により設定される．

解説

2　自己発振を防止するため，帰還電圧と逆位相の電圧を作り，帰還電圧を打ち消している．

打ち消すときは逆位相だよ．

第5章 送信機

253

問題4

次の記述は，図に示す送信機の終段に用いるπ形結合回路の調整方法について述べたものである．　　内に入れるべき字句の正しい組合せを下の番号から選べ．なお，同じ記号の　　内には同じ字句が入るものとする．

(1) 可変コンデンサC_2の静電容量を最大値に設定した後，終段電力増幅器の直流電流計A_1の指示が　A　となるように，可変コンデンサC_1の静電容量を調整する．

(2) 次に，C_2の静電容量を少し減少させると，アンテナ電流を示す高周波電流計A_2の指示値が　B　し，終段電力増幅器のドレイン電流が　C　する．再度C_1を調整して，直流電流計A_1の指示が　A　となる点を求める．

(3) (2)の操作を繰り返し行い，高周波電流計A_2の指示値が所要の値となるように調整する．

	A	B	C
1	最大	増加	増加
2	最大	減少	減少
3	最大	増加	減少
4	最小	減少	増加
5	最小	増加	増加

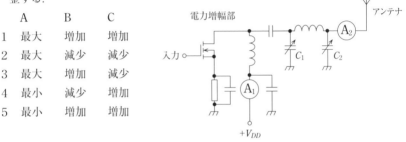

アンテナ側のコイルと可変コンデンサは，FET出力の並列共振回路として動作するので，共振するとドレイン電流が最小になるんだよ．

● **解答** ●

問題1 → 2　　**問題2** → 5　　**問題3** → 2　　**問題4** → 5

254

5.3 FM 送信機　重要知識

1 周波数変調 (F3E)

　信号波の振幅に応じて，搬送波の**周波数**を変化させる変調方式を周波数変調 (FM) といいます．図 5.14 (a) のような搬送波を図 (b) のような信号波で周波数変調すると，図 (c) のような周波数変調波が得られます．周波数変調波の側波の一例は図 (d) のようになります．周波数変調波の側波は，信号波の振幅により複雑に変化します．また，最大値の信号波を与えたときの周波数の偏移を最大周波数偏移といいます．

　信号波の最高周波数を f_s〔Hz〕，最大周波数偏移を f_d〔Hz〕とすると占有周波数帯幅 B〔Hz〕は，次式で表されます．

$$B \fallingdotseq 2(f_d + f_s) \text{〔Hz〕} \tag{5.13}$$

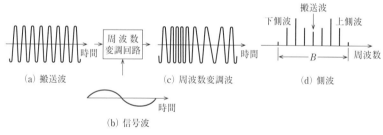

(a) 搬送波　(c) 周波数変調波　(d) 側波

(b) 信号波

図 5.14　周波数変調

振幅変調の側波は，上下に一つずつだけど，周波数変調の側波は，たくさんあるから占有周波数帯幅が広いんだね．

2 FM (F3E) 送信機

(1) FM (F3E) 送信機の構成

　周波数変調の電波を送信する装置です．周波数変調は搬送波の周波数を音声信号で変化させます．おもに VHF（超短波，30 ～ 300〔MHz〕）以上の周波数で用いられます．図 5.15 に間接 FM 方式の送信機の構成を示します．各部の動作は次のようになります．これまでの構成図と同じ部分は省略します．

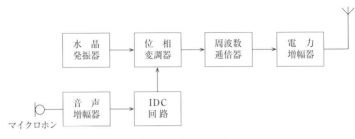

図 5.15　FM 送信機

① **IDC 回路**：大きな信号入力や高い周波数の入力が加わっても**最大周波数偏移**を制限して規定値以下に制御する回路です．

② **位相変調器**：信号入力の電圧の変化を搬送波の周波数の変化にする周波数変調を行う回路です．IDC 回路を通った信号入力を位相変調すると周波数変調波になります．

③ **周波数逓倍器**：発振周波数を整数倍にする回路です．ひずみの多い C 級増幅を使って出力の高調波から入力周波数の整数倍の出力周波数を得ます．周波数変調波の**周波数偏移も整数倍の偏移**を得ることができます．

④ **電力増幅器**：アンテナから放射するために必要とする電力に増幅する回路です．周波数変調波は振幅が**一定**なので，効率の良い C 級動作とすることができます．

Point

周波数変調（FM）

　周波数変調は，信号波の振幅が大きくなったり周波数が高くなっても周波数偏移を一定値に抑えることができる．位相変調は位相偏移が大きくなると周波数偏移も大きくなる．そこで，**IDC 回路**を用いて，信号波の振幅と周波数を制御して**位相変調**を行うことで等価的に**周波数変調波**を得ることができる．よって，周波数偏移を抑えることができる．

　IDC 回路と位相変調器で周波数変調波を得る方式を**間接 FM 方式**という．この方式では発振器に水晶発振回路を用いることができるので，周波数安定度を高くすることができる．自励発振器の同調回路の**リアクタンス**を変調信号によって変化させて，周波数変調する方法を**直接 FM 方式**という．**直接 FM 方式**では自励発振器の周波数安定度を良くするために**自動周波数制御（AFC）回路**が必要になる．

　最大周波数偏移 f_d〔Hz〕は，信号波が最大値のとき，周波数変調波の周波数偏移の最大値を表す．**変調指数** m_f は搬送波の位相偏移の最大値を表し，**信号波の周波数**を f_s〔Hz〕とすると，次式の関係がある．

$$m_f = \frac{f_d}{f_s}$$

　FM 受信機の特性により，高い周波数成分の雑音が大きいので，送信機では**プレエンファシス回路**を用いてあらかじめ音声の**高い周波数成分を強調**する．受信機ではその特性を補正するとともに高い周波数成分の雑音も減衰させ，信号対雑音比（S/N）を改善する

第5章　送信機

ために**ディエンファシス回路**が設けられている.

IDC は，Instantaneous (インスタンテニアス：瞬時) Deviation (デビエーション：周波数偏移) Control (コントロール：制御)，AFC は，Automatic (オートマチック：自動) Frequency (フリークエンシー：周波数) Control (コントロール：制御) のことだよ.

(2) FM 方式の特徴
AM 方式と比較すると FM 方式は次の特徴があります.
① 占有周波数帯幅が広い.
② 衝撃性雑音の影響を受けにくい.
③ 忠実度が良い.
④ 受信入力レベルがある程度変動しても，復調出力レベルはほぼ一定である.
⑤ 信号対雑音比 (S/N) が良いが，受信入力レベルが限界値以下になると，雑音が急激に増加する.
⑥ 変調に要する電力が少なくて済む.
⑦ 回路の非直線性によるひずみの発生が少ない.
⑧ 混信妨害波が弱いときは妨害波の影響を受けない. 逆に強いときは妨害波のみしか受信できない.

試験の直前 Check!

☐ **周波数変調波** ≫ 入力信号の振幅で瞬時周波数が変化. 振幅（電力）が一定.
☐ **占有周波数帯幅** ≫ $B ≒ 2(f_d + f_s)$ f_d：最大周波数偏移, f_s：信号波の最高周波数
☐ **変調指数** ≫ $m_f = \dfrac{f_d}{f_s}$
☐ **FM 送信機の構成** ≫ 水晶発振器，IDC 回路，位相変調器，周波数逓倍器，電力増幅器.
☐ **FM 送信機の動作** ≫ 周波数逓倍器で FM 波を n 逓倍，周波数偏移は n 倍，変調指数は n 倍，電力増幅器は C 級動作.
☐ **IDC 回路** ≫ 周波数偏移を規定値以内.
☐ **間接 FM 方式** ≫ IDC 回路，位相変調器.
☐ **直接 FM 方式** ≫ 同調回路のリアクタンスを信号で変化. AFC 回路.
☐ **AFC 回路** ≫ 自励発振器の周波数安定度を良くする.
☐ **プレエンファシス回路** ≫ 音声の高い周波数成分を強調. 受信機ではディエンファシス回路.

国家試験問題

問題1

　アマチュア局において 435〔MHz〕帯で FM（F3E）通信を行うとき，最大周波数偏移を 5〔kHz〕，変調信号は最高周波数が 3〔kHz〕の正弦波としたとき，占有周波数帯幅の値として，最も近いものを下の番号から選べ．

1　　8.0〔kHz〕
2　　12.5〔kHz〕
3　　16.0〔kHz〕
4　　20.0〔kHz〕
5　　25.0〔kHz〕

周波数帯の 435〔MHz〕帯は計算に関係ないよ．
最大周波数偏移 f_d，信号の最高周波数 f_s のとき，
占有周波数帯幅 B は，$B \fallingdotseq 2(f_d + f_s)$ だよ．

解説

　最大周波数偏移を f_d〔kHz〕，変調信号の最高周波数を f_s〔kHz〕とすると，占有周波数帯幅 B〔kHz〕は，次式で表されます．

$$B \fallingdotseq 2(f_d + f_s)$$
$$= 2 \times (5 + 3) = 2 \times 8 = 16 \,\text{〔kHz〕}$$

占有周波数帯幅が分かっていて，最大周波数偏移を求める問題も出るよ．

問題2

次の記述は，図に示す間接周波数変調方式を用いた FM（F3E）送信機の構成例と主な働きについて述べたものである．このうち誤っているものを下の番号から選べ

1　IDC 回路は，大きな振幅の変調信号が加わったとき，占有周波数帯幅が規定の値以上になるのを防止する

2　スプラッタフィルタは，IDC 回路で発生した高調波を除去する．

3　位相変調器は，水晶発振器の出力の位相をスプラッタフィルタの出力信号の振幅変化に応じて変え，間接的に周波数を変化させて周波数変調波を出力する．

4　逓倍増幅器を用いて逓倍数を増やすことにより，所要の送信周波数を得られるが，周波数偏移は変化しない．

解説

4　逓倍数を n 倍にすると，送信周波数は発振周波数の n 倍となり，周波数偏移も n 倍となる．

第5章　送信機

259

問題3

次の記述は，可変容量ダイオード（可変静電容量）を使用した原理的な直接FM（F3E）変調回路の例について述べたものである．□内に入れるべき字句の正しい組合せを下の番号から選べ．なお，同じ記号の□内には同じ字句が入るものとする．

(1) 可変容量ダイオードは，PN接合ダイオードに □ A □ 電圧を加えたときに生ずる，□ B □ を誘電体とする一種のコンデンサであり，バイアス電圧の値の変化により □ B □ の厚さが変化するため静電容量が変化する．

(2) 図において，信号波が加わると可変静電容量 C_d〔F〕が変化することにより，破線で囲まれた共振回路の周波数が信号波の電圧に応じて変化する．共振回路のコイルのインダクタンスを L〔H〕，コンデンサの静電容量を C〔F〕とすれば，結合コンデンサ C_c のリアクタンスが共振周波数に対して十分小さいとき，共振周波数はおおよそ □ C □ となり，トランジスタ Tr から FM 変調波が出力される．

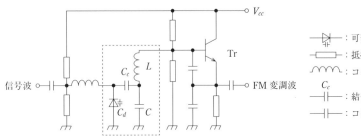

	A	B	C
1	逆バイアス	反転層	$\dfrac{1}{2\pi\sqrt{L(C_d-C)}}$
2	逆バイアス	空乏層	$\dfrac{1}{2\pi\sqrt{L(C_d-C)}}$
3	逆バイアス	空乏層	$\dfrac{1}{2\pi\sqrt{L(C_d+C)}}$
4	順バイアス	空乏層	$\dfrac{1}{2\pi\sqrt{L(C_d-C)}}$
5	順バイアス	反転層	$\dfrac{1}{2\pi\sqrt{L(C_d+C)}}$

V_{CC} は＋の電圧を加えるから，ダイオードの電圧は逆方向だね．結合コンデンサはつながっていると見なせばいいんだよ．コンデンサの並列接続は足し算だよ．

問題 4

次の記述は，図に示す直接周波数変調方式を用いた FM（F3E）送信機の構成例と主な働きについて述べたものである．このうち誤っているものを下の番号から選べ．

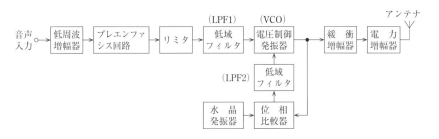

1 プレエンファシス回路は，音声の高い周波数成分を強調する．

2 リミタは，音声信号波の振幅を一定の範囲に収め，占有周波数帯幅が規定値以上になるのを防止する．

3 VCO は，音声信号の電圧に応じて周波数を変化させて周波数変調波を出力する．

4 位相比較器においては，水晶発振器からの基準周波数と VCO の出力周波数の位相を比較し，その差に比例した電圧を低域フィルタ（LPF2）を通して出力する．

5 電力増幅器は，増幅する信号が歪まないように，一般に電力効率の良い A 級増幅が使われる．

 FM は振幅が一定なので，振幅ひずみのある増幅器でもいいんだよ．

解説

5 電力増幅器は，一般に電力効率の良い C 級増幅が使われる．

解答

問題 1 → 3 **問題 2** → 4 **問題 3** → 3 **問題 4** → 5

第5章 送信機

$5._4$ 通信システム 重要知識

出題項目 Check!

- □ PCM方式の変調過程とデジタル伝送系の構成
- □ ビットレートの求め方
- □ デジタル変調方式の種類
- □ 周波数偏移通信，衛星通信，月面反射通信の特徴

1 PCM方式

　連続量を持つアナログ信号を2値で表されるデジタル信号に変換するには，PCM（パルス符号変調）方式が用いられます．図5.16にPCMの変調過程を示します．

① **標本化**（サンプリング）：アナログ信号の振幅を**一定の時間間隔**の T〔s〕で抽出します．標本化されたパルスは，パルス振幅変調（PAM）波となります．

② **量子化**：標本化されたパルスの振幅を何段階かの定まったレベルの代表値で近似します．

③ **符号化**：量子化されたパルスの振幅の値を，**2進数の符号**で表される一定振幅のパルスにします．

　PCM信号を送信機でデジタル変調することによって信号を伝送することができます．受信側では図5.16の逆の過程でアナログ信号に復元します．

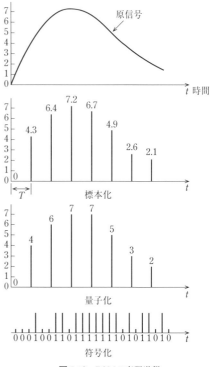

図5.16　PCMの変調過程

Point

圧縮

2進数符号を計算処理することによって，不要な情報を低減して伝送することができるので，占有周波数帯幅を狭くすることができる．

多重化

音声や映像等のいくつかの情報を含むデジタル信号を，時間で分割して同じ周波数で伝送することができるので，周波数の利用効率が良くなる．

量子化雑音

量子化されたパルスと原信号とのレベル差によって復調信号に雑音が発生する．これを量子化雑音という．量子化するときの**ステップ（段階）数が多いほど**原信号を正しく再現することができるので，**量子化雑音は小さくなる**．

図5.17に PCM 方式のデジタル無線伝送系の構成を示します．デジタル伝送路はアナログ方式に比較して，雑音や伝送路ひずみの影響を受けにくい特徴があります．送信側で PCM 化されたデジタル信号は搬送波を変調して送信されます．受信側ではデジタル変調波を復調した後，復号器によって PAM 波に復元され，**低域フィルタ（LPF）**で構成された補間フィルタによってアナログ信号となります．

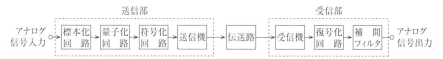

図5.17 デジタル伝送系

Point

ビットレート

PCM 方式のデジタル通信では，通信速度を**ビットレート**で表す．ビット〔bit〕は2進数で表した情報量を表すので，n〔bit〕は 2^n の情報量を表す．アナログ信号を標本化時間 T〔s〕で標本化したときの**標本化周波数**は $f_s = 1/T$〔Hz〕となる．これを 2^n のステップで量子化すると，**情報量**は n〔bit〕となるので，ビットレート B〔bps〕は次式で表される．

$B = n f_s$〔bps〕

■ 2 ■ デジタル変調方式

PCM 信号等の2値で表されるデジタル信号に応じて，搬送波を変化させるデジタル変調には次の変調方式等があります．これらの方式によって変調された波形を図5.18に示します．

① ASK（振幅偏移キーイング）：搬送波の振幅を変化させる方式です．

263

② FSK（周波数偏移キー
イング）：搬送波の周波数
を変化させる方式です.

③ PSK（位相偏移キーイ
ング）：搬送波の位相を
変化させる方式です. 図
5.18 の PSK 波形はデジ
タル信号に応じて搬送波
の位相を 180〔°〕変化さ
せる 2PSK 方式です.

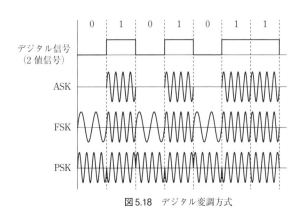

図 5.18　デジタル変調方式

3 周波数偏移通信（RTTY）

キーボードから入力した文字を電信符号に変えて送信し，受信側ではディスプレイや
プリンタ等で文字として受信します. 符号はマーク（短点）とスペースに応じて搬送波
の周波数を偏移させる FSK 方式と，可聴周波数の副搬送波の周波数を偏移させる
AFSK 方式が用いられます. AFSK 方式は可聴周波数によりキーイングした信号を，電
話送信機のマイクロホン端子に入力して送信する方式です. 一つの文字や記号を表すた
めに，5 短点を用いる符号を 5 単位符号と呼びます.

RTTY 符号を構成している 1 単位の長さを T〔s〕とすると，通信速度 b〔ボー〕は，次
式で表されます.

$$b = \frac{1}{T} \text{〔ボー〕} \tag{5.14}$$

4 FS 送信機

デジタル信号を送信するために FSK（周波数偏移キーイング）変調を行う FS 送信機
が用いられます. 図 5.19 に FS 送信機の構成を示します. デジタル信号によってリアク
タンス回路のリアクタンスが 2 値で変化すると，自励発振器の発振周波数 f_s〔Hz〕が
$f_s \pm \Delta f$〔Hz〕の周波数に偏移します. これを平衡変調器で搬送波と混合して，帯域フィ
ルタを通すことによって，必要とする送信周波数に変換します. FS 信号は励振増幅器
で必要なレベルとし，電力増幅器で必要な電力に増幅して送信します.

周波数偏移量 Δf を大きくすると，信号対雑音比（S/N）は改善されますが，占有周
波数帯幅が広くなります.

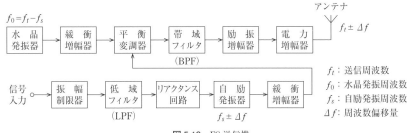

図 5.19 FS送信機

5 パケット通信

　主に VHF 帯以上の周波数帯でパソコン通信を行うときに用いられる方式です．パケットとは小包の意味で，送信データをパケットと呼ばれる一定量のデータブロックとして，これにアドレス等を負荷して伝送するデジタル通信方式です．

　アマチュア無線で用いられる方式では，データリンク層のプロトコルとして AX.25 が主に用いられています．パソコンと送受信機の接続には TNC（Terminal Node Controller）が用いられます．

6 ファクシミリ

　静止画像や文字等を画素に分解して送信し，受信側ではこれを組み立てて原画を再現します．SCFM 方式は，副搬送波を画信号で変調し，変調された副搬送波で搬送波を変調する方式です．副搬送波は，可聴周波数を用いるので送信機の音声入力端子に入力して送信することができます．

7 ATV（アマチュア TV）

　動画を用いる FSTV と静止画を用いる SSTV 方式があります．FSTV は 1,200〔MHz〕帯以上の周波数で，主に放送局と同じ方式が用いられます．SSTV 方式は伝送帯域が音声と同じ 3〔kHz〕と狭いので，HF 帯の周波数帯で用いることができます．

8 レピータ

　見通しの良い高層建築物や山頂に無線中継局を設置したものです．小電力やアンテナ高が低くても遠距離通信を行うことができます．一般に，同一周波数帯内の異なる送受信周波数により中継します．周波数帯は，主に，430〔MHz〕帯，1,200〔MHz〕帯，2,400〔MHz〕帯が用いられています．

第5章　送信機

265

9　衛星通信

　アマチュア無線で用いられる人工衛星は，アマチュア無線用の通信衛星が多いのですが，地球観測や天体観測などの科学衛星もあります．一般に周回衛星が用いられるので，ドプラ効果により衛星が近づいて来るときは受信周波数が高く，遠ざかるときには周波数が低くなります．地上から衛星に向けた回線を**アップリンク**，衛星から地上に向けた回線を**ダウンリンク**といいます．また，衛星の中継器を**トランスポンダ**といいます．一般にアップリンクとダウンリンクの周波数帯は異なります．144〔MHz〕帯以上の周波数は，電離層による減衰がなく宇宙雑音の影響が少ないので衛星通信に用いられます．

10　月面反射（EME）通信

　月面反射通信は，地球から電波を月に向けて発射し，月面で反射された電波を受信して通信を行います．地球と月の間の距離による伝搬の減衰が大きいので**大電力送信機**，**高利得アンテナ**および**高感度受信機**が必要です．また，通信に用いられる周波数は，電離層で減衰を受けない VHF 帯以上の高い周波数帯が用いられます．

　地球から月までの平均距離は，約 38 万〔km〕あるので，電波の速度を 30 万〔km／s〕とすると，**送信電波が地球から月まで往復するのに要する時間は約 2.5〔s〕**（＝38×2/30）です．また，月と地球の間の相対運動によるドプラ効果により，戻ってきた送信電波は送信周波数から少し離れた周波数で受信されます．

　EME 通信は，**モールス符号の電信（A1A）**や**狭帯域デジタルモード**のデータ通信が多く使われます．

EMEは，（Earth：アース，Moon：ムーン，Earth：アース）のことだよ．

試験の直前 Check!

- □ **PCM方式の変調過程** >> 標本化, 量子化, 符号化.
- □ **標本化** >> 一定の時間間隔でアナログ信号を切り取る.
- □ **量子化** >> 標本化されたアナログ信号を代表値で近似する.
- □ **符号化** >> 量子化された信号を2進符号にする.
- □ **量子化雑音** >> 量子化ステップ数が多いほど小さくなる.
- □ **補間フィルタ** >> 低域フィルタ (LPF)
- □ **ビットレート** >> $B = nf_s$〔bps〕
- □ **デジタル変調方式** >> デジタル信号で搬送波を偏移. ASK:振幅. FSK:周波数. PSK:位相.
- □ **周波数偏移通信 (RTTY)** >> FSK:搬送波をキーイング. AFSK:可聴周波数をキーイング. 周波数偏移量を大きくすると, S/N が改善, 占有周波数帯幅が広く.
- □ **月面反射 (EME) 通信** >> 大電力送信機, 高利得アンテナ, 高感度受信機. モールス符号の電信, 狭帯域デジタルモード. 電波が地球と月を往復する時間:約2.5〔s〕

第5章 送信機

国家試験問題

問題 1

アナログ信号を標本化周波数 f_s〔Hz〕で標本化し, n ビットで量子化したときのビットレート (Bit Rate) を表す式として, 正しいものを下の番号から選べ. ただし, ビットレートは, デジタル通信で用いる通信速度であり, 1秒間に伝送されるビットの数で表す.

1   nf_s〔bps〕
2   $n^2 f_s$〔bps〕
3   nf_s^2〔bps〕
4   f_s/n〔bps〕
5   n/f_s〔bps〕

 周波数 f_s の単位の Hz (ヘルツ) は, cps (サイクル毎秒) ともいうよ. n ビットを掛ければ bps (ビット毎秒) になるね.

問題2

　次の記述は，図に示すパルス符号変調 (PCM) 方式を用いた伝送系の原理的な構成例について述べたものである．　　　内に入れるべき字句の正しい組合せを下の番号から選べ．

(1) 標本化とは，入力のアナログ信号から，一定の　A　で振幅を取り出すことをいい，入力のアナログ信号を標本化したときの標本化回路の出力は，パルス振幅変調 (PAM) 波である．

(2) 振幅を所定の幅ごとの領域に区切ってそれぞれの領域を1個の代表値で表し，標本化によって取り出したアナログ信号の振幅をその代表値で近似することを量子化といい，量子化のステップの数が　B　ほど量子化雑音は小さくなる．

(3) 復号化回路で復号した出力からアナログ信号を復調するために用いる補間フィルタには，　C　が用いられる．

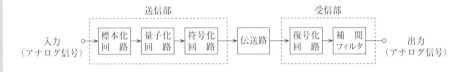

	A	B	C
1	信号対雑音比	少ない	低域フィルタ (LPF)
2	信号対雑音比	多い	高域フィルタ (HPF)
3	時間間隔	多い	低域フィルタ (LPF)
4	時間間隔	少ない	高域フィルタ (HPF)

問題3

　次の記述は，アマチュア局の 24 [MHz] 以下の周波数帯において使用される，周波数偏移 (F1B) 通信 (RTTY) の動作原理等について述べたものである．このうち誤っているものを下の番号から選べ．

1　発射される電波は，電信符号のマークとスペースに対応して，発射電波の中心周波数を基準にそれぞれ正または負へ一定値だけ偏移させる．

2　マークとスペースの切替え（偏移）は，搬送波を直接キーイングする FSK (Frequency Shift Keying) 方式や，可聴周波数によりキーイングした信号を，電話送信機のマイクロホン端子に入力して送信する AFSK (Audio Frequency Shift Keying) 方式がある．

3　マークかスペースのどちらかの周波数を固定し，他方の周波数の偏移量を大きくするほど信号対雑音比 (S/N) が改善され，占有周波数帯幅は狭くなる．

4 復調は，2個の帯域フィルタ（BPF）によるマークとスペースの分離が可能であるが，近年ではコンピュータのソフトウェアによる復調が使われることが多い．

5 電波は，電信符号のマークかスペースのどちらかが常に発射されているため，受信機側においては AGC が有効に動作し，周期性フェージングの影響を軽減できる．

 マークとスペースの周波数の差が周波数の偏移量だね．
周波数の偏移量を大きくすると，占有周波数帯幅は広くなるよね．

解説

3 占有周波数帯幅は広くなる．

問題4

次の記述は，月面反射（EME）通信について述べたものである． ＿＿＿＿＿内に入れるべき字句の正しい組合せを下の番号から選べ．

(1) EME 通信は，電離層を通過できるような高い周波数帯の電波を月に向けて発射し，月面で反射された電波を受信して通信を行うものである．伝搬減衰が大きいため，大電力送信機，高利得アンテナおよび ＿A＿ が必要である．

(2) 送信電波が地球から月まで往復するのに要する時間は ＿B＿ であり，月と地球上の観測者との相対運動によるドプラ効果により，戻ってきた送信電波は送信周波数から少し離れた周波数で受信される．

(3) EME 通信は，電信（A1A）電波が主に使用されていたが，近年では ＿C＿ データ（デジタル）通信が使われることが多い．

	A	B	C
1	広帯域受信機	約 2.5 秒	広帯域
2	広帯域受信機	約 1.5 秒	狭帯域
3	高感度受信機	約 2.5 秒	広帯域
4	高感度受信機	約 1.5 秒	狭帯域
5	高感度受信機	約 2.5 秒	狭帯域

第5章 送信機

解答

問題1 → 1　問題2 → 3　問題3 → 3　問題4 → 5

6.1 AM受信機・スーパヘテロダイン受信機 （重要知識）

- □ スーパヘテロダイン受信機の構成と各部の動作，特性
- □ スーパヘテロダイン受信機の性能を向上させるには，単一調整とは
- □ スーパヘテロダイン受信機の各部の周波数と影像周波数の求め方
- □ スーパヘテロダイン受信機の付属回路の動作

1 AM（A3E）受信機

振幅変調波を受信する受信機をAM受信機またはDSB受信機といいます．図6.1に構成図を示します．受信した電波を中間周波数に変換する方式の受信機は，**スーパヘテロダイン受信機**と呼ばれます．各部の動作は次のようになります．

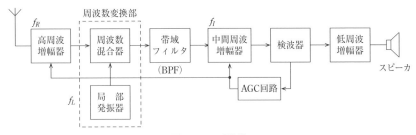

図6.1 AM受信機

① **高周波増幅器**：受信電波をそのまま増幅します．**感度を向上させる**，**信号対雑音比**（*S/N*）**が改善**される，影像（イメージ）周波数混信に対する**選択度を良くする**，局部発振器の出力がアンテナから放射されるのを防ぐ，等の目的があります．

高周波増幅回路には，**電力利得が高い**こと，発生する**内部雑音が小さい**こと，回路の非直線性によって生ずる**相互変調ひずみによる影響が少ない**こと等が要求されます．相互変調ひずみは2波の妨害波によって発生する**第3次**の相互変調ひずみによるものが大きく影響します．高周波増幅器の増幅回路がどのくらい大きな不要信号に耐えて使えるかの目安として**インターセプトポイント**が用いられます．

② **周波数混合器**：受信電波の周波数と局部発振器の出力周波数とを混合して**中間周波数に変換**します．

③ **局部発振器**：受信電波の周波数と局部発振器の周波数との差が常に一定な中間周波数となるような周波数を発振します．必要な条件として，よけいな電波を受信しないようにスプリアス成分が少ないことがあります．

Point

信号対雑音比の改善

　周波数混合器は，ひずみの大きい増幅回路を使用して周波数を変換するので，周波数変換部は増幅回路よりも多くの雑音が発生する．そこで**高周波増幅回路であらかじめ受信信号を強くすれば信号対雑音比が改善**される．

感度

　どの程度の**微弱な電波まで受信できるか**の能力を表すもの．規定の出力電力および S/N を得ることができる入力電圧で表される．受信機を構成する各部の利得等によるが，大きな影響を与えるのは，**高周波増幅器**で発生する**熱雑音**である．

信号対雑音比

　受信信号 S と雑音 N の比 S/N を信号対雑音比という．S/N が大きいほど受信機の感度は良い．

熱雑音は熱エネルギーで発生する雑音のことで，雑音電力は絶対温度と周波数帯域幅に比例するよ．

④　**帯域フィルタ（BPF）**：中間周波変成器（IFT）やクリスタル（水晶）フィルタ，セラミックフィルタにより，近接周波数の選択度を向上させて**近接周波数妨害を除去する**ことができます．

　選択度特性は通過帯域内の周波数特性が**平坦**で，通過帯域外の周波数特性は**減衰傾度の大きい特性**が要求されます．中間周波変成器の回路は 1 次側および 2 次側の LC 同調回路の**複同調形**で構成されています．この同調回路による中間周波帯域の周波数特性を大きく分けると，**単峰特性**および**双峰特性**に分けられます．双峰特性の中間周波変成器は，通過帯域幅を十分広くすることができるので忠実度を良くすることができます．また，帯域フィルタと中間周波増幅器の特性によって選択度特性が決まります．帯域フィルタの尖鋭度を Q，帯域幅を B〔Hz〕，中間周波数を f_I〔Hz〕とすると，$Q = f_I / B$ の関係があるので，中間周波数を低くするほど近接周波数選択度が向上します．

⑤　**中間周波増幅器**：**中間周波数に変換**された受信電波を**増幅**します．中間周波数は一定の低い周波数（たとえば 455〔kHz〕）なので安定な増幅を行うことができ，利得（感度）を向上させることができます．中間周波増幅器の**通過帯域幅**が受信電波の占有周波数帯幅に比べて極端に**広い**と，**選択度が悪く**なります．また，**通過帯域幅**が極端に**狭い**と，**忠実度が悪く**なります．

Point

選択度

　受信しようとする電波を，多数の電波のうちからどの程度まで**分離して受信する**ことができるかの能力を表すもので，主として受信機の各増幅段の**同調回路の尖鋭度 (Q)** によるが，近接周波数選択度に関しては中間周波増幅器の**フィルタの尖鋭度 (Q)** によって定まる．

忠実度

　受信した電波から，どの程度忠実に信号を再現できるかの能力を表すもので，受信機の周波数特性による振幅ひずみと雑音特性の影響を受ける．中間周波増幅器の**通過帯域幅が広く**，帯域内の周波数特性が平坦であれば忠実度を良くすることができる．

⑥　**検波器**：中間周波数に変換された受信電波から，音声等の信号を取り出します．直線検波回路等が用いられます．直線検波回路は，中間周波信号波と低周波の検波出力が直線的な特性を持ちます．大きな中間周波出力電圧が加わってもひずみが少ない，入出力の直線性が良いので忠実度が良い特徴があります．

⑦　**低周波増幅器**：検波された音声等の低周波信号が，スピーカを動作させるために必要な電力となるように増幅します．

⑧　**AGC**（自動利得制御）**回路**：受信する電波の強さが変動すると出力レベルが不安定となるので，受信入力レベルが変動しても**受信機の出力を一定に保つ**ための回路です．AGC によって，フェージングの影響を少なくすることができます．フェージングとは電波の伝搬状態により受信点で電波の強さが時間とともに変動する現象です．

　AGC の動作は，受信電波が強いときは受信機の利得を下げます．受信電波が弱いときは，利得を上げます．**検波器の出力電圧**から受信電圧に比例した**直流電圧**を取り出して，**中間周波増幅器**や**高周波増幅器**の制御電圧として加えます．受信電圧が強いときは増幅度が小さく，受信電圧が弱いときは増幅度が大きくなるように受信機の**増幅度（利得）**を制御して，受信入力レベルが変動しても出力レベルを一定に保ちます．

⑧　**S メータ**：受信電波の強さを指示するメータです．受信電波の強さに比例する検波電流等によってメータを振らせます．

 AGC（自動利得制御）は，Automatic（オートマチック：自動）Gain（ゲイン：利得）Control（コントロール：制御）のことだよ．

■2■ スーパヘテロダイン受信機

　図 6.1 に示す構成の AM 受信機のように，受信した電波の周波数を中間周波数に変換して増幅する受信機をスーパヘテロダイン受信機といいます．スーパヘテロダイン受信機は次のような特徴があります．

① 受信した電波の周波数を一定の周波数の中間周波数に変換する.

② 感度が良い.

③ 選択度が良い.

④ **影像（イメージ）周波数混信**を受けることがある.

　影像周波数とは，周波数変換部で中間周波数（f_I）に変換するときに受信電波の周波数（f_R）と局部発振器の周波数（f_L）の差（$f_I = f_R - f_L$ または $f_I = f_L - f_R$）の周波数成分をとって中間周波数としますが，局部発振器の周波数と混信する電波の周波数（f_U）の差が中間周波数となる関係があるときに妨害が発生します．高周波増幅器の選択度を向上させることで妨害を軽減することができます.

　図 6.2 (a) のように $f_R - f_L = f_I$ のときは，$f_L - f_U = f_I$ の関係となる f_U の周波数の電波が混信します．また，$f_L = f_R - f_I$ なので，次式によって求めることもできます.

$$f_U = f_L - f_I = f_R - 2f_I \tag{6.1}$$

　図6.2 (b)のように $f_L - f_R = f_I$ のときは，$f_L = f_R + f_I$ なので，f_U は次式で表されます.

$$f_U = f_L + f_I = f_R + 2f_I \tag{6.2}$$

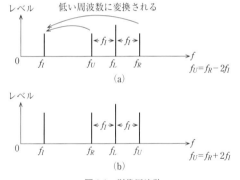

(a) $f_U = f_R - 2f_I$

(b) $f_U = f_R + 2f_I$

図6.2 影像周波数

f_L が鏡で，f_R と f_U が実像と影像の関係だから，影像周波数というんだね.

⑤ 局部発振器の出力がアンテナから放射されることがある.

⑥ 安定度が良い.

⑦ 副次的に発する電波が出ることがある.

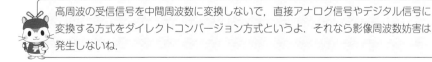

高周波の受信信号を中間周波数に変換しないで，直接アナログ信号やデジタル信号に変換する方式をダイレクトコンバージョン方式というよ．それなら影像周波数妨害は発生しないね.

【3】 単一調整

　スーパヘテロダイン受信機では，高周波増幅器の同調周波数 f_R と局部発振器の発振周波数 f_L が異なります．また，受信周波数を受信周波数帯域内で変化させたときに，最高周波数と最低周波数の比 f_{Rmax} / f_{Rmin} と f_{Lmax} / f_{Lmin} は異なります．ところが，高周波増幅器の同調回路と局部発振器の発振周波数を変化させるために同じ静電容量の連動可変コンデンサ（バリコン）を用いると，二つのバリコンの最大静電容量 C_{max} と最小静電容量 C_{min} の比 C_{max} / C_{min} が同じなので，受信周波数帯域内において，それぞれの回路の同調周波数 f_R と発振周波数 f_L に誤差が生じます．それを補正するためには，各バリコンに小容量の可変コンデンサを接続し，周波数帯域の最高周波数，中心周波数，最低周波数において可変コンデンサを調整します．そのとき，発生する誤差を単一調整誤差（トラッキングエラー）と呼びます．トラッキングエラーが発生すると，受信周波数帯域内で感度が低下したり，受信電波の側波帯内で感度が低下することがあるので忠実度が低下することがあります．

Point

感度の向上

　高周波増幅器の同調回路の尖鋭度 (Q) を大きくする．利得が大きく，**雑音指数の小さい**高周波増幅器を用いる．**雑音指数の小さい**周波数変換器を用いる．中間周波増幅器の**利得を大きくする**．中間周波増幅器の通過帯域幅を受信信号の占有周波数帯幅となるようにできるだけ**狭くする**．高周波同調回路の同調周波数と局部発振器の発振周波数の差が常に中間周波数と一致するよう**単一調整**を行う．

選択度の向上

　近接周波数の選択度の向上には，中間周波数をできるだけ**低い周波数**に選ぶ．中間周波増幅器の同調回路の**尖鋭度 (Q) を大きく**する．中間周波増幅器に帯域外の減衰傾度の大きい**クリスタルフィルタ**や**セラミックフィルタ**を使用する．

　影像周波数の選択度の向上には，高周波増幅器の同調回路の**尖鋭度 (Q) を大きく**する．中間周波数をできるだけ**高い周波数**に選ぶ．影像周波数のトラップ回路を入力端に挿入する．

　クリスタルフィルタやセラミックフィルタは，圧電効果（ピエゾ効果）を利用した素子で，尖鋭度 (Q) が高いので，選択度特性の良い帯域フィルタ (BPF) だよ．

【4】 直線検波回路

　受信機で振幅変調波を復調するときは，直線検波回路等が用いられます．直線検波回路の特性を図 6.3 に示します．入力電圧が大きいときに入力電圧と出力電圧の関係が直線的な特性を持っていますので，振幅変調された搬送波の振幅の変化から信号波を取り

出すことができます.

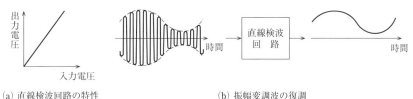

(a) 直線検波回路の特性 　　　　　　　　　(b) 振幅変調波の復調

図6.3 直線検波回路

　検波回路の出力電圧が入力電圧の2乗に比例する特性を持つ検波回路を**2乗検波回路**といいます. 入力の搬送波電圧が小さいときは, 直線検波回路より効率の良い検波出力を得ることができますが, 電圧が大きくなると直線検波回路に比較して出力の**ひずみが大きくなります**.

　また, 図6.3(b)の入力の振幅変調波の最大値を結ぶ線を包絡線と呼び, 最大値の包絡線に比例した信号波を出力する回路を**包絡線検波回路**, 平均値に比例した信号波を出力する回路を**平均値検波回路**と呼びます.

5 雑音抑制回路

(1) ノイズブランカ

　AM受信やSSB受信機等の振幅変調方式では, 受信電波に**衝撃性(パルス性)雑音**が加わると復調音にパルス性の雑音が生じます. ノイズブランカは衝撃性雑音を抑制する回路です. **自動車の点火プラグ**等から発生する急峻で幅の狭いパルス波は, 信号がその瞬間にとぎれても通話品質にはほとんど影響を与えないことから, 衝撃性雑音が加わった瞬間に増幅回路の動作を止めて, 雑音を抑制する回路をノイズブランカと呼びます.

　ノイズブランカは中間周波増幅段に設けた雑音増幅器, 雑音検波器, パルス増幅器, **ゲート回路**で構成されます. 雑音が重畳した中間周波信号を, 信号系とは別系の雑音増幅器で増幅し, 雑音検波およびパルス増幅を行って波形の整ったパルスとし, このパルスによって信号系の**ゲート回路**を開閉して, 雑音を含んだ信号を除去します.

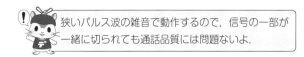

狭いパルス波の雑音で動作するので, 信号の一部が一緒に切れても通話品質には問題ないよ.

第6章 受信機

275

(2) ノイズリミタ

　復調後の受信信号に加わった衝撃性雑音が一定以上の振幅になると，振幅を制限する回路を**ノイズリミタ回路**と呼びます．ダイオードの順方向電圧が一定の電圧になると順方向電流が流れる特性を利用した回路が用いられています．

試験の直前 Check! ━━━━━━━━━━━━━━━━━━━━━━━━━

- [ ] **高周波増幅器の働き** ≫ 感度の向上．影像（イメージ）周波数混信の選択度を良く．局部発振器の出力がアンテナから漏れるのを防ぐ．信号対雑音比（S/N）の改善．
- [ ] **高周波増幅回路の条件** ≫ 電力利得が高い．内部雑音が小さい．非直線性による相互変調ひずみが少ない．第3次の相互変調ひずみの目安がインターセプトポイント．
- [ ] **感度** ≫ 微弱な電波まで受信できるか．高周波増幅器で発生する熱雑音の影響大．
- [ ] **選択度** ≫ 分離して受信することができるか．同調回路やフィルタの尖鋭度（Q）．
  $Q = f_I/B$．
- [ ] **中間周波増幅器** ≫ 中間周波数の信号を増幅．近接周波数妨害を除去．通過帯域幅が広いと選択度が悪い．狭いと忠実度が悪い．中間周波数が低いと影像周波数妨害の選択度低下．
- [ ] **中間周波増幅に用いるフィルタ** ≫ 帯域フィルタ（BPF）．中間周波変成器（IFT）．水晶（クリスタル）フィルタ．セラミックフィルタ．
- [ ] **中間周波変成器** ≫ 1次側と2次側に同調回路の複同調形．単峰特性と双峰特性．双峰特性：通過帯域幅広い，忠実度が良い．
- [ ] **中間周波変成器の周波数特性** ≫ 通過帯域内は平坦．通過帯域外は減衰傾度が大きい．
- [ ] **AGC** ≫ 受信入力レベルが変動しても出力を一定．検波器出力から直流電圧，中間周波増幅器に加える．入力信号が強い，電圧が大，増幅度を低下させる．
- [ ] **感度を良くする** ≫ 高周波同調回路の尖鋭度（Q）大，利得大，雑音指数小．周波数変換器の雑音指数小．中間周波増幅器の利得大，通過帯域幅を占有周波数帯幅に近く．高周波同調回路と局部発振器の単一調整．
- [ ] **選択度を良くする** ≫ 近接周波数の選択度の向上：中間周波数を低く，中間周波増幅器の尖鋭度（Q）大，クリスタルフィルタを使用．影像周波数の選択度の向上：高周波増幅器の同調回路の尖鋭度（Q）大，中間周波数を高く．
- [ ] **振幅変調波の復調回路** ≫ 直線検波回路．2乗検波回路．2乗検波回路は搬送波の振幅が大きいとひずみが大きい．
- [ ] **雑音抑制回路** ≫ ノイズブランカ．ノイズリミタ．
- [ ] **ノイズブランカ** ≫ 自動車の点火プラグ等から発生する衝撃性（パルス性）雑音の消去．雑音増幅器，雑音検波器，パルス増幅器，ゲート回路．

国家試験問題

問題 1

次の記述は，受信機の高周波増幅回路に要求される条件について述べたものである．□□□内に入れるべき字句の正しい組合せを下の番号から選べ．ただし，同じ記号の□□□内には，同じ字句が入るものとする．

(1) 高周波増幅回路には，使用周波数帯域での利得が高いこと，発生する**内部雑音**が小さいこと，回路の □ A □ によって生ずる相互変調ひずみによる影響が少ないことなどが要求される．

(2) また，高周波増幅回路において有害な影響を与える □ B □ の相互変調ひずみについては，回路に基本波信号のみを入力したときの入出力特性を測定し，次に基本波信号とそれぞれ周波数の異なる2信号を入力したときに生ずる □ B □ の相互変調ひずみの入出力特性を測定する．

(3) (2) の測定から，図に示すようにそれぞれの直線部分を延長した線の交点P（□ C □ポイント）が求められ，増幅回路がどのくらい大きな不要信号に耐えて使えるかの目安となる．

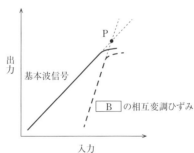

（入力および出力はそれぞれ対数軸表示）

	A	B	C
1	非直線性	第3次	インターセプト
2	非直線性	第2次	インターセプト
3	非直線性	第3次	コンプレッション
4	直線性	第2次	コンプレッション
5	直線性	第3次	コンプレッション

太字は穴あきになった用語として，出題されたことがあるよ．

問題2

次の記述は，スーパヘテロダイン受信機の中間周波増幅器について述べたものである．□□□内に入れるべき字句の正しい組合せを下の番号から選べ．

(1) 中間周波増幅器の同調回路の帯域幅は，同調回路の尖鋭度 Q が一定のとき，中間周波数を □ A □ 選ぶほど広くなる．

(2) 中間周波増幅器の同調回路の尖鋭度を Q，帯域幅を B 〔Hz〕，中間周波数を f_0 〔Hz〕とすると □ B □ の関係がある．

(3) 近接周波数選択度は，同調回路の尖鋭度 Q が一定のとき，中間周波数を □ C □ 選ぶほど向上させることができる．

	A	B	C
1	低く	$Q = f_0/B$	高く
2	低く	$Q = B/f_0$	高く
3	高く	$Q = f_0/B$	高く
4	高く	$Q = B/f_0$	低く
5	高く	$Q = f_0/B$	低く

尖鋭度 Q が大きいと帯域幅 B は小さくなるよ．

問題3

次の記述は，FM受信機等に用いられているセラミックフィルタについて述べたものである．□□□内に入れるべき字句の正しい組合せを下の番号から選べ．なお，同じ記号の□□□内には，同じ字句が入るものとする．

(1) セラミックフィルタは，セラミックの □ A □ を利用したもので，図に示すように，セラミックに電極を貼り付けた構造をしている．電極 a – c に特定の周波数の電圧（電気信号）を加えると，□ A □ によって一定周期の固有の機械的振動が発生して，セラミックが機械的に共振する．この振動が電気信号に変換されて，もう一方の電極 b – c から取り出すことができる．

(2) セラミックの材質，形状，寸法などを変えることによって，固有の機械的振動も変化するため，共振周波数や □ B □ を自由に設定することができ，□ C □ として利用することができる．

	A	B	C
1	圧電効果	尖鋭度(Q)	帯域フィルタ(BPF)
2	圧電効果	感度	高域フィルタ(HPF)
3	ゼーベック効果	尖鋭度(Q)	高域フィルタ(HPF)
4	ゼーベック効果	感度	帯域フィルタ(BPF)

（図中のラベル：a，電極，b，電極，c，セラミック）

問題4

次の記述は，受信機の特性について述べたものである．□□内に入れるべき字句の正しい組合せを下の番号から選べ．

(1) 感度とは，どの程度の**微弱**な電波まで受信できるかの能力を表すもので，受信機を構成する各部の利得等によって左右されるが，大きな影響を与えるのは，□A□の増幅器で発生する□B□である．

(2) 選択度とは，受信しようとする電波を，多数の電波のうちからどの程度まで**分離**して受信することができるかの能力を表すもので，主として受信機を構成する**同調回路**の□C□などによって定まる．

	A	B	C
1	最終段	熱雑音	尖鋭度 (Q)
2	最終段	ひずみ	安定度
3	初段	熱雑音	安定度
4	初段	ひずみ	尖鋭度 (Q)
5	初段	熱雑音	尖鋭度 (Q)

問題5

次の記述は，スーパヘテロダイン受信機の感度を良くする方法について述べたものである．このうち誤っているものを下の番号から選べ．

1　高周波同調回路の同調周波数と局部発振器の発振周波数の差が常に中間周波数と一致するよう単一調整を行う．

2　高周波同調回路の尖鋭度 Q を大きくする．

3　利得が大きく，雑音指数の小さい高周波増幅器を用いる．

4　雑音指数の小さい周波数変換器を用いる．

5　中間周波増幅器の通過帯域幅を受信信号の占有周波数帯幅よりもできるだけ広くする．

解説

5　中間周波増幅器の通過帯域幅を受信信号の占有周波数帯幅にできるだけ近づける．

第6章　受信機

279

問題6

次の記述は，図に示す構成の衝撃性（パルス性）雑音の抑制回路（ノイズブランカ）について述べたものである．　□□□内に入れるべき字句の正しい組合せを下の番号から選べ．なお，同じ記号の□□□内には，同じ字句が入るものとする．

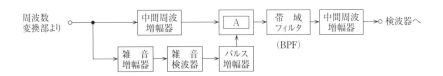

(1) 衝撃性雑音は，**自動車の点火プラグ**等から発生する急峻で幅の狭いパルス波のため，ノイズブランカが動作して信号がその瞬間にとぎれても通話品質にはほとんど影響を与えない．

(2) ノイズブランカは，雑音が重畳した中間周波信号を，信号系とは別系の雑音増幅器で増幅し，雑音検波およびパルス増幅を行って波形の整ったパルスとし，このパルスによって信号系の　□A□　を開閉して，雑音および信号を除去する．

(3) ノイズブランカのほか，衝撃性雑音を抑制するのに有効な回路は，　□B□　回路である．

	A	B
1	ゲート回路	ノイズリミタ
2	ゲート回路	スケルチ
3	トリガ回路	ノイズリミタ
4	トリガ回路	スケルチ

開いたり閉じたりするのはゲートだね．

問題7

次の記述は，SDR（Software Defined Radio：ソフトウェア無線）受信機の概要等について述べたものである．□□□内に入れるべき字句の正しい組合せを下の番号から選べ．なお，同じ記号の□□□内には同じ字句が入るものとする．

(1) SDRとは，一般に電子回路に変更を加えることなく，制御ソフトウェアを変更することによって，無線通信方式（変調方式など）を切替えることが可能な無線通信またはその技術を指す．

(2) 図に示す原理的なSDR受信機の信号処理例として，高周波信号を □ A □ によりI/Q（In phase / Quadrature phase）信号に変換後，A-D変換器でI/Q信号を数値データに変換し，DSP（Digital Signal Processor）により数値データを演算し目的の信号を取出す方式がある．

(3) ダイレクトコンバージョン（ゼロIF）方式のSDR受信機は，原理的に □ B □ が発生しない等の多くの長所があるが，受信信号が強すぎるとA-D変換器で □ C □ が発生し，デジタル信号への正常な変換ができなくなるという短所もある．

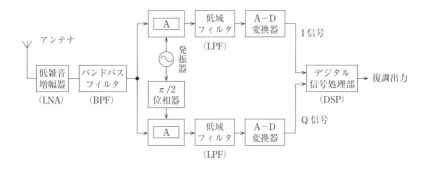

	A	B	C
1	直交ミクサ	影像周波数妨害	オーバーフロー
2	直交ミクサ	感度抑圧効果	オーバーフロー
3	直交ミクサ	影像周波数妨害	折返し雑音
4	デジタルフィルタ	感度抑圧効果	折返し雑音
5	デジタルフィルタ	影像周波数妨害	折返し雑音

解答

問題1 → 1　　**問題2** → 5　　**問題3** → 1　　**問題4** → 5　　**問題5** → 5
問題6 → 1　　**問題7** → 1

第6章　受信機

281

6.2 電信受信機・SSB受信機・FM受信機 (重要知識)

出題項目 Check!

☐ FM受信機の構成と各部の動作
☐ FM受信機の特徴とAM受信機との比較
☐ 各種電波型式の復調方法と特徴

1 電信 (A1A) 受信機

電信 (A1A) 電波を受信する受信機を電信受信機といいます．構成は，ほぼSSB受信機と同じです．A1A電波は，電けん操作によって搬送波が断続しているだけなので，DSB受信機で受信しても電波が断続するときに生じる**クリック音**となって信号音とはなりません．そこで，**BFO** (復調用局部発振器) を中間周波数の信号波に加えて，それらの差の信号を検波することにより，**電信のマーク**受信時に可聴周波信号 (ピーピーという音) に変換します．

 BFOは，Beat (ビート：打つ，リズム)，Frequency (フリークエンシー：周波数)，Oscillator (オッシレーター：発振器) のことだよ．

2 SSB (J3E) 受信機

SSB電波を受信する受信機をSSB受信機といいます．図6.4に構成図を示します．各部の動作は次のようになります．AM (A3E) 受信機と同一の部分は省略します．

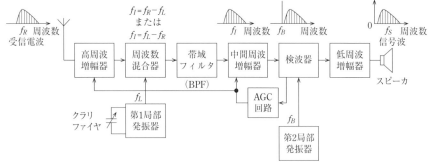

図6.4 SSB受信機

第6章 受信機

① **クラリファイヤ**（RIT）：リットとも呼びます．**局部発振器の発振周波数を微調整する回路**です．SSB では送信周波数と受信周波数がずれると復調した音声等の周波数もずれて，受信機の出力信号にひずみが生じて明りょう度が悪くなります．そこで受信周波数を微調整することによって**受信信号の明りょう度を良くします**．

② **検波器**（復調器）：局部発振器の周波数と混合して，中間周波数に変換された受信電波から音声等の信号波を取り出します．プロダクト検波回路等が用いられます．

③ **第2局部発振器**（復調用局部発振器）：SSB 電波は**搬送波が抑圧**されているので，局部発振器で搬送波に相当する周波数を発振して検波器に加えます．中間周波数を f_I〔kHz〕とすると，**第2局部発振器の周波数 f_{L2}〔kHz〕は，**次式で表されます．

$$f_{L2} = f_I - 1.5 \text{〔kHz〕} \quad \text{または} \quad f_{L2} = f_I + 1.5 \text{〔kHz〕} \tag{6.3}$$

Point

通過帯域幅

中間周波増幅器の通過帯域幅は，電波型式によって次のように設定する．

電信（A1A）：0.5〔kHz〕

SSB（J3E）：3〔kHz〕

DSB（A3E）：6〔kHz〕

また，帯域外の**減衰傾度はできるだけ急峻**にすることによって，**忠実度を低下させずに近接周波数による混信を避けることができる**．

中間周波増幅器に中間周波数変成器等の適切な特性の帯域フィルタを用いると，近接周波数による混信を軽減することができる．中間周波数変成器の調整が崩れて帯域幅が広がると，近接周波数による混信を受けやすくなる．帯域フィルタの通過帯域幅が受信電波の占有周波数帯幅と比べて極端に狭い場合は，忠実度が悪くなって受信信号の周波数特性が悪くなる．

▌**3**▌ SSB（J3E）復調回路

SSB の復調にはプロダクト検波回路等が用いられます．被変調波（変調された電波）には搬送波がありませんから搬送波に相当する周波数の電圧を局部発振器から検波回路に加えます．被変調波と局部発振器の周波数の差をとった（引かれた）周波数成分が信号電圧となります．

4 FM (F3E) 受信機

周波数変調波を受信する受信機を FM 受信機といいます．図 6.5 に構成図を示します．各部の動作は次のようになります．AM，SSB 受信機と同一の部分は省略します．

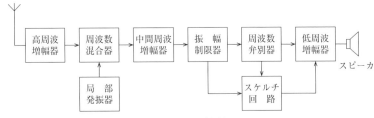

図6.5　FM受信機

① **振幅制限器 (リミタ)**：受信電波がある電圧以上になると振幅を一定にして，フェージングや**雑音等による振幅の変化を取り除き**ます．振幅制限器の働きによって受信機出力の信号対雑音比 (S/N) が改善されます．

② **周波数弁別器** (復調器)：周波数変調 (FM) 波を復調する回路です．周波数変調波の**周波数の変化を振幅の変化に変換**して信号波を取り出します．

③ **スケルチ回路**：FM 受信機は受信電波がないときは，受信機の出力に大きく耳障りな雑音が発生します．振幅制限器や周波数弁別器の出力の雑音電圧が一定レベル以上のとき，低周波増幅器の動作を止めて**雑音を消す回路**です．

Point

FM 受信機の特徴

① 周波数弁別器を復調器として用いる．AM 受信機には，直線検波回路等が用いられる．

② 希望する受信信号がないとき生ずる大きな雑音を抑圧するためスケルチ回路が用いられる．

③ 高域の S/N を改善するため**ディエンファシス回路**を用いる．

④ 受信レベル変動や雑音等の振幅の変動を除去するため振幅制限器を用いる．AM 受信機には，自動利得調整 (AGC) 回路が設けられている．

⑤ AM 受信機と比べて中間周波増幅器の帯域幅が広い．

⑥ 受信機の入力レベルを小さくしていくと，ある値から急激に出力の S/N が低下する現象が現れる．このときの受信レベルを**スレッショルドレベル (限界レベル)** という．

エンファシス

信号波の**高域の S/N を改善**するために用いられる回路で，送信側では**プレエンファシス回路**を用いて高い周波数の成分を強調して送信する．受信側では**ディエンファシス回路**を用いて高い周波数成分を減衰させることによって，信号波の周波数特性は元に戻って高域の S/N が改善される．

284

5 FM（F3E）復調回路

FM を復調する周波数弁別器には**比検波器**，フォスターシーリー回路，**PLL 復調回路**等が用いられます．**PLL 復調回路**は，一般に**位相比較器**，**低域フィルタ（LPF）**，**電圧制御発振器（VCO）**によって構成されています．周波数が偏移すると電圧制御発振器の電圧が周波数偏移に比例して変化します．周波数弁別器の特性を図 6.6 に示します．この回路は入力周波数と出力電圧の関係が直線的な特性を持っているので，周波数変調された搬送波の周波数の変化から信号波を取り出すことができます．

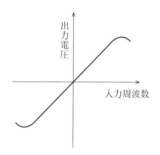

（a）周波数弁別器の特性

（b）周波数変調波の復調

図 6.6　周波数弁別器

試験の直前 Check!

- [ ] **SSB 受信機** ≫ 復調用局部発振器を用いる．局部発振器の発振周波数が変化すると明りょう度に影響．
- [ ] **FM 受信機の構成** ≫ 高周波増幅器，周波数混合器，局部発振器，中間周波増幅器，振幅制限器，周波数弁別器，スケルチ回路，低周波増幅器．
- [ ] **振幅制限器** ≫ 振幅の変化を除去．ある電圧以上で出力一定．S/N 改善．
- [ ] **スケルチ** ≫ 雑音電圧により低周波増幅器を止める．雑音出力を消去．
- [ ] **ディエンファシス** ≫ 高い周波数成分を減衰．高域の S/N 改善．
- [ ] **スレッショルドレベル** ≫ 受信機の入力レベルを小さく，ある値から急激に出力の S/N が低下．限界レベル．
- [ ] **FM の復調** ≫ 周波数弁別器，周波数の変化を振幅の変化に変換．比検波器，フォスターシーリー回路，PLL 復調回路．
- [ ] **PLL復調回路の構成** ≫ 位相比較器，低域フィルタ（LPF），電圧制御発振器（VCO）．

285

国家試験問題

問題 1

　次の記述は，FM（F3E）受信機のスケルチ回路について述べたものである．このうち正しいものを 1，誤っているものを 2 として解答せよ．

　　ア　受信電波の振幅の変動を除去し一定にする．

　　イ　受信機出力のうち周波数の高い成分を補正する．

　　ウ　受信電波の周波数変化を振幅の変化に変換し，信号を取り出す．

　　エ　受信機への入力信号が一定レベル以下または無信号のとき，雑音出力を消去する．

　　オ　周波数弁別器の出力の雑音が一定レベル以上のとき，低周波増幅器の動作を停止する．

スケルチは黙らせるという意味だよ．
雑音がうるさいから必要なんだね．

解説

　誤っている選択肢のうち，アは「振幅制限器」，イは「ディエンファシス」，ウは「周波数弁別器」の記述です．

振幅制限器や周波数弁別器を説明する問題も出てるよ．

問題 2

次の記述は，FM（F3E）受信機の一般的な特徴等について述べたものである．このうち誤っているものを下の番号から選べ．

1　FM 波復調のために用いられている位相同期ループ（PLL）復調器は，一般に位相比較器，高域フィルタ（HPF）および電圧制御発振器（VCO）により構成される．

2　スケルチ回路は，希望する受信信号が一定のレベル以下になったときに生ずる大きな雑音を抑圧するためのものである．

3　送信側で強調された高い周波数成分を減衰させるとともに，高い周波数成分の雑音も減衰させ，周波数特性と信号対雑音比（S/N）を改善するため，ディエンファシス回路がある．

4　伝搬する途中でのレベル変動や雑音，混信などによる振幅の変動を除去するため，振幅制限器を用いている．

5　AM（A3E）受信機と比べたとき，中間周波増幅器の帯域幅が広い．

PLL 復調器は，位相比較器，低域フィルタ（LPF），電圧制御発振器で構成されるよ．

問題 3

次の記述は，AM（A3E）受信機および FM（F3E）受信機の特徴について述べたものである．このうち誤っているものを下の番号から選べ．

1　AM（A3E）受信機には，受信波の振幅の変化を検出して音声信号を取り出すため，直線検波回路などが設けられている．

2　AM（A3E）受信機に BFO（うなり発振器）を付加すると，電信（A1A）の電波を可聴音として復調できる．

3　FM（F3E）受信機には，送信側で強調された高い周波数成分を減衰させるとともに，高い周波数成分の雑音も減衰させ，信号対雑音比（S/N）を改善するため，プリエンファシス回路が設けられている．

4　FM（F3E）受信機には，フェージングや雑音などによって生ずる受信波の振幅の変化を除去するため，振幅制限器が設けられている．

受信機に設けられるのはディエンファシス回路だよ．送信機に設けられるプリエンファシス回路は，高い周波数成分を強調するんだよ．プレエンファシスと書いてあることもあるよ．

問題4

次の記述は，各種電波型式の復調について述べたものである．このうち誤っているものを下の番号から選べ．

1　DSB（A3E）方式の包絡線検波回路は，平均値検波回路に比較して検波効率が良い．

2　DSB（A3E）波の復調に用いられる2乗検波回路は，搬送波の振幅が大きい場合，直線検波回路に比較して出力のひずみが小さい．

3　SSB（J3E）波の復調に，抑圧された搬送波に相当する周波数を復元するため，復調用局部発振器が用いられる．

4　SSB（J3E）受信機においては，周波数変換部の局部発振器の発振周波数が変化すると，復調信号の明りょう度に影響する．

5　FM（F3E）受信機に用いられる，フォスターシーリー検波回路などの周波数弁別器は，変調波入力の瞬時周波数と出力の振幅が直線関係にある回路および直線検波回路の組合せから構成される．

直線と2乗では，2乗の方が
ひずみが大きいよ．

解説

2　2乗検波回路は，搬送波の振幅が大きい場合，直線検波回路に比較して出力のひずみが大きい．

解答

問題1 →アー2　イー2　ウー2　エー1　オー1　**問題2** →1

問題3 →3　**問題4** →2

6.3 受信機の雑音性能・受信機の混信妨害（重要知識）

1　受信機の雑音性能

(1) 雑音指数

受信機の高周波増幅器等の増幅回路において，入力側の信号対雑音比 S_I/N_I と出力側の信号対雑音比 S_O/N_O の比を雑音指数 F といいます.

雑音指数は，受信機等の増幅回路の雑音性能を表します. 一般に，入力側の信号対雑音比は出力側の信号対雑音比より大きいので，雑音指数は 1 より大きな値を持ち，増幅回路内部で発生する雑音がない回路は $F=1$ で表されます. 受信機の**雑音指数が大きい**ほど，受信機出力における**信号対雑音比 (S/N) は劣化**します. 受信機の初段の増幅器の利得が大きいときは，受信機の雑音指数は**初段の雑音指数**でほぼ決まるので，初段の増幅器に低雑音の高周波増幅器を用います. また，周波数混合器は高周波増幅器よりも雑音指数が大きいので周波数混合器の前段に高周波増幅器を設けます.

(2) 熱雑音

増幅器の抵抗体から周囲温度に比例して雑音が発生します. 雑音源から負荷に供給される最大**雑音電力 P_N 〔W〕**は，ボルツマン定数を $k\ (\fallingdotseq 1.38\times10^{-23}\ 〔\mathrm{J/K}〕)$，絶対温度を T〔K：ケルビン〕，増幅器の通過帯域幅を B〔Hz〕とすると，次式で表されます.

$$P_N = kTB \ 〔\mathrm{W}〕 \tag{6.4}$$

通過帯域幅に比例して雑音電力が大きくなるので，受信信号電波の占有周波数帯幅に比較して，受信機の**通過帯域幅が広い**場合は，受信機出力の**信号対雑音比 (S/N) は劣化**します.

雑音電力を求めるときの温度は，絶対温度が用いられます. 摂氏温度を t〔℃〕とすると絶対温度 T〔K〕は次式で表されます.

$$T \fallingdotseq t + 273 \ 〔\mathrm{K}〕 \tag{6.5}$$

(3) 等価雑音温度

高周波増幅器等の入力側の雑音電力は $N_I = kTB$〔W〕で表されます. 受信機の内部で発生した雑音を受信機のアンテナ入力に換算した雑音電力を等価雑音電力と呼び，受信機入力の温度に換算した値を**等価雑音温度**といいます.

2 受信機の混信妨害

受信機の混信妨害には，スーパヘテロダイン受信機で発生する影像周波数混信，主に増幅回路が飽和することで発生する感度抑圧妨害，増幅回路の非直線性で発生する相互変調妨害や混変調妨害等があり，それらの軽減方法を次に示します．

(1) 影像（イメージ）周波数混信を軽減する方法

① アンテナ回路に**フィルタ（トラップ回路）**を挿入する．

フィルタ（トラップ回路）によって，影像周波数の電波を受信機に入力しないようにします．

② 高周波増幅器の選択度を良くする．

③ 中間周波数を高くする．

影像周波数を受信周波数から離すことができます．

Point

影像周波数

受信電波の周波数が f_R，中間周波数が f_I，局部発振周波数が f_L のとき，f_L が f_R よりも高いときは $f_L - f_R = f_I$，f_L が f_R よりも低いときは $f_R - f_L = f_I$ の周波数成分が中間周波数 f_I となる．f_L が f_R よりも高いときは妨害波の周波数 $f_U = f_L + f_I$ が影像周波数となって妨害する．f_L が f_R よりも低いときは妨害波の周波数 $f_U = f_L - f_I$ が影像周波数となって妨害する．

中間周波数が f_I で，局部発振周波数 f_L が受信周波数 f_R より高いときの妨害波の周波数は $f_U = f_R + 2f_I$ になって，f_L が f_R より低いときは $f_U = f_R - 2f_I$ になるよ．

(2) 感度抑圧妨害を軽減する方法

① アンテナ回路にウェーブトラップを挿入する．

② 高周波増幅部の選択度を良くする．

③ 中間周波増幅部の選択度を良くする．

感度抑圧効果は，受信電波に近接する周波数の強力な電波によって受信機の感度が低下する現象です．

ウェーブトラップは，妨害波の周波数を阻止するフィルタです．

(3) 相互変調妨害を軽減する方法

① 高周波増幅部の選択度を良くする．

② 高周波増幅部や中間周波増幅部を入出力特性の**直線領域で動作**させる．

相互変調は二つ以上の妨害波が受信周波数 f_R と特定の関係のとき妨害を受ける現象です．たとえば，妨害波が f_1，f_2 のとき $2f_1 - f_2 = f_R$ の関係があると受信周波数に妨害が発生します．相互変調は強力な不要波が受信機内部の回路に加わると回路の**非**

直線性により，**不要波の整数倍の周波数**が発生して，それらの和や差の周波数が**受信周波数，中間周波数，影像周波数**に合致したときに発生します．

Point

相互変調

　妨害となる周波数が二つの妨害波 f_1，f_2 によって，周波数 f に相互変調妨害を発生するとき次のような次数で表される．

　2次の相互変調　$f_1 \pm f_2 = f$

　3次の相互変調　$2f_1 \pm f_2 = f$　　または　　$f_1 \pm 2f_2 = f$

　これらのうち，3次の相互変調は近接した周波数の妨害波によって妨害が発生する．たとえば，$f_1 = 145.01$〔MHz〕，$f_2 = 145.02$〔MHz〕のとき，

　　　$2 \times 145.01 - 145.02 = 145.00$〔MHz〕

または，

　　　$145.01 - 2 \times 145.02 = -145.03$〔MHz〕

　計算結果は絶対値をとるので，145.00〔MHz〕または 145.03〔MHz〕の受信周波数に相互変調妨害が発生する．

(4) 混変調妨害を軽減する方法

① アンテナ回路にウェーブトラップを挿入する．

② 高周波増幅部の選択度を良くする．

③ 高周波増幅部や中間周波増幅部を入出力の特性の直線領域で動作させる．

　混変調は受信電波が妨害波によって変調される現象です．強力な不要波が受信機内部の回路に加わると回路の**非直線性**によって，受信電波が**不要波の変調信号で変調**されて混変調妨害が発生します．

(5) 近接周波数よる混信を軽減する方法

　中間周波増幅器に中間周波数変成器（IFT）やクリスタルフィルタ等の適切な特性の帯域フィルタ（BPF）を用います．

(6) 受信機の雑音の原因を確かめる方法

　アンテナ端子とアース端子間を導線でつなぎます．このとき，雑音が止まれば外来雑音の影響で，止まらなければ受信機内部の雑音です．

第6章　受信機

291

試験の直前 Check!

- □ **雑音指数 (S/N)** ≫ 雑音指数が大きいほど出力の S/N は劣化．初段の雑音指数で決まるので低雑音の高周波増幅器．受信信号電波の占有周波数帯幅に比較して，受信機の通過帯域幅が広いと S/N は劣化．
- □ **等価雑音温度** ≫ 受信機の内部で発生した雑音，アンテナ入力に換算した温度．
- □ **絶対温度 T の雑音電力** ≫ $P_N = kTB$ 　　k：ボルツマン定数，B：帯域幅
- □ **影像周波数妨害** ≫ f_L が f_R よりも高いとき：$f_U = f_L + f_I$，f_L が f_R よりも低いとき：$f_U = f_L - f_I$
- □ **影像周波数妨害の軽減** ≫ ウェーブトラップ．中間周波数を高く．高周波増幅器の選択度良く．
- □ **相互変調混信** ≫ 回路の非直線性で二つ以上の不要波の整数倍の周波数が発生．和や差の周波数が受信周波数，中間周波数，影像周波数に合致．
- □ **相互変調妨害の軽減** ≫ 高周波増幅部の選択度を良くする．高周波増幅部，中間周波増幅部を直線動作．
- □ **混変調妨害** ≫ 回路の非直線性で発生．不要波の変調信号で変調される．

国家試験問題

問題 1

次の記述は，受信機における信号対雑音比 (S/N) について述べたものである．このうち正しいものを 1，誤っているものを 2 として解答せよ．

ア　受信機の通過帯域幅を受信信号電波の占有周波数帯幅と同程度にすると，受信機の通過帯域幅が占有周波数帯幅より広い場合に比べて，受信機出力の信号対雑音比 (S/N) は劣化する．

イ　周波数混合器で発生する変換雑音が最も大きいので，その前段に雑音発生の少ない高周波増幅器を設けると，受信機出力における信号対雑音比 (S/N) が改善される．

ウ　受信機の雑音指数が大きいほど，受信機出力における信号対雑音比 (S/N) が劣化する．

エ　雑音電波の到来方向と受信信号電波の到来方向とが異なる場合，一般に受信アンテナの指向性を利用して，受信機入力における信号対雑音比 (S/N) を改善することができる．

オ　受信機の総合利得を大きくすれば，受信機内部で発生する雑音が大きくなっても，受信機出力の信号対雑音比 (S/N) を改善できる．

 占有周波数帯幅は狭い方が雑音指数が良いんだよ．受信機内部の雑音が大きいといくら利得を上げても雑音がでるから S/N は良くならないよね．

問題2

次の記述は，等価雑音温度について述べたものである．□□□□内に入れるべき字句の正しい組合せを下の番号から選べ．

(1) 微弱な信号を受信する衛星通信における受信系の雑音は，受信アンテナを含む受信機自体で発生する雑音とアンテナで受信される宇宙からの外来雑音などの電力和を，低雑音増幅器入力やアンテナ入力に換算した雑音電力で表す．

(2) この雑音電力の値が，絶対温度 T〔K〕の**抵抗体**から発生する □ A □ の電力値と等しいとき，T をアンテナを含む受信機システム全体の等価雑音温度という．したがって，受信機の周波数帯域幅を B〔Hz〕，ボルツマン定数を k〔J/K〕とすると，このときの雑音電力 P_N は，$P_N =$ □ B □ 〔W〕で表され，この値が □ C □ ほど，雑音が小さいことを意味する．

	A	B	C
1	フリッカ雑音	kTB	小さい
2	フリッカ雑音	TB/k	大きい
3	熱雑音	TB/k	大きい
4	熱雑音	TB/k	小さい
5	熱雑音	kTB	小さい

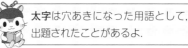

太字は穴あきになった用語として，出題されたことがあるよ．

温度に比例して発生する雑音だから熱雑音だね．

問題3

次の記述は，スーパヘテロダイン受信機における影像周波数および影像周波数による混信を軽減するための対策について述べたものである．このうち誤っているものを下の番号から選べ．

1 中間周波数が f_{IF}〔Hz〕の受信機において，局部発振器の発振周波数 f_{LO}〔Hz〕が受信信号の周波数 f_d〔Hz〕よりも高いときの影像周波数は，f_d〔Hz〕より $2f_{IF}$〔Hz〕だけ高い．

2 対策として，高周波増幅部の同調回路の Q を高くして，選択度を良くする方法がある．

3 対策として，影像周波数の信号が，直接，周波数変換回路に加わるのを防ぐため，シールドを完全にする方法がある．

4 対策として，中間周波数をできるだけ低い周波数にして，受信希望周波数と影像周波数の周波数差を小さくする方法がある．

中間周波数を高くして，受信希望周波数と影像周波数の周波数差が大きい方が，高周波増幅部の同調回路で妨害を除去することができるよ．

293

問題 4

　次の記述のうち，受信機で発生することがある混変調による混信についての記述として，正しいものを下の番号から選べ．

1　希望する電波を受信しているとき，近接した周波数の強力な無変調波により受信機の感度が低下することをいう．

2　受信機に変調された強力な不要波が混入したとき，回路の非直線性により，希望波が不要波の変調信号で変調されて発生する．

3　増幅器および音響系を含む伝送回路が，不要の帰還のため発振して，可聴音を発生することをいう．

4　受信機に二つ以上の強力な不要波が混入したとき，回路の非直線性により，混入波周波数の整数倍の周波数の和または差の周波数を生じ，これらが受信周波数または受信機の中間周波数や影像周波数に合致したときに発生する．

5　低周波増幅器の調整不良により，本来希望しない周波数の成分を生ずるために発生する．

混変調は，強い電波の変調信号によって，
希望波が変調されることだよ．

解説

　誤っている選択肢のうち，1は「感度抑圧妨害」，4は「相互変調による混信」の記述です．これらの用語は出題されることもあります．3と5は受信機内部の増幅回路の自己発振です．

解答

問題 1→ア－2　イ－1　ウ－1　エ－1　オ－2　**問題 2**→5
問題 3→4　**問題 4**→2

7 電波障害

7.1 電波障害の種類・原因・対策　　重要知識

1 電波障害の種類

　アマチュア局の送信する電波等によってテレビが見にくい等の障害が発生することがあります．これを電波障害といいます．電波障害には，アマチュア局によるもののほか，自動車の点火栓（イグニッションノイズ），工場等にある高周波利用設備，電気溶接機，送電線の放電等によるもの等があります．

　アマチュア局が原因となる電波障害の主なものは次のとおりです．

① TVI：テレビジョン受像機に発生する障害です．
② BCI：ラジオ受信機に発生する障害です．
③ テレホン I：電話機に発生する障害です．
④ アンプ I：音楽プレーヤー等に発生する障害です．

2 電波障害の送信機側の原因

　送信機側（アマチュア局側）の原因は次のものがあります．

① 高調波の発射：高調波は送信周波数の 2 倍，3 倍…の周波数に発生します．アマチュア局の発射する電波に含まれている高調波の発射に原因がある場合は，特定の周波数の受信機に妨害が発生します．たとえば 28 〔MHz〕帯の送信機の発射できる周波数は，28 〔MHz〕から 29.7 〔MHz〕ですが，第 3 高調波が 84 〔MHz〕から 89.1 〔MHz〕になるので，表 7.1 より 76 〔MHz〕から 95 〔MHz〕を受信する FM 放送の受信機に妨害が発生します．

表 7.1　放送のチャネルと周波数

放送	物理チャネル	周波数〔MHz〕
テレビ	13 ～ 52	470 ～ 710
FM		76 ～ 95

　単位の M（メガ）は，10^6 を表します．

$$1 〔MHz〕= 1 \times 10^6 〔Hz〕= 1,000,000 〔Hz〕$$

 高調波成分は増幅器が C 級動作で非直線増幅をするときに発生するよ．それが漏れると高調波発射となって妨害するよ．

295

② 寄生振動の発生：**送信電波の周波数と関係のない周波数**の不要な電波の発射を**寄生振動**といいます.

③ 過変調：AM（A3E）送信機では，変調度が 100〔%〕を超えて**過変調**になると送信電波の波形がひずんで側波が広がったり高調波が発生したりします.

④ 電信波形の異常：電信（A1A）送信機では，**キークリック**が発生する等の電信波形が異常になると，送信電波の波形がひずんで側波が広がったり高調波が発生したりします.

⑤ アンテナ結合回路の調整が悪い場合：アンテナ結合回路の結合が密になっていると高調波等が発射しやすくなるので**疎結合**にします.

⑥ 送信アンテナが送電線（電灯線）に近い.

3 送信機側の対策

送信機側（アマチュア局側）の対策は次のものがあります.

① 送信機を厳重に遮へいします.

② 送信機を正しく調整して，自己発振や**寄生振動を防止**します.

③ 送信機に電波障害の対策回路を設けます.

電信送信機では，**キークリック防止**回路を設けます.

④ 送信機と給電線の結合を疎結合にします.

⑤ 送信機と給電線との間に適切なフィルタを挿入します.

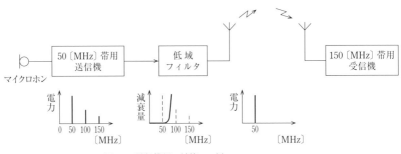

図7.1　送信機側の対策の一例

送信電波の周波数が受信電波の周波数より低い場合は，図 7.1 のように**低域（通過）フィルタ（LPF）**を挿入します. 送信電波の周波数が受信電波の周波数より高い場合は，高域（通過）フィルタ（HPF）を挿入します. 送信電波の周波数の上下に受信電波がある場合は，帯域（通過）フィルタ（BPF）を挿入します.

 低域フィルタ（LPF）は低い周波数を通す回路，高域フィルタ（HPF）は高い周波数を通す回路，帯域フィルタ（BPF）は特定の周波数を通す回路だよ.

　また，特定の高調波の発射を低減するには**高調波トラップ**を用います．高調波トラップの中心周波数は，**高調波の周波数**に正しく同調させます．

⑥　送信機の電力増幅器はプッシュプル増幅器を用います．

　電力増幅器がC級動作によって**非線形増幅**を行うと**高調波**が発生しやすいので，B級やAB級の動作のプッシュプル増幅器を用います．

⑦　送信機の**電源**に**低域フィルタ**を挿入します．

⑧　接地を完全にします．

⑨　送信アンテナの位置を変えます．

Point

低域フィルタ（LPF）

　送信機の高調波を除去するための**低域フィルタ**は，**基本波に対する減衰量が小さく**，**高調波に対する減衰量は十分に大きな**ものを用いる．遮断（カットオフ）周波数はフィルタの出力電圧が入力電圧の$1/\sqrt{2}$となる周波数のことで，遮断（カットオフ）周波数は**基本波の周波数よりも高く**，**第2高調波の周波数よりも低い**フィルタを用いる．基本波は送信周波数のことである．

LPFのカットオフ周波数が基本波より低いと，
基本波もカットされちゃうよ．

■4■ 送信機の寄生振動対策

送信機で発生する自己発振や寄生振動を防止するには次の方法があります．

①　高周波用トランジスタは**電極間容量の小さい**ものを選びます．

②　トランジスタ電力増幅回路において，コレクタ側とベース側の部品を遮へいして結合量を小さくします．

③　トランジスタ電力増幅回路において，コレクタ側とベース側の結合を打ち消すために**中和用回路**を取り付けます．

④　トランジスタ電力増幅回路のコレクタまたはベース電極の近くに，**寄生振動防止用の抵抗とコイルの並列回路**を挿入します．

⑤　高周波回路の配線を短くします．

⑥　高周波同調回路のコイルと高周波チョークコイル等の**相互結合が少なくなるように**配置します．

■5■ 受信機側（被障害機器側）の原因

受信機側の原因は次のものがあります．

① 混変調妨害

② 相互変調妨害

③ 低周波増幅回路の検波作用により発生する妨害

■ 6 ■ 受信機側の対策

受信機の対策は次のものがあります.

① 受信機と給電線との間に適切なフィルタを挿入します. アマチュア局が短波 (HF:3 〜 30〔MHz〕) 帯の電波を発射した場合に超短波 (VHF:30 〜 300〔MHz〕) 帯の受信機や極超短波 (UHF:300 〜 3,000〔MHz〕) 帯のテレビジョン受像機に TVI が発生したときは, その基本波によって妨害が発生した場合は, 送信周波数よりも受信周波数が高いので, 図 7.2 のように, 受信機のアンテナ端子と給電線との間に高域フィルタ (HPF) を挿入します.

② 受信アンテナの位置を変えます.

③ 低周波増幅回路に高周波が混入しないように防止回路を取り付けます.

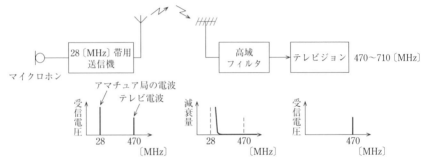

図 7.2 受信機側の対策の一例

アマチュア局が短波帯で, その基本波によって超短波帯の受信機に妨害するときは, 受信機のアンテナ端子と給電線の間に, 高い周波数を通して低い周波数を減衰させる高域フィルタ (HPF) を入れるよ.

Point

原因と対策する側

送信側の送信機から発射される基本波によって障害が発生する場合は, 受信側の被障害機器で対策を行う.

送信側の送信機から発射される不要輻射によって障害が発生する場合は, 送信機で対策を行う.

受信側の被障害機器が妨害波の影響をどの程度のレベルまで受けても電波障害を起こさない能力を持っているかを表す指標をイミュニティ (免疫という意味) という.

試験の直前 Check!

□ **寄生発射** ≫≫ 送信周波数と関係のない周波数で発射.

□ **高調波発射** ≫≫ C 級の非線形増幅は発生しやすい. プッシュプル増幅を用いる. 低域フィルタ（LPF）, トラップを挿入.

□ **高調波阻止用フィルタ** ≫≫ 低域フィルタ（LPF）, 基本波の減衰が小, 高調波の減衰が大. 高調波トラップは高調波に同調.

□ **送信機側の対策** ≫≫ 寄生振動防止. 過変調防止. 高調波防止の低域フィルタ. 電源に低域フィルタ. キークリック, 過変調を避ける.

□ **送信機の寄生振動防止** ≫≫ トランジスタの電極間容量が小, コレクタとベース回路の結合量が小, 中和用回路, コイルと抵抗の防止回路, 配線を短く, 部品の結合が小.

□ **低域フィルタの遮断周波数** ≫≫ 基本波より高く, 高調波より低く.

□ **送信側短波帯, 受信側超短波帯の障害** ≫≫ 短波帯基本波の障害. 受信機とアンテナ端子間に高域フィルタ（HPF）, 短波の基本波減衰, 受信周波数の超短波帯通過.

国家試験問題

問題 1

電波障害対策として, 高調波発射を防止するため送信側に用いるフィルタについての記述として, 正しいものを下の番号から選べ.

1　低域フィルタ（LPF）を用いるときは, その遮断周波数を基本波の周波数より低くする.

2　送信機で発生する第 2 または第 3 高調波等の特定の高調波の発射を防止するためのフィルタには, 高域フィルタ（HPF）を用いる.

3　フィルタの減衰量は, 基本波に対しては十分大きく, 高調波に対してはなるべく小さなものとする.

4　高調波トラップを用いるときは, その中心周波数を高調波の周波数に正しく同調させる.

 LPF は遮断周波数より低い周波数を通すんだよ. 高調波の防止には有効だね.
遮断周波数が基本波の周波数より低いと, 減衰が大きくて電波が出ていかないよ.

問題2

　次の記述は，送信機において発生することがあるスプリアス発射について述べたものである．□□□内に入れるべき字句の正しい組合せを下の番号から選べ．

(1) 寄生発射とは，送信機の発振回路が寄生振動を起こしたり，増幅器の出力側と入力側の部品や配線が結合して発振回路を形成し，希望周波数と　A　周波数が発射されることをいう．

(2) 高調波成分は，増幅器が例えばC級動作によって　B　増幅を行うときに生ずる．この高調波成分の一部が給電線や空中線から放射されることを防ぐため，給電線に　C　や高調波トラップを挿入する．

	A	B	C
1	関係のない	非直線	低域フィルタ（LPF）
2	関係のある	非直線	高域フィルタ（HPF）
3	関係のない	直線	高域フィルタ（HPF）
4	関係のある	直線	高域フィルタ（HPF）
5	関係のない	直線	低域フィルタ（LPF）

問題3

　次の記述は，アマチュア局の短波（HF）帯の基本波による電波障害を防止するため，受信機（超短波（VHF）帯）側で行う対策について述べたものである．□□□内に入れるべき字句の正しい組合せを下の番号から選べ．

(1) アマチュア局の基本波が他の超短波（VHF）帯の受信機の入力段に加わらないようにするため，　A　を受信機のアンテナ端子と給電線の間に挿入する．

(2) これによって，フィルタのカットオフ周波数以下のアマチュア局の短波（HF）帯の基本波の周波数成分を　B　させ，これ以上のVHF帯の受信周波数を　C　させて，電波障害対策を行うものである．

	A	B	C
1	低域フィルタ（LPF）	通過	減衰
2	低域フィルタ（LPF）	減衰	通過
3	高域フィルタ（HPF）	通過	減衰
4	高域フィルタ（HPF）	減衰	通過

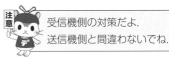

受信機側の対策だよ．
送信機側と間違わないでね．

● 解答 ●

問題1 → 4　　**問題2** → 1　　**問題3** → 4

300

8 電源

8.1 電池 重要知識

出題項目 **Check!**

□ 1 次電池，2 次電池とは
□ 各種電池の特性
□ 蓄電池の充電方式

　送信機や受信機を動作させるために必要な電圧と電流を供給する装置を電源といいます．電池は，電解液と金属の化学作用を利用して直流の電圧を発生する電源です．

　電池に負荷となる回路を接続して，電流を流して**電気エネルギーを取り出す**ことを**放電**といいます．電池には，電池の性能で決まった量の放電をすると，再び使うことができなくなってしまう**1 次電池**と，電池に外から電流を流して充電すると再び使うことができる**2 次電池**があります．**充電**は蓄電池に**電気エネルギーを蓄積**することです．

1 電池の種類

　電池の種類は，次のものがあります．

① 乾電池

　マンガン乾電池やアルカリ乾電池等があります．大きさによって単一形，単二形，単三形等の種類があります．電圧は **1.5 [V]** です．充電することはできない 1 次電池です．

② 蓄電池

　鉛蓄電池，ニッケル水素蓄電池，リチウムイオン蓄電池等があります．**鉛蓄電池**の電圧は約 2 [V]，ニッケルカドミウム蓄電池およびニッケル水素蓄電池の電圧は 1.2 [V]，**リチウムイオン蓄電池の電圧は 3.6 [V]** 程度です．これらの電池は繰り返し充電して使用することができる **2 次電池**です．

Point

鉛蓄電池

① **2 次電池**なので繰り返して充放電ができる．
② 陽極に二酸化鉛，陰極に鉛を用いて，電解液には希硫酸を使用する．
③ 1 個（単セル）当たりの公称電圧は **2.0 [V]** である．
④ **放電終止電圧**は 1.8 [V] 程度と定められている．それ以上放電すると鉛蓄電池が劣化する．
⑤ 充電終了時には，電圧は 2.8 [V] 程度にまで上昇する．

リチウムイオン蓄電池

① 2 次電池なので繰り返して充放電ができる.

② 正極に**コバルト酸リチウム**，負極に**炭素系材料**，電解液に**非水系有機電解液**.

③ 電極間に充填された非水電解液中をリチウムイオンが移動して充放電を行う.

④ **自己放電量が小さい**.

⑤ 小型軽量・高エネルギー密度である.

⑥ セル 1 個の公称電圧は **3.6〔V〕程度**.

⑦ **メモリー効果がない**ので継ぎ足し充電が可能である.

⑧ 放電特性は放電の初期から末期まで，比較的なだらかな下降曲線を描く.

⑨ 完全充電状態のとき**高温で貯蔵**すると**容量劣化**が大きい.

⑩ **過充電・過放電**すると**性能が劣化**する.

⑪ **破損・変形**による**発火の危険性**がある.

2 電池の接続

① 直列接続

図 8.1（a）のような電池の接続を直列接続といいます．電池を直列接続すると合成電圧は，接続した電池の電圧の和になりますが，電池の容量は変わりません.

② 並列接続

図 8.1（b）のような電池の接続を並列接続といいます．電池を並列接続すると合成電圧は変わりませんが，電池の容量は接続した電池の容量の和になります.

電池の電圧を高くするためには直列接続を，使用時間を長くするためには並列接続を用います.

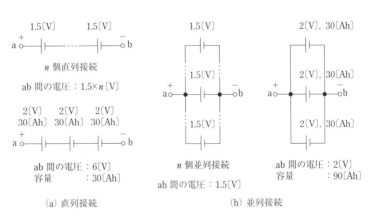

図 8.1　電池の接続

第 8 章 電源

3 電池の容量

電池に負荷を接続して電流を流すと，一定の時間電流が流れてから急に電圧が下がって電流が流れなくなります．どれだけの時間電流を流せるかの能力を電池の容量といいます．電池の容量は，放電する電流と時間の積で表されます．単位はアンペア時（記号〔Ah〕）です．通常，10時間を基準とした10時間率で表されます．

Point

容量の計算

電池の容量〔Ah〕は，放電電流〔A〕と放電時間（時：hour）〔h〕の掛け算で表される．

容量〔Ah〕＝電流〔A〕×時間〔h〕

3〔A〕の放電電流を10〔h〕時間流すことができる電池の容量は，

3〔A〕×10〔h〕＝30〔Ah〕

30〔Ah〕の容量の電池を3個，直列接続すると，30〔Ah〕（変わらない）．

30〔Ah〕の容量の電池を3個，並列接続すると，30〔Ah〕×3＝90〔Ah〕．

4 電池の内部抵抗

電池に負荷を接続して電流を流すと，電池の端子電圧が低下します．これは等価的に電池の内部に内部抵抗があると表すことができます．また，図8.2のように，同じ電圧 V〔V〕と内部抵抗 r〔Ω〕の二つの電池を直列接続すると内部抵抗は $2r$〔Ω〕となり，並列接続すると内部抵抗は $r/2$〔Ω〕となります．同じ電池の n 個直列接続では内部抵抗は個数倍の nr〔Ω〕になり，並列接続では内部抵抗は個数分の1の r/n〔Ω〕になります．

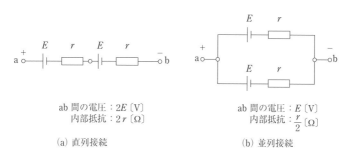

ab間の電圧：$2E$〔V〕
内部抵抗：$2r$〔Ω〕

(a) 直列接続

ab間の電圧：E〔V〕
内部抵抗：$\dfrac{r}{2}$〔Ω〕

(b) 並列接続

図8.2 電池の内部抵抗

5 浮動充電

蓄電池は充電してから負荷に接続して放電しますが，電池を負荷に接続して電流を流しながら充電する方式を浮動充電（フローティング）方式といいます．浮動充電方式は

第8章　電源

整流装置に蓄電池と負荷を並列に接続して，負荷に電流を流して電力を供給しながら蓄電池の自己放電を補う程度の小電流で充電する方式です．蓄電池は常に完全充電状態となるので，いつでも整流電源を切り離して使用することができます．負荷に流れる電流が大きくなると蓄電池から電流が供給されるので，出力電圧の変動が少なく，また，整流装置のリプル含有率が小さくなる特徴があります．

試験の直前 Check!

- □ **1次電池** ≫ 充電できない．マンガン乾電池，1.5〔V〕．アルカリ乾電池，1.5〔V〕．
- □ **2次電池** ≫ 充電できる．鉛蓄電池．ニッケル水素蓄電池．リチウムイオン蓄電池．
- □ **鉛蓄電池** ≫ 2次電池．1個（単セル）当たり2.0〔V〕．放電終止電圧1.8〔V〕．
- □ **リチウムイオン蓄電池** ≫ 2次電池．正極にコバルト酸リチウム．負極に炭素系材料．電解液に非水系有機電解液．自己放電量が小．小型軽量・高エネルギー密度．公称電圧は3.6〔V〕程度．メモリー効果がない．継ぎ足し充電できる．高温で貯蔵すると容量劣化が大きい．過充電・過放電すると性能が劣化．破損・変形による発火の危険性．

国家試験問題

問題1

次の記述は，リチウムイオン蓄電池の特徴について述べたものである．□□□内に入れるべき字句の正しい組合せを下の番号から選べ．

(1) リチウムイオン蓄電池の一般的な構造では，負極にリチウムイオンを吸蔵・放出できる □ A □ を用い，正極にコバルト酸リチウム，電解液として非水系有機電解液を用いている．

(2) 端子電圧は，通常，単セルあたり □ B □ 〔V〕程度である．

(3) 完全充電状態のリチウムイオン蓄電池を高温で貯蔵すると，容量劣化が □ C □ なる．

	A	B	C
1	金属リチウム	1.2	少なく
2	金属リチウム	3.6	大きく
3	炭素質材料	3.6	大きく
4	炭素質材料	3.6	少なく
5	炭素質材料	1.2	少なく

問題2

次の記述は，鉛蓄電池について述べたものである．□□□内に入れるべき字句の正しい組合せを下の番号から選べ．

(1) 充電と放電を繰り返して行うことができる A であり，規定の状態に充電された鉛蓄電池の1個（単セル）当たりの公称電圧は，B である．

(2) 放電終止電圧が定められており，それ以上放電すると鉛蓄電池が劣化する．この放電終止電圧は，C 程度である．

	A	B	C
1	2次電池	1.8〔V〕	1.2〔V〕
2	2次電池	2.0〔V〕	1.8〔V〕
3	2次電池	2.0〔V〕	1.2〔V〕
4	1次電池	2.0〔V〕	1.8〔V〕
5	1次電池	1.8〔V〕	1.2〔V〕

1次電池は充電できないよ．
2次電池は充電できるよ．

第8章 電源

問題3

次の記述は，鉛蓄電池の浮動充電方式について述べたものである．□□□内に入れるべき字句の正しい組合せを下の番号から選べ．

(1) 鉛蓄電池と負荷は，A ．

(2) 通常，充電は B 行われる．

(3) 停電などの非常時において，鉛蓄電池から負荷に電力を供給するときの瞬断が C ．

	A	B	C
1	停電時に接続する	間欠的に	ない
2	停電時に接続する	常時	ある
3	常時接続されている	常時	ある
4	常時接続されている	常時	ない
5	常時接続されている	間欠的に	ある

解答

問題1 → 3　**問題2** → 2　**問題3** → 4

$8._2$　整流電源 　　　　　　　　　　　　　　　 **重要知識**

出題項目 Check!

☐ 交流電圧の最大値，実効値，平均値の求め方
☐ 整流回路の種類，出力電圧の最大値，実効値，平均値の求め方
☐ 整流用ダイオードの逆方向電圧の求め方

1 整流電源回路

　トランジスタ等を動作させるためには直流の電源が必要なので，家庭用の商用電源を利用するときは，交流 (AC) を直流 (DC) に変換する整流電源回路を用います．図8.3に整流電源回路の構成を示します．

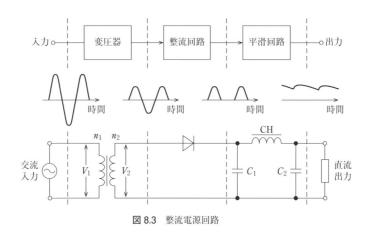

図 8.3　整流電源回路

　各部の動作は次のとおりです．

① **変圧器**（トランス）

　入力交流電圧を必要とする電圧に変換します．変圧器の1次側の巻数を n_1，2次側の巻数を n_2，1次側の電圧を V_1〔V〕，2次側の電圧を V_2〔V〕とすると次式の関係があるので電圧を変換することができます．

$$\frac{V_2}{V_1} = \frac{n_2}{n_1} \qquad より, \qquad V_2 = \frac{n_2}{n_1} \times V_1 〔V〕 \tag{8.1}$$

② **整流器**

　整流器は＋－に変化する交流電圧を，一方向の極性で変化する脈流電圧にするものです．整流器として用いられる接合ダイオードは順方向電圧を加えたときの内部抵抗が小

さく，逆方向電圧を加えたときの内部抵抗が大きいので，順方向に電流を流し，逆方向
は電流を流さない特性を利用します．

③　整流回路

　図 8.4 に整流回路を示します．図 (a) に示すように交流電圧の半周期のみを整流する
半波整流回路と，図 (b) のように＋の半周期と－の半周期で電圧の向きを変えて整流
することによって，全周期にわたって片方の極性の電圧を取り出す**全波整流回路**があり
ます．図 (c) のブリッジ整流回路の出力は全波整流回路と同じです．

　半波整流回路の出力に現れるリプル（脈流）の周波数は入力交流の周波数と同じです．
全波整流回路の出力に現れるリプル（脈流）の周波数は入力交流の周波数の 2 倍になりま
す．

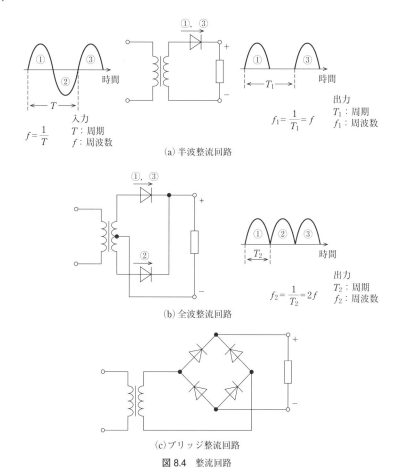

(a) 半波整流回路

(b) 全波整流回路

(c) ブリッジ整流回路

図 8.4　整流回路

第8章　電源

④　倍電圧整流回路

図 8.5 に倍電圧整流回路を示します．交流入力電圧が + の半周期①と − の半周期②のときに，整流回路に電流が流れて，コンデンサを交流電圧の最大値に充電します．このとき，図 8.5 (a) の回路では，②の電流が流れてから①の電圧が加わるように動作します．二つのコンデンサの和の電圧を出力電圧として取り出すことができるので，倍電圧整流回路の出力は交流入力電圧の最大値 V_m〔V〕の約 2 倍となります．

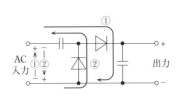

(a) 単相半波倍電圧整流回路

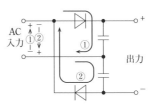

①，②は，入力電圧および電流の ± に変化する向きを表す

(b) 単相全波倍電圧整流回路

図 8.5　倍電圧整流回路

　倍電圧整流回路の出力電圧を交流電圧の実効値の V_e で表すと，$2\sqrt{2}\,V_e$ になるよ．

⑤　平滑回路

整流回路で整流された脈流はそのままでは電圧の変動が大きくて直流としては使えません．この脈流をなだらかにして直流とする回路です．図 8.3 のコンデンサ C_1，C_2は直流電圧を蓄えて，交流電流を通します．チョークコイル CH は直流電流を通して，交流電流を妨げます．

コンデンサ入力形，チョーク入力形平滑回路があります．コンデンサ入力形はチョーク入力形に比較して，比較的大きい電圧が得られる，電圧変動率が大きい，負荷電流を多く流すとリプル率が大きくなる等の特徴があります．

■2■ 整流回路の出力電圧

交流の電圧や電流は時間とともに変化しますので，一般に**直流と同じ電力を消費する**値で表されます．その値を**実効値**といいます．交流電圧の**最大値**を V_m〔V〕とすると，実効値 V_e〔V〕は次式で表されます．

$$V_e = \frac{1}{\sqrt{2}} V_m \doteqdot 0.71 \times V_m \,〔\mathrm{V}〕 \tag{8.2}$$

交流波形を平均した交流電圧を平均値といいます．**全波整流回路**の出力電圧では図 8.6 (b) で表される波形となり，**平均値** V_a〔V〕は次式で表されます．

$$V_a = \frac{2}{\pi} V_m \doteqdot 0.64 \times V_m \, [\mathrm{V}] \tag{8.3}$$

半波整流回路の平均値は，全波整流回路の平均値電圧の $\frac{1}{2}$ となるので，$\frac{1}{\pi} V_m \doteqdot 0.32 \times V_m \, [\mathrm{V}]$ となります．

交流や整流波形の最大値と実効値の比を**波高率**，**実効値と平均値の比を波形率**といいます．全波整流波形の波高率 K_p および波形率 K_f は次式で表されます．

$$K_p = \frac{V_m}{V_a} = \sqrt{2} = 1.41 \cdots \doteqdot 1.4$$

$$K_f = \frac{V_e}{V_a} = \frac{1}{\sqrt{2}} \times \frac{\pi}{2} \doteqdot \frac{3.14}{2.82} \doteqdot 1.11$$

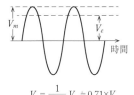

$$V_e = \frac{1}{\sqrt{2}} V_m \doteqdot 0.71 \times V_m$$

（a）入力波形

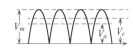

$$V_e = \frac{1}{\sqrt{2}} V_m \doteqdot 0.71 \times V_m$$

$$V_a = \frac{2}{\pi} V_m \doteqdot 0.64 \times V_m$$

（b）全波整流回路の出力波形

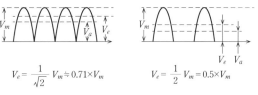

$$V_e = \frac{1}{2} V_m = 0.5 \times V_m$$

$$V_a = \frac{1}{\pi} V_m \doteqdot 0.32 \times V_m$$

（c）半波整流回路の出力波形

図 8.6　整流回路の出力波形

計算に使う数値を覚えてね．$\doteqdot$ の記号は約を表すよ．

$\sqrt{2} \doteqdot 1.4$　　$\frac{1}{\sqrt{2}} \doteqdot 0.71$　　$\pi \doteqdot 3.14$　　$\frac{1}{\pi} \doteqdot 0.32$

3 整流用ダイオードの逆方向電圧

図 8.7 に示す**半波整流回路**では，入力交流電圧が正の半周期にコンデンサに電流が流れて，コンデンサは入力交流電圧の最大値 $V_m \, [\mathrm{V}]$ に充電されます．次に負の半周期には，充電電圧と入力電圧の和が，整流用のダイオードに逆方向電圧として加わります．このとき，**ダイオードに加わる逆電圧の最大値**は，次式で表されます．

$$V_D = 2V_m = 2\sqrt{2} \, V_e \, [\mathrm{V}] \tag{8.4}$$

ただし，$V_e \, [\mathrm{V}]$：入力交流電圧の実効値

全波整流回路も同じ逆方向電圧が加わります．**ブリッジ整流回路**は入力交流電圧の正の半周期と負の半周期において，それぞれ二つのダイオードが直列接続された状態となるので，一つのダイオードに加わる逆電圧の最大値は $V_D = V_m = \sqrt{2} \, V_e \, [\mathrm{V}]$ となります．

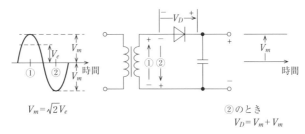

$$V_m = \sqrt{2}\,V_e$$

②のとき
$$V_D = V_m + V_m$$

図 8.7　半波整流回路

コンデンサに電圧を加えると電流が流れて電荷がたまるよ．そのとき，交流の最大値まで電圧が増えるんだね．負荷がなければ電流が流れないので電圧はそのままだよ．

Point

コンデンサの端子電圧

　半波整流回路および全波整流回路の出力にコンデンサを接続したとき，抵抗回路等の**負荷を接続しない場合（無負荷）**は入力交流電圧の**最大値** V_m〔V〕が出力電圧となる．実効値を V_e〔V〕とすると，出力電圧 V_0〔V〕は次式で表される．
$$V_0 = V_m = \sqrt{2}\,V_e\,\text{〔V〕}$$

試験の直前 Check!

☐ **交流電圧** ≫ 一般に実効値で表す．$V_e = \dfrac{1}{\sqrt{2}} V_m \fallingdotseq 0.71 V_m$，　V_m：最大値

☐ **交流電圧の平均値，全波整流回路の平均値電圧** ≫ $V_a = \dfrac{2}{\pi} V_m \fallingdotseq 0.64 V_m$

☐ **倍電圧整流回路の出力電圧** ≫ 出力にコンデンサを接続，無負荷．$V_0 = 2V_m = 2\sqrt{2}\,V_e$

☐ **半波整流回路の平均値電圧** ≫ $V_a = \dfrac{1}{\pi} V_m \fallingdotseq 0.32 V_m$

☐ **半波整流回路の出力電圧** ≫ 出力にコンデンサを接続，無負荷．$V_0 = V_m = \sqrt{2}\,V_e$

☐ **全波整流波形の波高率，波形率** ≫ $K_p = \sqrt{2} \fallingdotseq 1.4$　．　　$K_f = \dfrac{\pi}{2\sqrt{2}} \fallingdotseq 1.11$

☐ **ダイオードの逆方向電圧** ≫ 半波，全波：$V_D = 2V_m = 2\sqrt{2}\,V_e$，ブリッジ：$V_D = V_m = \sqrt{2}\,V_e$

国家試験問題

問題1

図に示す整流回路における端子 ab 間の電圧の値として，最も近いものを下の番号から選べ．ただし，電源は実効値電圧 500〔V〕の正弦波交流とし，また，ダイオード D の順方向の抵抗は零，逆方向の抵抗は無限大とする．

1　　700〔V〕
2　　1,000〔V〕
3　　1,400〔V〕
4　　1,700〔V〕
5　　2,000〔V〕

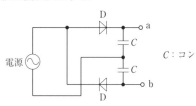

C：コンデンサ

一つのコンデンサの電圧は実効値の$\sqrt{2}$倍で，出力は同じ極性で足されるからその2倍の$2\sqrt{2}$倍だね．

解説

図の回路は倍電圧整流回路です．交流入力の実効値を V_e〔V〕とすると，出力電圧 V〔V〕は次式で表されます．

$$V = 2\sqrt{2}\,V_e$$
$$\fallingdotseq 2 \times 1.4 \times 500 = 1,400 \,〔V〕$$

問題2

図に示す変圧器 T，ダイオード D およびコンデンサ C で構成される全波整流回路において，T の2次側実効値電圧が各 100〔V〕の単一正弦波であるとき，無負荷のときの各ダイオード D に印加される逆方向電圧の最大値として，最も近いものを下の番号から選べ．ただし，各ダイオード D の特性は同一とする．

1　　100〔V〕
2　　140〔V〕
3　　200〔V〕
4　　280〔V〕
5　　300〔V〕

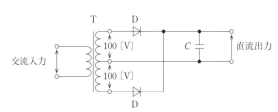

解説

　二つのダイオードは交流電圧の正負によって，交互に動作して導通します．各ダイオードに加わる逆方向電圧の最大値 V_D〔V〕は，交流入力の実効値を V_e〔V〕とすると，次式で表されます．

$$V_D = 2\sqrt{2}\,V_e$$
$$\fallingdotseq 2 \times 1.4 \times 100 = 280 \ \text{〔V〕}$$

半波整流回路も出てるよ．コンデンサの電圧は交流電圧の最大値になるので，逆方向電圧の最大値は全波整流回路と同じ値になるよ．

問題3

　図に示すダイオード D およびコンデンサ C で構成される整流回路において，交流入力が実効値 12〔V〕の単一正弦波であるとき，無負荷のときの各ダイオード D に印加される逆方向の電圧の最大値として，最も近いものを下の番号から選べ．ただし，各ダイオード D の特性は同一とする．

1　12〔V〕
2　17〔V〕
3　24〔V〕
4　34〔V〕
5　36〔V〕

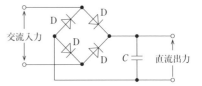

$\sqrt{2} \fallingdotseq 1.4$ だよ．試験問題に書いてあることもあるよ．対になっているダイオードが交流の正負によって，二つずつ導通するのでダイオードの直列接続になるから，一つのダイオードの逆方向電圧は半分になるね．

解説

　交流入力の正負が変わると対辺のダイオード D の二つが順方向と逆方向のとき交互に動作します．逆方向電圧の最大値 V_D〔V〕が加わるのは，コンデンサ C が交流入力の正の半サイクルで最大値まで充電されていて，かつ，負の半サイクルが最大値になったときです．回路に直列に接続されている各ダイオードには $V = V_D/2$ の電圧が加わるので，交流入力の実効値を V_e〔V〕とすると，次式で表されます．

$$V = \frac{V_D}{2} = \frac{2\sqrt{2}\,V_e}{2} \fallingdotseq 1.4 \times 12 \fallingdotseq 17 \ \text{〔V〕}$$

問題4

図1に示す単相ブリッジ形全波整流回路において，ダイオード D_4 が断線して開放状態となった．このとき図2に示す波形の電圧を入力した場合の出力の波形として，正しいものを下の番号から選べ．ただし，図1のダイオード D_1〜D_4 は，すべて同一特性のものとする．

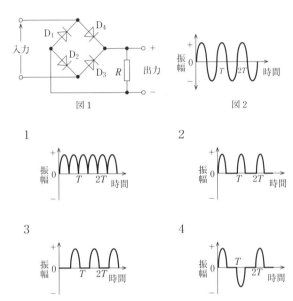

図1   図2

1   2

3   4

 D_4 が断線すると，D_1 と D_3 が動作する半波整流回路になるけど，ダイオードの極性に注意してね．

解説

図1の D_4 が断線すると図2の交流入力電圧の＋の半周期は，R に電流が流れなくなるので出力されません．交流入力電圧の－の半周期は，下側の入力端子→ D_3 → R → D_1 →上側の入力端子の経路を通って電流が流れます．このとき，R には＋の半周期となって出力されるので選択肢の3の出力波形になります．

解答

問題1 → 3   問題2 → 4   問題3 → 2   問題4 → 3

8.3 定電圧電源・電源装置 （重要知識）

出題項目 Check!
- ☐ 電圧変動率の求め方
- ☐ リプル率の求め方
- ☐ 電圧分割器の抵抗値の求め方
- ☐ 定電圧電源回路の構成と動作
- ☐ スイッチング電源回路，コンバータの動作と特徴
- ☐ チョッパ型DC−DCコンバータの動作原理と分類

1 電圧変動率

無負荷のときの出力電圧を V_0〔V〕，定格負荷のときの出力電圧を V_L〔V〕とすると**電圧変動率** ε〔%〕は，次式で表されます.

$$\varepsilon = \frac{V_0 - V_L}{V_L} \times 100 \,\text{〔%〕} \tag{8.5}$$

> 定格負荷の電圧を基準（分母）とするよ.

2 リプル率

平滑回路を通った整流電源の電圧には，交流成分のいくらかが含まれています. 出力電圧の交流分と直流分の比をリプル率あるいはリプル含有率といいます. 出力の直流電圧を V_D〔V〕，交流分の実効値を V_e〔V〕とすると，**リプル率** γ〔%〕は次式で表されます.

$$\gamma = \frac{V_e}{V_D} \times 100 \,\text{〔%〕} \tag{8.6}$$

3 電圧分割器

直流電源回路の出力電圧は一定の電圧なので，送受信機等の各部の回路に異なる電圧を供給するときは図8.8のような電圧分割器が用いられます. この回路をブリーダ回路と呼び，各抵抗をブリーダ抵抗，抵抗を流れる電流をブリーダ電流といいます. 抵抗による電圧の分割回路は，出力電流があまり変化しない負荷が接続されてる場合に用いられます.

各ブリーダ抵抗およびブリーダ電流の値は，図8.8の各部の電圧および電流から，次式によって求めることができます.

$$I = I_1 + I_0 \,\text{〔A〕} \tag{8.7}$$

$$I_1 = I_2 + I_A \,\text{〔A〕} \tag{8.8}$$

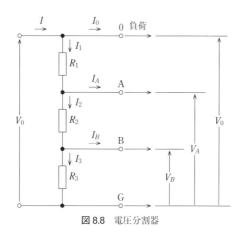

図 8.8 電圧分割器

$$I_2 = I_3 + I_B \,〔A〕 \tag{8.9}$$

$$R_1 = \frac{V_0 - V_A}{I_1} \,〔\Omega〕 \tag{8.10}$$

$$R_2 = \frac{V_A - V_B}{I_2} \,〔\Omega〕 \tag{8.11}$$

$$R_3 = \frac{V_B}{I_3} \,〔\Omega〕 \tag{8.12}$$

試験問題は，I_1，I_2，I_3 の値が書いてないので，R_3 から求めていくよ.

▌4▐ 定電圧回路

　整流電源等に接続する負荷にたくさんの電流を流すと出力電圧が下がってしまいます. 負荷や入力電圧が変化しても出力電圧を一定にするために用いられる回路を定電圧回路といいます. **ツェナーダイオード**（定電圧ダイオード）を用いた定電圧回路を図8.9に示します. ツェナーダイオードは**逆方向電圧**を加えて電圧を増加させると，ある電圧で急に大きな電流が流れ，電圧が一定になる特性を持っています. この特性を利用して定電圧回路に用いられます. 無負荷のときにツェナーダイオードに流れる電流 I_D〔A〕は安定抵抗 R〔Ω〕の値によって求めることができます. 負荷を接続するとツェナーダイオードに流れる電流は減少し，その分の電流が負荷に流れます. 負荷を流れる電流 I_L〔A〕が I_D〔A〕の範囲において，**負荷の電圧を一定にする**ことができます.

　図8.9の定電圧回路において，ツェナーダイオードの定格電圧を V_Z〔V〕，

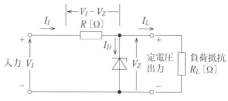

図 8.9　ツェナーダイオードを用いた定電圧回路

315

許容電力を P_D〔W〕とすると，ツェナーダイオードに流すことができる最大電流 $I_{D\max}$〔A〕は，次式で表されます.

$$I_{D\max} = \frac{P_D}{V_Z} \text{〔A〕} \tag{8.13}$$

式 (8.13) の $I_{D\max}$ は出力側の負荷に流し得る最大電流 $I_{L\max}$ に等しいので，入力電圧を V_I〔V〕とすると，安定抵抗 R〔Ω〕は，次式によって求めることができます.

$$R = \frac{V_I - V_Z}{I_{L\max}} \text{〔Ω〕} \tag{8.14}$$

無負荷のときにツェナーダイオードに流れている電流が，負荷をつなぐと負荷に流れるんだよ. だから，その範囲で安定になるよ. それを超えると安定しないよ.

Point

負荷の変化と各部の電流

　無負荷のときツェナーダイオードを流れる電流が最大なので，そのときツェナーダイオードの消費電力も最大となる. 負荷を流れる電流が最大のときに，ツェナーダイオードを流れる電流は最小となる. 安定抵抗を流れる電流は負荷電流に関係しない.

ツェナーダイオードとトランジスタ増幅回路を用いて定電圧回路を構成すると，より安定で電圧変動率の低い定電圧回路とすることができます.

図 8.10 (a) にトランジスタ増幅回路を用いた直列形定電圧回路，図 8.10 (b) に並列形定電圧回路を示します.

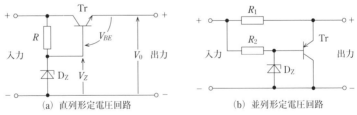

図 8.10　トランジスタを用いた定電圧回路

図 8.10 (a) の直列形定電圧回路において，NPN トランジスタにはベースからエミッタ方向に電流が流れるので，V_{BE} はベース側が + でエミッタ側が − の電圧の向きに電圧が発生します. この電圧はベース・エミッタ間の動作電圧だから 0.6〔V〕程度のほぼ一定な電圧となります. 出力電圧 V_0 は，ツェナーダイオードの電圧 V_Z より V_{BE} だけ低い電圧となります.

　出力電圧 V_0 が低下すると，トランジスタ Tr のベース電圧はツェナーダイオードにより一定電圧 V_Z に保たれているので，ベース・エミッタ間電圧 V_{BE} の大きさが**増加します**．したがって，ベース電流およびコレクタ電流が増加して，出力電圧を上昇させます．また，反対に V_0 が上昇するとこの逆の動作をして，V_0 は常に一定電圧となります．過負荷または出力が短絡するとトランジスタに過大な電流が流れるので，一定以上の電流が流れたときに電流を制限する過電流の**保護回路が必要**です．図 8.10 (b) の並列形定電圧回路は保護回路が必要ありません．

　制御形電源回路は安定抵抗やトランジスタの損失が大きいので，トランジスタを損失の少ないスイッチング動作をさせることによって効率を改善した回路に**スイッチング電源回路（スイッチング・レギュレータ）**があります．スイッチング電源回路はトランジスタをスイッチのように用いて，出力電圧と基準電圧の誤差信号に応じて，**スイッチのオン・オフする時間を制御**することにより，平均出力電圧を制御します．次にパルス状の出力電圧を**平滑回路**によって平滑して直流電圧とします．スイッチング電源回路は，**効率は良いが雑音が出やすい**特徴があります．

5 電源装置

① インバータ

　直流を交流に変換する装置です．トランジスタ発振回路と変圧器等で構成されています．

② コンバータ

　直流の電圧を変換する装置です．DC–DC コンバータはインバータに変圧器，整流回路，平滑回路を取り付けた構成です．直流を交流に変換して，変圧器で異なる電圧としてから，整流電源で直流にする回路です．

　チョッパ型 DC–DC コンバータは，直流入力電圧をパルス電圧に変換し，コイルとコンデンサの平滑回路によって直流出力電圧とします．このときパルス電圧の幅を制御することにより，出力電圧を安定にします．直流入力電圧よりも低い電圧を出力する**降圧型**と，直流入力電圧よりも高い電圧を出力することができる**昇圧型**があります．

第8章　電源

317

試験の直前 Check!

- [ ] **電圧変動率** >> $\varepsilon = \dfrac{V_0 - V_L}{V_L} \times 100$ 〔%〕

- [ ] **リプル率** >> $\gamma = \dfrac{V_e}{V_D} \times 100$ 〔%〕

- [ ] **電圧分割器** >> 抵抗の分圧によって電圧を分割.

- [ ] **定電圧回路** >> ツェナーダイオードを用いる. 負荷電流増加:ツェナー電流減少. 無負荷:ツェナー電流最大, ツェナーダイオードの電力最大. 負荷電流最大:ツェナー電流最小, ツェナーダイオードの電力最小. 安定抵抗の電流は負荷電流に関係しない.

- [ ] **定電圧回路の安定抵抗** >> $R = \dfrac{V_I - V_Z}{I_{L\max}}$

- [ ] **定電圧回路の最大負荷電流** >> $I_{L\max} = I_{D\max} = \dfrac{P_D}{V_Z}$

- [ ] **直列形定電圧回路の出力電圧** >> $V_0 = V_Z - V_{BE}$

- [ ] **直列形定電圧回路の動作** >> V_Z は一定. V_0 が低下すると V_{BE} が増加して一定.

- [ ] **並列形定電圧回路の動作** >> V_Z は一定. V_0 が増加すると V_{BE} が増加して一定.

- [ ] **過電流の保護回路** >> 直列形定電圧回路は必要. 並列形定電圧回路は不要.

- [ ] **スイッチング電源回路** >> オン・オフ時間制御, 平均出力電圧制御. 効率が良い. 雑音が出やすい.

- [ ] **チョッパ型 DC−DC コンバータの出力電圧** >> 降圧型は直流入力電圧よりも低い. 昇圧型は直流入力電圧よりも高い.

国家試験問題

問題 1

無負荷のときの出力電圧が 205〔V〕および定格負荷のときの出力電圧が 200〔V〕である電源装置の電圧変動率の値として,正しいものを下の番号から選べ.

1 2.5〔%〕   2 3.0〔%〕   3 4.0〔%〕   4 4.5〔%〕   5 5.0〔%〕

解説

無負荷のときの出力電圧を V_0〔V〕,定格負荷のときの出力電圧を V_L〔V〕とすると,電圧変動率 ε〔%〕は次式で表されます.

$$\varepsilon = \frac{V_0 - V_L}{V_L} \times 100 = \frac{205 - 200}{200} \times 100$$

$$= \frac{500}{200} = 2.5 \text{〔%〕}$$

εはギリシャ文字でイプシロンと読むよ.

記号式を答える問題も出るよ.

問題2

電源の出力波形が図のように示されるとき，この電源のリプル率（リプル含有率）の値として，最も近いものを下の番号から選べ．ただし，リプルの波形は単一周波数の正弦波とする．

1　1.5〔%〕

2　2.1〔%〕

3　3.0〔%〕

4　4.2〔%〕

5　6.0〔%〕

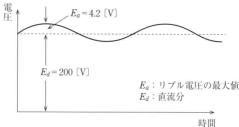

$E_a = 4.2$〔V〕

$E_d = 200$〔V〕

E_a：リプル電圧の最大値
E_d：直流分

電圧

時間

リプル電圧は実効値にしてからリプル率を計算してね．
実効値は最大値の $\dfrac{1}{\sqrt{2}} ≒ \dfrac{1}{1.4}$ だよ．

解説

リプルの波形は題意より正弦波なので，リプル電圧の最大値が E_a〔V〕のときのリプル電圧の実効値 V_e〔V〕は次式で表されます．

$$V_e = \frac{E_a}{\sqrt{2}}$$

$$= \frac{4.2}{\sqrt{2}} ≒ \frac{4.2}{1.4} = 3 \text{〔V〕}$$

直流電圧を E_d〔V〕とするとリプル率 γ〔%〕は次式で表されます．

$$\gamma = \frac{V_e}{E_d} \times 100$$

$$= \frac{3}{200} \times 100 = 1.5 \text{〔%〕}$$

γ はギリシャ文字でガンマと読むよ．

問題 3

　図に示すツェナーダイオード D_Z を用いた定電圧回路の，安定抵抗 R の値および負荷抵抗 R_L に流し得る電流 I_L の最大値 $I_{L\text{max}}$ の組合せとして，適切なものを下の番号から選べ．ただし，直流入力電圧は 8〔V〕，ツェナーダイオード D_Z の規格はツェナー電圧が 4〔V〕，許容電力が 1〔W〕とする．また，R の許容電力は十分大きいものとする．

	R	$I_{L\text{max}}$
1	64〔Ω〕	500〔mA〕
2	32〔Ω〕	250〔mA〕
3	32〔Ω〕	500〔mA〕
4	16〔Ω〕	250〔mA〕
5	16〔Ω〕	500〔mA〕

直流入力電圧 8〔V〕

無負荷（$I_L=0$）のときにツェナーダイオードを
流れる電流と $I_{L\text{max}}$ は同じ値だよ．

解説

　ツェナーダイオードのツェナー電圧を V_Z〔V〕，許容電力を P_D〔W〕とすると，負荷に流すことができる最大電流 $I_{L\text{max}}$〔A〕は次式で表されます．

$$I_{L\text{max}} = \frac{P_D}{V_Z}$$

$$= \frac{1}{4}$$

$$= 0.25\text{〔A〕} = 250\text{〔mA〕}\quad(I_{L\text{max}}\text{ の答})$$

次に，入力電圧を V_I〔V〕とすると，安定抵抗 R〔Ω〕は次式で表されます．

$$R = \frac{V_I - V_Z}{I_{L\text{max}}}$$

$$= \frac{8-4}{0.25}$$

$$= \frac{4}{0.25} = \frac{16}{1} = 16\text{〔Ω〕}\quad(R\text{ の答})$$

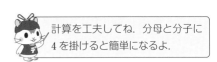

計算を工夫してね．分母と分子に
4 を掛けると簡単になるよ．

問題4

次の記述は，図に示す直列形定電圧回路の一例について述べたものである．　　内に入れるべき字句の正しい組合せを下の番号から選べ．

(1) 出力電圧 V_0 は，V_Z より V_{BE} だけ　A　電圧である．

(2) 何らかの原因 (例えば，負荷電流の急激な増加等) により，出力電圧 V_0 が低下すると，トランジスタ Tr のベース電圧はツェナーダイオード D_Z により一定電圧 V_Z に保たれているので，ベース・エミッタ間電圧 V_{BE} の大きさが　B　する．したがって，ベース電流およびコレクタ電流が増加して，出力電流を増加させ，出力電圧の低下を抑える．また，反対に出力電圧 V_0 が上昇するとこの逆の動作をして，出力電圧は常に一定電圧となる．

(3) 過負荷または出力の短絡に対する，トランジスタ Tr の保護回路が　C　である．

	A	B	C
1	高い	増加	必要
2	高い	減少	不要
3	低い	増加	不要
4	低い	減少	不要
5	低い	増加	必要

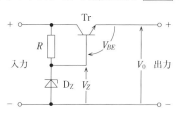

電圧の矢印の向きに注意すれば，「高い」か「低い」か分かるね．出力が短絡すると，Tr にいっぱい電流が流れて壊れちゃうから，保護回路が必要だね．

問題5

　次の記述は，図に示すチョッパ型 DC – DC コンバータの動作原理について，述べたものである．□□□内に入れるべき字句の正しい組合せを下の番号から選べ．なお，同じ記号の□□□内には同じ字句が入るものとする．

(1)図の回路では，Tr のベースに加える　A　を変化させ Tr を制御することにより，出力電圧を安定化させている．

(2)Tr が導通（ON）になっている時間に，　B　にエネルギーが蓄積され，Tr が導通（ON）から非導通（OFF）になると，　B　に蓄積されたエネルギーによって生じた電圧と直流入力の電圧が重畳され，D を通って R_L に電力が供給される．

(3)R_L にかかる出力電圧は，直流入力の電圧より高くすることが　C　．

	A	B	C
1	パルス幅	C	できる
2	パルス幅	L	できる
3	パルス幅	L	できない
4	電圧値	L	できない
5	電圧値	C	できない

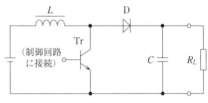

Tr：スイッチング素子　　　L：チョークコイル
D：ダイオード　　　　　　C：コンデンサ
R_L：負荷抵抗　　　　　　　┤├：直流入力

　L に蓄積されたエネルギーによる電圧と直流入力電圧が加わるので，出力電圧は直流入力電圧より高くすることができる昇圧形の回路だよ．

　出力電圧が入力電圧よりも低い降圧形も出るよ．
　スイッチング素子は入力から出力の間に直列に接続されているよ．

● **解答** ●

問題1→ 1　**問題2**→ 1　**問題3**→ 4　**問題4**→ 5　**問題5**→ 2

9 アンテナと給電線

9.1 電波・アンテナの特性 〔重要知識〕

出題項目 Check!

- ☐ アンテナの共振と延長コイル，短縮形アンテナの種類
- ☐ 実効高と受信機入力電圧の求め方
- ☐ 放射電力，利得，放射効率の求め方
- ☐ 指向特性の表し方
- ☐ 接地方式の種類，放射効率を上げる接地の方法

1 電波の特性

(1) 電波の発生

空中に張られた導線（アンテナ）に高周波電流を流すと電波が発生します．電波は電界と磁界の波が空間を伝わっていく波で電磁波ともいいます．電波は光と同じ電磁波なので真空中の自由空間を伝わる**電波の速度**は 30 万〔km/s〕$=3\times10^8$〔m/s〕です．電波の波長は光より長いので，光より波としての性質が多く表れます．

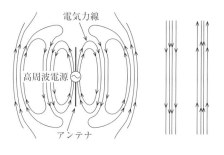

宇宙空間みたいに何もないところを自由空間というよ．

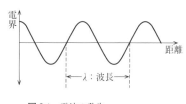

図 9.1 電波の発生

(2) 波長

高周波電源は，時間とともに周期的に大きさと向きが変化します．高周波電源によって発生する電波の電界は，時間とともに大きさと向きが周期的に変化する波となります．ある時刻のときの電波の電気力線は図 9.1 のようになります．このとき電界の一つの周期が繰り返す長さを波長（単位：メートル〔m〕）といいます．

電波の**周波数**を f〔Hz〕とすると，**波長** λ〔m〕は次式で表されます．

$$\lambda = \frac{3\times10^8}{f}\text{〔m〕} \qquad \text{または，} \qquad f = \frac{3\times10^8}{\lambda}\text{〔Hz〕} \qquad (9.1)$$

ここで，周波数を f〔MHz〕とすると，次式で表すことができます．

第9章 アンテナと給電線

323

$$\lambda = \frac{300}{f \, (\mathrm{MHz})} \, (\mathrm{m}) \qquad または, \qquad f = \frac{300}{\lambda} \, (\mathrm{MHz}) \tag{9.2}$$

単位の M（メガ）は，10^6 を表すよ.
$1 \, (\mathrm{MHz}) = 1 \times 10^6 \, (\mathrm{Hz}) = 1{,}000{,}000 \, (\mathrm{Hz})$ だよ.

(3) 偏波

図 9.2 (a) のように大地に垂直に取り付けたアンテナからは，大地に垂直に電気力線が発生します．電界も大地に垂直になります．このように電界が大地に垂直な電波を垂直偏波といいます．また，図 9.2 (b) のように大地に水平に取り付けたアンテナからは，大地に平行な電界を持つ電波が発生します．これを水平偏波といいます．

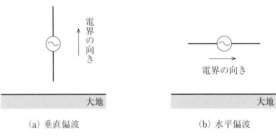

(a) 垂直偏波　　　　　　　　　(b) 水平偏波

図 9.2　偏波

2 アンテナの特性

(1) アンテナの共振

アンテナに給電する高周波電源の周波数を変化させると，直列共振回路と同じように，ある周波数で電流が最大になります．このときアンテナが共振したといいます．アンテナの共振は共振周波数の奇数倍の周波数でも起きますが，共振する最低の周波数を固有周波数，その波長を固有波長といいます．図 9.3 (a) の 1/4 波長垂直接地アンテナでは，アンテナの長さが 1/4 波長のとき共振します．

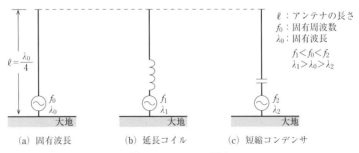

(a) 固有波長　　　　(b) 延長コイル　　　(c) 短縮コンデンサ

図 9.3　アンテナの共振

(2) 延長コイル，短縮コンデンサ

図9.3 (b) のように，**使用する電波の波長** λ_1〔m〕**がアンテナの固有波長** λ_0〔m〕**より長い場合**（使用する電波の周波数 f_1〔MHz〕がアンテナの固有周波数 f_0〔MHz〕より低い場合）は，アンテナ回路に**直列に延長コイルを挿入**してアンテナの電気的長さを長くして共振させます．

図9.3 (c) のように，使用する電波の波長 λ_2〔m〕がアンテナの固有波長 λ_0〔m〕より短い場合（使用する電波の周波数 f_2〔MHz〕がアンテナの固有周波数 f_0〔MHz〕より高い場合）は，アンテナ回路に直列に短縮コンデンサを挿入してアンテナの電気的長さを短くして共振させます．

Point

短縮形アンテナ

アンテナ素子の途中に**延長コイル**（ローディングコイル）を挿入したアンテナを**短縮形アンテナ**という．アンテナの中央部にローディングコイルを挿入したものを**センターローディング形**アンテナ，基部に挿入したものを**ボトムローディング形**アンテナという．また，アンテナの頂部に容量冠（環）や延長コイルを挿入した短縮形アンテナを**トップローディング形**アンテナという．

(3) 放射抵抗

アンテナは空間にエネルギーとして電波を放射するのでこれを高周波電源側から見ると，抵抗の接続された回路と同じように計算することができます．この抵抗を放射抵抗といいます．**アンテナから放射される電力** P_R〔W〕は，**放射抵抗**を R_R〔Ω〕，**アンテナ電流**を I〔A〕とすると次式で表されます．

$$P_R = R_R I^2 \text{〔W〕} \tag{9.3}$$

(4) 電流分布，電圧分布

アンテナ素子（導線）に高周波を給電すると，アンテナ素子上の電流と電圧の大きさはその位置によって異なります．アンテナを固有周波数で共振させたときの電流と電圧の状態は図9.4のようになります．このようなアンテナ上の分布を定在波と呼び，これを電流分布，電圧分布といいます．定在波が発生するアンテナを**定在波アンテナ**といいます．

325

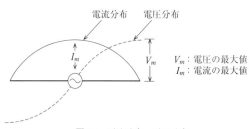

図9.4　電流分布，電圧分布

V_m：電圧の最大値
I_m：電流の最大値

(5) 実効高 (実効長)

アンテナの電流分布を均等なものとして扱ったときのアンテナの等価的な長さを実効高または実効長といいます．実効高はアンテナに誘起する受信電圧を求めるときに用います．電界強度を E〔V/m〕，アンテナの実効高を h_e〔m〕とすると，**アンテナに誘起する起電力 V〔V〕は，次式で表されます．**

$$V = Eh_e \text{〔V〕} \tag{9.4}$$

> 起電力は発生する電圧のことだよ．

アンテナの長さが $\lambda/2$ の**半波長ダイポールアンテナの実効長**は λ/π，長さが $\lambda/4$ の垂直接地アンテナの実効高は $\lambda/(2\pi)$ です．

アンテナに受信機等の負荷を接続したときは，図9.5のような等価回路で表されます．受信機の入力抵抗を R_I〔Ω〕とすると，受信機の入力電圧 V_I〔V〕は次式で表されます．

$$V_I = \frac{R_I}{R_R + R_I} V \text{〔V〕} \tag{9.5}$$

受信機に最大電力が供給されるのは，アンテナの放射抵抗 R_R〔Ω〕と受信機の入力抵抗 R_I〔Ω〕が**整合されている**ときなので，$R_R = R_I$ の関係となります．このとき，受信機の入力電圧 $V_I = V/2$〔V〕となります．

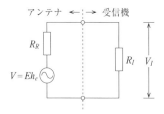

図9.5　受信機の入力電圧

(6) 指向性 (指向特性)

アンテナから電波を放射したり受信したりするとき電波の強さは，アンテナの向きによって異なります．そのようすを表したものを指向性といいます．図9.2 (a) の垂直に

取り付けた半波長ダイポールアンテナなどの水平面指向性は全方向性です.

　図 9.6 の指向特性において，最大放射方向の主放射を主ローブ，それ以外の放射を副ローブといいます．主ローブの**電界強度が最大方向の値の** $1/\sqrt{2}$（放射電力比では $1/2$）になる二つの方向で挟まれた角度 θ を**半値角**または**ビーム幅**と呼びます.

　最大放射方向の電界強度を E_f，反対方向の電界強度を E_b とすると，それらの比を**前後比**と呼び，前後比 F_B は次式で表されます.

$$F_B = \frac{E_f}{E_b} \tag{9.6}$$

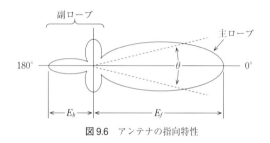

図 9.6　アンテナの指向特性

E_b は最大放射方向から $180° \pm 60°$ の範囲にある最大の副ローブの電界強度の値です.

等方性アンテナは，全ての方向に同じ強さで電波を放射する理想的なアンテナで，その指向性は無指向性というよ．それ以外はみんな指向性があるので水平面や垂直面のどちらかで指向性を持たないアンテナの場合は全方向性というよ.

(7) 利得

　基準アンテナと比較して，どのくらい強く電波を送受信することができるかのことです．基準アンテナとしては半波長ダイポールアンテナ等が用いられます.

　アンテナの最大放射方向に同一距離離れた点において，基準アンテナと測定するアンテナからの電界強度が同じとき，基準アンテナの放射電力を P_0〔W〕，測定するアンテナの放射電力を P〔W〕とすると，測定する**アンテナの利得** G は，次式で表されます.

$$G = \frac{P_0}{P} \tag{9.7}$$

普通の式は基準となる値は分母なのだけど，アンテナの利得は分子だよ．送信機から供給する放射電力が小さいと利得が大きいんだよ.

Point

絶対利得と相対利得

　基準アンテナを**等方性アンテナ**にしたときの利得を**絶対利得**, 半波長ダイポールアンテナにしたときの利得を**相対利得**という. 等方性アンテナは全方向に対して無指向性の理想的なアンテナである. **半波長ダイポールアンテナの絶対利得は1.64**(真数), dBで表すと約2.15〔dB〕である.

dB値

　アンテナの利得は, 電力比で表される. 国家試験に出題される値を次に示す.
2倍：3〔dB〕, 4倍：6〔dB〕, 5倍 (10/2)：10-3=7〔dB〕,
8倍 (2×4)：3+6=9〔dB〕, 10倍：10〔dB〕, 16倍 (4×4)：6+6=12〔dB〕

真数の掛け算はdBの足し算,
真数の割り算はdBの引き算だよ.

(8) 放射効率

　アンテナに供給される電力をP〔W〕, アンテナから放射される電力をP_R〔W〕, アンテナの**放射抵抗**をR_R〔Ω〕, **損失抵抗**をR_L〔Ω〕とすると, **放射効率**ηは次式で表されます.

$$\eta = \frac{P_R}{P} = \frac{R_R}{R_R + R_L} \tag{9.8}$$

　損失抵抗には, アンテナの導体抵抗, 接地抵抗, 誘電体損等があります.

Point

放射効率の改善

　アンテナ素子の**導体抵抗を小さくする**. アンテナを支持する誘電体等の**誘電損を小さくする**. 接地アンテナでは, アンテナの実効高を高くして**放射抵抗をできるだけ大きくする**. 大地の**導電率がなるべく大きい土地にアンテナを設置して接地抵抗を小さくする**, 等の方法がある.
　乾燥地等大地の**導電率が小さい所では接地抵抗を小さくする**ことが困難なので, 地上に導線や導体網を張り, これらと大地との容量を通して接地効果を得る**カウンターポイズ**が用いられる.

試験の直前 Check!

□ **波長** ≫ $\lambda = \dfrac{300}{f[\text{MHz}]}$ 〔m〕

□ **延長コイル** ≫ アンテナの固有波長より使用する電波の波長が長い.

□ **短縮形アンテナ** ≫ ローディングコイルを挿入する位置により，センターローディング形，ボトムローディング形，トップローディング形.

□ **放射電力** ≫ $P_R = R_R I^2$

□ **実効高 h_e のアンテナの誘起電圧** ≫ $V = E h_e$，半波長ダイポールアンテナ $h_e = \lambda / \pi$

□ **整合しているときの受信機入力電圧** ≫ $V_I = \dfrac{V}{2}$

□ **指向特性** ≫ ビーム幅または半値角：電界強度が最大方向の $1/\sqrt{2}$ の角度.
前後比 $F_B = \dfrac{E_f}{E_b}$，E_f：最大放射方向の電界強度，E_b：反対方向の電界強度

□ **利得** ≫ $G = \dfrac{P_0}{P}$，　4倍：6〔dB〕，　5倍：7〔dB〕，　8倍：9〔dB〕，　16倍：12〔dB〕

□ **利得の基準アンテナ** ≫ 絶対利得：等方性アンテナが基準．相対利得：半波長ダイポールアンテナが基準.

□ **等方性アンテナの絶対利得** ≫ 1（真数），0〔dB〕

□ **半波長ダイポールアンテナの絶対利得** ≫ 1.64（真数），2.15〔dB〕

□ **放射効率** ≫ $\eta = \dfrac{R_R}{R_R + R_L}$

□ **放射効率改善** ≫ 導体抵抗を小．誘電損を小．放射抵抗を大．土地の導電率を大．接地抵抗を小.

□ **カウンターポイズ** ≫ 乾燥地，導電率が小さい所．地上に導線や導体網，大地との容量を通して接地効果.

国家試験問題

問題1

周波数が7〔MHz〕，電界強度が30〔mV/m〕の電波を半波長ダイポールアンテナで受信したとき，図の等価回路に示すようにアンテナに接続された受信機の入力端子a−b間の電圧として，最も近いものを下の番号から選べ．ただし，アンテナ等の損失はないものとし，アンテナと受信機入力回路は整合しているものとする．また，アンテナの最大指向方向は，到来電波の方向に向けられているものとする．

1　25〔mV〕
2　50〔mV〕
3　100〔mV〕
4　150〔mV〕
5　200〔mV〕

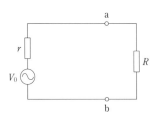

r ：アンテナの入力抵抗
V_0 ：アンテナの誘起電圧
R ：受信機の入力抵抗

 整合しているときの入力電圧は，アンテナの誘起電圧の $\dfrac{1}{2}$ となるよ．

解説

波長 λ〔m〕，電界強度 E〔V/m〕の電波を半波長ダイポールアンテナで受信したとき，半波長ダイポールアンテナの実効長を $h_e = \lambda / \pi$〔m〕とすると，アンテナに誘起する電圧 V〔V〕は次式で表されます．

$$V = Eh_e = \frac{\lambda}{\pi}E$$

周波数が f〔MHz〕の電波の波長 λ〔m〕は次式で表されます．

$$\lambda = \frac{300}{f \text{〔MHz〕}} = \frac{300}{7} \fallingdotseq 43 \text{〔m〕}$$

アンテナと受信機入力回路が整合しているときは，問題の図において $r=R$ となるので，受信機入力端子電圧 V_I〔V〕は，アンテナに誘起する電圧 V の $1/2$ となるから次式で表されます．

$$V_I = \frac{V}{2} = \frac{\lambda E}{2\pi}$$

$$\fallingdotseq \frac{43 \times 30 \times 10^{-3}}{2 \times 3.14} = \frac{1,290}{6.28} \times 10^{-3} \fallingdotseq 205.4 \times 10^{-3} \text{〔V〕} \fallingdotseq 200 \text{〔mV〕}$$

問題2

次の記述は，図に示すアンテナの指向特性例について述べたものである．　　　　内に入れるべき字句の正しい組合せを下の番号から選べ．

(1) 半値角は，主ローブの電界強度が最大放射方向の値の　A　になる二つの方向で挟まれた角度θで表される．

(2) このアンテナの半値角は，　B　とも呼ばれる．

(3) 指向特性の最大放射方向の電界強度をE_f，その反対方向の電界強度をE_bとするとき，前後比は　C　で表される．

	A	B	C
1	$1/\sqrt{2}$	ビーム幅	E_f/E_b
2	$1/\sqrt{2}$	放射効率	E_b/E_f
3	$1/2$	放射効率	E_b/E_f
4	$1/2$	ビーム幅	E_f/E_b

問題3

次の記述は，超短波（VHF）帯のアンテナの利得について述べたものである．　　　　内に入れるべき字句を下の番号から選べ．

(1) 被測定アンテナ（試験アンテナ）の入力電力P〔W〕および基準アンテナの入力電力P_0〔W〕を，同一距離で同一電界強度を生ずるように調整したとき，被測定アンテナの利得Gは，$G=$　ア　（真数）で定義される．

(2) 基準アンテナを　イ　アンテナにしたときの利得を絶対利得，一般に　ウ　アンテナにしたときの利得を相対利得という．

(3) 半波長ダイポールアンテナの最大放射方向の　エ　利得は 1.64（真数）で，等方性アンテナの絶対利得の値（真数）より　オ　．

1　パラボラ	2　P/P_0	3　絶対	4　等方性
5　大きい	6　コリニアアレー	7　P_0/P	8　相対
9　半波長ダイポール	10　小さい		

 太字は穴あきになった用語として，出題されたことがあるよ．

等方性アンテナはすべての方向に無指向性のアンテナで，どのアンテナより利得が小さいよ．特別なので絶対利得というんだね．絶対利得は等方性アンテナを基準にした利得だから，等方性アンテナの絶対利得は 1 だよ．

問題 4

　半波長ダイポールアンテナに 80〔W〕の電力を加え，また，八木アンテナ（八木・宇田アンテナ）に 10〔W〕の電力を加えたとき，両アンテナの最大放射方向の同一距離の地点で，それぞれのアンテナから放射される電波の電界強度が等しくなった．

　このとき八木アンテナの半波長ダイポールアンテナに対する相対利得の値として，最も近いものを下の番号から選べ．ただし，$\log_{10}2 \fallingdotseq 0.3$ とし，整合損失や給電線損失などの損失は，無視できるものとする．

　1　9〔dB〕　　　2　8〔dB〕　　　3　7〔dB〕　　　4　6〔dB〕　　　5　5〔dB〕

解説

　基準アンテナの半波長ダイポールアンテナに加える電力を P_0〔W〕，八木アンテナに加える電力を P〔W〕とすると，送信アンテナの利得 G は次式で表されます．

$$G = \frac{P_0}{P}$$

　これをデシベル G_{dB}〔dB〕で表すと，次式のようになります．

$$G_{\mathrm{dB}} = 10 \log_{10} \frac{P_0}{P}$$

$$= 10 \log_{10} \frac{80}{10} = 10 \log_{10} 8$$

$$= 10 \log_{10}(2 \times 2 \times 2)$$

$$= 10 \log_{10}2 + 10 \log_{10}2 + 10 \log_{10}2$$

$$\fallingdotseq 3 + 3 + 3 = 9 \text{〔dB〕}$$

真数の掛け算は log の足し算だよ．$8 = 2^3$ だから，$\log_{10}2^3 = 3 \log_{10}2$ と計算することもできるよ．

電力比（真数）の 2 倍は 3〔dB〕だから，$2 \times 2 \times 2 = 8$ 倍は $3+3+3 = 9$〔dB〕だよ．

問題 5

1/4 波長垂直接地アンテナのアンテナ電流を測定したところ 2〔A〕が得られ、アンテナの実効抵抗（入力抵抗）および放射抵抗がそれぞれ 44〔Ω〕および 36〔Ω〕となった。このときのアンテナの放射電力および放射効率の値として、最も近いものの組合せを下の番号から選べ。ただし、アンテナ系は整合が取れているものとし、整合回路の損失はないものとする。

	放射電力	放射効率
1	144〔W〕	68〔%〕
2	144〔W〕	82〔%〕
3	176〔W〕	68〔%〕
4	176〔W〕	82〔%〕

解説

アンテナ電流を I〔A〕、放射抵抗を R_R〔Ω〕とすると、放射電力 P〔W〕は次式で表されます。

$$P = I^2 R_R$$
$$= 2^2 \times 36 = 4 \times 36 = 144 \text{〔W〕} \quad （放射電力の答）$$

実効抵抗を R〔Ω〕とすると、放射効率 η は、次式で表されます。

$$\eta = \frac{R_R}{R}$$
$$= \frac{36}{44} \fallingdotseq 0.82$$

よって、η〔%〕$= 0.82 \times 100$〔%〕$= 82$〔%〕 （放射効率の答）

η はギリシャ文字で、イータと読むよ。
放射効率 η は 100〔%〕より小さい値だよ。

解答

| 問題 1 →5 | 問題 2 →1 |

問題 3 →アー7 イー4 ウー9 エー3 オー5 問題 4 →1

問題 5 →2

9.2 アンテナの種類　　　　　　　　　　　　重要知識

出題項目 Check!

- ☐ 1/4波長，5/8波長垂直接地アンテナ，受信用の微小ループアンテナの特性
- ☐ 半波長ダイポールアンテナ，折返し半波長ダイポールアンテナの特性
- ☐ ブラウンアンテナ，コリニアアレーアンテナの構造と特性
- ☐ スリーブアンテナ，ディスコーンアンテナの構造と特性
- ☐ 八木アンテナ，キュビカルクワッドアンテナ，ホーンアンテナの構造と特性
- ☐ 進行波アンテナと定在波アンテナの特性

1 1/4波長垂直接地アンテナ

　図9.7（a）のような構造のアンテナを1/4波長垂直接地アンテナといいます．アンテナ素子と接地した大地に給電します．大地の電気影像により半波長ダイポールアンテナと同じように動作します．アンテナが同調する最も低い周波数が固有周波数です．

① **電流分布**：図9.7（a）のように先端で0，底部で最大である．**電圧分布**は先端で最大，底部で最小である．

② 実効高：$\dfrac{\lambda}{2\pi}$〔m〕

③ **指向性**：水平面指向性は，図（b）のように**全方向性**である．

④ **放射抵抗**（給電点インピーダンス）：約36〔Ω〕．

⑤ 接地抵抗が小さいほど効率が良い．

⑥ 固有周波数の3倍，5倍等の奇数倍の周波数で同調を取ることができる．

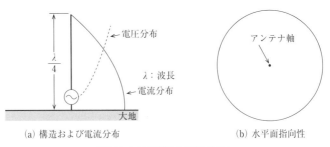

(a) 構造および電流分布　　　　　　　　(b) 水平面指向性

図9.7　1/4波長垂直接地アンテナ

　1/4波長のアンテナの長さを長くしていって，その長さが1/2（4/8）波長より長くなると，垂直面の指向性が変化して，最大指向方向が大地に水平な方向から上方を向くよ

うになります．その影響が小さく，利得も大きくなる 5/8 波長の長さのアンテナがよく用いられます．**5/8 波長垂直接地アンテナ**は，利得は 1/4 波長垂直接地アンテナより大きく，放射抵抗も高くなり，電流分布は頂部付近で最小となり，水平面内の指向性は全方向性となります．

2 微小ループアンテナ

図 9.8 のような使用波長に比較して十分小さい大きさで作られたループアンテナを微小ループアンテナといいます．**水平面内の指向性は 8 字形**なので，受信アンテナとして用いると，受信誘起電圧の小さい方向からの混信妨害を軽減することができます．**誘起電圧の最大方向は，ループ面と同じ方向**です．また，垂直アンテナと組み合せることにより，カージオイド形の水平面内指向性を得ることができます．

電波の波長を λ〔m〕，受信電界強度を E〔V/m〕，ループの面積を A〔m²〕，巻数を N 回とすると，最大方向に向けたときの**誘起電圧** e〔V〕は次式で表されます．

$$e = \frac{2\pi AN}{\lambda} E \;〔\text{V}〕 \tag{9.9}$$

> カージオイド形はハート形みたいな形だよ．一か所だけ受信電圧の低くなる方向があるので，その方向を妨害する電波の方向に向ければ，混信妨害が減るんだよ．方向探知などにも使われるよ．

図 9.8　ループアンテナ

3 半波長ダイポールアンテナ（1/2 波長ダイポールアンテナ）

図 9.9 のように給電点の両側に 1/4 波長の長さのアンテナ素子を取り付けた構造のアンテナを半波長ダイポールアンテナといいます．アンテナ全体の長さはほぼ 1/2 波長です．大地に水平に取り付けたものを水平半波長ダイポールアンテナ，垂直に取り付けたものを垂直半波長ダイポールアンテナといいます．

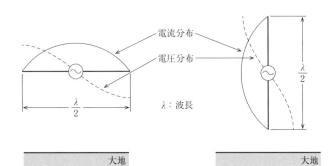

（a）水平半波長ダイポールアンテナ　　　（b）垂直半波長ダイポールアンテナ

図 9.9　半波長ダイポールアンテナ

（1）半波長ダイポールアンテナの特性

① **電流分布**：図9.9のように先端で最小，アンテナ中央部の給電点で最大です．また，電圧分部は先端で最大です．このようにアンテナ素子の位置によって異なる電流分布や電圧分布が生じることを定在波と呼び，定在波が発生するアンテナを定在波アンテナといいます．

> アンテナ線の先端では，その先に電流が流れないので電流は最小だよ．

② **実効長**：$\dfrac{\lambda}{\pi}$〔m〕

③ **指向性**：水平半波長ダイポールアンテナの水平面指向性は図9.10（a）のように8字形，垂直面指向性は，図9.10（b）のように全方向性です．

　垂直半波長ダイポールアンテナの水平面指向性は全方向性，垂直面指向性は8字形になります．

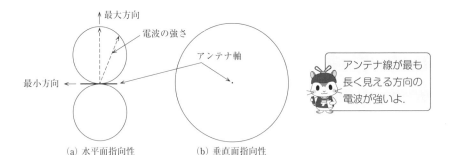

（a）水平面指向性　　　　　　（b）垂直面指向性

> アンテナ線が最も長く見える方向の電波が強いよ．

図 9.10　指向性

④ **放射抵抗**（給電点インピーダンス）：**約 73〔Ω〕**

⑤ **絶対利得**：**1.64 倍**（デシベルで表すと **2.15〔dB〕**）

絶対利得は，基準アンテナとして等方性アンテナを用いたときの利得です．

⑥ **短縮率**：アンテナ素子の長さが $\lambda/2$ のとき，給電点インピーダンスはリアクタンス成分を持ちます．アンテナ素子の長さを数〔%〕短くすると，そのリアクタンス成分が打ち消されて，送信機から電力を供給しやすくなります．その値をアンテナの短縮率と呼びます．短縮率の真数を k とすると，素子の全長 ℓ〔m〕は次式で表されます．

$$\ell = \frac{\lambda}{2} \times (1-k) \text{〔m〕} \tag{9.10}$$

Point

半波長

半波長はアンテナ素子の長さのことで1/2波長の長さ．周波数 f〔MHz〕の波長 λ〔m〕は，

$$\lambda = \frac{300}{f \text{〔MHz〕}} \text{〔m〕}$$

アマチュア無線で運用できる周波数 7〔MHz〕の波長は約 40〔m〕，14〔MHz〕の波長は約 20〔m〕，21〔MHz〕の波長は約 15〔m〕．素子の長さはその 1/2.

(2) インバーテッド V（逆 V）アンテナ

水平半波長ダイポールアンテナの中心部を頂点として V の文字と逆の向きに設置したアンテナをインバーテッド V（逆 V）アンテナと呼びます．狭い敷地に設置することができる特徴があります．特性は，水平半波長ダイポールアンテナとほぼ同じですが，アンテナ素子の頂点の角度を狭くすると給電点インピーダンスは小さくなります．

(3) 折返し半波長ダイポールアンテナ

半波長ダイポールアンテナの先端を折り返して，2 本の近接したアンテナ素子で構成したアンテナを折返し半波長ダイポールアンテナといいます．**給電点インピーダンス**は半波長ダイポールアンテナの放射インピーダンスの **4 倍**となるので，**73×4＝292〔Ω〕**です．**実効長**は半波長ダイポールアンテナの **2 倍**となるので **2 λ / π〔m〕**，**絶対利得**は同じなので 1.64 倍（デシベルで表すと **2.15〔dB〕**）です．放射インピーダンスが高いので，**八木アンテナの放射器**として用いられます．

折返し半波長ダイポールアンテナの構造は，p344 の問題 3 の図を見てね．

(4) トラップ付き半波長ダイポールアンテナ

複数の周波数帯で動作させるために，アンテナの素子の中間にコイルとコンデンサの

LC 共振回路で構成されたトラップを挿入したアンテナを，トラップ付き半波長ダイポールアンテナと呼びます．

【4】 ブラウンアンテナ（グランドプレーンアンテナ）

1/4 波長垂直接地アンテナの素子を大地に接地する代わりに図 9.11 (a) のように数本の 1/4 波長の水平素子（地線）を用いたアンテナです．給電点インピーダンスは約 21〔Ω〕，水平面指向性は図 9.11 (b) のように全方向性です．

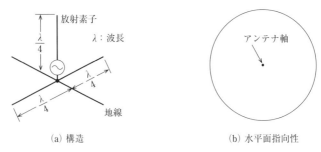

(a) 構造　　　　　　　　　　(b) 水平面指向性

図 9.11　グランドプレーンアンテナ

ブラウンアンテナの放射素子として，**垂直半波長ダイポールアンテナ**を垂直方向の一直線上に，等間隔に多段接続した構造のアンテナを**コリニアアレーアンテナ**といいます．隣り合う半波長ダイポールアンテナの素子は互いに同振幅，**同位相の電流**で励振します．高利得で，水平面内指向性は**全方向性**の特徴があります．

【5】 スリーブアンテナ

図 9.12 のように垂直半波長ダイポールアンテナの片方の素子を，給電線の同軸ケーブルにかぶせた**スリーブ**（筒管）としたものです．特性は**垂直半波長ダイポールアンテナとほぼ同じ**ですが，スリーブが同軸ケーブルの外部導体に流れる電流を抑制するので，同軸ケーブルで直接給電することができます．

> 半波長ダイポールアンテナは平衡形アンテナなので，不平衡形給電線の同軸ケーブルを直接接続できないよ．スリーブアンテナは不平衡形アンテナなので，直接接続できるね．

スリーブアンテナのスリーブの下部を広げて円すい形の導体にして，放射素子は円盤形の水平導体としたアンテナを**ディスコーンアンテナ**といいます．円すい形の導体や円盤形の導体は放射状に作られた導線を用いることもあります．スリーブアンテナと同様に同軸ケーブルを直接接続することができます．スリーブアンテナに比較して**広帯域**特性を持ち，偏波面は**垂直偏波**で，水平面内の指向性は**全方向性**です．

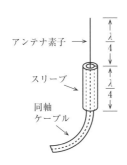

ディスコーンアンテナの構造は，p346 の問題 7 の図を見てね．

図 9.12　スリーブアンテナ

6 八木アンテナ（八木・宇田アンテナ）

　半波長ダイポールアンテナを用いた長さが 1/2 波長の放射器の近く（約 1/8 から 1/4 波長）に 1/2 波長より少し短い導波器と少し長い反射器を図 9.13 のように配置した構造のアンテナです．給電する素子は放射器のみです．**指向性**は図 (b) のように**導波器の方向**に単方向の鋭い指向性を持っています．特定の方向に指向性を持つアンテナを指向性アンテナといいます．導波器の数を増やすか図 (c) のようなスタックにすると指向性が鋭くなり利得が増加します．放射器の**給電点インピーダンス**は，単独の**半波長ダイポールアンテナよりも低く**なります．帯域幅は半波長ダイポールアンテナよりも狭くなり，**アンテナ素子を太く**するとやや**広く**なります．

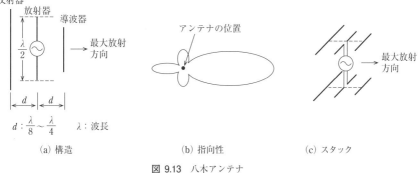

図 9.13　八木アンテナ

　同一の特性の八木アンテナを M 列，N 段組み合わせてスタックの配置としたとき，アンテナの利得の増加 G_s〔dB〕は，次式で表されます．

$$G_s = 10 \log_{10}(M \times N) \tag{9.11}$$

　一つの八木アンテナの利得を G〔dB〕とすると，スタックの配置とした八木アンテナ

の総合利得 G_0〔dB〕は，次式で表されます.

$$G_0 = G_s + G \text{〔dB〕} \tag{9.12}$$

図 9.13（c）の 1 列，2 段の場合の利得の増加は約 3〔dB〕です.

Point

放射素子の長さ

　グランドプレーンアンテナの放射素子の長さは 1/4 波長なので，垂直接地アンテナと同じ. 八木アンテナの放射器の長さは 1/2 波長なので，半波長ダイポールアンテナと同じ.

❼ キュビカルクワッドアンテナ

　図 9.14 のように 1 辺の長さが 1/4 波長でループの全長が**約 1 波長の四角形**の導線でアンテナ素子を構成した**放射器**の近く（約 1/10 から 1/4 波長）に，1 波長より数パーセント**長い反射器**を配置した構造のアンテナです. 給電する素子は放射器のみです. 反射器に取り付けられたスタブとショートバーによって，反射器の長さを 1 波長よりわずかに長くします. **指向性はループ面と直角**で放射器の方向に単方向に鋭い指向性を持っています. 水平導線に給電したアンテナの偏波面は**水平偏波**です.

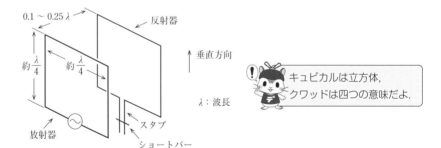

図 9.14　キュビカルクワッドアンテナ

❽ ホーンアンテナ（電磁ホーン）

　図 9.15 のように，導波管の断面を開口した構造です. 導波管内を進行してきた電磁波が開口面で位相を整えられて空間に放射されるので，前方へ鋭い指向性が得られます. ホーンアンテナは次の特徴があります.

① 　導波管の先端を円すい形，角すい形等の形状で開口**面積**を大きくしたアンテナである.

② 　**構造が簡単**であり調整もほとんど不要である. 周波数帯域は**広い**.

③ 　主に**マイクロ波（SHF）以上の周波数**で使用される.

④ 　パラボラアンテナ等の反射鏡付きアンテナの**1 次放射器**やアンテナ利得測定用の

標準アンテナとして用いられる.

⑤ 利得を大きくするには，ホーンの**開き角**に**最良の角度**がある.

ホーンの長さと開き角によって指向性および利得が異なります．ホーンの長さを長くすると利得が大きくなり，ホーンの長さを一定にした場合は，指向性および利得について最良の角度が存在します．

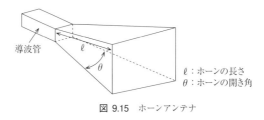

図 9.15　ホーンアンテナ

▋9▐ 進行波アンテナと定在波アンテナ

図 9.16 のように，1 辺の長さ ℓ が波長の数倍の導線を大地に平行でひし形に配置し，導線の終端に特性インピーダンスと等しい抵抗 Z_0 を接続した構造のアンテナを**ロンビックアンテナ**といいます．このアンテナは導線に進行波電流のみを流すので**進行波アンテナ**と呼びます．進行波アンテナは定在波アンテナに比較して**広帯域**です．半波長ダイポールアンテナや八木アンテナのように，アンテナ素子の先端が開放されていることで，**定在波が発生する**アンテナを**定在波アンテナ**といいます．定在波アンテナは，アンテナの放射素子を**共振状態**のもとで使用します．

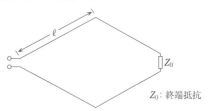

Z_0：終端抵抗

図 9.16　ロンビックアンテナ

アンテナを流れる進行波電流が，終端抵抗で熱になってなくなると思うけれど，進行波電流が終端抵抗に行く間にアンテナから電波として放射されるんだよ．ロンビックアンテナは指向性が鋭くて利得も大きいよ．でも，ℓ を 5 波長にすると 14〔MHz〕で約 100 メートルくらいだから，おうちの屋根の上に作るのは無理かな.

第9章 アンテナと給電線

341

試験の直前 Check！

□ **1/4 波長垂直接地アンテナ** ≫ 水平面全方向性．定在波アンテナ．電流分布：先端最小，電圧分布：先端最大．実効高：$\lambda/2\pi$．放射抵抗：36〔Ω〕．電気影像によって半波長ダイポールアンテナと同じ放射．

□ **5/8 波長垂直接地アンテナ** ≫ 1/4 波長垂直接地アンテナより利得が大きい．放射抵抗が高い．電流分布は頂部付近で最小．水平面内の指向性は全方向性．

□ **受信用の微小ループアンテナ** ≫ 水平面内の指向性は 8 字形．電波の方向がループ面と同じ方向のとき誘起電圧最大．垂直アンテナと組み合せてカージオイド形指向性．誘起電圧の最大値はループの巻数に比例，波長に反比例．

□ **半波長ダイポールアンテナ** ≫ 長さ：1/2 波長．実効長：λ/π．給電点インピーダンス：73〔Ω〕．絶対利得：1.64（真数），2.15〔dB〕．水平半波長ダイポールの水平面指向性：8 字形．垂直半波長ダイポールの水平面指向性：全方向性．

□ **折返し半波長ダイポールアンテナ** ≫ 給電点インピーダンス：$73 \times 4 = 292$〔Ω〕．実効長：$2\lambda/\pi$〔m〕．絶対利得：1.64（真数），2.15〔dB〕．放射インピーダンスが高い，八木アンテナの放射器として用いられる．

□ **コリニアアレーアンテナ** ≫ 垂直半波長ダイポールアンテナを一直線上に多段接続．隣り合う素子を互いに同振幅，同位相の電流で励振．高利得．水平面指向性：全方向性．

□ **スリーブアンテナ** ≫ 中心導体：$\lambda/4$，スリーブ：$\lambda/4$，垂直半波長ダイポールアンテナと同じ特性，給電点インピーダンス：約 75〔Ω〕，水平面指向性：全方向性．同軸ケーブルを直接接続できる．

□ **ディスコーンアンテナ** ≫ 円盤形の水平導体．円すい形の導体，頂点が給電点．同軸ケーブルを直接接続できる．広帯域特性．垂直偏波．水平面指向性：全方向性．

□ **八木アンテナ** ≫ 導波器：短い，放射器：$\lambda/2$，反射器：長い．導波器の方向に鋭い指向性．給電点インピーダンスは半波長ダイポールアンテナより低い．素子の太さを太くすると帯域幅が広くなる．

□ **キュビカルクワッドアンテナ** ≫ 四角形の素子．放射器と反射器．放射器は 1 波長，反射器は放射器より少し長い．ループ面と垂直方向に指向性．水平偏波．

□ **ホーンアンテナ** ≫ 円すい形，角すい形の形状．導波管の開口面積を大きく．構造が簡単，調整不要．広帯域．ホーンの長さを長くすると利得が大きい．利得を大きくするとき，開き角に最良の角度．マイクロ波以上の周波数で使用．反射鏡付きアンテナの 1 次放射器．

□ **進行波アンテナ** ≫ ロンビックアンテナ．終端に特性インピーダンスと等しい抵抗を接続．アンテナに進行波．広帯域．

□ **定在波アンテナ** ≫ 半波長ダイポールアンテナや八木アンテナ．素子の先端が開放され定在波が発生．素子を共振状態のもとで使用．

国家試験問題

問題 1

　次の記述は，5/8波長垂直接地アンテナについて述べたものである．このうち誤っているものを下の番号から選べ．ただし，大地は完全導体とする．

1　利得は1/4波長垂直接地アンテナより高い．

2　頂部付近で電流分布が最大になる．

3　入力インピーダンスは，1/4波長垂直接地アンテナより高い．

4　水平面内の指向性は，全方向性である．

 アンテナの頂部は，電流が反射して逆位相で戻ってくるので，打ち消しあって電流分布は最小だよ．

問題 2

　次の記述は，垂直ループアンテナについて述べたものである．このうち誤っているものを下の番号から選べ．ただし，ループの大きさは使用周波数の波長に比べて十分小さいものとする．

1　水平面内の指向性は8字形であり，受信アンテナとして用いるときは，ループ面を電波の到来方向と直角にすると誘起電圧は最大となる．

2　垂直アンテナと組み合せることにより，カージオイド形の水平面内指向性が得られる．

3　誘起電圧の最大値は，ループ（コイル）の巻数に比例する．

4　誘起電圧の最大値は，受信する電波の波長に反比例する．

5　中波（MF）帯等において他局からの混信妨害を軽減するため，受信用のアンテナとして用いられることがある．

解説

1　ループ面を電波の到来方向と平行にすると誘起電圧は最大となる．

問題3

次の記述は，図に示す素子の太さが均一な2線式折返し半波長ダイポールアンテナについて述べたものである．このうち，誤っているものを下の番号から選べ．

1　アンテナ利得を絶対利得で表すと，約 2.15〔dB〕である．

2　実効長は，半波長ダイポールアンテナの約 $\sqrt{2}$ 倍である．

3　指向性は，半波長ダイポールアンテナとほぼ同じである．

4　半波長ダイポールアンテナに比べて広帯域特性を持つ．

5　入力インピーダンスは，半波長ダイポールアンテナの約4倍である．

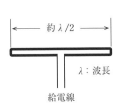

約 λ/2

λ：波長

給電線

指向性が同じだと利得も同じになるよ．利得の約 2.15〔dB〕は，半波長ダイポールアンテナと同じだから正しいよ．アンテナの長さが2倍になれば実効長も2倍だよ．

絶対利得 2.15〔dB〕の真数 1.64 も覚えてね．

問題4

次の記述は，垂直偏波で用いるコリニアアレーアンテナについて述べたものである．□内に入れるべき字句の正しい組合せを下の番号から選べ．

(1) 原理的に，放射素子として ┃ A ┃ アンテナを垂直方向の一直線上に等間隔に多段接続した構造のアンテナである．

(2) 隣り合う各放射素子を互いに同振幅， ┃ B ┃ の電流で励振する．

(3) 垂直面内では鋭いビーム特性を持ち，水平面内の指向性は， ┃ C ┃ である．

	A	B	C
1	垂直半波長ダイポール	同位相	全方向性
2	垂直半波長ダイポール	逆位相	8字形特性
3	垂直半波長ダイポール	逆位相	全方向性
4	1/4波長垂直接地	逆位相	8字形特性
5	1/4波長垂直接地	同位相	全方向性

1/4 波長垂直接地アンテナは，放射素子と大地に給電するアンテナだから，それを垂直方向に並べるなんてできないよ．

344

問題5

同一特性の八木アンテナ（八木・宇田アンテナ）8個を用いて，4列2段スタックの配置とし，各アンテナの給電点における位相が同一となるように給電するとき，このアンテナ（スタックドアンテナ）の総合利得の値が19〔dB〕であった．アンテナ1個当たりの利得として，最も近いものを下の番号から選べ．ただし，分配器の損失等の影響はないものとする．また，$\log_{10}2 \fallingdotseq 0.3$ とする．

1　3〔dB〕　　2　5〔dB〕　　3　6〔dB〕　　4　7〔dB〕　　5　10〔dB〕

解説

$M = 4$ 列，$N = 2$ 段組み合わせてスタックの配置としたとき，利得の増加 G_{sdB} は，

$$\begin{aligned}
G_{sdB} &= 10 \log_{10}(M \times N) \\
&= 10 \log_{10}(4 \times 2) \\
&= 10 \log_{10} 2^2 + 10 \log_{10} 2 \\
&= 2 \times 10 \log_{10} 2 + 10 \log_{10} 2 \\
&\fallingdotseq (2 \times 10 \times 0.3) + (10 \times 0.3) = 6 + 3 = 9 \,〔\text{dB}〕
\end{aligned}$$

利得 G_{dB} の八木アンテナ8個をスタックの配置とした場合の総合利得 G_{0dB} は，

$$G_{0dB} = G_{dB} + G_{sdB}$$
$$19 = G_{dB} + 9 \,〔\text{dB}〕$$

よって，$G_{dB} = 10$ 〔dB〕

真数の8＝2×2×2だから，dB値は3＋3＋3＝9〔dB〕と求めてもいいよ．

問題6

次の記述は，ホーンアンテナ（電磁ホーン）の特徴について述べたものである．このうち誤っているものを下の番号から選べ．

1　導波管の先端を円すい形，角すい形等の形状で開口したアンテナである．
2　構造が簡単であり調整もほとんど不要である．
3　主にマイクロ波（SHF）以上の周波数で使用されている．
4　ホーンの開口面積の大きさを一定にしたまま，ホーンの長さを短くすると利得は大きくなる．
5　反射鏡付きアンテナの1次放射器として用いられることが多い．

解説

4　ホーンの開口面積の大きさを一定にしたまま，ホーンの開き角が小さくなるように，ホーンの長さを長くすると利得は大きくなる．

問題7

次の記述は，ディスコーンアンテナについて述べたものである．[＿＿＿]内に入れるべき字句の正しい組合せを下の番号から選べ．

(1) 図に示すように，円錐形の導体の頂点に円盤形の導体を置き，円錐形の導体に同軸ケーブルの外部導体を，円盤形の導体に内部導体をそれぞれ接続したものであり，給電点は，円錐形の導体の[＿A＿]にある．実際には，線状導体を円盤の中心および円錐の頂点から放射状に配置した構造のものが多い．

(2) 水平面内の指向性は全方向性であり，[＿B＿]の電波の送受信に用いられる．スリーブアンテナやブラウンアンテナに比べて[＿C＿]特性である．

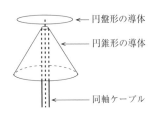

円盤形の導体
円錐形の導体
同軸ケーブル

	A	B	C
1	底点	水平偏波	広帯域
2	底点	垂直偏波	狭帯域
3	頂点	円偏波	広帯域
4	頂点	水平偏波	狭帯域
5	頂点	垂直偏波	広帯域

素子が細いと狭帯域で，素子を太くしたり，面にすると広帯域だよ．

解答

問題1 →2	問題2 →1	問題3 →2	問題4 →1	問題5 →5
問題6 →4	問題7 →5			

346

9.3 給電線 　重要知識

出題項目 Check!

- □ 給電線に必要な条件
- □ 同軸給電線の構造と特性
- □ 方形導波管の遮断波長の求め方
- □ 定在波の特性，電圧定在波比 (VSWR) の求め方，アンテナと給電線の整合とは
- □ バランの用途

送受信機とアンテナを接続する導線を給電線といいます．

1 給電線に必要な条件

① **損失が少ない**．

　高周波エネルギーを無駄なく伝送することができます．損失には導体の**抵抗損**（**オーム損**）と誘電体による**誘電体損**があります．

② 給電線から**電波を放射しない**．

③ 給電線が外部から電波を受信しない．

④ **外部から雑音や誘導等の電気的影響を受けない**．

⑤ 特性インピーダンスが均一である．

⑥ **絶縁耐力が大きい**．

2 同軸給電線

　給電線は主に図 9.17 のような同軸給電線（同軸ケーブル）が用いられます．給電線に高周波を給電したときに持つインピーダンスを特性インピーダンスといい，給電線の構造によって一定の値を持ちます．同軸ケーブルは特性インピーダンスが，50〔Ω〕または 75〔Ω〕のものがよく用いられます．同軸給電線の**内部導体の外径**が d，**外部導体の内径**が D，絶縁物の**比誘電率**が ε_r のとき，特性インピーダンス Z_0〔Ω〕は，次式で表されます．

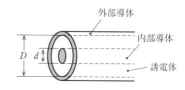

図 9.17　同軸給電線

$$Z_0 = \frac{138}{\sqrt{\varepsilon_r}} \log_{10} \frac{D}{d} \text{〔Ω〕} \tag{9.13}$$

真空の誘電率が ε_0，物質の比誘電率が ε_r とすると，物質の誘電率 ε は，$\varepsilon = \varepsilon_r \varepsilon_0$ で表されるよ．

第9章　アンテナと給電線

　50〔Ω〕と75〔Ω〕の同軸ケーブルを比較すると，外部導体の内径（太さ）と比誘電率が同じならば，内部導体の外径は，特性インピーダンスが小さい50〔Ω〕の同軸ケーブルのほうが大きくなります．また，**周波数が高くなると導体損**と**誘電体損が増加**します．

　同軸給電線は，外部導体を接地した**不平衡形給電線**で，**外部導体がシールドの役目**をするので，放射損が少なく，外部の電磁波の影響を受けにくい等の特徴があります．

3 平行2線式給電線

　2本の導線を平行に並べた給電線を平行2線式給電線といいます．同軸給電線に比較して，構造が簡単ですが，外部からの誘導妨害を受けやすい特徴があります．平行2線式給電線は**平衡形給電線**なので，平衡形アンテナの半波長ダイポールアンテナに直接給電することができますが，同軸給電線と接続するときはバランが必要です．

　平行2線式給電線では，給電線に定在波を発生させて給電することができます．アンテナの給電点において電圧分布を最大にする給電方法を電圧給電といいます．電圧給電では給電点の電流分布は最小になります．給電点の電流分布を最大にする給電方法を電流給電といいます．電流給電では給電点の電圧分布は最小になります．

4 導波管

　マイクロ波帯（3〜30〔GHz〕）の給電においては，同軸ケーブルでは導体の抵抗損と絶縁体の誘電体損が大きくなり，伝送効率が低下します．そこで，図9.18に示すような中空の金属内を電磁波が伝搬する構造の方形導波管が用いられます．導波管内は，入射する電波の波長と導波管の形状によって決まる一定の電磁界分布が発生します．この状態をモード（姿態）といいます．TE_{10} モード（TE_{10} 波）の電磁界分布を電気力線と磁力線で表した状態を図9.19に示します．図の

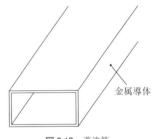

金属導体

図9.18　導波管

λ_g〔m〕で表される導波管内の電磁界分布の波長を管内波長と呼び，管内の電磁界分布が進行する速度を位相速度といいます．電磁波の周波数を f〔Hz〕とすると位相速度 v_P〔m/s〕は次式で表されます．

$$v_P = f\lambda_g \text{〔m/s〕} \tag{9.14}$$

　電磁波のエネルギーが管内の軸方向に伝搬する速度を群速度 v_G〔m/s〕と呼び，電磁波の自由空間を伝わる速度を c〔m/s〕とすると，次式の関係があります．

$$c = \sqrt{v_P v_G} \tag{9.15}$$

> 管内波長が空間を伝わる波長より長くなるので，位相速度は自由空間を伝わる速度より速くなるけど見掛けの速さだよ．

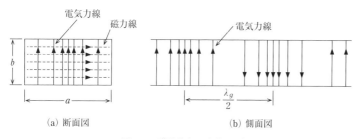

（a）断面図　　　　　　　　　　（b）側面図

図 9.19　導波管内の電磁界分布

　導波管で電磁波を伝送すると，ある周波数以下の電磁波は伝送することができないという欠点を持ちます．この周波数を**遮断周波数**と呼び，その波長を**遮断波長**といいます．TE₁₀ 波の伝搬モードでは，方形導波管の長辺の長さを a〔m〕とすると遮断波長 λ_c〔m〕は次式で表されます．

$$\lambda_c = 2a \ \text{〔m〕} \tag{9.16}$$

　自由空間の速度を c〔m/s〕とすると，遮断周波数 f_c〔Hz〕は，次式で表されます．

> 方形導波管の長い方の辺の長さの 2 倍が遮断波長だから簡単だね．

$$f_c = \frac{c}{\lambda_c} = \frac{3 \times 10^8}{\lambda_c} = \frac{3 \times 10^8}{2a} \ \text{〔Hz〕} \tag{9.17}$$

5　電圧反射係数

　給電線の特性インピーダンス Z_0〔Ω〕と同じインピーダンス（抵抗）を受端に接続すると送端から給電された電圧や電流はそのまま受端に供給されますが，受端に特性インピーダンスと異なるインピーダンスを接続すると，受端で反射が生じます．

　送端から受端に向かう進行波電圧を $\dot{V}_F$，受端から反射する反射波電圧を $\dot{V}_R$ とすると，受端に $\dot{Z}_R$〔Ω〕のインピーダンスを接続したとき，**電圧反射係数** Γ は，次式で表されます．

$$\Gamma = \frac{\dot{V}_R}{\dot{V}_F} = \frac{\dot{Z}_R - Z_0}{\dot{Z}_R + Z_0} \tag{9.18}$$

> Γ はギリシャ文字でガンマと読むよ．

　受端を短絡（ショート）した線路では，$\dot{Z}_R = 0$ だから $\Gamma = -1$，受端を開放した線路では，$\dot{Z}_R = \infty$ だから $\Gamma = 1$ となります．

6　定在波

　送信機の出力インピーダンスと給電線の特性インピーダンスが同じ値のとき，給電線の特性インピーダンスとアンテナのインピーダンスを同じ値に合わせると，給電線の電

圧はどの位置でも一定になります．この状態を**整合**しているといいます．これらの値が異なると反射波が生じて，給電線上で**入射波**（進行波）と反射波の電圧が**合成**されると，図 9.20 のように給電線上の位置によって電圧の値が異なります．この状態を**定在波**と呼びます．このとき，給電線上の電圧の最大値 $V_{\max}$〔V〕と最小値 $V_{\min}$〔V〕の比を**電圧定在波比（VSWR）**と呼び，電圧定在波比 S は次式で表されます．

$$S = \frac{V_{\max}}{V_{\min}} \tag{9.19}$$

給電線の特性インピーダンス Z_0〔Ω〕が**負荷のインピーダンス** $\dot{Z}_R$〔Ω〕と**等しいとき**，整合状態となるので $S=1$ となり不整合による損失は発生しません．S が大きいと損失が大きくなります．

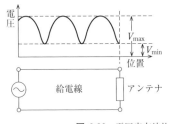

$$S = \frac{V_{\max}}{V_{\min}}$$

S：電圧定在波比
$V_{\max}$：電圧の最大値
$V_{\min}$：電圧の最小値

図 9.20　電圧定在波比

給電線上の電圧の最大値 $V_{\max}$ は，進行波電圧 $\dot{V}_F$〔V〕と反射波電圧 $\dot{V}_R$〔V〕の和で表され，最小値 $V_{\min}$ は，進行波電圧と反射波電圧の差で表されるので，電圧定在波比 S は，次式で表すことができます．

$$S = \frac{V_{\max}}{V_{\min}} = \frac{|\dot{V}_F| + |\dot{V}_R|}{|\dot{V}_F| - |\dot{V}_R|} = \frac{1 + \dfrac{|\dot{V}_R|}{|\dot{V}_F|}}{1 - \dfrac{|\dot{V}_R|}{|\dot{V}_F|}}$$

｜　｜の記号は絶対値を表すよ．
$1 \leqq S$
$0 \leqq |\varGamma| \leqq 1$
の関係があるよ．

$$= \frac{1 + |\varGamma|}{1 - |\varGamma|} \tag{9.20}$$

受端に負荷抵抗 R〔Ω〕を接続すると電圧定在波比は，$R > Z_0$ のときは，

$$S = \frac{R}{Z_0} \tag{9.21}$$

$Z_0 > R$ のときは，

$$S = \frac{Z_0}{R} \tag{9.22}$$

によって表されます．

350

7 バラン

半波長ダイポールアンテナのように，二つの素子が大地に対して電気的に平衡しているアンテナを平衡形アンテナといい，ブラウンアンテナ（グランドプレーンアンテナ）のように放射素子と地線が平衡していないアンテナを不平衡形アンテナといいます．**同軸給電線**は外部導体を接地して使用するので**不平衡形給電線**です．半波長アンテナのような**平衡形アンテナに同軸給電線を接続**するとき，電気的な平衡を取るために用いる平衡不平衡変換回路を**バラン**と呼びます．

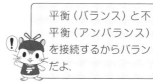
平衡（バランス）と不平衡（アンバランス）を接続するからバランだよ．

平衡形アンテナの半波長ダイポールアンテナに不平衡形の同軸給電線で直接給電すると，同軸給電線の外部導体の外側表面に**漏えい**電流が流れます．このとき半波長ダイポールアンテナの2本の素子に流れる電流が不平衡となるので指向性が乱れて，同軸給電線からも電波が放射されます．

試験の直前 Check!

☐ **同軸給電線の特性** ≫ 不平衡形．外部導体がシールド．放射損が少ない．外部電磁波の影響を受けない．特性インピーダンスは，内部導体の外径，外部導体の内径，絶縁物の誘電率で決まる．誘電体損は周波数が高いほど大．平衡形アンテナはバランを挿入．

☐ **方形導波管の遮断波長** ≫ $\lambda_c = 2a$，a：長辺の長さ

☐ **方形導波管の遮断周波数** ≫ $f_c = \dfrac{3 \times 10^8}{\lambda_c} = \dfrac{3 \times 10^8}{2a}$〔Hz〕

☐ **電圧反射係数** ≫ $\Gamma = \dfrac{\dot{V}_R}{\dot{V}_F} = \dfrac{\dot{Z}_R - Z_0}{\dot{Z}_R + Z_0}$

☐ **定在波** ≫ 入射波と反射波が合成されて給電線上に生じる．

☐ **VSWR** ≫ 電圧定在波比．反射波がないとき電圧定在波比 $S = 1$．S は給電線とアンテナの整合の度合．

$$S = \frac{V_{\max}}{V_{\min}} \qquad Z_0 = \dot{Z}_R \text{ のとき } S = 1.$$

$$S = \frac{1 + |\Gamma|}{1 - |\Gamma|}$$

$$S = \frac{R}{Z_0} \qquad R > Z_0 \text{ のとき}$$

$$S = \frac{Z_0}{R} \qquad Z_0 > R \text{ のとき}$$

☐ **バラン** ≫ 同軸給電線と平衡形の半波長ダイポールアンテナを接続．漏えい電流を防ぐ．

国家試験問題

問題1

次の記述は，同軸形給電線について述べたものである．◯◯◯内に入れるべき字句の正しい組合せを下の番号から選べ．

(1) 同軸形給電線は，◯A◯形給電線として広く用いられており，**外部導体**がシールドの役割をするので，放射損失が少なく，また，外部電磁波の影響を受けにくい．

(2) 特性インピーダンスは，内部導体の外径，外部導体の◯B◯および両導体の間に使用している絶縁物の**比誘電率**で決まり，**比誘電率**が大きくなるほど特性インピーダンスは◯C◯なる．また，周波数が**高く**なるほど誘電損が大きくなるため，主に極超短波（UHF）帯以下の周波数で使用される．

	A	B	C
1	不平衡	内径	小さく
2	不平衡	外径	大きく
3	不平衡	内径	大きく
4	平衡	外径	小さく
5	平衡	内径	大きく

太字は穴あきになった用語として，出題されたことがあるよ．

外部導体の内径と内部導体の外径が絶縁体の誘電体と接している面だよ．
誘電率＝比誘電率×真空の誘電率で求めることができるよ．

問題2

図に示す方形導波管の TE_{10} 波の遮断周波数の値として，正しいものを下の番号から選べ．

1   2.5〔GHz〕
2   5.0〔GHz〕
3   7.5〔GHz〕
4   10.0〔GHz〕
5   12.5〔GHz〕

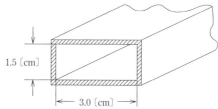

解説

長辺の長さを $a = 3$〔cm〕$= 3 \times 10^{-2}$〔m〕とすると，遮断波長 $\lambda_c = 2a$〔m〕なので，遮断周波数 f_c〔Hz〕は次式で表されます．

$$f_c = \frac{3 \times 10^8}{\lambda_c} = \frac{3 \times 10^8}{2a}$$

$$= \frac{3 \times 10^8}{2 \times 3 \times 10^{-2}} = 0.5 \times 10^{8-(-2)}$$

$$= 5 \times 10^9 \text{〔Hz〕} = 5 \text{〔GHz〕}$$

> 指数の計算を間違えても大丈夫だね．
> 選択肢を見ながら計算してね．

問題3

アンテナに接続された給電線における定在波および VSWR についての記述として，誤っているものを下の番号から選べ．

1   VSWR は，給電線とアンテナのインピーダンス整合の状態を表す．
2   定在波は，給電線上に入射波と反射波が合成されて生ずる．
3   VSWR は，電圧定在波の最大振幅 $V_{\max}$ と最小振幅 $V_{\min}$ の比（$V_{\max}/V_{\min}$）で示される．
4   反射波がないときの VSWR は 1.0 である．
5   特性インピーダンスが 50〔Ω〕の給電線に入力インピーダンスが 36〔Ω〕のアンテナを接続すると，VSWR は 2.5 となる．

解説

5   給電線の特性インピーダンスを $Z_0 = 50$〔Ω〕，アンテナの入力インピーダンスを $Z_A = 36$〔Ω〕，VSWR を S とすると，$Z_0 > Z_A$ なので次式で表されます．

$$S = \frac{Z_0}{Z_A} = \frac{50}{36} \fallingdotseq 1.4$$

問題4

アンテナの電圧反射係数が $0.173 + j0.1$ であるときの電圧定在波比（VSWR）の値として、最も近いものを下の番号から選べ。ただし、$\sqrt{3} \fallingdotseq 1.73$ とする。

1 3.0 　　2 2.5 　　3 2.0 　　4 1.5 　　5 1.2

解説

電圧反射係数 $\Gamma = 0.173 + j0.1$ の絶対値 $|\Gamma|$ は次式で表されます。

$$|\Gamma| = \sqrt{0.173^2 + 0.1^2}$$
$$\fallingdotseq \sqrt{0.03 + 0.01} = \sqrt{0.04} = 0.2$$

電圧定在比 S は、次式で表されます。

$$S = \frac{1 + |\Gamma|}{1 - |\Gamma|} = \frac{1 + 0.2}{1 - 0.2} = \frac{1.2}{0.8} = 1.5$$

> $\sqrt{3} \fallingdotseq 1.73$ だから $1.73^2 \fallingdotseq 3$ だよ。
> $0.173^2 = (1.73 \times 0.1)^2 = 1.73^2 \times 0.1^2 \fallingdotseq 3 \times 0.01 = 0.03$ となるよ。

問題5

次の記述は、半波長ダイポールアンテナに同軸給電線で給電するときの整合について述べたものである。　内に入れるべき字句の正しい組合せを下の番号から選べ。

半波長ダイポールアンテナに同軸給電線で直接給電すると、平衡形のアンテナと　A　形の給電線とを直接接続することになり、同軸給電線の外部導体の外側表面に　B　が流れる。このため、半波長ダイポールアンテナの素子に流れる電流が不平衡になるほか、同軸給電線からも電波が放射されるので、これらを防ぐため、　C　を用いて整合をとる。

	A	B	C
1	平衡	漏えい電流	バラン
2	平衡	うず電流	Q マッチング
3	平衡	漏えい電流	Q マッチング
4	不平衡	うず電流	バラン
5	不平衡	漏えい電流	バラン

> 平衡（バランス）と不平衡（アンバランス）の整合をとるのはバランだよ。

● 解答 ●

問題1 → 1 　　問題2 → 2 　　問題3 → 5 　　問題4 → 4 　　問題5 → 5

10 電波の伝わり方

10.1 電波の伝わり方・電離層 　重要知識

出題項目 Check!

- ☐ 電波の伝わり方の分類と周波数の関係
- ☐ 電離層の電子密度の特性
- ☐ 電離層の種類と特徴，周波数の関係
- ☐ 電離層の減衰の種類と LUF，MUF の関係
- ☐ 臨界周波数と跳躍距離
- ☐ MUF，FOT の求め方

1 電波の伝わり方

送信アンテナから放射された電波は，図 10.1 のように受信アンテナに伝わります．実際の電波の伝わり方では，これらが複合されて伝わることがあります．

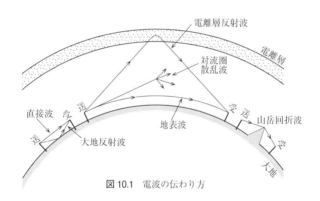

図 10.1　電波の伝わり方

電波の伝わり方は次のように分類されます．

(1) 地上波

地上を伝わる電波です．次のように分類されます．

① 　直接波：送受信アンテナの間を直接伝わる電波

② 　大地反射波：送信アンテナから出た電波が大地に反射して伝わる電波

③ 　**地表波**：地球が球体で曲がっていても大地の表面に沿って伝わる電波

　主に**中波帯**（MF：300〔kHz〕〜 3〔MHz〕）以下の周波数の電波が伝わります．

④ 　回折波：見通しのきかない山かげ等に回折によって伝わる電波

(2) 対流圏波

地上を伝わる電波のうち大気の影響を受けて伝わる電波です．超短波帯以上の電波は

大気によって屈折や散乱等の影響を受けて伝わることがあります.

(3) 電離層波 (電離層反射波)

送信アンテナから出た電波が電離層で反射して伝わる電波です. 主に**短波帯** (HF:3 ～ 30 [MHz]) 以下の周波数の電波が伝わります.

> 地上波は, 地上を伝わる電波の伝わり方全体のことで, 対流圏波や電離層波と区別する呼び方だよ. 地表波は大地に沿って曲がって伝わる電波の伝わり方だよ.

2　電離層

地上高さ約 60 ～ 400 [km] の距離にある電波の伝わり方に影響を与える層です. 電波を反射, 屈折, 吸収する性質を持っています. 太陽活動の影響によって薄い空気の分子が電子とイオンに分離されてできた層です. 図 10.2 のように, 地上から D 層, E 層, F 層に分けられます. F 層の高さは季節や時刻で変化します.

各層の特徴を表 10.1 に示します.

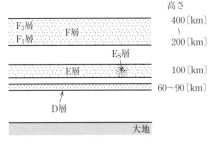

図 10.2　電離層

表 10.1　電離層の特徴

	D 層	E 層	E$_S$ 層	F 層
高さ	約 60 [km] ～ 90 [km]	約 100 [km]	約 100 [km]	約 200 [km] ～ 400 [km] 高さが変化 F$_1$ 層約 200 [km] F$_2$ 層約 300 [km]
電子密度	小	中	大	大
電離の原因	太陽の紫外線	太陽の紫外線	不明	太陽の紫外線
日変化	昼間のみ発生	太陽の高さで変化, 正午に最大, 夜は低下	日中, 突発的に発生	正午に最大, 夜は F$_2$ 層のみ
季節変化	夏に発生	夏は電子密度大	夏に発生	F$_1$ 層は夏に発生, 夏は電子密度大
太陽活動	活発なとき (黒点が多いとき) 電子密度大	活発なとき 電子密度大	あまり影響しない	活発なとき 電子密度大
電波に与える影響	LF を反射, MF 以上は減衰	昼は MF 以上を減衰, 夜は MF 以下を反射	VHF を反射	HF を反射

E$_S$ 層：スポラジック E 層
　LF：長波帯 (30 ～ 300 [kHz]), MF：中波帯 (300 [kHz]～ 3 [MHz]), HF：短波帯 (3 ～ 30 [MHz]),
VHF：超短波帯 (30 ～ 300 [MHz])

(1) 電子密度

　電離層の中に電子がどれくらいの割合であるかを電子密度といいます．電子密度は**太陽活動**の影響で変化し，太陽活動が活発になると，電子密度は大きくなります．**太陽黒点数**の多い年は電子密度が大きくなります．また，電子密度は季節や時刻によって変化します．電子密度が大きいほど電波を大きく減衰させたり反射させたりします．

(2) 臨界周波数

　電波が電離層に**垂直**に**入射**したときに反射する最高の周波数を**臨界周波数**といいます．図10.3のように電離層に入射する角度 θ が大きくなると，高い周波数の電波でも反射するようになります．また，電波が電離層を**突き抜けるときの減衰を第1種減衰**，**反射するときの減衰を第2種減衰**といいます．電波が電離層を突き抜けるときに受ける減衰は，周波数が**低いほど大きく**（高いほど小さく）なります．また，反射されるときに受ける減衰は，周波数が**高いほど大きく**（低いほど小さく）なります．

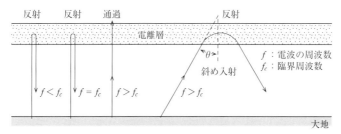

図 10.3　臨界周波数

3 電離層反射波の電波の伝わり方

　電離層反射波は，主に**短波帯**（HF：3～30〔MHz〕）以下の周波数の電波が伝搬します．

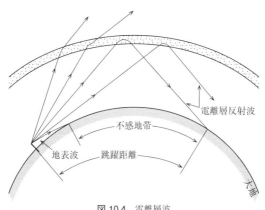

図 10.4　電離層波

中波帯（MF：300〔kHz〕～3〔MHz〕）の電波は，**昼間は D 層による減衰**が大きいため電離層反射波はほとんど伝搬しないので，主に**地表波**が伝搬します．夜間は E 層または F 層反射波が伝搬します．

　短波帯の電波は地表波の減衰が大きく，主に電離層反射波が電離層と大地の間で反射を繰り返しながら地球の裏側の遠距離まで伝わります．図 10.4 のように電離層反射波は電離層に**斜めに入射**したほうが反射しやすくなります．使用する周波数によっては図のように**入射角がある角度以上**にならないと反射しないので，電離層で反射して最も近い地表に戻ってくる距離以上にならないと電波が伝わりません．初めて地上に到達する地点と送信所との地上距離を**跳躍距離**といいます．また，地表波はある距離以上になると減衰して伝わらなくなるので，そこから跳躍距離までの間は，どちらの電波も伝わりません．これを**不感地帯**といいます．

4 LUF，MUF，FOT

　特定の 2 地点間で短波帯の通信を行うとき，電離層波で通信を行うことができる最低の周波数を最低使用可能周波数（LUF），最高の周波数を最高使用可能周波数（MUF）といいます．電波が電離層で反射する地点の**臨界周波数**を f_c〔MHz〕，電離層への入射角を θ，**MUF** を f_m〔MHz〕とすると，次式で表されます．

> $f_m : f_c = \ell : h$ の比になるよ．ℓ の長さが計算できれば簡単だね．

$$f_m = f_c \sec\theta = \frac{f_c}{\cos\theta} = f_c \frac{\ell}{h} \tag{10.1}$$

　三角関数の $\sec\theta$（セカントシータ）は $1/\cos\theta$（コサインシータ）で表されます．図 10.5 では送信点から電離層の反射点までの距離と高さの比から，$\sec\theta = \ell/h$ で表されます．

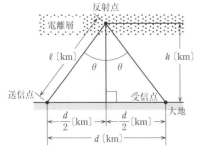

反射点
電離層
ℓ〔km〕　h〔km〕
θ　θ
送信点　受信点
$\dfrac{d}{2}$〔km〕　$\dfrac{d}{2}$〔km〕　大地
d〔km〕

h〔km〕：電離層の見かけの高さ
d〔km〕：送受信点間の距離
ℓ〔km〕：送信点から電離層の反射点までの距離

$$\ell = \sqrt{\left(\frac{d}{2}\right)^2 + h^2}$$

図 10.5　MUF

　短波帯の F 層反射波は，使用電波の**周波数が低いほど**D 層および E 層の**第 1 種減衰**

が大きくなるので，LUF より低い周波数は第1種減衰によって通信ができなくなります．

MUF は，**臨界周波数が高いほど**，**送受信点間の距離が長いほど**高くなりますが，MUF より高い周波数は電波が電離層を突き抜けるので通信ができなくなります．

そこで，LUF と MUF の間の周波数で通信に適した周波数を選ばなければなりません．このとき通信に適した周波数を**最適使用周波数**（FOT）と呼び，FOT を f_f〔MHz〕とすると，次式で表されます．

$$f_f = 0.85 \times f_m \text{〔MHz〕} \tag{10.2}$$

Point

電離層の電子密度

電子密度が大きくなると臨界周波数が高くなり，MUF も高くなる．

昼間は電離層の電子密度が大きいので，アマチュアバンドでは昼間は周波数の高い21〔MHz〕帯や28〔MHz〕帯を，夜間は周波数の低い7〔MHz〕帯や3.5〔MHz〕帯を使うと遠距離通信が可能となる．

試験の直前 Check!

- □ **主に地表波が伝搬** ≫ 中波（LF）帯．
- □ **電離層の電子密度** ≫ 太陽活動の影響．活発になると電子密度が大きく．太陽黒点数の多い年は電子密度が大きく．季節や時刻で変化．
- □ **電離層減衰の種類** ≫ 突き抜けるとき：第1種減衰．反射するとき：第2種減衰．
- □ **電離層伝搬** ≫ LF 帯：D 層，E 層で反射．MF 帯：昼間は D 層で減衰，夜間は E 層，F 層で反射．HF 帯：F 層で反射．VHF 帯：スポラジック E 層で反射．
- □ **電離層の状態** ≫ 電子密度大：MUF 高，臨界周波数高．太陽活動活発（黒点が多い）：電子密度大．F 層の電子密度：D 層，E 層より大．季節や時刻で F 層の高さが変化．
- □ **E 層** ≫ 高さ 100〔km〕．正午に電子密度最大．夜間は低下．
- □ **スポラジック E 層** ≫ E 層と同じ高さ．突発的発生．夏季の昼間多い．電子密度が大．VHF 帯の電波を反射．
- □ **臨界周波数** ≫ 垂直入射で反射する最高周波数 f_c．電子密度が大きいと高い．
- □ **跳躍距離** ≫ 電離層反射波が到達する地点と送信所との距離．
- □ **最高使用可能周波数（MUF）** ≫ $f_m = f_c \sec\theta = f_c \dfrac{\ell}{h}$ ，$\ell = \sqrt{\left(\dfrac{d}{2}\right)^2 + h^2}$

  2地点間で通信可能な最高周波数．臨界周波数が高く送受信点間の距離が長いと高い．昼間は高く夜間は低い．
- □ **最低使用可能周波数（LUF）** ≫ 2地点間で通信可能な最低周波数．LUF 以下の周波数は第1種減衰大．
- □ **最適使用周波数（FOT）** ≫ $f_f = 0.85 \times f_m$

第10章 電波の伝わり方

国家試験問題

問題 1

　次の記述は，電離層の状態について述べたものである．このうち誤っているものを下の番号から選べ．

1　電離層の電子密度は，一般に昼間は大きく夜間は小さい．

2　E 層は地上約 100〔km〕の高さに現れ，F 層は地上約 200〔km〕から 400〔km〕の高さに現れる．

3　F 層の高さは，季節および時刻によって変化する．

4　F 層の電子密度は，E 層の電子密度に比較して大きい．

5　太陽黒点数の多い年は，少ない年よりも電離層の電子密度は小さくなる．

 太陽黒点数が多くなると電離層の電子密度は大きくなるよ．

問題 2

　次の記述は，短波通信における電離層伝搬と周波数の関係について述べたものである．このうち誤っているものを下の番号から選べ．

1　臨界周波数の電波を地上から斜めに打ち上げると，電離層を突き抜けてしまう．

2　MUF の 85〔%〕の周波数を FOT といい，通信に最も適当な周波数とされている．

3　MUF は，送受信点間で短波通信を行うために使用可能な周波数のうち最高の周波数である．

4　LUF は，送受信点間で短波通信を行うために使用可能な周波数のうち最低の周波数である．

5　LUF より低い周波数は，電離層の第 1 種減衰により通信不能となる．

 臨界周波数は垂直に打ち上げたときに反射する最高の周波数だよ．斜めに電波を打ち上げた方が，臨界周波数より高い周波数でも電離層で反射されるよ．

問題3

　図に示すように，800〔km〕離れた送受信点BC間のF層1回反射の伝搬において，電離層の臨界周波数が12〔MHz〕であるときの最高使用可能周波数（MUF）の値として，最も近いものを下の番号から選べ．ただし，F層の反射点Aの見掛けの高さは300〔km〕であり，電離層は水平な大地に平行な平面であるものとする．また，MUFを f_m〔MHz〕，臨界周波数を f_c〔MHz〕，電離層への入射角を θ とすれば，f_m は，次式で与えられるものとする．

$$f_m = f_c \sec \theta$$

1　10〔MHz〕
2　15〔MHz〕
3　17〔MHz〕
4　20〔MHz〕
5　23〔MHz〕

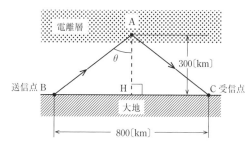

　公式（セカント法則）は，試験問題で与えられないかもしれないから覚えてね．

解説

　解説図のように，送受信点間の1/2の距離を d_h とすると $d_h = 400$〔km〕だから，電離層の反射点の高さを h〔km〕とすると，反射点までの伝搬通路 ℓ〔km〕は，

$$\ell = \sqrt{d_h{}^2 + h^2} = \sqrt{400^2 + 300^2}$$
$$= \sqrt{(4^2 + 3^2) \times 100^2} = \sqrt{25} \times 100 = 500 \ \text{〔km〕}$$

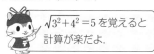　$\sqrt{3^2 + 4^2} = 5$ を覚えると計算が楽だよ．

よって，臨界周波数を f_c〔MHz〕とすると，MUF の周波数 f_m〔MHz〕は次式で表されます．

$$f_m = f_c \sec \theta = f_c \frac{1}{\cos \theta} = f_c \frac{\ell}{h}$$

$$= 12 \times \frac{500}{300} = 20 \ \text{〔MHz〕}$$

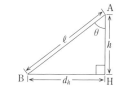

　臨界周波数を求める問題や跳躍距離を求める問題も出るよ．

解答

問題1 → 5　**問題2** → 1　**問題3** → 4

10.2 超短波帯以上の周波数の電波の伝わり方 (重要知識)

出題項目 Check!

- □ 超短波帯以上の周波数の電波の伝わり方の特徴
- □ 直接波と大地反射波の合成電界強度の求め方
- □ 見通し距離と見通し距離外に伝わる場合
- □ 等価地球半径係数とは
- □ 電波の散乱現象の原因と特性
- □ 山岳回折伝搬の特性と山岳回折利得とは

1　超短波帯 (VHF:30 ～ 300 〔MHz〕)，極超短波帯 (UHF: 300 ～ 3,000 〔MHz〕) の電波の伝わり方

　地表波はほとんど伝わりません．電離層波は電離層を突き抜けてしまいますので，直接波が伝わります．このとき，図 10.6 (a) のように，**直接波**と大地の表面で反射した**大地反射波**が同時に受信アンテナに到達すると，これらの**合成波**の**干渉**によって受信電波の強さが変化します．この状態は，送受信点間の距離とアンテナの高さ，周波数等によって影響を受けます．

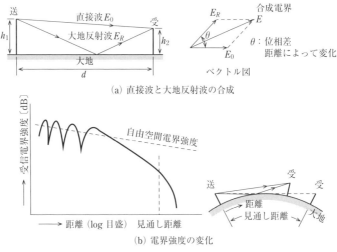

(a) 直接波と大地反射波の合成

(b) 電界強度の変化

図 10.6　地上波の電界強度の変化

　図 10.6 (a) において，送受信点間の距離を d 〔m〕，送信，受信アンテナの地上高を h_1, h_2〔m〕，電波の波長を λ〔m〕，直接波の電界強度を E_0〔V/m〕とすると，合成電界

強度 E〔V/m〕は，次式で表されます．

$$E = 2E_0 \left| \sin \frac{2\pi h_1 h_2}{\lambda d} \right| \text{〔V/m〕} \qquad (10.3)$$

ここで，式 (10.3) の三角関数を $\sin x$ とすると，$x \leq 0.5$〔rad〕の条件では，$\sin x \fallingdotseq x$ が成り立つので式 (10.3) は次式で表されます．

$$E = E_0 \frac{4\pi h_1 h_2}{\lambda d} \text{〔V/m〕} \qquad (10.4)$$

360〔°〕は 2π〔rad〕だよ．

また，送信アンテナの放射電力を P〔W〕，相対利得を G_D とすると直接波の自由空間電界強度 E_0 は，次式で表されます．

$$E_0 = \frac{7\sqrt{G_D P}}{d} \text{〔V/m〕} \qquad (10.5)$$

式 (10.4) の条件は，送受信アンテナに比較して送受信アンテナ間の距離が十分に遠い場合です．

図 10.6 (b) に送信点から受信点までの距離を変えた場合の電界強度の変化を示します．図において，距離が小さくて電界強度が振動的に変化するときは式 (10.3) で表され，距離が大きくて電界強度がゆるやかに変化するときは式 (10.4) で表されます．

直接波は見通し距離内を伝わるので送受信アンテナの高さを高くして見通し距離が延びれば，電波の伝わる距離を延ばすことができます．

Point

直接波と大地反射波の干渉による電界強度

　直接波の電界強度が E_0〔V/m〕，反射波の電界強度が E_R〔V/m〕のとき，大地で完全反射したときの E_R は E_0 とほぼ等しくなる．干渉による電界強度の変化は，二つの電波の位相が同相のときに $2E_0$〔V/m〕となり，逆相のときはほぼ 0〔V/m〕となる．電界強度の 2 倍をデシベルで表すと，次式で表される．

　　$20 \log_{10} 2 \fallingdotseq 6$〔dB〕

2 見通し距離

(1) 数学的（光学的）な見通し距離

　地球は球形で大地は曲がっているために，ある高さから見通せる距離には限界があります．数学的には図 10.7 のように円の接線を引いたときの弧の長さとなりますが，高さ h〔m〕から見通せる距離を d〔m〕とすると，次式で表されます．

　　$d \fallingdotseq \sqrt{2Rh}$〔m〕　　　　　　　　　　　(10.6)

ここで，R に地球の半径 $R \fallingdotseq 6,370$〔km〕を代入して，d を〔km〕で表すと，

　　$d \fallingdotseq 3.57\sqrt{h\text{〔m〕}}$〔km〕　　　　　　(10.7)

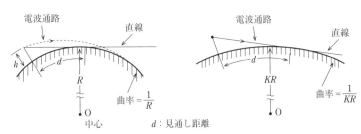

図 10.7　数学的な見通し距離　　　　図 10.8　電波の見通し距離

(2) 電波の見通し距離

　大気の屈折率は高さによって変化し，大気層の**上層に行くほど屈折率が小さくなりま**す．そのため数学的な接線よりも電波通路は**下方に曲げられて**伝搬するので，数学的な見通し距離よりも遠くに伝わります．このとき，図 10.8 のように**電波は直進**するものとして**地球の半径**を実際より**大きくした仮想の地球**を考え，この等価半径と地球の半径の比を**等価地球半径係数**と呼びます．等価地球半径係数を K とすると，電波の見通し距離 d〔km〕は次式によって求めることができます．

$$d = 3.57\sqrt{K} \times \sqrt{h\,\text{〔m〕}}\ \text{〔km〕}$$
$$\fallingdotseq 4.12\sqrt{h\,\text{〔m〕}}\ \text{〔km〕} \tag{10.8}$$

　標準大気では，$K = 4/3$ で表されます．

　送受信アンテナの高さが h_1，h_2〔m〕のとき，**送受信点間の電波の見通し距離**は，次式で表されます．

$$d \fallingdotseq 4.12 \times (\sqrt{h_1\,\text{〔m〕}} + \sqrt{h_2\,\text{〔m〕}})\ \text{〔km〕} \tag{10.9}$$

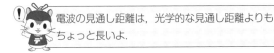

電波の見通し距離は，光学的な見通し距離よりもちょっと長いよ．

3 見通し距離外に伝わる場合

　次の場合は超短波帯以上の周波数の電波が，見通し距離外に伝わることがあります．

① **スポラジックE層（E_s 層）**

　　E層と同じ高さに突発的に狭い地域で発生します．日本では**夏季の昼間**に多く発生し電子密度が大きいので**超短波（VHF）帯**の電波を反射することがあります．

② **大気による散乱，屈折，反射**

　　大気の不均一な部分で電波がちらばって伝わったり，大気の屈折率の異なる部分で屈折して伝わります．電波の散乱は**大気の誘電率**にむらがあることによって発生します．**対流圏散乱通信**は散乱波を利用した通信です．自由空間伝搬に比較して**伝搬損失**

が大きく，フェージングが激しい特徴があります．

③ **電離層による散乱**

短波（HF）帯の電離層伝搬において，電離層の乱れによって生ずる電波の散乱により，**不感地帯**において弱い電波が受信されることがあります．

④ **ラジオダクト**

通常の大気による電波の屈折率は，地表からの高さが高くなると小さくなります．気象状況によって，**大気の屈折率**の高さ方向の分布が**逆転**した**大気層（逆転層）**が発生することがあります．超短波（VHF）帯以上の周波数の電波が，この層の内に閉じ込められて反射を繰り返しながら遠距離まで伝搬することがあります．この大気層を**ラジオダクト**といいます．

大気の屈折率はほぼ 1 に近い値で，その高さによる変化も小さい値なので，大気の屈折率に地球の半径および地表からの高さを関連づけて表した修正屈折示数（指数）M で表す曲線を用います．M **曲線**は標準大気では，図 10.9（a）のように**高さととも**に**増大**します．大気中に温度等の逆転層が発生すると M 曲線は，図 10.9（b）のような標準大気とは逆の変化をする層となって，図 10.9（b）の高さの範囲が**ラジオダクト**トを形成します．

大気の逆転層は，大地の夜間冷却，高い気圧の空気層の沈降，海岸で発生する海風や陸風等の気象現象によって発生します．

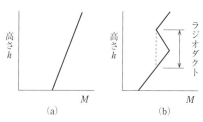

図 10.9 M 曲線

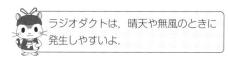

ラジオダクトは，晴天や無風のときに発生しやすいよ．

⑤ **山岳による回折**

回折によって，山かげに電波が回り込んで伝わります．山岳が波長に比べて十分高く，その頂部が送信および受信点から見通せる場所で，大地を球面大地としたとき，見通し外伝搬における山岳回折による電波の伝わり方には，次の特徴があります．

(a) 山岳がない場合の球面大地による回折損は，一般に，送信点と受信点の間に山岳がある場合の**回折損**よりも大きい.

(b) 送信点と受信点の間にある山岳によって回折されて伝搬する電波の**電界強度**は，**山岳がないときより高くなる**場合がある.

(c) 山岳利得（山岳回折利得）は，山岳回折による伝搬によって受信される電波の電界強度が，山岳がない場合に受信される電波の電界強度に比べてどれだけ高くなるかを表す.

(d) 一般に，送信点と受信点の間に電波の通路をさえぎる山が複数ある場合の回折損は，孤立した一つの山がある場合よりも大きくなる.

試験の直前 Check!

☐ **自由空間電界強度** ≫ $E_0 = \dfrac{7\sqrt{G_D P}}{d}$

☐ **大地反射がある電界強度** ≫ $E = E_0 \dfrac{4\pi h_1 h_2}{\lambda d}$

☐ **電波の見通し距離** ≫ 大気の屈折率が上層ほど小さい. 電波が下方に曲がる. 光学的な見通し距離より長い.

☐ **送受信点間の電波の見通し距離** ≫ $d \fallingdotseq 4.12\,(\sqrt{h_1\,(\mathrm{m})} + \sqrt{h_2\,(\mathrm{m})})\,(\mathrm{km})$

☐ **等価地球半径係数** ≫ 地球の半径を大きくして，電波は直進. 地球の半径が K 倍. 標準大気の $K = 4/3$.

☐ **超短波帯見通し距離外伝搬** ≫ 山岳回折. 大気による散乱，屈折，反射. スポラジックE層. ラジオダクト.

☐ **大気による散乱現象** ≫ 大気中の誘電率にむら. 対流圏散乱通信は伝搬損失が大きい. フェージングが激しい.

☐ **電離層による散乱現象** ≫ 電離層の乱れで発生. 短波帯の不感地帯に伝搬.

☐ **ラジオダクト** ≫ 大気の屈折率の逆転層. VHF帯以上の電波が層内を反射して遠距離伝搬. 晴天や無風時に発生しやすい.

☐ **大気の逆転層の発生原因** ≫ 大地の夜間冷却. 高気圧の沈降，海風，陸風.

☐ **山岳回折** ≫ 球面大地の回折損は，山岳回折より大きい. 山岳回折の電界強度は高くなる. 山岳回折利得は，山岳がない場合とより高くなるかを示す. 山が複数ある場合の回折損は大きい.

第
10
章
　電波の伝わり方

◗◗◖ **国家試験問題** ◗◖◗

問題 1

　波長ダイポールアンテナに対する相対利得 7〔dB〕，地上高 20〔m〕の送信アンテナに，周波数 150〔MHz〕で 5〔W〕の電力を供給して電波を放射したとき，最大放射方向で送信点から 20〔km〕離れた受信点における電界強度の値として，最も近いものを下の番号から選べ．ただし，受信アンテナの地上高は 10〔m〕とし，受信点の電界強度 E は，次式で与えられるものとする．また，アンテナの損失はないものとし，$\log_{10} 2 \doteqdot 0.3$ とする.

$$E = E_0 \frac{4\pi h_1 h_2}{\lambda d} \ \text{〔V/m〕}$$

E_0：送信アンテナによる直接波の電界強度〔V/m〕

h_1, h_2：送，受信アンテナの地上高〔m〕

λ：波長〔m〕

d：送受信点間の距離〔m〕

1　　44〔μV/m〕

2　　88〔μV/m〕

3　　110〔μV/m〕

4　　132〔μV/m〕

5　　220〔μV/m〕

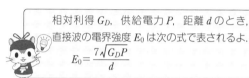

相対利得 G_D，供給電力 P，距離 d のとき，直接波の電界強度 E_0 は次の式で表されるよ．

$$E_0 = \frac{7\sqrt{G_D P}}{d}$$

解説

相対利得 G_{dB} を真数 G_D で表すと，次式で表されます.

$$G_{\mathrm{dB}} = 10 \log_{10} G_D \ \text{〔dB〕}$$

数値を代入すると，

$$7 = 10 \log_{10} G_D$$

$$10 - 3 \doteqdot 10 \times (\log_{10} 10 - \log_{10} 2)$$

$$= 10 \times \log_{10}(10 \div 2)$$

電力比の 2 倍は 3〔dB〕，1/2 倍は -3〔dB〕，10 倍は 10〔dB〕を覚えてね.

したがって，$G_D = 5$ となります.

　周波数 150〔MHz〕の波長は $\lambda = 2$〔m〕なので，放射電力を P〔W〕，相対利得を G_D，距離を d〔m〕とすると直接波の電界強度 E_0〔V/m〕は次式で表されます.

$$E_0 = \frac{7\sqrt{G_D P}}{d}$$

$$= \frac{7\sqrt{5 \times 5}}{20 \times 10^3}$$

$$= \frac{7 \times \sqrt{5^2}}{20} \times 10^{-3} = \frac{3.5}{2} \times 10^{-3} \ \text{〔V/m〕}$$

受信点の電界強度 E〔V/m〕は次式で表されます.

367

$$E = E_0 \frac{4\pi h_1 h_2}{\lambda\, d}$$

$$= \frac{3.5}{2} \times 10^{-3} \times \frac{4 \times 3.14 \times 20 \times 10}{2 \times 20 \times 10^3}$$

$$= 3.5 \times 3.14 \times 10 \times 10^{-3-3}$$

$$\fallingdotseq 110 \times 10^{-6}\ \mathrm{[V/m]} = 110\ \mathrm{[\mu V/m]}$$

距離を求める問題も出るよ.

問題 2

　次の記述は，標準大気中の等価地球半径係数について述べたものである．　□□□内に入れるべき字句を下の番号から選べ.

(1) 大気の屈折率は高さにより変化し，上層に行くほど屈折率が ア なる．そのため電波の通路は イ に曲げられる．しかし，電波の伝わり方を考えるとき，電波は ウ するものとして取り扱った方が便利である.

(2) このため，地球の半径を実際より大きくした仮想の地球を考え，地球の半径に対する仮想の地球の半径の エ を等価地球半径係数といい，これを通常 K で表す.

(3) K の値は オ である.

1　屈折　　2　小さく　　3　和　　4　下方　　5　3/4

6　直進　　7　大きく　　8　比　　9　上方　　10　4/3

オの穴は数値だから，3/4 か 4/3 だよ．エの穴は地球の半径に，この値の比をとるんだね．半径を大きくした仮想の地球って書いてあるから 4/3 だね．問題文の全部に目を通してから選択肢を探すといいよ.

問題3

　超短波（VHF）帯通信において，受信局（移動局）のアンテナの高さが1〔m〕であるとき，送受信局間の電波の見通し距離が20.6〔km〕となる送信局のアンテナの高さとして，最も近いものを下の番号から選べ．ただし，大気は標準大気とする．

1　10.3〔m〕
2　16.0〔m〕
3　22.5〔m〕
4　32.0〔m〕
5　40.4〔m〕

解説

　送受信アンテナの高さが h_1, h_2〔m〕のとき，送受信点間の電波の見通し距離 d〔km〕は次式で表されます．

$$d \fallingdotseq 4.12 \times (\sqrt{h_1} + \sqrt{h_2})$$
$$= 4.12 \times \sqrt{h_1}〔\mathrm{km}〕 + 4.12 \times \sqrt{h_2}〔\mathrm{km}〕$$

　題意の値を代入すると，次式のようになります．

$$20.6 = 4.12 \times \sqrt{h_1} + 4.12 \times \sqrt{1}$$

　よって，

$$\sqrt{h_1} = \frac{20.6 - 4.12}{4.12} = \frac{16.48}{4.12} = 4$$

　両辺を2乗すれば，送信アンテナの高さ h_1〔m〕は，次式で表されます．

$$h_1 = 4^2 = 16〔\mathrm{m}〕$$

見通し距離を求める問題も出るよ．

第
10
章
電波の伝わり方

問題4

　次の記述は，超短波 (VHF) 帯電波の散乱現象等について述べたものである．　□□□
内に入れるべき字句の正しい組合せを下の番号から選べ．

(1) 電波の散乱は，物体によるものだけに限らず，大気中の　□A□　にむらがある場合
　　にも生じ，対流圏散乱通信は，この現象を利用するものである．

(2) 対流圏散乱による伝搬は，自由空間伝搬に比べると伝搬損失が　□B□　，フェージ
　　ングが　□C□　という特徴がある．

	A	B	C
1	誘電率	小さく	緩やか
2	誘電率	大きく	激しい
3	透磁率	大きく	緩やか
4	透磁率	小さく	激しい

問題5

　次の記述は，ラジオダクトについて述べたものである．このうち誤っているものを下
の番号から選べ．

　1　ラジオダクトは，雨天や強風時に発生し易い．

　2　ラジオダクトによる伝搬は，気象状態の変化によって電界強度が変動する．

　3　ラジオダクトは，地表を取り巻く大気層に発生する大気の屈折率の逆転層が成因
　　である．

　4　大気の屈折率の逆転層は，大地の夜間冷却，高気圧の沈降，海陸風などの気象現
　　象により生じる．

　5　VHF 帯や UHF 帯等の電波がラジオダクト内に閉じ込められ，見通し距離より
　　遠方へ伝わることがある．

解説

　1　ラジオダクトは，晴天や無風時に発生しやすい．

解答

問題1→ 3　　**問題2**→アー2　イー4　ウー6　エー8　オー10

問題3→ 2　　**問題4**→ 2　　**問題5**→ 1

10.3 異常現象・電波雑音・安全基準　重要知識

出題項目 Check!

☐ 電波の伝わり方の異常現象の種類と特徴
☐ フェージングの軽減方法
☐ 電波雑音の種類と特徴
☐ 電波の強度に対する安全基準と電波の強度の算出方法

1 異常現象

(1) フェージング

電波を受信していると受信電波が強くなったり弱くなったりすることがあります．これをフェージングといいます．フェージングには次の種類があります．

① **吸収性フェージング**：短波帯の電波は電離層の D 層および E 層を通過して，F 層で反射します．電離層を通過するときに受ける**第1種減衰**および電離層で反射するときに受ける第2種減衰が**時間とともに変化**するために発生します．

② **跳躍性フェージング**：跳躍距離（電離層反射波が地表に到達する最短距離）の近くでは，電離層の電子密度の変化により，電波が**電離層を突き抜けたり，反射したりする**ために発生します．**短波帯の F 層反射**伝搬において，使用周波数が MUF（最高使用可能周波数）に近いときに発生します．

③ **偏波性フェージング**：電離層反射波が，**地球磁界**の影響を受けて，だ円偏波となって地上に到達します．このだ円軸が**時間的に変化**するときに発生します．

④ **干渉性フェージング**：電離層反射波が二つ以上の**異なる通路を通って受信点に達する**ことによって電波が干渉するときや，直接波と大地反射波が干渉するときに発生します．

⑤ **選択性フェージング**：電離層反射波が周波数によって異なる量の減衰を受けるために発生します．AM（A3E）電波の受信のときに**忠実度が悪く**なります．周波数による異なる量の減衰が発生しないフェージングを同期性フェージングと呼びます．**同期性フェージングは受信機の AGC 回路によって軽減**することができます．

⑥ **K 形フェージング**：大気の屈折率の高さによる減少の割合の変動に伴う電波通路の変化によって発生します．これは，等価的に**地球等価半径係数 K が変化**することになります．干渉性 K 形フェージングと回折性 K 形フェージングに分けられます．

(2) 電離層（磁気）あらし

太陽活動の変化によって地球磁気の乱れが発生します．これに伴って電離層のじょう乱現象が発生し，**短波帯の通信が徐々に低下**して数日間にわたってできなくなることがあります．じょう乱とは，大気や電離層が通常の状態から乱れることです．

371

(3) デリンジャー現象

　太陽の表面の爆発による多量の X 線放出などの太陽活動の急な変化によって，D 層の電子密度が大きくなり，電波の電離層による減衰が大きくなることによって**受信電界強度が低下**して，**短波帯の通信が突発的にできなくなる**ことがあります．この現象は**数分から数時間**で回復します．**電波伝搬路に日照部分があり**太陽に影響を受ける地域のうち，特に**低緯度**地方を伝搬する場合に発生します．また，**電離層の減衰**は使用電波の周波数の **2 乗**にほぼ**反比例**するので，低い周波数では減衰が大きいため**高い周波数**に切り替えて通信を行う対策があります．

試験問題では「デリンジャ」と書いてあることもあるけど同じだよ．

(4) **対せき点（対しょ点）効果**

　地球上の送受信点が互いに地球の中心に対して，ちょうど反対の位置にある場合に生ずる現状です．送受信点を結ぶ大円コースが無数に存在するので，受信点にはあらゆる方向から電離層反射波の電波が到達します．受信点の電波の到来方向は変動しますが，距離が大きい割に受信電界強度が大きい現象が現れます．日本の対せき点は南米アルゼンチンの東側の大西洋上です．

(5) **エコー**

　一般に遠距離通信の電波伝搬は，送受信点間を結ぶ**大円通路**を通り，そのうち最も短い伝搬通路を通る電離層波の電界強度が大きく受信点に到達します．しかし短波帯の遠距離通信においては，短い方の伝搬通路が昼間で**第 1 種減衰**が大きく，逆回りの長い伝搬通路が夜間で減衰が少ないときは，長い伝搬通路を通る電波の電界強度の方が大きくなり，十分通信できることがあります．このような逆回りの長い伝搬通路による電波の伝搬を**ロングパス**と呼びます．これらの二つの伝搬通路を通った電波が受信点に到達すると，電波の到達時間差により，信号が時間差を持って受信されて**エコー**を生ずることがあります．

Point

フェージングの軽減方法

① 電話（A3E）受信機に AGC 回路を設ける．
　受信電界強度の変動分が補償される．
② 電信（A1A）受信機の検波回路の次に**リミタ回路**を設ける．
　検波された電信波形の**振幅をそろえる**ことができる．
③ 周波数ダイバーシティを用いる．

送信点から二つ以上の周波数で同時送信し，受信信号を合成または切り替える方法．

④ **空間**（スペース）**ダイバーシティを用いる**．

受信アンテナを数波長以上離れた場所に設置して，その信号出力を合成または切り替える方法．

⑤ **偏波ダイバーシティを用いる**．

受信アンテナに偏波面が垂直と水平の異なる半波長ダイポールアンテナを用いて，それぞれの出力を合成または切り替える方法．

2 衛星通信

アマチュア無線では，その軌道が，ある地表面に対して移動している周回衛星が用いられています．衛星通信における電波伝搬の特徴を次に示します．

① **ドプラ効果**：周回衛星から発射される電波は，衛星が近づいてくるときには送信周波数より**高い周波数**で受信され，最も近づいたときには同じ周波数，遠ざかっていくときには**低い周波数**で受信されます．この現象をドプラ効果といいます．

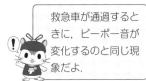

救急車が通過するときに，ピーポー音が変化するのと同じ現象だよ．

② **ファラデー回転**：電離層を通過する電波は偏波面が回転します．これをファラデー回転といいます．

偏波面が回転する円偏波に対応するために，**クロス八木**（八木・宇田）**アンテナ**やヘ**リカルアンテナ**などが使われます．

衛星に搭載された中継器はトランスポンダ，衛星に向けて送信する通信回線はアップリンク，衛星から地球に向かう通信回線はダウンリンクというよ．衛星通信では，いろいろな電波型式が用いられるよ．

3 電波雑音

受信機の外部で発生する電波雑音には自然界で発生する**自然雑音**と人工的に発生する**人工雑音**があります．

① **自然雑音**：雷の放電で発生する**空電雑音**や太陽から発生する**太陽雑音**や他の天体から到来する**宇宙雑音**等があります．**空電雑音は短波帯**（HF：3 ～ 30〔MHz〕）**以下の**周波数帯に雑音が発生します．**宇宙雑音**は一般の通信に影響が少ないですが，微弱な電波を受信する**宇宙無線通信**では留意する必要があります．

② **人工雑音**：高周波ミシン，電気溶接機，自動車の点火栓（点火装置）等の各種の電気設備や電気機器等から電波雑音が発生します．

4　電波の強度に対する安全基準

電波法の規定により，無線設備にはその無線設備から発射される電波の強度が表 10.2 に定める値を超える場所（人が通常，集合し，通行し，その他出入りする場所に限る.）に取扱者のほか容易に出入りすることができないように施設をしなければならないことが規定されています．**電波の強度**は，**電界強度**，**磁界強度**，**電力束密度**によって規定されています．

空中線入力電力を P〔W〕，空中線の絶対利得を G，空中線から算出点までの距離を R〔m〕，大地等の反射係数を K とすると，次式によって電力束密度の値 S〔mW / cm^2〕を求めることが規定されています．

$$S = \frac{PG}{40\pi R^2}K \text{〔mW / cm}^2\text{〕} \tag{10.10}$$

表 10.2　電波の強度に対する安全基準

周波数	電界強度〔V/m〕	磁界強度〔A/m〕	電力束密度〔mW/cm^2〕	平均時間〔分〕
10〔kHz〕を超え 30〔kHz〕以下	275	27.8		
30〔kHz〕を超え 3〔MHz〕以下	275	$2.18/f$		
3〔MHz〕を超え 30〔MHz〕以下	$824/f$	$2.18/f$		6
30〔MHz〕を超え 300〔MHz〕以下	27.5	0.0728	0.2	
300〔MHz〕を超え 1.5〔GHz〕以下	$1.585\sqrt{f}$	$\sqrt{f}/237.8$	$f/1,500$	
1.5〔GHz〕を超え 300〔GHz〕以下	61.4	0.163	1	

f：周波数〔MHz〕

表 10.2 の周波数 3〔MHz〕を超え30〔MHz〕以下から 300〔MHz〕を超え1.5〔GHz〕以下の基準値において，自由空間の特性インピーダンスを $Z_0 = 120\pi \fallingdotseq 377$〔$\Omega$〕とすると，電界強度 E〔V/m〕と磁界強度 H〔A/m〕は，次式の関係があります．

$$E = Z_0 H \fallingdotseq 377 \times H \text{〔V/m〕} \tag{10.11}$$

また，電力束密度 S〔mW / cm^2〕は，次式で表されます．

$$S = \frac{E^2}{Z_0} = \frac{E^2}{377} \text{〔W/m}^2\text{〕}$$

$$= \frac{E^2}{3,770} = 37.7H^2 \text{〔mW / cm}^2\text{〕} \tag{10.12}$$

試験の直前 Check!

☐ **偏波性フェージング** >> 電離層反射波．地球磁気の影響．だ円偏波が変化．

☐ **干渉性フェージング** >> 通路の異なる電波．合成電界が干渉で変動．

☐ **選択性フェージング** >> 電離層反射波が周波数によって異なる量の減衰．AM電波の受信は忠実度が悪く．受信機のAGC回路で同期性フェージングは軽減．選択性フェージングは軽減できない．

☐ **K形フェージング** >> 大気の屈折率の変動による電波通路の変化．地球等価半径係数Kが変化．

☐ **フェージングの軽減方法** >> 電話受信機にAGC．電信受信機にリミタ，振幅をそろえる．周波数ダイバーシティ．空間ダイバーシティ．偏波ダイバーシティ．

☐ **電離層（磁気）あらし** >> 太陽活動により，地球磁気の乱れ．短波通信の電界が徐々に低下．数日間通信不良．

☐ **デリンジャー現象** >> 太陽表面の爆発．D層の電子密度が大．受信電界強度が低下．太陽に照らされている面の低緯度伝搬路，短波通信突然不良．電離層減衰は周波数の2乗に反比例．高い周波数に切り替えて通信．

☐ **ロングパス** >> 遠距離伝搬は大円通路．短い伝搬通路が昼間で第1種減衰が大，逆回りの長い伝搬通路の電界大のときをいう．

☐ **エコー** >> 遠距離伝搬で二つの伝搬通路を通った電波が受信点に到達．

☐ **衛星通信** >> ファラデー回転のため円偏波．クロス八木アンテナやヘリカルアンテナを使用．衛星からのダウンリンクの周波数は近づくと高く，遠ざかると低く．

☐ **電波雑音** >> 人工雑音．自然雑音．雷による空電雑音は短波帯以下．太陽雑音．宇宙雑音は宇宙無線通信では留意．

☐ **電波の電力束密度** >> $S = \dfrac{PG}{40\pi R^2}K$ ， $S = \dfrac{E^2}{3,770} = 37.7H^2$

国家試験問題

問題1

次の記述は，短波帯の電波のフェージングについて述べたものである．　　　内に入れるべき字句の正しい組合せを下の番号から選べ．

(1) 電波が電離層に入射するときは直線偏波であっても，一般に電離層で反射されるとだ円偏波に変わる．受信アンテナは通常水平または垂直導体で構成されているので，受信アンテナの起電力は時々刻々変化し，　A　フェージングが生ずる．

(2) 被変調波の全帯域が一様に変化する　B　フェージングは，受信機の AGC の動作が十分であれば相当軽減できる．

(3) 短波帯の遠距離伝搬においては，送信点から放射された電波が二つ以上の異なった伝搬通路を通り受信点に到来し，受信点で位相の異なる受信波を合成する場合，　C　フェージングが生ずる．

	A	B	C
1	偏波性	選択性	干渉性
2	偏波性	同期性	干渉性
3	干渉性	同期性	選択性
4	干渉性	偏波性	跳躍性
5	選択性	偏波性	跳躍性

問題2

次の記述は，主に VHF および UHF 帯の通信において発生するフェージングについて述べたものである．この記述に該当するフェージングの名称を下の番号から選べ．

気象状況の影響で，大気の屈折率の高さによる減少割合の変動にともなう，電波の通路の変化により発生するフェージング．

1 偏波性フェージング

2 K形フェージング

3 シンチレーションフェージング

4 跳躍性フェージング

5 吸収性フェージング

K は地球の等価半径係数のことだよ．
この値が変われば電波の通路も変わるね．

問題❸

　次の記述は，電離層伝搬において発生する障害について述べたものである．　　　　内に入れるべき字句を下の番号から選べ．

(1) D 層を突き抜けて F 層で反射する電波は，D 層の電子密度等によって決まる減衰を受ける．太陽の表面で爆発が起きると，多量の X 線などが放出され，この X 線などが地球に到来すると，D 層の電子密度を急激に　ア　させるため，短波 (HF) 帯の通信が，太陽　イ　地球の半面で突然不良になったり，または受信電界強度が低下することがある．このような現象を　ウ　という．この現象が発生すると，短波 (HF) 帯における通信が最も大きな影響を受ける．

(2) これらの障害が発生したときは，電離層における減衰は，使用周波数の　エ　にほぼ反比例するので，　オ　周波数に切り替えて通信を行うなどの対策がとられている．

1　低い　　　　　　　　 2　3乗　　 3　に照らされている　　　 4　下降
5　デリンジャー現象　 6　高い　　 7　2乗　　 8　に照らされていない
9　上昇　　　　　　 10　磁気嵐

　デリンジャーは，この現象を発見した人の名前だよ．
デンチャンの名前にすこし似てると覚えてね．

問題 4 ▶

次の記述は，短波 (HF) 帯の電波伝搬について述べたものである．　□□□□内に入れるべき字句の正しい組合せを下の番号から選べ．

(1) 一般に電波は送受信点間を結ぶ　　A　　を伝搬し，そのうち概念図のSのように最も短い伝搬通路を通る電離層波は電界強度が大きく無線通信に用いられる．しかし短波帯の遠距離通信においては，Sの伝搬通路が昼間で　　B　　減衰が大きく，Lの伝搬通路が夜間で減衰が少ないときは，Sの伝搬通路よりも図のLの伝搬通路を通る電波の電界強度の方が大きくなり，十分通信できることがある．

(2) このような逆回りの長い伝搬通路による電波の伝搬をロングパスといい，条件により同時にSとLの二つの伝搬通路を通って伝搬すると，電波の到達時間差により　　C　　を生ずることがある．

	A	B	C
1	対流圏	第1種	ドプラ効果
2	対流圏	第2種	エコー
3	大円通路	第1種	ドプラ効果
4	大円通路	第2種	ドプラ効果
5	大円通路	第1種	エコー

第1種減衰は，電離層を突き抜けるときに受ける減衰で，第2種減衰は電離層で反射するときに受ける減衰だよ．短波帯の電波は昼間にE層を突き抜けるときに減衰を受けるよ．到達時間差によって発生するのはエコーだね．

問題5

次の記述は，アマチュア衛星通信について述べたものである．このうち誤っているものを下の番号から選べ．

1 地球を周回している非静止衛星の通信エリアは，衛星の周回とともに移動するため，一定時間しか通信ができない．
2 衛星からの電波がフェージングを伴うことがあるのは，大地・建造物反射の影響や偏波面の変化等が原因である．
3 アップリンクの周波数は，超短波（VHF）帯または極超短波（UHF）帯の周波数が用いられることが多い．
4 通信に使用できる電波型式は，どのアマチュア衛星も F3E（FM）電波のみである．
5 偏波面の変化に対応するため，クロス八木（八木・宇田）アンテナやヘリカルアンテナなどが使われる．

解説

4 衛星通信には，さまざまな電波型式が使用されています．

問題6

次の記述は，電波雑音について述べたものである．□□□内に入れるべき字句を下の番号から選べ．なお，同じ記号の□□□内には，同じ字句が入るものとする．

(1) 受信装置のアンテナ系から入ってくる電波雑音は，□ ア □および自然雑音に大きく分類され，□ ア □は各種の電気設備や電気機械器具等から発生する．
(2) 自然雑音には，□ イ □による空電雑音のほか，太陽から到来する太陽雑音および他の天体から到来する□ ウ □がある．これらの自然雑音のうち，特に短波（HF）帯以下の周波数帯の通信に最も大きな影響があるのは□ エ □である．また，□ ウ □は□ オ □のように微弱な電波を受信する場合には留意する必要があるが，一般には通常の通信に影響のない強度である．

1 短波帯通信　　2 宇宙雑音　　3 熱雑音　　4 空電雑音　　5 雷
6 宇宙通信　　7 太陽雑音　　8 人工雑音　　9 コロナ雑音
10 グロー放電

解答

問題1→2　**問題2**→2
問題3→ア－9　イ－3　ウ－5　エ－7　オ－6　**問題4**→5
問題5→4　**問題6**→ア－8　イ－5　ウ－2　エ－4　オ－6

379

11 測定

11.1 指示電気計器・分流器・倍率器 （重要知識）

出題項目 Check!

☐ 指示電気計器の種類，図記号，特徴
☐ 永久磁石可動コイル形，電流力計形，熱電対形計器の構造，動作，特徴
☐ 整流形計器の構造，動作，特徴，誤差の特性
☐ 分流器，倍率器の抵抗値の求め方
☐ 電圧計，電流計の内部抵抗と測定値から電力の求め方
☐ 測定値の誤差の求め方
☐ 精度の階級と固有誤差の最大値の求め方

　電流や電圧の大きさを指針や数字で表すものを指示計器といいます．直流電流計，直流電圧計，交流電流計，交流電圧計等があります．

1 指示電気計器の種類

　指示電気計器の分類と図記号を図 11.1 に示します．

種類	記号	使用回路	用途	動作原理	特徴
永久磁石可動コイル形		DC	VAΩ	永久磁石の磁界と可動コイルの電流による電磁力	確度が高い，高感度，平均値指示
可動鉄片形		AC (DC)	VA	固定コイルの電流による磁界中の可動鉄片に働く力	構造が簡単，丈夫，安価，実効値指示
電流力計形		AC DC	VAW	固定・可動両コイルを流れる電流間に働く力	AC・DC 両用，電力計，2 乗目盛，実効値指示
整流形	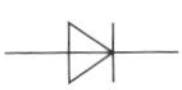	AC	VA	整流器と永久磁石可動コイル形計器の組合せ	ひずみ波の測定で誤差を生じる，平均値を実効値に換算して指示
熱電対形 (非絶縁熱電対形)		AC DC	VA	熱電対と永久磁石可動コイル形計器の組合せ	直流から高周波まで使用できる，実効値指示，2 乗目盛
静電形		AC DC	V	電極間の静電吸引力または反発力	高電圧の測定に適する，実効値指示
誘導形		AC	VAW	固定コイルの電流による磁界と回転円板に発生するうず電流間の電磁力	回転角が大きい，2 乗目盛，実効値指示，電力量計

表中の記号　AC：交流，DC：直流，V：電圧計，A：電流計，Ω：抵抗計，W：電力計

図 11.1　各種指示計器の分類・用途・動作原理

2 指示電気計器の動作原理

主な指示電気計器の動作原理と特徴を次に示します.

(1) **永久磁石可動コイル形計器**　構造を図 11.2 に示します. わく形の可動コイルに電流を流すと, **電流**と永久磁石の**磁界**間に**フレミングの左手の法則**に従って働く**電磁力**が**駆動トルク**となって針は回転します. 次に, 電流による力と**渦巻きばね**による逆方向の**制御トルク**がつり合ったところで指針が止まります. このとき回転する**角度**が**電流の大きさに比例**するので電流を計ることができます. 永久磁石可動コイル形計器は, 次のような特徴があります.

① **目盛りが等間隔 (平等目盛)** である.

② 感度が良い.

③ 直流電流や直流電圧を測定できる.

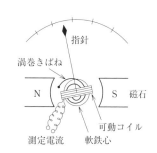

図 11.2　永久磁石可動コイル形計器

(2) **整流形計器**　図 11.3 のように, **永久磁石可動コイル形計器**とダイオード等の**整流器**を組み合わせた計器です. 交流の電流や電圧を測定することができます.

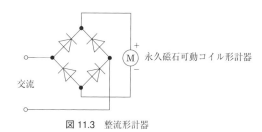

図 11.3　整流形計器

永久磁石可動コイル形直流電流計に脈流電流を流すと, **指示値**は**平均値**に**比例**します. ブリッジ整流回路によって電流計を流れる脈流電流は, 全波整流波形となります. 電流の最大値を I_m〔A〕とすると, 平均値 I_a〔A〕は,

$$I_a = \frac{2}{\pi} I_m \tag{11.1}$$

381

I_m の式とすると,

$$I_m = \frac{\pi}{2} I_a \qquad\qquad (11.2)$$

交流電流や電圧の指示値は,実効値で表されるので,最大値が I_m の電流の実効値 I_e は,式 (11.2) の平均値を用いて表すと,

$$I_e = \frac{1}{\sqrt{2}} I_m = \frac{1}{\sqrt{2}} \times \frac{\pi}{2} I_a$$

$$\fallingdotseq \frac{3.14}{1.41 \times 2} I_a \fallingdotseq 1.11 I_a \qquad\qquad (11.3)$$

波形率 ＝ 実効値／平均値

波高率 ＝ 最大値／実効値

だよ.

式 (11.3) の $I_e / I_a \fallingdotseq 1.11$ を**波形率**と呼び,永久磁石可動コイル形電流計は平均値電流の 1.11 倍の数値で**実効値の目盛**が振られているので,測定する交流の波形が**正弦波でないとき**は指示値に**誤差**が生じます.

(3) **熱電対形計器**　図 11.1 の図記号で示される熱電対形計器は,直熱形熱電対形計器または非絶縁熱電対形計器とも呼びます.永久磁石可動コイル形計器に**熱線**と**熱電対**を組み合わせた計器です.熱線を流れる電流による発熱によって熱電対に起電力が発生するので,その電圧を永久磁石可動コイル形計器で測定します.直流および交流の**実効値を測定する**ことができます.測定器のインピーダンスが小さいので**高周波電流の測定**に適しています.

▌3▐ 電流,電圧の測定

電流を測定するときは,電流計を測定する回路に直列に接続します.電圧を測定するときは,電圧計を測定する回路に並列に接続します.このとき,電流計や電圧計には等価的な内部抵抗が存在します.電流計の内部抵抗によって測定電圧が低下する誤差が発生し,電圧計の内部抵抗によって,測定電流が増加する誤差が発生します.

▌4▐ 分流器

電流計の測定範囲を拡大するために,図 11.4 のように電流計と並列に接続する抵抗のことです.電流計の内部抵抗を r〔Ω〕,測定範囲の倍率を N とすれば,**分流器の抵抗** R〔Ω〕は次式で表されます.

$$R = \frac{r}{N-1} \, 〔Ω〕 \qquad\qquad (11.4)$$

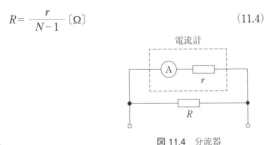

図 11.4　分流器

5 倍率器

電圧計の測定範囲を拡大するために，図 11.5 のように電圧計と直列に接続する抵抗のことです．電圧計の内部抵抗を r〔Ω〕，測定範囲の倍率を N とすれば，**倍率器の抵抗** R〔Ω〕は次式で表されます．

$$R = (N-1)r \ 〔Ω〕 \tag{11.5}$$

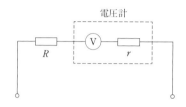

電圧計

図 11.5 倍率器

Point

分流器と倍率器

　分流器は，計器に並列に接続して多くの電流を流す小さい抵抗．

　倍率器は，計器に直列に接続して多くの電圧が加わる大きい抵抗．

　全体の倍率 N 倍から内部抵抗分に相当する 1 を引いて，分流器は内部抵抗の値を $(N-1)$ で割る．倍率器は内部抵抗の値に $(N-1)$ を掛けて求める．

6 電力の測定

測定回路に加わる電圧を V〔V〕，電流を I〔A〕とすると，電力 P〔W〕は次式で表されます．

$$P = VI \ 〔W〕 \tag{11.6}$$

電流計と電圧計を回路に接続して，それらの測定値から計算によって電力を求めることができますが，測定器の内部抵抗によって誤差が生ずるので，その影響を取り除かなければなりません．図 11.6 (a) の回路では電圧計の内部抵抗により測定誤差が生じるので，電圧計の測定値を V〔V〕，電流計の測定値 I〔A〕，電圧計の内部抵抗を r_v〔Ω〕とすると，抵抗 R〔Ω〕に供給される電力 P〔W〕は，次式で表されます．

$$P = V(I - I_V) = VI - VI_V = VI - \frac{V^2}{r_v} \ 〔W〕 \tag{11.7}$$

図 11.6 (b) の回路では電流計の内部抵抗 r_a〔Ω〕により誤差が生じるので，電力 P〔W〕は，次式で表されます．

$$P = (V - V_A)I = VI - V_AI = VI - r_aI^2 \ 〔W〕 \tag{11.8}$$

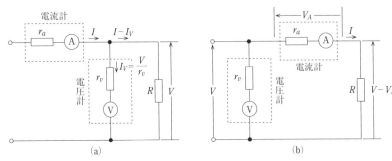

図 11.6　電力の測定回路

7 測定誤差と精度

(1) 測定誤差

測定値を M，真の値を T とすると，誤差 ε は次式で表されます．

$$\varepsilon = M - T \tag{11.9}$$

百分率誤差（誤差率）ε〔%〕は，次式で表されます．

$$\varepsilon = \frac{M-T}{T} \times 100 \,\text{〔%〕}$$

$$= \left(\frac{M}{T} - 1\right) \times 100 \,\text{〔%〕} \tag{11.10}$$

(2) 精度

測定器の精度は計器の指示する値の正確さを表します．永久磁石可動コイル形計器等の指示電気計器には，表 11.1 に示すような精度の階級があります．

表 11.1　指示電気計器の階級

階級指数	固有誤差
0.2 級	最大目盛値の ± 0.2〔%〕
0.5 級	最大目盛値の ± 0.5〔%〕
1.0 級	最大目盛値の ± 1.0〔%〕
1.5 級	最大目盛値の ± 1.5〔%〕
2.5 級	最大目盛値の ± 2.5〔%〕

指示電気計器の固有誤差（許容誤差）は最大目盛値の比率なので，測定するときに指針の振れが小さい場合は測定誤差が大きくなります．

指示電気計器で測定したとき，真の測定値の範囲は，（測定値±固有誤差）となるので，（測定値−固有誤差）〜（測定値＋固有誤差）の範囲となります．

384

試験の直前 Check!

□ **指示電気計器の記号** ≫ 永久磁石可動コイル形：馬蹄形磁石．可動鉄片形：ジグザグ
　　コイル．整流形：ダイオード．熱電対形：熱電対．静電形：コンデンサ．誘導形：円板．

□ **電流力計形** ≫ 電流計，電圧計，電力計．固定コイル，可動コイルで構成．

□ **熱電対形計器の構造** ≫ 熱線，熱電対，永久磁石可動コイル形計器．

□ **熱電対形計器の特徴** ≫ 交流の実効値指示．高周波測定．2 乗目盛．

□ **永久磁石可動コイル形計器の動作** ≫ 永久磁石の磁界，可動コイルの電流，電磁力：
　　駆動トルク，渦巻きばね：制御トルク．制御トルクが角度に比例．平等目盛．

□ **整流形計器** ≫ 永久磁石可動コイル形計器，整流器．平均値に比例．正弦波の波形率
　　1.11 倍の目盛．実効値指示．正弦波以外は誤差が生ずる．

□ **分流器** ≫ 電流計と並列に接続，分流器の抵抗 $R = \dfrac{r}{N-1}$

□ **倍率器** ≫ 電圧計と直列に接続，倍率器の抵抗 $R = (N-1)r$

□ **電力測定（電圧計と負荷が並列）** ≫ $P = VI - \dfrac{V^2}{r_v}$ ．電圧計の内部抵抗 r_v により誤差
　　が生じる．

□ **測定誤差** ≫ 誤差 $\varepsilon = M - T$，誤差率 $\varepsilon\,[\%] = \dfrac{M-T}{T} \times 100$，$M$：測定値，$T$：真の値

□ **精度階級の固有誤差** ≫ 最大目盛値の比率〔%〕．1.0 級：最大目盛値の ±1.0〔%〕．

第11章　測定

国家試験問題

問題 1

　次の記述は，各種形式の指示電気計器の特徴について述べたものである．このうち正
しいものを 1，誤っているものを 2 として解答せよ．

　ア　可動鉄片形計器は，実効値を指示し商用周波数（50〔Hz〕/ 60〔Hz〕）の測定に適
　　している．

　イ　永久磁石可動コイル形計器は，直流電流の測定に適している．

　ウ　電流力計形計器は，発射電波の電力測定に適している．

　エ　整流形計器は，永久磁石可動コイル形計器と整流器を組合せて構成される．

　オ　熱電対形計器は，交流直流両用で，波形にかかわらず最大値を指示する．

解説

　ウ　商用周波数（50〔Hz〕/ 60〔Hz〕）の交流の電力測定に適している．

　オ　波形にかかわらず実効値を指示する．

385

問題2

　図に示す直流電圧計を用いた測定回路において，スイッチＳをａに接続したとき，測定範囲の最大電圧の値は30〔V〕まで拡がった．Ｓをｂに接続したときの測定範囲の最大電圧の値として，正しいものを下の番号から選べ．ただし，直流電圧計の最大目盛値を10〔V〕とする．

1　50〔V〕

2　60〔V〕

3　70〔V〕

4　90〔V〕

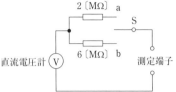

測定範囲の倍率 N，電圧計の内部抵抗 r のとき，倍率器の抵抗 R は，次の式で表されるよ.

$$R = (N-1)r$$

解説

　スイッチＳをａに接続したときの測定範囲の倍率 N_a〔倍〕は次式で表されます.

$$N_a = \frac{30\,〔V〕}{10\,〔V〕} = 3$$

　倍率器の抵抗 R_a は2〔MΩ〕だから，電圧計の内部抵抗 r〔MΩ〕は次式によって求めることができます.

$$R_a = (N_a - 1)r$$
$$2 = (3-1)r = 2r$$

よって，$r = \dfrac{2}{2} = 1$〔MΩ〕

　同様に，スイッチＳをｂに接続したときの測定範囲の倍率を N_b〔倍〕，倍率器の抵抗を R_b とすると，

$$R_b = (N_b - 1)r$$
$$6 = (N_b - 1) \times 1$$
$$6 = N_b - 1$$
$$N_b = 6 + 1 = 7$$

　したがって，測定可能な最大電圧 V〔V〕は，

$$V = 10 \times N_b = 10 \times 7 = 70\,〔V〕$$

となります.

> 電圧計が最大目盛値のときは，Ｓがａからｂになっても流れる電流は同じだよ．電圧の比で考えると，2〔MΩ〕の抵抗の電圧は30−10＝20〔V〕になるね．6〔MΩ〕になったら3倍の60〔V〕でしょう．それに電圧計の電圧10〔V〕を加えれば測定端子の電圧だよ.

問題3

図に示す回路において，端子 ab 間の電圧を内部抵抗 R_V が 900〔kΩ〕の直流電圧計 V_D で測定したときの誤差の大きさの値として，最も近いものを下の番号から選べ．ただし，誤差は，V_D の内部抵抗によってのみ生ずるものとし，また，直流電源の内部抵抗は無視するものとする．

1 1.0〔V〕

2 1.2〔V〕

3 1.5〔V〕

4 2.4〔V〕

5 3.0〔V〕

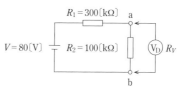

解説

電圧計を接続しないときの端子 ab 間の電圧 V_2〔V〕を抵抗 R_1〔kΩ〕と R_2〔kΩ〕の分圧比から求めると次式で表されます．

$$V_2 = \frac{R_2}{R_1 + R_2} V = \frac{100}{300 + 100} \times 80 = \frac{1}{4} \times 80 = 20 \text{〔V〕}$$

電圧計を接続したときの端子 ab 間の合成抵抗 R_{ab}〔kΩ〕は，次式で表されます．

$$R_{ab} = \frac{R_2 R_V}{R_2 + R_V} = \frac{100 \times 900}{100 + 900} = \frac{100 \times 900}{100 \times (1 + 9)} = 90 \text{〔kΩ〕}$$

電圧計を接続したときの測定電圧 V_M〔V〕を抵抗 R_1〔kΩ〕と R_{ab}〔kΩ〕の分圧比から求めると，次式で表されます．

$$V_M = \frac{R_{ab}}{R_1 + R_{ab}} V = \frac{90}{300 + 90} \times 80 = \frac{720}{39} \fallingdotseq 18.5 \text{〔V〕}$$

V_2 を真の値として，誤差 ε を求めると，

$$\varepsilon = V_M - V_2 = 18.5 - 20 = -1.5 \text{〔V〕}$$

よって，誤差の大きさは 1.5〔V〕です．

ε はギリシャ文字でイプシロンと読むよ．

解答

問題1 →アー1 イー1 ウー2 エー1 オー2 **問題2** →3

問題3 →3

11.2 測定器・測定方法　　　　　　　　重要知識

出題項目 **Check!**

□ 測定器の種類，構成，用途，測定方法
□ 送信機の特性の測定方法
□ オシロスコープによる波形測定
□ オシロスコープとスペクトルアナライザの特徴
□ スペクトルアナライザを用いた送信設備の測定
□ 補助接地板を用いた接地抵抗の測定

1 テスタ（回路計）

1台で直流電流，直流電圧，交流電圧，抵抗値等を測定することができる測定器です．

① **直流電流の測定**

　測定に先立ち，メータの指針が0を指しているか確かめて，ずれていたら零位調整ねじを回して調整します．メータを読むときは，テスタを水平に置いて指針の真上から読み取ります．ほかの測定量についても同じです．

　測ろうとする電流が測定できる範囲のレンジに切り替えて，回路に直列に挿入して測定します．測定レンジが高いほど，計器の内部抵抗が小さくなります．

② **直流電圧の測定**

　測ろうとする電圧が測定できる範囲のレンジに切り替えて，回路に並列に挿入して測定します．測定レンジが低いほど，計器の内部抵抗が小さくなります．

③ **交流電圧の測定**

　交流電圧は永久磁石可動コイル形計器に，整流器によって整流された全波整流波形の電流を流して測定します．

　交流電圧の測定において，正弦波以外の方形波等の電圧を測定すると，波形誤差が生じます．このとき，方形波等の測定波形が持つ平均値電圧の1.11倍の電圧が表示されます．

④ **抵抗の測定**

　次の手順で測定します．

ア．測ろうとする抵抗が測定できる範囲のレンジを選んで切り替えます．

イ．テスト棒を短絡させます．短絡するとは赤と黒色の測定用テスト棒の先端を接触させることです．

ウ．ゼロオーム調整つまみによってテスタの針が0〔Ω〕となるようにゼロオーム調整をとります．

エ．テスト棒を抵抗の端子に接続して測定します．

第11章 測定

オ．メータの指針を読み取るときは，メータの正面から読み取る．

⑤ **静電容量の測定**

抵抗レンジを用いて，コンデンサを接続すると，最初に充電電流が流れて，図11.7のⓑのように低い抵抗値まで指針が振れますが，すぐに無限大（∞）〔Ω〕まで戻ります．このとき，指針が動いた位置によっておおよその静電容量を知ることができます．また，時間がたっても図11.7のⓒのように無限大〔Ω〕に戻らない場合は，コンデンサの絶縁不良です．また，図11.7のⓐのように指針がほとんど振れない場合は容量抜けです．

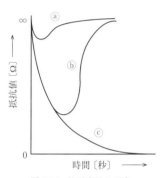

図 11.7　静電容量の測定

図 11.8　テスタ（三和電気計器株式会社提供）

2　デジタル電圧計

測定値を表示器に数字で表示する測定器で，アナログ電圧をパルス数に変換するA-D変換器，パルス数を数える計数回路，数字で表示する表示器によって構成されています．

A-D変換器のアナログ電圧をデジタル量に変換する回路方式として，主に**積分形**と**逐次比較形**があります．これらの変換回路は，アナログ信号の電圧値をパルス数に変換するときに用いられます．**積分形は回路構成が簡単**ですが，**変換速度が遅い特徴があり**ます．

直流の電圧と電流，交流の電圧と電流，抵抗値等の測定機能を1台のデジタル式計器にまとめた測定器を**デジタルマルチメータ**といいます．電流や抵抗値等の測定量は，A-D変換器によって通常は直流電圧に変換して測定します．入力変換部，A-D変換器，表示器駆動回路，表示器によって構成されます．A-D変換器における入力量と基準量との比較方式は，直接比較方式と間接比較方式があります．**直接比較方式はコンパレー**タが用いられ，**間接比較方式は積分回路**が用いられます．高速な測定には直接比較方式が向いています．

これらのデジタル機器は，アナログ式計器に比較して，入力インピーダンスが高い，

感度が良い，読み取り誤差がない，等の特徴があります．

3 定在波比測定器（SWR メータ）

アンテナと給電線の整合状態を調べる測定器です．アンテナと給電線の間に接続して給電線の定在波比（SWR）を測定します．

図 11.9　SWR メータ（第一電波工業株式会社提供）

4 通過形電力計（CM 形電力計）

給電線からアンテナへ進行する**進行波の電力**とアンテナから反射する**反射波の電力**が測定できる測定器です．給電線とアンテナとの間に接続して電力を測定したとき，進行波電力を P_f〔W〕，反射波電力を P_r〔W〕とするとアンテナに供給される電力 P〔W〕は，次式で表されます．

$$P = P_f - P_r \, \text{〔W〕} \tag{11.11}$$

通過形電力計は，SWR メータと共用しているものもあります．

送信機の送信電力の測定では，アンテナに変えて送信機の出力インピーダンスに整合させた**擬似負荷**も用いられます．

Point

CM 結合

通過形電力計に用いられる CM 結合は，**容量結合（C）**と**誘導結合（M）**を利用して，主同軸線路に副同軸線路を結合させる．容量結合によって発生する電圧は，給電線の**電圧に比例**し，誘導結合によって発生する電圧は給電線の**進行波電流と反射波電流に比例**する．これらの成分の和と差から，**進行波電力**と**反射波電力**を測定することができる．負荷の消費電力のほかに負荷の電圧反射係数を測定して**整合状態**を知ることもできる．

給電線上の電圧の最大値を $V_{\max}$〔V〕，最小値を $V_{\min}$〔V〕，進行波電圧を $\dot{V}_f$〔V〕，反射波電圧を $\dot{V}_r$〔V〕とすると，**電圧定在波比 S** は次式で表される．

$$S = \frac{V_{\max}}{V_{\min}} = \frac{|\dot{V}_f| + |\dot{V}_r|}{|\dot{V}_f| - |\dot{V}_r|} \tag{11.12}$$

進行波電力 P_f〔W〕と反射波電力 P_r〔W〕の $\sqrt{\ }$ をとると，それぞれ進行波電圧 $|\dot{V}_f|$ と反射波電圧 $|\dot{V}_r|$ に比例するので，式（11.12）は次のようになる．

$$S = \frac{\sqrt{P_f} + \sqrt{P_r}}{\sqrt{P_f} - \sqrt{P_r}} \qquad\qquad (11.13)$$

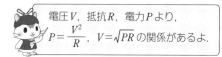

電圧 V, 抵抗 R, 電力 P より,
$P = \dfrac{V^2}{R}$, $V = \sqrt{PR}$ の関係があるよ.

■5■ ディップメータ

コルピッツ発振回路の LC 自励発振器と電流計を組み合わせた測定器です. 可変コンデンサと差し替え式のコイルを使用することによって, **HF から VHF** の周波数帯にわたって連続して発振周波数を変化させることができます.

LC 共振回路の共振周波数, アンテナの共振周波数, 発振回路の発振周波数, 送信機のおおよその送信周波数や寄生発射の有無等を測定することができます.

LC 共振回路の共振周波数の測定は, 次のように行います.

ア. 測定する回路にディップメータの発振コイルを疎に結合する.

共振回路は
同調回路と
もいうよ.

イ. ディップメータの可変コンデンサを調整する.

ウ. ディップメータの発振周波数と共振回路の共振周波数が一致するとディップメータの発振出力が吸収されて電流計の指示が最小になる(ディップする).

エ. このときの可変コンデンサのダイヤル目盛りから, 共振回路の共振周波数を読み取る.

■6■ 標準信号発生器

受信機の感度測定等に用いられる測定器です. 高周波発振器, 変調器, 出力減衰器等で構成され, 確度と安定度の高い周波数および出力電圧が得られます. 高周波発振回路には位相同期ループ(PLL)発振器が用いられます. 位相同期ループ発振器は基準水晶発振器, 位相比較器, 低域フィルタ(LPF), 電圧制御発振器, 可変分周器で構成されます. 基準水晶発振器に同期した安定な高周波を発振することができます.

■7■ ヘテロダイン周波数計

測定しようとする周波数をゼロビート法によって測定する測定器です. 校正用水晶発振器, 可変周波数発振器, 検波器, 増幅器, 受話器(イヤホン)で構成されます. 被測定周波数の入力高周波と可変周波数発振器の出力を検波器で受信すると, それらの周波数差をビート音として復調することができます. そのとき, 復調音の周波数が 0 になれば, 可変周波数発振器の周波数目盛りより周波数を測定することができます. 校正用水

391

晶発振器は，発振周波数の高調波を被測定周波数と同様にビート音として復調して，可変周波数発振器の目盛りを構成することができます．

8 計数形周波数計（周波数カウンタ）

　測定しようとする周波数をデジタル表示で直読できる測定器です．発振回路の発振周波数や送信機の送信周波数等を測定することができます．図 11.10 の構成図において，基準時間発生器の基準周波数により制御された**ゲート回路**を一定の時間区切り，その時間中に含まれている振幅数を**計数回路**で数えることによって周波数を測定します．ゲートの開いた時間を T〔s〕，通過したパルス数を N とすると，**入力信号の周波数 $f = N/T$**〔Hz〕で表されます．**基準時間発生器**は，周波数安定度の高い**水晶発振回路**と**分周回路**によって構成されます．

図 11.10　計数形周波数計

入力信号とゲート波形の相互の位相関係により発生する誤差で，
入力信号の±1カウントに相当する誤差をカウント誤差というよ．

9 オシロスコープ

(1) 波形観測

　図 11.11 のような表示器によって，入力電圧の**波形**を直接観測できる測定器です．垂直軸（縦軸）入力には測定する電圧を加え，水平軸（横軸）は，のこぎり波の掃引電圧を加えると，入力波形の時間的な変化を観測することができます．画面の表示から電圧，周波数および位相差を測定することができます．

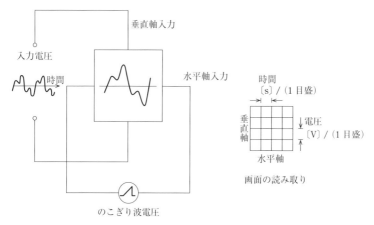

図 11.11 オシロスコープ

Point

オシロスコープの縦軸と横軸

　画面の縦軸は電圧，横軸は時間を表す．測定波形の**周期**を T〔s〕とすると，測定波形の**周波数** f〔Hz〕は次式で表される．周期は，目盛の数に1目盛の時間を掛ければ求めることができる．

$$f = \frac{1}{T} = \frac{1}{1\text{周期の目盛の数} \times 1\text{目盛の時間}} \text{〔Hz〕} \tag{11.14}$$

　2現象オシロスコープを用いると，周波数の等しい二つの入力波形の位相差を測定することができる．二つの波形の位相差に相当する時間差の測定値を t〔s〕とすると，位相差 ϕ〔rad〕は次式によって求めることができる．

$$\phi = 2\pi \times \frac{t}{T} \text{〔rad〕} \tag{11.15}$$

時間の計算

　〔m〕（ミリ）は 10^{-3} を表す．

指数の計算

$$1 = 10^0$$

$$1{,}000 = 10^3$$

　真数の掛け算は指数の足し算，真数の割り算は指数の引き算で計算する．

$$\frac{1}{10^3} = 1 \div 10^3 = 10^{0-3} = 10^{-3} \qquad \text{なので，} \qquad \frac{1}{10^{-3}} = 10^{0-(-3)} = 10^3$$

393

(2) リサジュー図形

　水平軸および垂直軸に交流の被測定正弦波電圧を加えると，それらの交流電圧の周波数が整数比のときに，ディスプレイ画面に図11.12に示すような静止図形が現れます．この図形を**リサジュー図形**といいます．リサジュー図形によって，二つの正弦波交流電圧の周波数比とそれらの位相差を測定することができます．

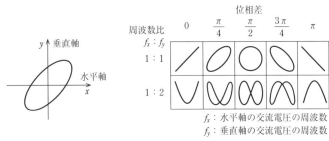

図11.12　リサジュー図形

同じ周波数で同じ位相のときには，画面の点が横と縦に一緒に動くから斜め線だね．逆位相になると線の向きの上下が逆向きになるね．そこから位相がずれてくるとだ円になって，π/2は円になるんだよ．

【10】 スペクトルアナライザ

　スペクトルアナライザの基本構成を図11.13に示します．掃引発振器の出力は，表示器の水平軸へ加えられるので，オシロスコープと同じように水平軸を掃引します．一方，電圧同調形局部発振器の発振周波数は，掃引発振器ののこぎり波電圧によって水平軸と同期して変化するので，入力信号は周波数変換器で局部発振周波数と混合され中間周波数に変換されます．掃引中に入力信号のそれぞれの周波数成分となる中間周波数が，中間周波（IF）フィルタの選択周波数に一致したとき，**その周波数成分の振幅が表示器の垂直軸上に現れます**．表示器は，横軸に周波数，縦軸に信号の振幅が現れ，入力信号のスペクトル分布を測定することができます．中間周波（IF）フィルタ等の通過帯域幅を変えることで，**分解能帯域幅を所定の範囲で変えることができます**．

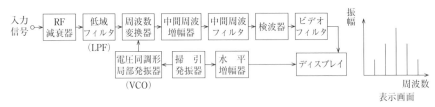

図11.13　スペクトルアナライザ

送信設備の「スプリアス発射の強度」および「不要発射の強度」の測定はスペクトルアナライザを用いて行われます．法令等に基づくアマチュア無線局の送信設備の測定は，測定値が許容値内であることを確認するため次のように行われます．

① 「帯域外領域におけるスプリアス発射の強度」の測定は，**無変調状態**において，スプリアス発射の強度を測定し，その測定値が許容値内であることを確認します．

② 「スプリアス領域における**不要発射の強度**」の測定は，**変調状態**において，中心周波数 f_c〔Hz〕から必要周波数帯幅 B_N〔Hz〕の ± 250〔%〕離れた周波数を境界としたスプリアス領域における不要発射の強度を測定し，その測定値が許容値内であることを確認します．

③ **SSB（J3E）送信機**の変調信号に疑似音声を使用するときの入力電圧の値は，1,500〔Hz〕の正弦波で空中線電力が飽和レベルの 80〔%〕程度となる変調入力電圧と同じ値とします．

④ **電信（A1A）送信機**の変調を電鍵操作により行うときの通信速度は，**25 ボー**とします．

Point

オシロスコープとスペクトルアナライザ

オシロスコープは，**横軸に時間**をとり，入力信号の瞬時値の振幅**波形**を表示器に表示する．

スペクトルアナライザは，**横軸に周波数**をとり，入力信号に含まれる**周波数成分ごとの振幅**に分離して，表示器に表示する．

スペクトルアナライザは，レベル測定に用いると，オシロスコープより感度が良く，**より小さい信号レベルを測定**することができる．

11 接地抵抗計

接地抵抗は一般に数 10〔Ω〕以下の小さい値です．また，測定する土壌は水分を含んでいるので直流で測定すると，電解液のように成極作用が発生して測定誤差を生じます．そこで，接地抵抗の測定は交流ホイートストンブリッジ回路，あるいはその原理を応用した接地抵抗計が用いられます．

接地抵抗の測定は，補助接地棒を 2 本用いて接地端子と補助接地棒間の抵抗値を測定します．図 11.14 のように，接地端子と補助接地棒間の抵抗の測定値を R_{12}，R_{13}〔Ω〕，2 本の補助接地棒間の抵抗の測定値を R_{23}〔Ω〕とすると，接地抵抗 R_1〔Ω〕は次式で表されます．

$$R_1 = \frac{R_{12} + R_{13} - R_{23}}{2} \text{〔Ω〕} \qquad (11.16)$$

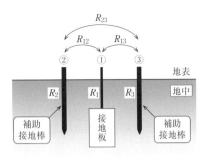

図11.14　接地抵抗の測定

試験の直前 Check!

- **デジタル電圧計** ≫ A-D 変換器．計数回路．表示器．A-D 変換器は積分形と逐次比較形．積分形は回路構成が簡単．逐次比較形は速度が速い．
- **デジタルマルチメータ** ≫ 電圧，電流，抵抗値等の測定機能．入力変換部，A-D 変換器，表示器駆動回路，表示器．A-D 変換器は直接比較方式と間接比較方式．高速な測定は直接比較方式．
- **通過形電力計** ≫ CM 形電力計．容量結合，誘導結合．給電線の電圧と電流に比例する成分の和と差から進行波電力と反射波電力を測定．整合状態を知る．
- **電圧定在波比** ≫ $S = \dfrac{\sqrt{P_f} + \sqrt{P_r}}{\sqrt{P_f} - \sqrt{P_r}}$
- **ディップメータ** ≫ LC 共振周波数の測定．コルピッツ発振回路．差し替えコイル．可変コンデンサ．HF から VHF の測定器．
- **計数形周波数計** ≫ 波形整形回路，ゲート回路，計数回路，表示器，水晶発振器，分周回路，制御回路．ゲート時間 T のパルス数 N を測定．周波数 $= N/T$．±1 カウント誤差が発生．
- **オシロスコープ** ≫ 信号の波形観測．横軸：時間．縦軸：振幅．
- **オシロスコープで周波数・位相差測定** ≫ $f = \dfrac{1}{T} = \dfrac{1}{周期} = \dfrac{1}{目盛の数 \times 1目盛の時間}$

  $\phi = 2\pi \times \dfrac{t}{T}$，$t$：位相差に相当する時間差の測定値
- **リサジュー図形** ≫ オシロスコープの水平軸，垂直軸に交流の正弦波．周波数が同じとき，同位相と位相差 π は直線，位相差 $\pi/2$ は円，位相差 $\pi/4$，$3\pi/4$ はだ円を観測．
- **スペクトルアナライザ** ≫ 周波数成分ごとの振幅の観測．分解能帯域幅が可変．横軸：周波数．縦軸：振幅．感度が高い．
- **スプリアス等の測定** ≫ 帯域外領域におけるスプリアス発射の強度の測定は無変調状態．スプリアス領域における不要発射の強度の測定は変調状態．SSB（J3E）送信機の疑似音声は 1,500〔Hz〕の正弦波，飽和レベルの 80〔%〕．電信（A1A）送信機の通信速度は 25 ボー．
- **接地抵抗測定** ≫ $R_1 = \dfrac{R_{12} + R_{13} - R_{23}}{2}$，補助接地棒 2 本．

国家試験問題

問題 1

　次の記述は，図に示す構成による SSB (J3E) 送信機の空中線電力の測定方法について述べたものである．□□□内に入れるべき字句の正しい組合せを下の番号から選べ．なお，同じ記号の□□□内には同じ字句が入るものとする．

(1) SSB 送信機を通常の動作状態にし，低周波発振器の出力は最小にしておく．

(2) 低周波発振器の発振周波数を 1,500〔Hz〕に設定後，SSB 送信機への変調入力を順次増加させ，SSB 送信機から擬似負荷（減衰器）に供給される □ A □ を高周波電力計から求める．

(3) この操作を SSB 送信機の出力電力が最大になるまで繰り返し行い，変調入力対出力電力のグラフを作り，そのグラフから □ B □ を読みとる．このときの □ B □ の値が SSB 送信機から出力される J3E 電波の □ C □ と規定されている．

	A	B	C
1	搬送波電力	平均電力	飽和電力
2	搬送波電力	飽和電力	尖頭電力
3	平均電力	飽和電力	平均電力
4	平均電力	飽和電力	尖頭電力
5	平均電力	平均電力	飽和電力

問題2

　送信機の出力電力を 24〔dB〕の減衰器を通過させて電力計で測定したとき，その指示値が 8〔mW〕であった．この送信機の出力電力の値として，最も近いものを下の番号から選べ．ただし，$\log_{10}2 \fallingdotseq 0.3$ とする．

　1　0.5〔W〕　　2　1.0〔W〕　　3　1.5〔W〕　　4　2.0〔W〕　　5　2.5〔W〕

30〔dB〕は 1,000 倍だよ．それより 3＋3＝6〔dB〕低いのは
(1/2)×(1/2)＝1/4 だから，24〔dB〕は 250 倍だね．

解説

　送信機の出力電力を P_0〔W〕，測定電力を P〔W〕，減衰量の真数を L とすると次式の関係があります．

$$P = \frac{P_0}{L} \ \text{〔W〕} \qquad\qquad\qquad \cdots\cdots(1)$$

　減衰量のデシベル L_{dB}〔dB〕は，次式で表されます．

$$L_{\mathrm{dB}} = 10 \log_{10} L$$
$$24 = 30 - 3 - 3$$
$$\fallingdotseq 10 \log_{10} 10^3 - 10 \log_{10} 2 - 10 \log_{10} 2$$
$$= 10 \log_{10}(10^3 \div 2 \div 2) = 10 \log_{10} 250$$

よって，$L=250$ となります．
$P=8$〔mW〕なので式 (1) より，P_0 を求めると次式のようになります．

$$P_0 = PL = 8 \times 250 = 2{,}000 \ \text{〔mW〕} = 2 \ \text{〔W〕}$$

問題3

　次の記述は，CM 形電力計による電力の測定について述べたものである．□□□内に入れるべき字句を下の番号から選べ．

　CM 形電力計は，送信機と □ア□ またはアンテナとの間に挿入して電力の測定を行うもので，**誘導結合**と □イ□ を利用し，給電線の電流および電圧に □ウ□ する成分の □エ□ から，**進行波**電力と反射波電力を測定することができるため，負荷の消費電力のほかに負荷の □オ□ を知ることもできる．CM 形電力計は，取扱いが容易なことから広く用いられている．

　1　比例　　　　2　電源　　　　3　力率　　　　4　容量結合　　5　積と平方根
　6　反比例　　　7　擬似負荷　　8　整合状態　　9　抵抗結合　　10　和と差

太字は穴あきになった用語として，出題されたことがあるよ．

問題4

同軸給電線とアンテナの接続部において，CM 形電力計で測定した進行波電力が 400 〔W〕，反射波電力が 25〔W〕であるとき，接続部における定在波比（SWR）の値として，最も近いものを下の番号から選べ．

1 1.1

2 1.4

3 1.7

4 2.0

5 2.5

進行波電力 P_f，反射波電力 P_r のとき，定在波比 S は次の式で表されるよ．

$$S = \frac{\sqrt{P_f} + \sqrt{P_r}}{\sqrt{P_f} - \sqrt{P_r}}$$

解説

進行波電力を P_f〔W〕，反射電力を P_r〔W〕とすると，定在波比 S は次式で表されます．

$$S = \frac{\sqrt{P_f} + \sqrt{P_r}}{\sqrt{P_f} - \sqrt{P_r}}$$

$$= \frac{\sqrt{400} + \sqrt{25}}{\sqrt{400} - \sqrt{25}}$$

$$= \frac{\sqrt{20 \times 20} + \sqrt{5 \times 5}}{\sqrt{20 \times 20} - \sqrt{5 \times 5}}$$

$$= \frac{20 + 5}{20 - 5} = \frac{25}{15} \fallingdotseq 1.7$$

反射波電力を求める問題も出るよ．

第11章 測定

問題5

　次の記述は，図に示すオシロスコープで観測したパルス電圧波形について述べたものである．　◻内に入れるべき字句の正しい組合せを下の番号から選べ．

(1) パルス繰り返し周期は，　◻A◻　である．

(2) パルス繰り返し周波数は，　◻B◻　である．

(3) 図の a の目盛の電圧が 0〔V〕のとき，この波形の電圧の平均の値は 0.6〔V〕よりも　◻C◻　．

	A	B	C
1	80〔μS〕	10.0〔kHz〕	大きい
2	80〔μS〕	12.5〔kHz〕	小さい
3	50〔μS〕	12.5〔kHz〕	大きい
4	50〔μS〕	10.0〔kHz〕	小さい

解説

(1) 問題の図のパルス電圧波形は，掃引時間（横軸）T_S〔s/cm〕$=20$〔μs/cm〕，繰り返し周期の目盛 $n=4$〔cm〕だから，繰り返し周期 T は，次式で表されます．

$$T = T_S n = 20 \times 10^{-6} \times 4$$
$$= 80 \times 10^{-6}\text{〔s〕} = 80\text{〔}\mu\text{s〕}$$

(2) パルス繰り返し周波数 f〔Hz〕は，次式で表されます．

$$f = \frac{1}{T} = \frac{1}{80 \times 10^{-6}} = \frac{1}{80} \times 10^6 = \frac{1,000}{80} \times 10^3$$
$$= 12.5 \times 10^3\text{〔Hz〕} = 12.5\text{〔kHz〕}$$

(3) 平均値電圧は波形の面積を周期で割れば求めることができるので，パルス波形の最大値電圧 $V = 0.5 \times 3 = 1.5$〔V〕，パルス幅の目盛 $p = 1.5$〔cm〕，パルス周期の目盛 $n=4$〔cm〕より，平均値電圧 V_A〔V〕は，

$$V_A = \frac{p}{n} V = \frac{1.5}{4} \times 1.5 = \frac{2.25}{4} \fallingdotseq 0.56\text{〔V〕}$$

となるので，0.6〔V〕よりも小さい値となります．

2現象オシロスコープに二つの正弦波を描かせて，位相差を求める問題も出るよ．

問題6 ▶

　次の図は，リサジュー図とその図形に対応する位相差の組合せを示したものである．このうち誤っているものを下の番号から選べ．ただし，リサジュー図は，オシロスコープの垂直（y）入力および水平（x）入力に周波数と大きさが等しく位相差がθ〔rad〕の正弦波交流電圧を加えたときに観測されたものとする．

<table>
<tr>
<td>1
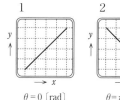
$\theta = 0$〔rad〕</td>
<td>2
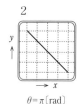
$\theta = \pi$〔rad〕</td>
<td>3
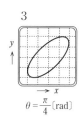
$\theta = \dfrac{\pi}{4}$〔rad〕</td>
<td>4
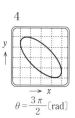
$\theta = \dfrac{3\pi}{2}$〔rad〕</td>
<td>5
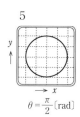
$\theta = \dfrac{\pi}{2}$〔rad〕</td>
</tr>
</table>

解説 ⋯⋯⋯⋯⋯⋯⋯⋯⋯⋯⋯⋯⋯⋯⋯⋯⋯⋯⋯⋯⋯⋯⋯⋯⋯⋯⋯⋯⋯⋯⋯⋯⋯⋯

$$4 \quad \theta = \frac{3\pi}{4} \text{〔rad〕}$$

問題7 ▶

　次の記述は，一般的なアナログ方式のオシロスコープおよびスーパヘテロダイン方式スペクトルアナライザについて述べたものである．　　　内に入れるべき字句を下の番号から選べ．

(1) スペクトルアナライザは，信号に含まれる　ア　を観測できる．

(2) オシロスコープは，信号の　イ　を観測できる．

(3) オシロスコープの表示器の横軸は時間軸を，また，スペクトルアナライザの表示器の　ウ　は周波数軸を表す．

(4) スペクトルアナライザは分解能帯域幅を所定の範囲で変えることが　エ　．

(5) レベル測定に用いた場合，感度が高く，より弱い信号レベルの測定ができるのは，　オ　である．

1　できない	2　スペクトルアナライザ	3　横軸
4　符号誤り率	5　周波数成分ごとの位相	6　できる
7　オシロスコープ	8　縦軸　　　9　波形	10　周波数成分ごとの振幅

問題8

　次の記述は，表に示すスプリアス発射および不要発射の強度の許容値と，28〔MHz〕帯 F3E 電波の測定値との関係について述べたものである．　◻️　内に入れるべき字句の正しい組合せを下の番号から選べ．ただし，測定方法等は法令等の規定に基づくものとし，表中の基本周波数の平均電力および基本周波数の尖頭電力の値は100〔W〕とする．

(1) 上記送信設備の，帯域外領域におけるスプリアス発射の強度の測定値が1〔mW〕であった．この場合，当該スプリアス発射の強度の値は，許容値を　A　．

(2) 同設備の，スプリアス領域における不要発射の強度の測定値が5〔mW〕であった．この場合，当該不要発射の強度の値は，許容値を　B　．

(3) (2) の測定は，送信機を　C　状態で動作させて行う．

基本周波数帯	空中線電力	帯域外領域における スプリアス発射の強度の許容値	スプリアス領域における 不要発射の強度の許容値
30〔MHz〕以下	5〔W〕を超えるもの	50〔mW〕以下であり，かつ，基本周波数の平均電力より40〔dB〕低い値	50〔mW〕以下であり，かつ，基本周波数の尖頭電力より50〔dB〕低い値

	A	B	C
1	超えていない	超えていない	無変調
2	超えていない	超えている	変調
3	超えている	超えている	無変調
4	超えている	超えていない	変調

解説

(1) 搬送波電力を P_1〔W〕，スプリアス発射または不要発射の電力を P_2〔W〕とすると，減衰量 L_{dB}〔dB〕は次式で表されます．

$$L_{dB} = 10 \log_{10} \frac{P_1}{P_2}$$

　40〔dB〕の真数を求めると，$40 = 10 \log_{10} 10^4$ より，真数は 10^4 となるので，$P_1 = 100$〔W〕より40〔dB〕低い値 P_2〔W〕は，次式で表されます．

$$P_2 = \frac{100}{10^4} = 100 \times 10^{-4} \text{〔W〕} = 10 \times 10^{-3} \text{〔W〕} = 10 \text{〔mW〕}$$

　よって，帯域外領域におけるスプリアス発射の強度の測定値1〔mW〕は，許容値を超えていません．

(2) 50〔dB〕の真数は 10^5 となるので，$P_1 = 100$〔W〕より50〔dB〕低い値 P_2〔W〕は，

$$P_2 = \frac{100}{10^5} = 100 \times 10^{-5} \text{〔W〕} = 1 \times 10^{-3} \text{〔W〕} = 1 \text{〔mW〕}$$

　よって，スプリアス領域における不要発射の強度の測定値5〔mW〕は，許容値を超えています．

問題9

　図は，接地板の接地抵抗を測定するときの概略図である．図において端子①‐②，①‐③，②‐③間の抵抗値がそれぞれ 30〔Ω〕，15〔Ω〕，25〔Ω〕のとき，端子①に接続された接地板の接地抵抗の値として，正しいものを下の番号から選べ．ただし，補助接地棒の長さ，接地板と補助接地棒の配置および相互の距離は適切に設定されているものとする．

1　7.5〔Ω〕
2　10.0〔Ω〕
3　12.5〔Ω〕
4　15.0〔Ω〕
5　17.5〔Ω〕

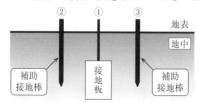

解説

　端子①，②，③の接地抵抗を R_1，R_2，R_3〔Ω〕，端子①‐②，①‐③，②‐③間の抵抗値をそれぞれ R_{12}，R_{13}，R_{23}〔Ω〕とすると，次式が成り立ちます．

$$R_{12} = R_1 + R_2 = 30 \,〔Ω〕 \qquad \cdots\cdots(1)$$
$$R_{13} = R_1 + R_3 = 15 \,〔Ω〕 \qquad \cdots\cdots(2)$$
$$R_{23} = R_2 + R_3 = 25 \,〔Ω〕 \qquad \cdots\cdots(3)$$

　式 (1) ＋式 (2) －式 (3) より，次式が成り立ちます．

$$(R_1 + R_2) + (R_1 + R_3) - (R_2 + R_3) = 30 + 15 - 25$$
$$2R_1 = 20$$

よって，

$$R_1 = 10 \,〔Ω〕$$

となります．

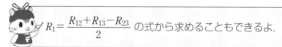

$R_1 = \dfrac{R_{12} + R_{13} - R_{23}}{2}$ の式から求めることもできるよ．

解答

問題1 → 4　**問題2** → 4
問題3 →ア‐7　イ‐4　ウ‐1　エ‐10　オ‐8　**問題4** → 3
問題5 → 2　**問題6** → 4
問題7 →ア‐10　イ‐9　ウ‐3　エ‐6　オ‐2　**問題8** → 2
問題9 → 2

索引

406

410

【著者紹介】

吉川忠久（よしかわ・ただひさ）

学　歴　東京理科大学物理学科卒業
職　歴　郵政省関東電気通信監理局
　　　　日本工学院八王子専門学校
　　　　中央大学理工学部兼任講師
　　　　明星大学理工学部非常勤講師

第一級アマチュア無線技士試験 集中ゼミ

2022 年 1 月 30 日　第 1 版 1 刷発行　　　ISBN 978-4-501-33480-2 C3055
2024 年 2 月 20 日　第 1 版 2 刷発行

著　者　吉川忠久
　　　　© Yoshikawa Tadahisa　2022

発行所　学校法人 東京電機大学　〒120-8551　東京都足立区千住旭町 5 番
　　　　東京電機大学出版局　　Tel. 03-5284-5386(営業) 03-5284-5385(編集)
　　　　　　　　　　　　　　　Fax. 03-5284-5387 振替口座 00160-5-71715
　　　　　　　　　　　　　　　https://www.tdupress.jp/

編集：(株)QCQ 企画　　キャラクターデザイン：いちはらまなみ
印刷：三美印刷(株)　　製本：誠製本(株)　　装丁：齋藤由美子
落丁・乱丁本はお取り替えいたします。　　　　　Printed in Japan